普通高等教育“十四五”规划教材
普通高等学校动物医学类专业系列教材

特种经济动物疾病防治学 第2版

Prevention and Treatment of Special Economic Animal Diseases

刘建柱　刘永夏　主编
胥保华　主审

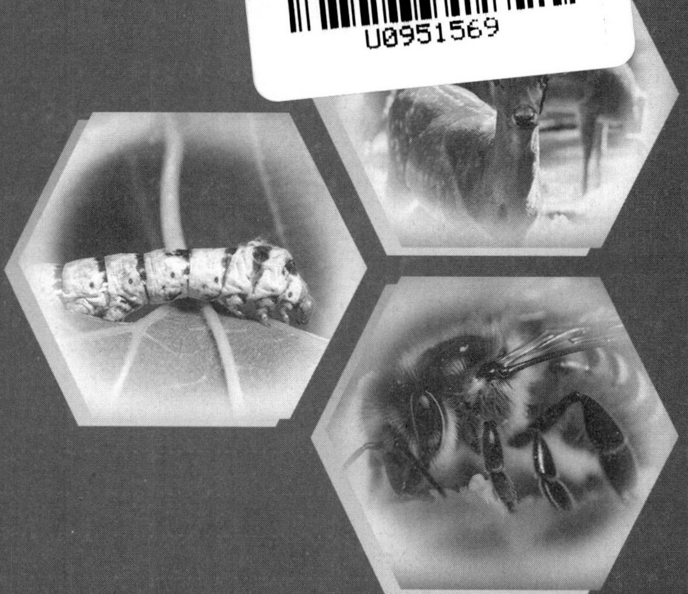

中国农业大学出版社
China Agricultural University Press
·北京·

内容简介

本书主要参照《全国执业兽医资格考试大纲（兽医全科类）（2023 版）》综合应用科目所规定的内容编写，本书包括全国执业兽医资格考试综合应用科目试卷毛皮动物、鹿、蜜蜂、家蚕疾病的各个考点，覆盖我国现有特种经济动物养殖的主流品种疾病的防治技术。全书共四章：第一章主要介绍特种经济动物养殖场的兽医卫生及疫病防控要求，第二章至第四章分别介绍特种经济动物的传染病、寄生虫病、普通病的种类、症状及防治等。

本书可供高等农业院校动物医学、动物科学及经济动物养殖等相关专业教学与使用，也可供广大特种经济动物养殖业的从业者参考。

图书在版编目(CIP)数据

特种经济动物疾病防治学/刘建柱，刘永夏主编. --2 版. --北京：中国农业大学出版社，2023.12

ISBN 978-7-5655-3026-5

Ⅰ.①特…　Ⅱ.①刘…②刘…　Ⅲ.①经济动物-动物疾病-防治　Ⅳ.①S858.9

中国国家版本馆 CIP 数据核字(2023)第 133729 号

书　名　特种经济动物疾病防治学　第 2 版
Tezhong Jingji Dongwu Jibing Fangzhixue

作　者　刘建柱　刘永夏　主编　　胥保华　主审

策划编辑　张　程　　**责任编辑**　张　程
封面设计　郑　川　李尘工作室
出版发行　中国农业大学出版社
社　址　北京市海淀区圆明园西路 2 号　　**邮政编码**　100193
电　话　发行部 010-62733489，1190　　读者服务部 010-62732336
编辑部 010-62732617，2618　　出　版　部 010-62733440
网　址　http://www.caupress.cn　　**E-mail**　cbsszs@cau.edu.cn
经　销　新华书店
印　刷　河北朗祥印刷有限公司
版　次　2023 年 12 月第 2 版　　2023 年 12 月第 1 次印刷
规　格　185 mm×260 mm　　16 开本　　18 印张　　450 千字
定　价　59.00 元

第 2 版编审人员

主　编　刘建柱　刘永夏

副主编　熊家军　韩春杨　刘振国　潘国庆　姚　华

　　　　付志新

编　者　（以姓氏笔画为序）

　　　　于　滨　（西南大学）

　　　　王　永　（天津农学院）

　　　　王宏伟　（河南科技大学）

　　　　王德海　（华中农业大学）

　　　　牛瑞燕　（山西农业大学）

　　　　田维顺　（河南科技大学）

　　　　付志新　（河北科技师范学院）

　　　　曲伟杰　（云南农业大学）

　　　　朱洪伟　（鲁东大学）

　　　　刘永夏　（山东农业大学）

　　　　刘明超　（河北农业大学）

　　　　刘建柱　（山东农业大学）

　　　　刘振国　（山东农业大学）

　　　　杜改梅　（金陵科技学院）

　　　　李　林　（沈阳农业大学）

　　　　宋金祥　（河北工程大学）

　　　　孟宪志　（西南大学）

　　　　胡延春　（四川农业大学）

　　　　胡俊杰　（甘肃农业大学）

　　　　姚　华　（北京农学院）

　　　　曹华斌　（江西农业大学）

　　　　董　靖　（沈阳农业大学）

　　　　蒋　平　（皖西学院）

　　　　韩春杨　（安徽农业大学）

　　　　程振涛　（贵州大学）

　　　　熊家军　（华中农业大学）

　　　　潘国庆　（西南大学）

主　审　胥保华　（山东农业大学）

第 1 版编写人员

主　编　刘建柱　马泽芳

副主编　梁占学　董　强　胡延春

编　者　（以姓氏笔画为序）

马泽芳　（青岛农业大学）

白秀娟　（东北农业大学）

朱战波　（黑龙江八一农垦大学）

刘建柱　（山东农业大学）

闫振贵　（山东农业大学）

陈建国　（华中农业大学）

金东航　（河北农业大学）

胡延春　（四川农业大学）

胡俊杰　（甘肃农业大学）

闻晓波　（黑龙江八一农垦大学）

姚　华　（北京农学院）

曹华斌　（江西农业大学）

盛金良　（石河子大学）

崔　凯　（青岛农业大学）

梁占学　（山西农业大学）

梁爱心　（华中农业大学）

董　强　（西北农林科技大学）

韩春杨　（安徽农业大学）

熊家军　（华中农业大学）

鞠贵春　（吉林农业大学）

第 2 版前言

2014 年 8 月，酝酿多时的《特种经济动物疾病防治学》顺利出版，在之后的近 10 年时间里，开设该课程的学校越来越多，从事该领域研究的专家学者对该课程的发展起了巨大的推动作用。

2021 年国家执业兽医师考试中心公布了“全国执业兽医资格考试大纲”的综合大纲，将鹿、貂、貉、桑蚕及蜜蜂疾病正式纳入执业兽医师考试范围。本书的修订以“全国执业兽医资格考试大纲”为基础，既保留了原书的完整性，又弥合了国家执业兽医师考试的需求。

2021 年 6 月中国农业大学出版社启动《特种经济动物疾病防治学》的再版工作，历经两年左右的紧张修订，最终成稿。本书紧密结合我国特种经济动物养殖业发展的现状和当前我国高等农林院校特种经济动物疾病防治的教学和实践需要，编写力求做到深入浅出，突出特种经济动物疾病防治的新技术、新成果、新理论和新方法，重点阐述特种经济动物疾病防控的实用新技术和新知识，强调教材的系统性、科学性、理论性和实用性，为特种经济动物养殖的发展保驾护航。本书修订时，恰逢党的二十大召开，本书内容的修订正确贯彻党的二十大精神，面向世界科技前沿、面向经济主战场、面向国家重大需求、面向人民生命健康，加快实现高水平科技自立自强，培养德智体美劳全面发展的社会主义建设者和接班人。

此次修订，由于部分编者退休，或者不再从事本行业的教学和研究工作，编写人员进行了部分更换。在此，我们对不再参与本书编写的第 1 版的编者表示衷心的感谢！感谢你们对本行业初期发展做出的巨大努力！与此同时，我们积极吸纳新开设本课程的高校年轻教师，这些年轻编者的加入不光为本书增光添彩，也为本学科的发展起到了巨大的促进作用。

本书在编写过程中得到了山东农业大学教务处，山东农业大学动物科技学院领导及同事的关心和支持，同时也得到了其他编写者所在单位的大力支持，特别提出的是，在编写过程中中国农业大学出版社的张程编辑提出了很多非常有建设性的意见和建议，同时，书中引用了一些专家、学者的研究成果和资料，在此一并表示衷心的感谢！

由于特种经济动物疾病研究发展相对缓慢，书中疾病防治给出的治疗方案和用药，多来自相关学者发表的论文与专著，广大读者在临床使用过程中要遵守国家法律，严格按《中华人民共和国兽药典》(2020 版)的要求进行合理使用。

尽管我们在教材编写过程中付出了艰辛的努力，研究了大量的文献资料，但限于编写人员的业务水平、教学经验和掌握的资料不足，书中内容如有疏漏和不足之处，诚恳希望广大师生和读者给予指正，以便我们今后进一步修订和完善。

编　者

2023 年 4 月

第1版前言

特种经济动物饲养业是一个独具特色、充满活力的新兴产业，已逐步成为农村经济中一个十分活跃的新的增长点。以前由于受到自然条件、科学水平和经济条件的制约，特种经济动物一直处于零星的饲养状态，饲养数量较少，饲养水平和疾病控制水平较为落后。随着我国对外贸易的加强和人民生活水平的提高，对特种经济动物产品的需求量大幅增加，刺激了特种经济动物养殖业的快速发展，特种经济动物养殖业已经成为部分地区振兴地方经济的支柱产业，出现了许多规模化、集约化饲养场，对特种经济动物饲养和疾病防治的人才需求激增，同时也对相关人才的培养提出了更新、更高的要求。为了满足特种经济动物养殖行业对人才的需要，许多高等农业院校相继将特种经济动物饲养和疾病防治作为教学改革和专业结构调整的重要内容而纳入本、专科教学中，开设了特种经济动物饲养和疾病防治的相关课程。

与传统的畜禽疾病相比，特种经济动物疾病的研究起步较晚，教材的建设相对薄弱，目前市场上尚缺乏适合于高等院校教学的特种经济动物疾病防治的教材。为此，我们组织了15所高等农业院校的20位从事特种经济动物养殖和疾病防治教学工作的教师编写了这本教材。

本教材紧密结合我国特种经济动物养殖业的发展现状和当前我国高等农业院校特种经济动物疾病防治的教学实践，力求做到深入浅出，突出特种经济动物疾病防治的新技术、新成果、新理论，重点阐述特种经济动物疾病防治的实用技术和知识，强调教材的系统性、科学性、理论性和应用性。

本书第一章由熊家军、梁爱心、陈建国编写，第二章由马泽芳、崔凯、白秀娟、鞠贵春、金东航、梁占学编写，第三章由胡俊杰、曹华斌编写，第四章由董强、闫振贵、姚华、闻晓波、朱战波、胡延春、盛金良、韩春杨、刘建柱编写。全书由刘建柱统稿和校对。

在全体编写人员的努力下，本书经过两年多的筹备和编写，终得完成。在编写过程中，得到了山东农业大学教务处、山东农业大学动物科技学院领导及同事的关心和支持，同时也得到了其他编者所在学校的大力支持；特别要提出的是，在本书的筹备和编写过程中，山东农业大学动物科技学院王树迎教授提出了很多建设性的意见和建议，并为本书的编写和出版提供了资助；同时，书中引用了一些专家、学者的研究成果和相关资料，在此一并表示衷心的感谢！

尽管我们在本教材的编写过程中付出了艰辛的努力，但限于编者的业务水平、教学经验和掌握的资料不足，书中内容如有疏漏和不足之处，诚恳希望广大师生和读者指正，以便今后进一步修订和完善。

编　者

2014年3月

目　录

第一章　特种经济动物养殖场的兽医卫生及疫病防控要求

第一节　饲料与饲养的卫生要求

一、饲料的卫生要求

饲料是动物的食物，饲料中的各种营养物质是维持动物正常生命活动和生产性能所必需的。当营养物质供应不足或比例不平衡时，不仅会引起动物体内代谢异常、生化指标变化和缺乏症出现，而且还会影响生产性能。因此，特种经济动物的饲料应根据其营养需要合理配制。

在保证饲料营养品质的同时，其卫生品质同样不可忽视。饲料/原料在生长、生产、加工、储存、运输等过程中可能产生或被污染而含有某些有毒有害物质，如饲料是许多病原菌、病毒及毒素的重要传播媒介，农药、兽药、各种添加剂、激素、放射性元素等有害物质也可通过不同途径进入饲料中，这些物质随饲料被动物摄入，轻者降低饲料的营养价值，影响动物的生长和生产性能，重者引起动物急性或慢性中毒，甚至死亡。因此，在养殖生产中对饲料的卫生问题应从以下三方面给予重视。

(一)饲料/原料中天然存在的有毒有害物质

植物性饲料原料中存在许多天然有毒、有害或潜在的有毒、有害物质，如亚硝酸盐、生氰糖苷、草酸、皂苷、生物碱等。这些物质大多数是植物体的正常组成成分，属于次生代谢产物，它们以不同方式对动物的生长、健康以及产品品质产生危害。

(二)饲料的正常成分在异常情况下转化为有害物质

当储存或饲料调制不当时，饲料中的正常成分会转化为有害成分，如马铃薯在储存不当而发芽时，会产生大量茄碱；饲料中的霉菌生长繁殖过程中会产生各种霉菌毒素；草木樨储存与保管不当，其中的香豆素在霉菌作用下转化为双香豆素。动物采食含有这些有害成分的饲料后均能导致中毒。

(三)饲料污染物

饲料污染物种类繁多，主要是重金属、农药和其他农业化学品(如多环芳烃、多氯联苯、二噁英等)的残留。这些污染物可污染饲料原料，也可能在饲料加工及运输过程中污染饲料。动物采食被污染的饲料后可导致中毒，进而发病。

二、饮用水的卫生要求

(一)净化

未经处理的水源的水质通常不易达到饮用水水质标准，若直接饮用则不能保证安全性，因此必须对水体进行净化与消毒。水体净化的方法包括沉淀和过滤，其目的是改善水的物理性状，除去水中悬浮物质，还可达到除去一部分病原体的作用。

(二)消毒

水经过沉淀、过滤，其物理性状已大为改善，已除去了大部分病原微生物，但为了防止经水传播传染病，确保饮用安全，还需采取消毒处理彻底消灭病原体。

水的消毒方法有很多，概括起来包括两类：一类是物理消毒，如煮沸、紫外线消毒、超声波消毒；另一类是化学消毒，如氯、臭氧、高锰酸钾、溴、碘消毒，其中最常用的是氯化消毒法，其杀菌力强，使用方便。

第二节　饲养场日常的卫生消毒措施

一、常规卫生防疫措施

卫生防疫是指养殖场针对各种传染病采取预防、控制并逐渐消灭其发展和流行的措施，以保证养殖场正常的生产运行，一般指为保障动物健康、预防疾病而采取的场内外的卫生措施，既包括在未发生传染病时的预防措施，也包括发生传染病时采取的一系列扑灭措施。

目前，各种动物养殖场主要贯彻“预防为主、养防结合、防重于治”的方针，在加强饲养管理和兽医卫生监督的基础上，切实做好动物的检疫、免疫、封锁、隔离、消毒、杀虫、灭鼠等常规性工作，采取综合性防治措施，最终达到控制和消灭相关传染病的目的。

(一)切断传染源

①养殖场大门、生产区入口，要建宽于大门、长于货运汽车轮一周半的水泥消毒池(加入适当消毒液)，或配备消毒机等消毒设备，栋舍入口处建消毒池，生产区门口建更衣室、消毒池和消毒室，以便车辆和工作人员更换作业衣、鞋后进行消毒。养殖场原则上应谢绝参观，外来人员不得进场，确因工作需要必须进场的需沐浴、更换本场工作服后方可进场。场外运输车辆和工具不准入场，场内车辆不准外出。

②养殖场要严格执行“全进全出”或“分单元全进全出”的饲养管理制度。每批动物转出后，要对栏舍、饲养用具等进行彻底清洗和消毒，空置两周后方可再进动物。

③饲养人员不能随意串舍，禁止使用其他栏舍的用具及设备。

④运料车不可进入生产区，生产区的料车、工具不出生产区。

⑤水质要保持清洁，没有自来水水源条件的养殖场，最好打井取水，地下水位应在 2 m 以下，不能使用场外的井水或河水。

⑥从外地或国外引进的动物，要严格进行检疫，并且隔离观察 20～30 d，确认无病后方准进入舍内。

(二)建立场内卫生制度

①保持舍内清洁卫生，温度、湿度、通风、光照适当，避免各种应激因素。

②料槽、水槽定期洗刷消毒，及时清理垫料和粪便，减少氨气的产生，防止通过垫料和粪便传播病原微生物。

③根据本场实际情况，制订合理的动物疫病免疫程序和驱虫程序。

④做好免疫接种前、后的免疫检测工作，以确定免疫时间，保证免疫效果；做好驱虫前、后的虫卵和虫体监测，以确保驱虫时机与驱虫效果。

⑤在养殖场内发现患病动物时，应立即送隔离室，进行严格的临床检查和病理检查，病死动物尸体直接送解剖室剖检，必要时进行血清学、微生物学检查，以便及早确诊，及时治疗。动物尸体集中烧毁或深埋，切忌乱扔或食用。

⑥经常开展杀虫、灭鼠、灭蚊蝇，以及控制飞鸟的工作，消灭疫病的传播媒介。

（三）建立检疫制度

依照检疫的性质、种类和范围，经济动物检疫主要包括生产性、贸易性和观赏性经济动物检疫 3 种类型，依据检疫地点又分为产地检疫（集市检疫、收购检疫）、运输检疫、口岸检疫等。经济动物的传染病种类比较多，但根据我国国情仅以口蹄疫、蓝舌病、鹿流行性出血热、伪狂犬病、狂犬病、流行性乙型脑炎、细小病毒病（狐、貂、貉）、犬瘟热、貂阿留申病、炭疽、结核病、巴氏杆菌病、钩端螺旋体病、布鲁氏菌病等作为重点检疫对象。实践证明，经济动物饲养中的引种和串种检疫是防止侵袭性疾病发生的关键，应特别重视。在检疫过程中，尤其要严格执行动物防疫法等法律法规，上报疫情，严肃处理。

（四）封锁

当发生烈性、传播迅速、危害严重的传染病时，为将疫情控制在最小范围，应划定疫区并采取封锁措施，以保证疫区以外受威胁地区的动物不被侵袭。实践表明，在发生烈性传染病时，必须按照早、快、严、小的原则进行封锁，然后针对传染源、传播途径和易感动物 3 个环节采取相应的措施，才能取得良好的效果。对封锁区应设立醒目的标志，严禁易感动物出入，对进出封锁区的非易感动物、人、车、物进行严格消毒。封锁区内的动物专人管理，并根据实际情况进行紧急接种、治疗或扑杀处理。一切排泄物和污染物均按动物防疫法规定处置，病死、扑杀毛皮动物的皮张应经消毒无害处理后方准运出。关于解除封锁，通常应在最后一个病例痊愈或死亡后，经过本病的最长潜伏期，且再无新病例发生，经过终末消毒后由有关部门批准并公布。在封锁解除后，一些处于康复期的经济动物特别是毛皮动物（如水貂、狐狸等）不允许外运或出售，以防止扩散传染。

（五）隔离

动物群体发生疫病时，根据诊断、检疫结果分为患病群、疑似感染群和假定健康群 3 类，并分别进行隔离饲养观察，以便于就地控制、消灭传染源，防止蔓延扩散。隔离是传染病综合性防治措施中的重要组成部分。患病动物是指有明显临床症状的动物或其他诊断、检疫方法查出的阳性动物。患病动物应隔离到偏僻处或场内的一角，限制其活动，专人饲养、治疗，出入必须严格消毒，加强兽医监督。疑似感染动物是指曾与患病动物在同舍或同笼内饲养接触的动物，可能处于感染后的潜伏期阶段。这类动物应经消毒后集中到场内的一角或隔离室，限制其活动，专人饲养观察，视情况可采取紧急接种或治疗。在规定时间内如不出现发病者，可视为假定健康动物。假定健康动物是指与患病动物未接触的或虽在同舍但并非同室或同笼的动物。这类动物一般就地饲养于经彻底消毒后的原动物舍或原场内，也可迁移到新舍饲养，由专人管理，进行全群紧急预防接种。

二、卫生消毒及常用消毒剂

消毒是消除或杀灭环境中病原体的一种有效措施，是切断传染病传播途径、阻止侵袭性疾病蔓延流行的重要手段，是综合性防治措施中的重要组成部分。

(一)消毒的种类

按消毒的目的与时间分为预防性消毒与疫源地消毒两种。

1.预防性消毒

预防性消毒是指在未发现传染源的情况下以预防为主的定期消毒，包括舍栏、地面、饲养用具、加工器具、笼箱等的消毒，以消除可能污染或存在的病原体。

2.疫源地消毒

疫源地消毒是指对有传染源存在的场所进行的消毒，其目的是防止病原蔓延扩散，控制疾病的发生与流行。疫源地消毒又分为临时消毒和终末消毒两种。

(1)临时消毒　指在监测或发现或怀疑存在病原体时所采取的紧急消毒措施，其目的是及时消灭传染源，消毒应反复多次进行。

(2)终末消毒　指在疫区解除封锁前进行的一次全面彻底的消毒，通常包括对舍栏、场地、水源地、用具、笼具、物品等的消毒，目的在于消灭一切可能残留的病原，以达到全面净化的要求。

(二)消毒方法

1.物理消毒法

物理消毒法是指利用物理因素杀灭或消除病原及其他有害微生物的方法，主要依靠自然净化、机械、热、光、电、声、微波和放射线等物理方法杀灭病原体或使其丧失感染性。

2.生物消毒法

生物消毒法是指利用一些动物、植物、微生物及其代谢产物杀灭或清除病原的方法。自然界中有些生物在生命活动中可形成不利于病原微生物生存的环境，从而间接地杀灭病原体。如粪便堆放发酵中，利用嗜热细菌繁殖产生的热将病原体灭活。粪便生物消毒法经济实用且有利于提高肥效，使用广泛。

3.化学消毒法

化学消毒法是指用化学药物把病原微生物杀死或使其失去活性。能够用于这种目的的化学药物称为消毒剂。理想的消毒剂应对病原微生物的杀灭作用强，而对人、动物的毒性很小或没有，不损伤被消毒的物品，易溶于水，消毒能力不因有机物存在而减弱，价廉易得。

(三)常用消毒药

消毒药品种类繁多，按其性质可分为醇类、碘类、酸类、碱类、氧化剂类、卤素类、酚类、挥发性烷化剂类、季胺表面活性剂类等，在生产中应根据具体情况选用。下面主要介绍经济动物饲养场常用的几种消毒药。

1.碱类

用于消毒的碱类制剂有氢氧化钠(苛性钠)、氢氧化钾(苛性钾)、石灰、草木灰、苏打等。碱类消毒剂的作用强度取决于碱溶液中氢氧根离子(OH^-)的浓度，浓度越高，杀菌力越强。

2.氧化剂类

氧化剂可通过氧化反应达到杀菌目的。其原理是：氧化剂直接与菌体或酶蛋白中的氨基、羧基等发生反应而损伤细胞结构；或使病原体酪蛋白中—SH 氧化变为—S—S—而抑制菌体代谢；或通过氧化作用破坏细菌代谢所必需的成分，使代谢失去平衡；也可通过氧化反应，加速代谢过程，损害细菌的生长过程，而使细菌死亡。常用的氧化剂类消毒剂有高锰酸钾、过氧乙酸等。

3.卤素类

卤素和易释放卤素的化合物均具有强大的杀菌能力。卤素的化学性质很活泼，对菌体细胞(原生质)及其他某些物质有高度亲和力,易渗入细胞与胞浆蛋白的氨基或其他基团相结合,或氧化其活性基因,而使有机体分解或丧失功能,呈现杀菌能力。卤素中氟、氯的杀菌力最强,其次为溴、碘。

4.酚类

酚类是以羟基取代苯环上的氢而生成的一类化合物,包括苯酚、煤酚、六氯酚等。酚类化合物的抗菌作用是通过它在细胞膜油水界面定位的表在性作用而损害细菌细胞膜,使细胞浆物质损失和菌体溶解。酚类也是蛋白质变性剂,可使菌体蛋白质凝固而呈现杀菌作用。

5.挥发性烷化剂类

挥发性烷化剂在常温常压下易挥发成气体,化学性质活泼,其烷基能取代细菌细胞的氨基、巯基、羟基和羧基的不稳定氢原子发生烷化作用,使细胞的蛋白质、酶、核酸等变性或功能改变而呈现杀菌作用。挥发性烷化剂有强大的杀菌作用,能杀死繁殖型细菌、霉菌、病毒和芽孢,而且与其他消毒药不同,对芽孢的杀灭效力与对繁殖型细菌相似,此外对寄生虫虫卵及卵囊也有杀灭的作用。它们作为消毒气体用于那些不适于液体消毒的物品,如不能受热、不能受潮、多孔隙、易受溶质污染的物品。常用的挥发性烷化剂有甲醛和环氧乙烷,其次是戊二醛和β-丙内酯。从杀菌力的强度来看,排列顺序为β-丙内酯>戊二醛>甲醛>环氧乙烷。

6.季胺表面活性剂类

季胺表面活性剂又称除污剂或清洁剂。这类药物能吸附于细菌表面,改变细菌细胞膜的通透性,使菌体内的酶、辅酶和代谢产物逸出,妨碍细菌的呼吸及糖酵解过程,并使菌体蛋白变性,进而杀死病原体。这类消毒剂又分为阳离子表面活性剂、阴离子表面活性剂。常用的为阳离子表面活性剂,它们无腐蚀性、无色透明、无味,对皮肤无刺激性,是较好的去臭剂,并有明显的去污作用。

第三节　传染病的免疫预防和疫情处理措施

一、免疫接种的一般原则及注意事项

免疫接种的目的就是提高动物对传染性疾病的抵抗力,预防疾病的发生,保证动物的健康。对于种用动物来说,免疫接种除了可以预防种用动物本身发病外,还起着减少经胎盘传递疾病发生,使后代具有高效价的母源抗体,提高幼龄动物抵抗力与免疫力的作用。

(一)免疫接种的一般原则

1.确定疫苗免疫程序

特种经济动物的一生中要接种多种疫苗或菌苗,各种传染病的易感日龄不同,且各种疫苗或菌苗间又存在着相互干扰作用,每一种疫苗或菌苗接种后其抗体消长规律又不同,这就要求在不同的日龄接种不同的疫苗或菌苗。究竟何时接种哪种疫苗或菌苗,需要在实践中不断探索,制订出适合本情况的免疫程序。制订免疫程序时至少应考虑下述几个方面的因素。

①当地疫病的流行情况及严重程度。当地有该种疫病流行或可能受到威胁时,才进行此类疫病的疫苗接种。对当地没有威胁的疾病可以不接种,尤其是毒力强的活毒疫苗或活菌苗。

②母源抗体的水平。

③动物的健康状态和对生产能力的影响。

④疫苗的种类及各种疫苗间的相互干扰作用。

⑤免疫接种的方法和途径。

⑥上次免疫接种至本次免疫的间隔时间。

上述各因素是互相联系、互相制约的，必须全面考虑。一般来说，首次免疫的时间应由母源抗体的水平来确定。由于新生动物含有母源抗体，早期机体内存在的少量母源抗体会干扰疫苗的免疫效果。如首次免疫时间过早，其体内母源抗体过高而中和疫苗的免疫原性，则起不到免疫效果。如免疫时间过晚则可能因体内抗体水平过低，出现体内抗体浓度低于最低保护浓度，形成“免疫空白期”，当有病原感染时，则容易发病。

2. 选择免疫疫苗种类

用于预防特种经济动物传染病的疫苗主要为两大类：一类是灭活苗，是把病毒或细菌灭活后制成的；另一类是活毒疫苗或弱毒疫苗，是用毒力较弱、一般不会引起发病的活的病毒或细菌制成的。弱毒疫苗按生产过程不同，又分为湿苗及冻干苗两种。一般来说，湿苗的生产及使用简便，但不能长时间保存；而冻干苗却相反，制造过程较复杂，但保存期长，一般可以保存两年左右。

3. 确定疫苗免疫途径

免疫接种的途径有多种，包括点眼、滴鼻、刺种、羽毛囊涂擦、擦肛、皮下或肌内注射、饮水、气雾、拌料等，在生产实践中应根据疫苗的种类、性质、疾病特点及使用的方便性和经济性等来选择最佳的免疫接种途径。

4. 确定接种剂量与接种时间

应按照厂家的推荐剂量进行接种。疫苗接种量低于常规剂量将达不到所需要的免疫水平。滴鼻或点眼免疫时的速度过快，未滴入足量疫苗；气雾免疫时，雾滴太大、下沉太快以及密封不严，导致疫苗未被吸入；饮水免疫时疫苗的浓度配制不当；疫苗的稀释和分布不均；免疫前未停水而造成一时饮不完；用水量和水槽过少，致使有些动物未饮到足够的水，都有可能使免疫剂量不足，影响疫苗的效果。然而也不能片面追求免疫剂量，剂量过大可引起免疫无反应性或免疫麻痹，过量的疫苗基质还可能引起过敏反应。不同疫苗产生的免疫期和免疫持续期不同，如果不严格按照免疫程序将影响免疫效果。

5. 接种疫苗

使用疫苗时应该于临用前从冰箱中取出，稀释后尽快使用。活毒疫苗，尤其是稀释后，于高温条件下容易死亡，时间越长，死亡越多。一般来说，疫苗应于稀释后 2 h 内用完，最迟 4 h 内用完，当天未用完的疫苗应废弃，不可再用。

稀释疫苗时必须使用合乎要求的稀释剂，除个别疫苗要用特殊的稀释剂外，一般用于点眼、滴鼻及注射的疫苗稀释剂是灭菌生理盐水或灭菌蒸馏水。用于饮水的稀释剂，最好是用蒸馏水或去离子水，也可用洁净的深井水。但不能用含消毒剂的自来水，因为自来水中的消毒剂会把疫苗病毒杀死。稀释疫苗的一切用具，包括注射器、针头及容器，使用前必须洗涤干净并经高压灭菌或煮沸消毒。不干净的和未经灭菌的用具，会降低疫苗效价，或造成疫苗的污染。

稀释疫苗时，应该用玻璃注射器把少量的稀释剂先加入疫苗瓶中，充分振摇使疫苗均匀溶解后，再加入其余的稀释剂。如果疫苗瓶太小，不能装入全量的稀释剂，需要把疫苗吸出放入另一容器，并用稀释剂把原疫苗瓶冲洗几次，使全部疫苗病毒或细菌都被洗下来。

接种时，吸取疫苗的针头要固定，注射时做到一只一针，以避免通过针头传播疾病。疫苗的用法、用量按该制品的说明书进行，使用前充分摇匀。

(二)免疫接种的注意事项

①免疫接种应于动物健康状态良好时进行，若在发病的动物群使用疫苗，除了那些已证明紧急预防接种有效的疫苗外，不应进行免疫接种。

②免疫接种时应注意接种器械的消毒，注射器、针头、滴管等在使用前应进行彻底清洗和消毒。接种工作结束后，应把接触过活毒疫苗的器具及剩余的疫苗浸入消毒液中，以防散毒。

③接种弱毒菌苗前后各 5 d，动物应停止使用对菌苗敏感的药物，接种弱毒疫苗前后各 5 d，应避免饮用含消毒剂的水。

④同时接种一种以上的弱毒疫苗时，应注意疫苗间的相互干扰，以免使疫苗的功效降低，重者导致免疫失败。

⑤做好免疫接种的详细记录，记录内容至少应包括接种日期、动物的品种、日龄、数量、所用疫苗的名称、厂家、生产批号、有效期、使用方法、操作人员等，以备日后查询。

⑥为降低接种疫苗时对动物的应激反应，可在接种前 1 d 用 0.002 5%维生素 C 拌料或饮水。

⑦疫苗接种后应注意动物的反应，有的疫苗接种后会继发出现相应疾病的症状，应及时进行对症处理。

二、疫情处理措施

疫病仍是影响我国经济动物养殖业发展的重要因素。一旦发生疫情，能否采取及时、科学的处理措施是控制疫情和减少经济损失的关键。动物疫情处理是动物防疫监督工作中的一项重要内容，是控制和扑灭动物疫病、保证兽群生产效益及人兽健康的重要手段。

(一)疫点、疫区、受威胁区的划分

疫点是指患病动物所在的地点。疫区是指以疫点为中心、周围 5～10 km 的区域。疫区划分时应注意考虑当地的饲养环境和天然屏障(如河流、山脉)。受威胁区是指疫区外顺延 15～30 km范围内的区域。疫点、疫区和受威胁区由当地畜牧兽医行政管理部门划定。

拉网式普查是在对疫点、疫区、受威胁区划定的同时，对周边地区动物逐村、逐户、逐头进行流行病学、临床症状等检查，并做详细记录。

(二)疫点、疫区的封锁

畜牧兽医行政主管部门报请当地人民政府对疫区实行封锁，同级人民政府在接到封锁报告后，应于 24 h 内发布封锁令。对疫点、疫区和受威胁区采取不同的处理措施。

1. 疫点

疫点周围设明显标志，使过往行人能一目了然。严禁人、动物、车辆和动物产品及可能受污染的物品进出，在特殊情况下必须出入时，须经所在地动物防疫部门批准，经严格消毒后，方可出入。对所有感染动物(禽、同群动物)及其产品，在动物防疫部门的监督指导下进行扑杀及无害化处理。疫点内所有运载工具、用具、圈舍、场地等必须进行连续严格的消毒。动物粪便、垫料、饲料等可能受污染的物品必须在动物防疫部门的指导下进行无害化处理。

2. 疫区

交通要道建立临时性检疫消毒站，禁止动物及其产品和相关物品的流动，对出入人员、车辆设置专人和消毒设备进行消毒。停止动物及其产品的交易和转移。对易感动物进行普查监测和紧急免疫接种。疫区内的工作人员禁止进入受威胁区。

3. 受威胁区

对所有易感动物进行紧急免疫接种(方向是由外围向疫点方向进行)。停止动物及其产品的交易、流通。对易感动物实施疫情普查监测,掌握疫情动态。

疫点内最后一例患病动物无害化处理后,在当地动物防疫部门的监督下,进行一次彻底消毒。21 d 内再未发现新的患病动物,且经上级动物防疫监督人员审验,认为可以解除封锁时,由当地畜牧兽医行政管理部门向原发布封锁令的政府申请发布解除封锁令。

第四节　疾病的诊疗方法

一、诊断方法

诊断就是采用各种检查方法对动物所患疾病进行本质的判断,得出结论,供养殖户参考,便于患病动物得到及时治疗,从而最大限度地降低损失。

临床诊断的方法主要包括问诊、视诊、触诊、听诊、叩诊和嗅诊等一般检查和血清学、病原学等实验室检查,以及特殊仪器检查。

鹿、狐、貉、貂、麝等经济动物仍保持着一定的野性,见人易惊。多数经济动物具有较强的耐病力,不易发现明显的症状,容易失去诊治时机。因此,在检查时动作应温和,观察要仔细。在平时饲养管理过程中必须注意观察经济动物的精神状态、食欲、反刍、饮水、鼻镜、黏膜、粪尿、被毛光泽、运动姿势和日常活动等是否正常,检查体温、脉搏和呼吸等生理指标,以便尽早发现患病动物,并正确运用各种临床检查方法建立诊断,有效地进行防治。

(一)一般检查

一般检查为临床检查过程的第一步,是对患病动物全身状态的概括性观察,以视诊为主,配合触诊、听诊、叩诊和嗅诊进行检查。一般检查主要内容包括全身状态检查,生命体征检查,可视黏膜、被毛和皮肤、淋巴结的检查,以及动物行为检查。

1. 全身状态检查

全身状态检查内容包括动物整体状态、营养状况、精神状态以及动物的姿势与体态。

2. 生命体征检查

体温、脉搏和呼吸是评价动物生命活动的重要生理指标。

3. 可视黏膜检查

可视黏膜是指肉眼能看到或借助简单器械可观察到的黏膜,如眼、鼻腔、口腔、直肠、阴道等部位的黏膜。黏膜上有丰富的毛细血管,根据黏膜颜色的异常变化,可判断血液成分和血液循环状况。健康经济动物黏膜的颜色为淡红色或粉红色,有光泽,湿润,鲜艳。

可视黏膜颜色的病理变化主要有潮红、苍白、发绀、黄疸等。

4. 皮肤检查

皮肤检查的目的在于确定皮肤的颜色、温度、湿度、弹性及其他病理变化。

5. 浅在淋巴结检查

浅在淋巴结的检查在确定附近组织器官的感染或诊断某些传染病方面有很重要的意义。

在检查淋巴结时,必须注意其大小、结构、形状、表面状态、硬度、温度、敏感度及活动性等。临床上主要检查下颌淋巴结、肩前淋巴结、膝上淋巴结、腹股沟浅淋巴结、乳房上淋巴结等位于体表的浅在淋巴结。淋巴结的检查可用视诊和触诊，必要时可配合穿刺检查。

6.动物行为检查

特种经济动物由野生向圈养的转变极大地提高了其生产水平，产生了很大的经济效益，但这并不代表圈养的方式具有合理性。因为它在提高生产率及降低生产成本的同时，也带来十分突出的问题，如密度过大，传染病易大规模暴发，动物容易受伤及行为发生改变，如咬尾、啄肛、啄羽以及自残等。导致此类问题的根本原因是，这种生产方式的某些工艺设计没有充分考虑动物的适应性，主要考虑的是生产管理的方便性。

动物行为的检查主要通过观察进行，但人为进入现场可能会干扰动物行为的表现，因此可通过录像机等设备进行监控观察。

(二)器官系统检查

器官系统的检查主要包括循环系统、呼吸系统、消化系统、泌尿生殖系统、神经系统以及骨骼与运动系统的检查。

1.循环系统的临床检查

循环系统的临床检查主要是心脏的检查。主要通过视诊、触诊、叩诊和听诊等基本的检查方法，判断心脏的活动状态。血管检查是临床检查的重要组成部分，重点是动脉脉搏和浅表静脉的检查。临床上脉搏检查主要通过触诊，根据脉搏的频率和性质往往可判断心脏和血液循环状况，甚至可判断疾病的预后等。但脉搏的频率和性质并无绝对独立的诊断意义，应将脉搏检查和全部的临床资料综合考虑。检查时应注意脉搏的频率、节律、血管紧张度和动脉管壁的弹性、脉搏强弱和波形的变化等。静脉的检查主要是通过视诊和触诊的方法来检查体表浅在静脉的充盈状态和静脉波动。

2.呼吸系统的临床检查

呼吸系统的检查方法以详细地询问病史和临床基本检查法为主，其中以听诊最为重要，X线检查对肺部和胸膜疾病具有重要价值。此外，在诊断肺和胸腔疾病时，还可应用超声检查。必要时进行实验室检查，包括血液常规检查、鼻液及痰液的显微镜检查、胸腔穿刺液的理化性质及细胞检查等。

检查呼吸运动时应注意呼吸频率、呼吸类型、呼吸节律、有无呼吸困难及呼吸对称性。

3.消化系统的临床检查

消化系统的检查方法以询问病史和临床基本检查法为主，结合胃管探诊、胃液的理化性质检查，还可以根据需要进行X线检查、内腔镜检查、超声探查、金属探测器检查及穿刺(腹腔、瘤胃、瓣胃、皱胃、肝脏等)检查。另外，还可进行血液和粪便的实验室检查。

4.泌尿生殖系统的临床检查

泌尿生殖系统的检查方法主要有问诊、视诊、触诊(外部或直肠内触诊)、导管探诊、肾脏机能试验及尿液的实验室检查，必要时还可应用膀胱镜、X线和超声波等特殊检查。

5.神经系统的临床检查

神经系统的检查主要包括意识障碍、运动功能、感觉功能、神经反射和自主神经功能的检查，临床上一般采用问诊和视诊的方法进行检查。必要时可进行脑脊穿刺液的实验室检查，以及X线、CT、MRI、检眼镜、脑电波等检查。

6.骨骼与运动系统的临床检查

运动系统主要是指与动物的运动相关的骨骼、关节、肌肉、肌腱、韧带、蹄壳等，而骨骼则泛指全身的骨骼。骨骼与运动系统的临床检查主要是针对：①以“运动”为主要功能的动物，如竞技动物，由于快速运动或负载过重对相关部位的物理学影响致使相关的疾病较多；②集约化养殖动物，人为限制其活动范围，导致活动或运动量太少，而出现的一些肢蹄疾病或亚临床问题，特别是限制性养殖的水貂、狐狸、貉等；③骨质营养代谢性疾病，如高纬度干旱、半干旱地区的放牧动物，在漫长的枯草期，营养不良，钙磷比例失调，缺乏维生素 D 时，均可导致动物骨质疏松或软化，如果与高氟环境共存，则骨质的变化不仅仅是组织病理学的，临床上可见到明显的症状，如骨疣等；④其他原因导致的骨骼疾病。主要的检查方法是临床检查、X 线检查、穿刺检查，必要时可做组织病理学、血液生化及微生物学检查。

(三)尸体病理剖检和病料的采取、运输、保存及送检

动物尸体剖检是运用病理解剖学知识，通过检查尸体的病理变化，来诊断疾病的一种方法。剖检时，必须对尸体的病理变化做到全面观察，客观描述，详细记录，然后进行科学分析和推理判断，从中做出符合客观实际的病理解剖学诊断。

1. 尸体剖检的意义

通过尸体剖检，查明病兽死亡的确切原因，及早做出正确的诊断。由于条件的限制(如某些动物难以接近和控制、症状不明显、难以观察、发病急、死亡快等，以及用于诊断的手段落后、设备不足或使用难度大等)对某些动物的疾病很难诊断和确诊。相比之下，尸体剖检方便、可行、直接、客观，是目前最常用的经济动物疾病诊断方法。特别是在经济动物群发的传染病早期，通过扑杀先发病的动物，根据所见的病理变化进行诊断，可做到早诊断、早预防，将疾病造成的损失减低到最小限度。另外，有些疾病(狂犬病、肿瘤性疾病等)必须通过尸检，做病理学检查，才能最后确诊。

2. 尸体剖检的准备

剖检既要防止污染环境、病原扩散，又要注意解剖人员自身防护，预防解剖人员感染；既要注意剖检过程中所用器械的选择及准备，又要考虑到在操作过程中可能发生的种种意外的情况。剖检前要调查病史，做到心中有数。若怀疑是人兽共患的烈性传染病如炭疽等，不仅禁止剖检，而且被其污染的环境或与其接触的器具、用品等，均应严格地彻底消毒。对确定剖检的尸体，其剖检的时间越早越好。

(1)剖检场地　为了便于消毒和防止病原扩散，最好在设有解剖台的解剖室内进行。在室外剖检时，以选择距房宿、厩舍、兽群、道路和水源较远，地势较高而且较干燥的偏僻的地点为宜。在选择好的即将进行剖检的场地一旁，常常先挖好的 2 m 左右深坑(或就地利用枯井、土坑等)，坑内撒一层生石灰。在准备进行剖检的地面上，最好铺上塑料布或其他替代用品，以便在其上剖检，借以减少对环境的污染，还有利于对尸体及周围被污染的环境进行消毒处理。

(2)剖检器械及药品　剖检常用的器械有刀(剥皮刀、解剖刀、外科手术刀)、剪(外科剪、肠剪、骨剪)、镊子、骨锯、斧子、磨刀棒或磨石等。一般情况下，有一把刀、一把剪子和一把镊子即可进行。

剖检最常用的药品有消毒药(来苏儿、新洁尔灭)和固定液(福尔马林、酒精)。

(3)清洁、消毒和个人防护　病理解剖室应经常保持清洁。剖检后，室内地面及墙壁近地面部分须用水冲洗干净，并打开紫外灯具消毒，必要时可喷洒过氧乙酸等消毒剂。

剖检所用的器械和穿戴的防护衣等均须消毒并洗净。在消毒前，应先将附着于器械或衣物上的脓汁和血液等用清水洗净，然后再浸入消毒液中充分消毒，最后再用清水洗净。金属器

械浸入3%来苏儿或1‰苯扎溴铵(新洁尔灭)(内含0.5%亚硝酸钠以防锈)溶液中消毒4~6 h,消毒后要擦干并涂布薄层的凡士林,以免生锈。乳胶手套最好一次性使用。纱布、手套和工作服(隔离衣)等,用后必须经清水洗净后彻底消毒,消毒的方式与外科手术用具相同。

3.尸体剖检的注意事项

一般在动物死亡后的24 h内进行尸体剖检为宜,不可过迟,否则会因动物死后发生的腐败和自溶而失去剖检的意义。特别是在夏天,气温高,尸体极易腐败,剖检更应尽快进行。在着手剖检前,解剖者必须先仔细阅读送检单,了解病兽生前的病史,包括临床各种化验、检查、诊断和死因。此外,还应注意到治疗后病程演变经过情况,以及临床工作人员对本例尸体剖检所需解答的问题,做到心中有数。

在搬运前必须先用浸透消毒液的棉花或纱布团块将尸体的天然孔予以堵塞,并用较浓的消毒液喷洒体表各部,在确认足以防止病原扩散的情况下方可搬运。此后,对运送尸体的车辆和与尸体接触的绳索等用具均应严格消毒。尸体剖检前,先用水或消毒液清洗尸体体表,防止体表病变被污泥等覆盖和剖检时体表尘土、羽毛扬起。

未经检查的脏器,切勿用水冲洗,以免改变其原来的色泽和性质。切脏器的刀要锋利,否则会将组织压碎。为使脏器的切面光滑而便于检查,在切开脏器时,要由前向后,一刀切开,不可由上向下挤压或拉锯式切开。

剖检完毕,应立即将尸体、垫料和被污染的土层一起投入坑内,撒上生石灰或喷洒消毒液后,用土掩埋。有条件的可焚烧。场地应彻底消毒。附着于器械及衣物上的脓汁和血液等,先用清水冲洗,再用消毒液充分消毒,最后用清水洗净,晒干或晾干。胶皮手套经清洗、消毒和擦干后,撒上滑石粉。

4.病理剖检记录

病理剖检记录的表格可预先印好,临时填写,或用空白纸直接记录。不管采取哪种方式,均应包括以下三大部分(表1-1)。

表1-1 经济动物病理剖检记录

<table>
<tr><td colspan="2">剖检号</td><td colspan="8"></td></tr>
<tr><td>畜主</td><td></td><td>兽种</td><td></td><td>性别</td><td></td><td>年龄</td><td></td><td>特征</td><td></td></tr>
<tr><td colspan="2">临床摘要及
临床诊断</td><td colspan="8"></td></tr>
<tr><td colspan="2">死亡日期</td><td colspan="8">年　月　日</td></tr>
<tr><td colspan="2">剖检地点</td><td colspan="3"></td><td colspan="2">剖检时间</td><td colspan="3">年　月　日</td></tr>
<tr><td colspan="2">剖检所见</td><td colspan="8"></td></tr>
<tr><td colspan="2">病理解剖学诊断</td><td colspan="8"></td></tr>
<tr><td colspan="2">最后诊断</td><td colspan="8"></td></tr>
<tr><td colspan="2">剖检者</td><td colspan="8"></td></tr>
<tr><td colspan="2"></td><td colspan="8">年　月　日　时</td></tr>
</table>

(1)第一部分　一般情况,包括:剖检号,尸检者,记录,参加者,畜主,兽种、性别、年龄、特征,死亡日期(年、月、日),剖检时间(年、月、日),剖检地点,临床摘要与诊断,其他(微生物、寄

生虫，理化特征等)检查。

(2)第二部分　有关剖检的内容，包括：剖检所见，病理解剖学诊断，最后诊断。

(3)第三部分　结论及主检者签名，年、月、日、时。

剖检记录最好在剖检过程中进行。如工作人员较多，可采用主检者口述，别人记录的方法，于剖检结束时，再由主检者审查、修改。条件不允许时，在剖检完成后要立即补记。剖检记录的内容次序和写法不必强求完全一致，但记录必须客观、详细、全面、突出重点，用词要明确、清楚。

5.病理解剖的步骤

常规的剖检方法和顺序的必要性有助于提高剖检工作的效果。通常采用的剖检顺序如下。

(1)体表检查　体表检查是病理剖检的第一步。体表检查结合临床诊断的资料，常常可以为疾病的诊断提供重要线索，还可为剖检的方向给予启示，有的还可以作为判断疾病的重要依据(如口蹄疫、炭疽、鼻疽、痘等)。体表检查主要包括以下几方面。

①兽别、品种、性别、年龄、毛色、特征、体态等。

②营养状态。可根据肌肉发育、皮肤和被毛状况来判断。

③皮肤。注意被毛的光泽度，皮肤的厚度、硬度和弹性，有无脱毛、褥疮、溃疡、脓肿、创伤、肿瘤、外寄生虫等。此外，还要注意检查有无皮下水肿和气肿。

④天然孔的检查。首先检查各天然孔(眼、鼻、口、肛门、外生殖器等)的开闭状态及有无异物。

⑤尸体变化的检查。动物死亡后，舌尖伸出于卧侧口角外，由此可以确定死亡时的位置。

⑥皮下检查。在剥皮过程中进行，要注意检查皮下有无出血、水肿、脱水、炎症和脓肿，并观察皮下脂肪组织的多少、颜色、性状及病理变化等。

⑦体表淋巴结的检查。要特别注意颌下淋巴结、颈浅淋巴结、髂下淋巴结等体表淋巴结，肠系膜淋巴结、肺门淋巴结等内脏器官附属淋巴结。注意检查其大小、颜色、硬度，与其周围组织的关系及切面的变化。

(2)胸腹腔的检查　在腹腔剖开后立即进行腹腔检查，检查内容主要包括：腹水的量和性状；腹腔内有无异常物质，如气体、血凝块、胃肠内容物、脓汁、寄生虫、肿瘤等；腹膜的性状，是否光滑，有无充血、出血、纤维素、脓肿、破裂、肿瘤等；腹腔脏器的位置和外形，注意有无变位、扭转、粘连、破裂、肿瘤、寄生虫结节以及淋巴结的性状；横膈膜的紧张程度、有无破裂。

然后取出腹腔脏器，包括脾脏、网膜、空肠、回肠、大肠、胃、十二指肠、肝脏、胰腺、肾脏、肾上腺。对于母兽要观察子宫和卵巢的大小和形状。公兽要检查包皮、龟头、睾丸和附睾，要注意其外形、大小、质地和色泽，观察切面有无充血、出血、瘢痕、结节、化脓和坏死等。

胸腔的检查主要包括：观察胸膜腔有无液体、液体量、透明度、色泽、性质、浓度和气味。注意浆膜是否光滑，有无粘连等病变。肺脏的大小、色泽、重量、质地、弹性、有无病灶及表面附着物等。用剪刀将支气管切开，注意检查支气管黏膜的色泽、表面附着物的数量、黏稠度。最后，将整个肺脏纵横切割数刀，观察切面有无病变，切面流出物的数量、色泽变化等。检查心脏时，注意检查心腔内血液的含量及性状。检查心内膜的色泽、光滑度、有无出血，各个瓣膜、腱索是否肥厚，有无血栓形成和组织增生或缺损等病变。对心肌的检查，注意各部位心肌的厚度、色泽、质地、有无出血、瘢痕、变性和坏死等。

(3)颅腔的剖开和脑的检查　沿锯线剪开硬脑膜，检查硬脑膜和蛛网膜，注意脑膜下腔液的容量和性状。然后用剪刀或外科刀将颅腔内的神经、血管切断。小心地取出大脑、小脑，再将延脑和垂体取出。

检查脑时，先观察脑膜的性状，正常脑膜透明、平滑、湿润、有光泽。病畜可能出现充血、出血和脑膜浑浊等病理变化。然后检查脑回和脑沟的状态，有脑水肿、积水、肿瘤、脑充血等变化时，脑沟内有渗出物蓄积，脑沟变浅，脑回变平。并用手触检各部分脑实质的质地，脑实质变软是急性非化脓性炎症的表现，脑实质变硬是慢性脑炎时神经胶质增多或脑实质萎缩的结果。

检查脑的内部时，先用脑刀伸入纵沟中，自前而后，由上而下，一刀经过胼胝体、穹隆、松果体、四叠体、小脑蚓突、延脑，将脑切成两半。将脑切开后，检查脉络丛的性状及侧脑室有无积水，第三脑室、导水管和第四脑室的状态。再横切脑组织，切线相距 2～3 cm，注意脑质的湿度、白质和灰质的色泽和质地，有无出血、坏死、包囊、脓肿、肿瘤等病变。检查脑垂体时，先检查其重量、大小，然后沿中线纵切，观察切面的色泽、质地、光泽和湿润度等。由于脑组织极易损坏，一般先将其固定，然后再切开检查。脑的病变主要依靠组织学检查。

(4)口腔和颈部器官的采出和检查　口腔和颈部器官在采出前先检查颈部动脉、静脉、甲状腺、唾液腺及其导管，颌下和颈部淋巴结有无病变。采出时先在第一臼齿前下方锯断下颌支，再将刀插入口腔，由口角向耳根，沿上下臼齿间切断颊部肌肉。将刀尖伸入颌间，切断下颌支内面的肌肉和后缘的腮腺等。最后切断冠状突周围的肌肉与下颌关节的囊状韧带。握住下颌骨断端用力向后上方提举，下颌骨即可分离取出，口腔显露。此时以左手牵引舌头，切断与其连接的软组织、舌骨支，检查喉囊。然后分离咽和喉头、气管、食道周围的肌肉和结缔组织，即可将口腔和颈部的器官一并采出。

对仰卧的尸体，口腔器官的采出也可由两下颌支内侧切断肌肉，将舌从下颌间隙拉出，再分离其周围的连接物，切断舌骨支，即可将口腔器官整个分离。然后按上法分离颈部器官。

检查舌黏膜时，按需要纵切或横切舌肌，检查其结构。发现舌的侧缘有创伤或瘢痕时，应注意对同侧臼齿进行检查。

检查咽喉部分的黏膜和扁桃体时，注意有无发炎、坏死或化脓。剪开食道，检查食道黏膜的状态，食道壁的厚度，有无局部扩张和狭窄，食道周围有无肿瘤、脓肿等病变。剪开喉头和气管，检查喉头软骨、肌肉和声门等有无异常，器官黏膜面有无病变或病理性附着物。

(5)鼻腔的剖开和检查　将头骨于距正中线 0.5 cm 处纵行锯开，把头骨分成两半，其中的一半带有鼻中隔。用刀将鼻中隔沿其附着部切断后取下。检查鼻中隔和鼻道黏膜的色泽、外形、有无出血、结节、糜烂、溃疡、穿孔、炎性渗出物等，必要时可在额骨部做横行锯线，以便检查颌窦和鼻甲窦。

(6)脊椎管的剖开和检查　先切除脊柱背侧棘突与椎弓上的软组织，然后用锯在棘突两边将椎弓锯开，用凿子掀起已分离的椎弓部，即露出脊髓硬膜。再切断与脊髓相连接的神经，切断脊髓的上下两端，即可将所需分离的那段脊髓取出。脊髓的检查要注意软脊膜的状态，脊髓液的性状，脊髓的外形、色泽、质地，并将脊髓做多数横切，检查切面上灰质、白质和中央管有无病变。

(7)肌肉和关节的检查　肌肉的检查通常只是对肉眼上有明显变化的部分进行，注意其色泽、硬度，有无出血、水肿、变性、坏死、炎症等病变。对某些以肌肉变化为主要表现形式的疾病，如白肌病、气肿疽、恶性水肿等，检查肌肉就十分重要。

关节的检查通常只对有关节炎的关节进行，可以切开关节囊，检查关节液的含量、性质和关节软骨表面的状态。

(8)骨和骨髓的检查　骨的检查主要针对骨组织发生疾病的病例进行，如局部骨组织的炎症、坏死、骨折、软骨症和佝偻病的病兽，放线菌病的病变骨组织等，先进行肉眼观察，验其硬度，检查其断面的形像。

骨髓的检查，对与造血系统有关的各种疾病极为重要。可将长骨沿纵轴锯开，注意骨干和骨端的状态，红骨髓、黄骨髓的性质、分布等。或者在股骨中央部做相距 2 cm 的横行锯线，待深达全骨的 2/3 时，用骨凿除去锯线内的骨质，露出骨髓，挖取骨髓做触片或固定后做切片检查。

6. 病料的采集、保存及送检

在实际工作中，有时会遇到病因复杂或难以诊断的疾病或原因不明的死亡，为了弄清发病原因和对疾病进行确诊，需要采集病料，送往实验室进行检测。

病料的选择与采取要明确目的，即根据初步诊断采取相应的材料，对一时不易明确的病可全面采取。一般情况下，应选择临床表现明显、症状典型的病例采取病料，这类典型病例大多出现于流行初、中期，流行后期的病例由于治疗、免疫反应等干扰，症状不明显、不典型，病料检测也不易得出正确的结论。应在濒死期扑杀采取，或在死亡后立即采取病料，最多不能超过死亡后 24 h，在炎热季节更应注意，否则容易污染。

(1)病料采取前的准备与采集后的处理　病料采取的全过程都应保持无菌操作，这是保证正确结果的必要条件。全部器械都要经过消毒灭菌，刀、剪、镊子类金属器械可高压或煮沸灭菌；器皿和玻璃容器可高压或煮沸灭菌；胶塞等橡胶制品可用 0.5%石炭酸液煮沸消毒10 min，或高压灭菌；载玻片先用 1%～2%碳酸氢钠溶液煮沸 10～15 min，水洗后用清洁纱布擦干保存在酒精、乙醚等溶液中备用；注射器、针头可高压或煮沸消毒。未经消毒灭菌的器械不能使用，以保证病料不被污染。凡急性死亡而天然孔又出血或怀疑为炭疽时，应先自末梢血管采血涂片检查并排除炭疽后，方能剖检采取病料。

剖检和采取病料时，应按先采取微生物检查病料后再进行病理变化检查的程序进行，以保证病料不被污染。在剖检和采取过程中应尽可能不扩大污染，完毕后应按防疫要求消毒处理。

(2)病料的采取、保藏和运送的注意事项　取材要及时。患病动物死后要立即采取病料，最好不超过 6 h，否则时间过长，肠道中的非病原菌侵入机体后，会妨碍病原菌的检出。剖开腹腔之后，首先取材，因为暴露时间越长，就越容易被空气、肠道、皮毛上的微生物污染。对急性死亡的患病动物，如果有天然孔出血、尸僵不全等现象，怀疑是炭疽时，应先取耳静脉血做涂片，或在腹壁上做一切口，取脾脏组织，立即送检。当确定不是炭疽时才可以剖检。

采样所用刀、剪要锐利，切割要迅速准确，采集材料时应无菌，所用的容器和器具要消毒。在实际工作中不能做到时，最好取新鲜的整个器官或大块组织送检。怀疑是什么病，就采集有关的材料。如果不能确定是什么病时，则尽可能全面采集病料。

送检的涂片自然干燥，玻片之间保留间隙，以免相互摩擦。装在试管、广口瓶或青霉素瓶内的病料，均需盖好盖，塞好棉塞，然后用胶布粘好，再用蜡封固，放入冰瓶中。病料送检时，最好专人运送，并附带说明。当采集活体病料时，如有多数动物发病，取材时应选择症状和病变典型，有代表性的病例，最好选择未经抗生素治疗的病例。

(3)病料的固定和保存 实质性器官的病料存放在消毒过的容器内。若用于病理组织学检查,存放于10%福尔马林溶液或2.5%的戊二醛溶液中(如作冷冻切片用,应将组织块放在冷藏容器中,并尽快送实验室检验);短时间内不能送到的病料,上面加盖灭菌液状石蜡2~3 cm。用蜡封固,置于装有冰块的冰瓶中迅速送检;没有冰块时,可在冰瓶中加冷水,并加入等量硫酸铵,可使水温冷至零下,将装病料的小瓶浸入此液中送检。夏天在运输的途中时间长时,要勤换固定液;也可将病料浸入保存液中,供微生物学检查的液体病料,包扎牢靠,防止外溢污染、变质;供血清学检查的血清装入灭菌小瓶内。细菌性病料可浸于饱和盐水或30%甘油缓冲液,病毒性病料可浸于50%甘油缓冲液中。进行微生物学检验的病料,若病料不能立即送检时,最佳的保存方法应为冷冻或冷藏。

(4)病料的送检 要求送检人员对经济动物的整个发病情况应十分了解或有翔实的记录,最好是现场技术人员亲自送检。这样能提供兽群发病过程的全部信息,这对实验室诊断是十分重要的,可有目的地进行检验,既节省时间,结果又可靠。禁止送检死亡过久或腐败变质的病料,这种病料对诊断毫无意义,而且还拖延了诊断时间,对疾病的及时有效控制极为不利。微生物检验用病料,尽可能专人送检。送检时,除注意冷藏保存外,还需将病料妥善包装,避免破损散毒。用冰瓶送检时,装病料的瓶子不宜过大,并在其外包一层棉花。途中要避免振动、冲撞,以免碰破冰瓶。若系邮寄送检,应将病料于固定液中固定24~48 h后取出,用浸有同种固定液的脱脂棉包好,装在塑料袋中,放在木盒内邮寄。邮寄标本的同时应附上尸体剖检记录等有关材料一份,填写送检经济动物组织种类、数量、检验目的、病料所用固定液种类、送检时间、送检单位和送检人及通信地址等。每种病料要附以标签,并复写送检单一式三份,一份存查,两份寄往检验单位,检验完毕后退回一份。

(四)实验室检查

特种经济动物疾病甚多,各种病的实验室检查重点也不一样。无疑,快速而又正确的检验方法是最理想的,但也应考虑设备条件、技术条件选取合适的检验方法。近现代微生物学检验技术发展迅速,实验诊断学内容广泛,涉及兽医临床检验的许多方面,有些内容已在相关学科中有详细的叙述,本章不再重复。

(1)血液学检验 血液学检验主要针对血液和造血组织引起的血液病及其他疾病所致的血液学变化。兽医临床上主要进行血液学常规检查,包括红细胞数、白细胞数、血红蛋白含量、红细胞比容、红细胞沉降速率、白细胞分类计数及血细胞形态学检查,必要时还可进行血小板数、溶血和抗凝血功能的检验等。

(2)排泄物、分泌物及体液的检验 主要包括尿液的物理、化学及沉渣检查,胃液和粪便的常规检查,渗出液及漏出液的理化检查等。

(3)临床化学检验 主要是对组成机体的生理成分、代谢状况、重要器官的功能状态、毒物分析及营养评价等进行的检验,包括糖、脂肪、蛋白质及其代谢产物的检验,血液和体液中电解质和微量元素的检验,血气和酸碱平衡的检验,临床酶学检验,激素和内分泌腺功能的检验,以及毒物和药物浓度的检测等。

(4)临床免疫学检验 包括免疫功能、临床血清学等检验。

(5)临床病原微生物检验 包括传染病常见的病原检查、细菌耐药性和药敏试验等。

二、捕捉、保定与麻醉方法

(一)捕捉方法

特种经济动物如鹿、貂、狐、貉、灵猫、麝、熊等虽已被驯养,但仍保留着一定的野性,特别是生人难以接近,当人接近时即表现惊慌不安、蹬腿,甚至攻击人,如无防备则易被咬伤、顶伤或抓伤。

(二)保定方法

保定是以人力、器械或者某些化学药物达到控制特种经济动物活动的方法。保定时应遵循安全、迅速、简单、确实的原则。目前,饲养的特种经济动物多数为野生动物,野性较强,虽然经过长时间的驯养,但其生活习性与家畜、家禽相比仍有很大的差别,特别是生人难以接近,这给兽医诊疗工作带来了很大困难。因此,在检查、诊断、治疗和运输过程中应采取适当的保定措施。

(1)鹿的保定法　主要有人力保定法、机械保定法、化学保定法和电力保定法。

(2)狐、貉、貂的保定法　主要有嘴保定法、绷带扎口法、腋下保定法和全身保定法。

(三)麻醉方法

麻醉的目的在于安全有效地消除手术疼痛,确保人和动物安全,使动物失去反抗能力,为顺利进行手术创造良好的条件。兽医临床麻醉大体分为两类,即全身麻醉和局部麻醉。特种经济动物临床上多用全身麻醉,局部麻醉较少用。

1.局部麻醉

局部麻醉是应用局部麻醉药暂时阻断身体某一区域的神经传导而产生麻醉作用,从而达到无痛手术的目的。局部麻醉药主要包括普鲁卡因、利多卡因、达克罗宁以及丁卡因。局部麻醉简便、安全,适用范围广,可在不少手术上应用。局部麻醉可分为表面麻醉、浸润麻醉、传导麻醉和椎管内麻醉。

2.全身麻醉

全身麻醉是指麻醉药经呼吸道吸入、静脉或肌内注射等方式进入体内,产生中枢神经系统的抑制,临床表现为神志消失、全身痛觉丧失、反射抑制和骨骼肌松弛,但仍保持延髓生命中枢的功能,主要用于外科手术和凶猛经济动物的保定检查。

全身麻醉方法很多,根据用药顺序和种类,可分为单纯麻醉、复合麻醉、混合麻醉、合并麻醉、基础麻醉等。根据药物进入体内的不同途径,可分为非吸入性麻醉和吸入性麻醉两种。

常用麻醉药有吸入性全身麻醉药(如乙醚、氟烷、安氟醚、异氟醚等)和非吸入性全身麻醉药(如盐酸氯胺酮、硫喷妥钠、二甲苯胺噻嗪等)。

三、治疗方法

(一)治疗的基本原则

特种经济动物疾病的治疗就是通过人为干预,终止或缓解各种致病因素的损伤作用,增强机体的防御机能,恢复机体内环境的平衡,促进机体生理组织细胞的功能、代谢和形态结构的恢复,以便使患病动物尽快得到康复。

1.究因治本的原则

任何疾病都必须首先明确致病原因,尽量采取对因疗法。针对不同的致病原因,常需要采取不同的治疗方法。

2. 局部与整体治疗相结合的原则

动物体是一个复杂的、具有内在联系的整体。每一种疾病不管它表现的局部症状如何明显，均属整个机体的疾病。一种脏器的疾病，势必影响其他脏器的机能和病理变化。因此，治疗疾病必须从整体出发，尽力在复杂的疾病过程中找出发病动物机体内的主要矛盾和次要矛盾，以整体作为对象去研究和解决各器官系统之间的失调关系，合理运用局部治疗与全身治疗的各种措施。

3. 个体性治疗的原则

不同种属的动物，或同一种动物的不同个体，在相同的疾病过程中常常有不同的表现，对它们的治疗也应该有所差异，不能强求一律。一定要根据具体情况（年龄、性别、体质强弱等）制订不同的治疗方案。不仅对相同疾病的不同个体，根据发病动物体质强弱考虑治疗方法，就是在同一个体上，也要随着病情变化，拟定相应的治疗措施。只有这样，才能取得较为满意的治疗效果。

4. 综合性治疗的原则

根据具体病例的实际情况，选取多种治疗手段和方法配合使用。实践证明，在治疗疾病的过程中，运用综合疗法往往奏效快、效果好。

5. 灵活性治疗的原则

动物疾病不是孤立和一成不变的，而是相互联系、相互转化的，在治疗过程中应随时调整治疗方法，做到因病、因动物、因症、因时、因地制宜。

6. 防治结合、防重于治的原则

动物一旦发病就可影响到其生产性能的发挥，养殖效益势必降低。为此，针对经济动物疾病，必须采取“预防为主”的方针，遵循防治结合、防重于治的原则。

（二）常用治疗方法

临床上治疗疾病的方法有多种，凡是应用各种药物、物理因素（如温热、水、光及电等）、针灸、饮食及化学和生物制剂等，使发病动物由病理状态转为正常的任何一种手段、措施和方法，都称为治疗方法。常用的治疗方法是药物治疗，主要有以下给药方式。

1. 注射给药

注射给药是防治动物疾病时常用的给药技术。该技术是用注射器或输液器将药物直接注入动物体内，能迅速发生药效。按注射部位分为皮下注射、肌内注射、静脉注射等，个别情况下还可行皮内、胸腹腔、气管、瓣胃及眼球后结膜等部位注射。

2. 口服给药

口服给药是动物常用的给药方法之一，是将药物拌在食物中、溶在饮水中或通过盛器投入口腔，再由动物自行咽下进入胃内的一种临床给药方法。如果动物还有食欲，药量少且无特殊气味，可将其拌在食物或溶入饮水中，使动物自由采食。若味苦或有特殊气味，需采取适宜方法投入。对于液性药液常用皮瓶法，对于少量丸剂或其他固体药物（粉剂除外）也可以直接经口投入。给貂、貉等经济动物投药时，常用一带孔的横板横在口腔，用通过小孔的胃管或注射器投服。在灌服时，应防止将胃管插入气管，并避免损伤食道黏膜。

3. 直肠投药

直肠投药常用于严重呕吐的动物，必须在特定条件下进行，它比口服投药起效快，无副作用。

给予水、油剂药物时，提起小动物两后肢，将尾拉向一侧。用12～18号橡胶导尿管经肛门插入直肠内，一般3～5 cm，然后用注射器向导尿管内注入药液30～100 mL，最后拔出导管，并压迫尾根片刻，以防因努责排出药液，然后松开保定。给予栓剂药物时，要求动物行站立保定，左手抬起尾，右手持栓剂插入肛门，并将栓剂缓缓推入肛门约5 cm，然后将尾放下，按压3～5 min，待不出现肛门努责即可。

4. 胃管投药

灌胃是将药液经由胃管送入胃内的一种给药方法，此法适用于对单个动物的大量投药。

投药者保定动物头部，装上开口器，一只手持涂上滑润油的胃管，从口腔缓缓插入，当管端到达咽部时感觉有抵抗，此时不要强行推进，待动物有吞咽动作时，趁机向食管内插入。动物无吞咽动作时，应揉捏咽部或用胃导管前端轻轻刺激咽部而诱发吞咽动作。

当胃导管进入食管后要判断是否正确插入，其判断方法有：向胃导管内打气，在打气的同时可观察到左侧颈静脉沟处出现波动；将球压扁后不再鼓起来。上述两种判断方法，均证明胃导管已正确地插入食管内。

插胃管的注意事项：保定动物，保证人、动物安全。动作轻缓，特别是在胃导管通过咽部时，操作时动作要轻柔，胃导管插入、抽动要徐缓。插入胃导管灌药前，必须判断胃导管正确插入后方可灌入药液，若胃导管误插入气管内灌入药液将导致动物窒息或形成异物性肺炎。经鼻插入胃导管，插入动作要轻，严防损伤鼻道黏膜。若黏膜损伤出血时，应拔出胃导管，将动物头部抬高，并用冷水浇头，可自然止血。

（三）特异疗法

特异疗法主要是针对特定病原体如细菌、病毒、寄生虫等引起的侵袭性疾病的防治方法，包括菌苗疗法、疫苗疗法、特异血清疗法、类毒素疗法、抗毒素疗法、转移因子疗法、单克隆抗体疗法以及自家血疗法等。

自家血疗法也叫蛋白质刺激疗法，兼有自体血清和自体疫苗的作用。这种方法适合治疗皮肤病、皮肤炎症、某些眼病（如结膜炎、角膜炎），这些疾病在一定程度上是由于局部营养缺乏导致免疫功能低下。使用这种疗法能起到营养作用，也能促进机体的免疫功能。采血部位是经济动物颈静脉，一般在颈静脉上1/3与中1/3交界处，经酒精消毒后根据治疗部位不同，在相应位置进行注射，第2次注射需要在第1次注射的血液吸收完之后进行。

第二章 传 染 病

第一节 经济动物的传染病特点

一、药用动物的传染病特点

药用动物养殖模式分为三类:第一类是有系统养殖经验,形成集约生产,并取得效益的;第二类是初具生产规模,以地方分散生产为主,且目前能提供一定数量产品的;第三类是根据需要,已开展养殖研究,并初步获得成果的。不同养殖模式下,药用动物疾病的发生和流行趋势主要表现在如下几个方面。

(一)季节性

某些动物传染病的发病率每年都在一定的季节升高,称为季节性,如口蹄疫、麝卡他性鼻炎、细小病毒性肠炎。

(二)传染性

所有动物传染病都具有一定的传染性。所谓传染性是病原体排出体外后,侵入另一个易感动物机体内引起相同症状的疾病。有传染性的时期称为传染期。如鹿布鲁氏菌病、巴氏杆菌病。

(三)散发且症状非典型

由于药用动物养殖业发展的限制,其发病受养殖环境的影响较大。由于疫苗质量问题、接种程序和方法不当、新毒株或变异株的出现、耐药菌株增多、免疫抑制等原因,免疫失败和药物预防效果差或无效的情况时有出现。因此,疾病的发生多以非典型的形式出现,且在较长一段时间内只有个别病例零星地散在发生,各病例在发病时间与发病地点上没有明显的关系。

(四)疾病发生与饲养水平密切相关

药用动物日常的饲养管理与疾病的发生密切相关,饲养方式和饲养环境对某些细菌病、寄生虫病的发生有明显的影响。饲料的搭配不全价,饲料不新鲜,环境卫生差,捕捉动物时操作方法不恰当等均可能导致动物发病。

二、毛皮动物的传染病特点

(一)毛皮动物传染病发生的条件

1. 由相应的且具有一定数量和毒力的病原微生物引起

毛皮动物传染病是由相应的病原体引起的,每一种传染病都有其特定的病原体。如犬瘟热是犬瘟热病毒侵入毛皮动物体内所致,水貂阿留申病是阿留申病毒侵入水貂体内所致。

2. 病原微生物需要通过适宜的侵入途径使动物感染

病原微生物通过适宜的途径侵入到毛皮动物适宜的部位使动物感染，如果病原微生物侵入毛皮动物机体的部位不适宜，也不能引发传染病。如狂犬病通常只有被患病动物直接咬伤且唾液将狂犬病病毒带进伤口的情况下，才有可能引起感染；破伤风必须是破伤风梭菌经外伤侵入动物体，并在缺氧的环境中生长繁殖才能引起动物发病。

3. 毛皮动物对传染病具有易感性

毛皮动物对某一病原微生物没有免疫力则称之为有易感性。病原微生物只有感染对其有易感性的动物体才能引起传染病的发生。不同动物对同一种病原微生物的易感性不同，如不同品系的水貂对阿留申病的易感性不同；水貂比狐狸、貉子更易感染巴氏杆菌等。

4. 外界环境因素适宜

外界环境对毛皮动物传染病的发生具有重要的影响。如夏季山东地区炎热潮湿，水貂易暴发出血性肺炎、犬瘟热等传染病；夏秋换季期间，水貂、狐狸、貉易发生红白痢等。

(二)毛皮动物传染病的特征

1. 病原体的特征

每种毛皮动物传染病都有其特异的病原体，疫病种类不同，病原体不同。如水貂出血性肺炎是由绿脓杆菌引起的，犬瘟热是由犬瘟热病毒引起的。

2. 具有传染性和流行性

毛皮动物传染病通常能够由患病个体排出病原体侵入另一有易感性的健康动物，引起同样症状，并在一定时间内在动物群体中蔓延扩散；当条件适宜时，同一种疫病在一定时间内在某一地区的易感动物群体中蔓延散播，形成流行。

3. 患病耐过动物能获得特异性免疫

在大多数情况下，毛皮动物耐过疫病后能产生特异性免疫，使机体在一定时间内或终生不再感染该种疫病。

4. 具有特征性临床表现

大多数毛皮动物传染病具有该病的特征性的症状以及一定的潜伏期和疾病发生、发展、转归过程。

(三)毛皮动物传染病的流行特点

1. 散发性

毛皮动物传染病的发生具有散发性，即在较长一段时间内只有个别病例零星地散在发生，各病例在发病时间与发病地点上没有明显的关系，疾病发生无规律，随机发生。如水貂尿湿症、狐狸脑炎、寄生虫病等。

2. 地方流行性

毛皮动物传染病有时发生和发病率是有规律的、可预见的或可以料想到的。在一定地区和动物群体中呈局限性传播，并且呈较小规模流行，病例稍多于散发性。如犬瘟热在山东诸城、海阳的发病率较高。

3. 大流行性

毛皮动物传染病有时发生在通常不常发生疾病的时间和地点，或疾病发生的频率远远高出某一时间内通常的发病情况。

4.季节性和周期性

由于不同季节对病原体和动物机体有不同的影响，有些毛皮动物传染病表现出明显的季节性。如毛皮动物在夏季易暴发出血性肺炎。有些毛皮动物传染病流行后经一定时间会再次流行，其原因是动物群体的免疫力发生着周期性的变化。如犬瘟热和细小病毒性肠炎，毛皮动物体内这两种病的抗体水平存在周期性变化，要定期进行免疫才能有效预防。

三、特种珍禽的传染病特点

随着特禽业的迅速发展，特禽饲养已逐步走向规模化和集约化。由于规模化、集约化饲养方式的固有特点，较之以往传统的农户庭院式养禽，其疾病的发生和流行也随之出现了新的变化和特点，其趋势主要表现在如下几个方面。

(一)疾病发生种类增多，以传染性疾病的危害最大

特禽养殖产业不断发展壮大，商品贸易不断增加，但是集约化饲养管理经验却相对缺乏，防疫卫生技术跟不上，致使近十余年来，几乎每年都有新的疾病出现，各类禽病的种类已达100余种，涉及传染病、寄生虫病、营养代谢病和中毒性疾病。从对禽群的危害及造成的经济损失来说，在各类禽病中仍以传染性疾病的危害最大。据不完全资料统计和现场调查，传染性疾病的发生率占全部禽病的75%～80%，因而一直是禽病防治的重点。

(二)细菌性传染病的危害严重

就目前而言，药物是防治细菌性传染病的重要手段，但由于药物滥用的现象普遍存在，以致禽多杀性巴氏杆菌、沙门菌和支原体等病原菌的耐药菌株不断出现，细菌耐药性呈现逐步增强的趋势，耐药率越来越高，多重耐药菌株越来越多，耐药谱越来越大。结果造成一旦发病，则往往难以根治，或反复发生，进而造成巨大损失。

(三)病毒病仍将是禽病的主要威胁之一

禽病毒性疾病的发生越来越严重，仍将是禽病的主要威胁之一，用疫苗控制仍避免不了发病，而且毒株变异和变强的可能性随时在发生，给疫病的治疗带来了很大困难，虽然经过治疗控制了疫情发展，但最终仍将形成恶性循环，使得疾病越来越严重，以致出现一些地区禽只全军覆没的现象。

(四)免疫抑制性疾病频发，低日龄化趋势严重

免疫抑制性疾病发病频繁，已成为特禽业疾病防治的重中之重，近几年特禽业免疫抑制病呈上升趋势，且呈低日龄化趋势发展，严重影响了后期的生长和生产。免疫抑制性疾病除了本身死亡或生长不良所导致的经济损失外，更重要的是会导致其他传染性疾病的发生，如造成免疫失败或者其他传染病的致病性增强。

(五)并发性、非典型性病例多发

由于疫苗质量问题、接种程序和方法不当、新毒株或变异株的出现、耐药菌株增多、免疫抑制等原因，免疫失败和药物预防效果差或无效的情况时有出现。因此，疾病的发生多以非典型的形式出现，多并发或继发一种或两种以上的疾病。

(六)禽病混合感染现象极其普遍

自2010年以来，禽病多以混合感染的形式出现，尤其以幼禽表现突出，在未来，这种现象还将更加普遍。一些危害生产的疾病，在养殖环境、疫苗接种程序不断变化，疫苗种类不断增加的情况下，不断以新面目出现而继续流行，为有效控制疾病带来了许多障碍。如大肠埃希菌

是条件致病菌，常和其他传染病并发和继发感染，如不能确诊原发性疾病，就不会有好的治疗效果，如新城疫、支原体病和大肠埃希菌病的混合感染。

(七)设施养殖方式与疾病的发生密切相关

饲养方式和饲养环境对某些寄生虫病的发生有明显的影响。例如，平养或平养结合栅养的鹌鹑群，其球虫病、盲肠肝炎和蛔虫病等的发生率、严重程度以及造成的损失，远远高于纯栅养或笼养的鹌鹑群。

四、其他动物的传染病特点

与前述动物不同，蚯蚓、蝎子、蜈蚣等动物的皮肤具有高度的渗透性，并且直接参与各种重要的生理过程，如水分吸收、渗透压调节和呼吸，具有特殊的生理功能，但其皮肤角质化程度低，而且缺少保护性结构。皮肤损伤、水质改变以及接触化学刺激物等圈养环境存在的潜在危害都可造成对皮肤的刺激，引起干枯病、黑斑病、斑霉病等传染病。其传染病发生通常存在以下两方面特点。

(一)侵染性病害

侵染性病害是由病菌侵染而引起的病害。侵染病菌分细菌和真菌两种，细菌从口侵入体内繁殖，动物病死后尸体充满黑色黏液、发臭；真菌从体表寄生侵染，向体内发展，并长出菌丝体，病死后尸体僵化。

(二)非侵染性病害

非侵染性病害因管理粗放、环境不适而引起，如环境潮湿、空气湿度大或饲喂腐败饲料、污秽饮水，进而引起细菌、真菌病发。

第二节　经济动物的共患性传染病

一、炭疽

炭疽(anthrax)是由炭疽芽孢杆菌引起的人兽共患的急性、热性、败血性传染病，炭疽遍布于世界各地，常呈现散发或地方性流行。在某些潮湿低洼地带，或以散在出现，或以集体发生，几乎连年不断。本病可感染多种动物，毛皮动物中水貂、貉、狐、犬等都有不同程度的易感性，常常发展为急性败血症而死亡。

【病原】

炭疽杆菌(*Bacillus anthracis*)属于芽孢杆菌科(Bacillaceae)芽孢杆菌属(*Bacillus*)。本菌是一种两端平齐的大杆菌，长 3.0～10.0 μm，宽 1.0～3.0 μm。外有肥厚的荚膜，成分为 *D*-谷氨酸，是构成毒力的因素之一。在自然界中能形成由十个至数十个菌体相连的长链。在病料检样中多散在或 2～3 个短链排列，在培养基中则形成较长的链条。活体染色时，菌体两端呈圆形，在染色的干燥标本上呈方形，有时突出如“I”字形。本菌无鞭毛，不能运动，为革兰氏阳性菌。

本菌为需氧或兼性厌氧菌。对营养要求不严格，一般培养基中即可生长，最适生长温度为 30～37 ℃，但在 14～44 ℃均能生长，最适 pH 7.2～7.6。普通琼脂培养基上培养 18～24 h，形成扁平、灰白色、不透明、干燥、边缘不齐的火焰状大菌落，低倍镜观察其菌落边缘呈卷发状，此时无荚膜，但形成不膨出菌体的中央芽孢。

炭疽杆菌的繁殖体对外界理化因素的抵抗力不强，与一般非芽孢菌相似，60 ℃ 30～60 min即被杀死。在夏季，存在于未解剖尸体内的繁殖型炭疽杆菌经24～96 h的腐败作用可完全死亡。60 ℃经30～60 min、75 ℃经2～15 min、煮沸2～5 min均可灭活。常用消毒药在短时间内即可将其杀死。但炭疽杆菌芽孢却具有强大的抵抗力，在干燥状态下可生存20年以上，养殖场一旦被污染，传染性可保持20～30年；在泥土中经过24 d仍能找到有发芽能力的芽孢；在煮沸10 min后仍有部分存活，在干热150 ℃下可存活30～60 min，在湿热120 ℃下40 min可被杀死。炭疽杆菌的芽孢可在动物尸体及其污染的环境中尤其是在泥土中存活多年，在5%的石炭酸中可存活20～40 d。

目前在生产实践中常用的消毒剂为20%漂白粉和0.5%过氧乙酸溶液。此外，本菌对青霉素、头孢菌素、卡那霉素、四环素、金霉素、多西环素及磺胺类药物均敏感。

【流行病学】

在自然情况下，多种动物和人都有不同程度的易感性。经济动物中鹿、水貂、紫貂、兔和海狸鼠、麝鼠相对易感，银黑狐、北极狐次之，貉对炭疽杆菌有较强的抵抗力。

患病动物是本病的传染源。炭疽杆菌主要存在于患病动物和尸体的各器官、组织及血液中。在患病动物继发菌血症时，病菌可随着粪、尿、唾液以及天然孔出血排出体外，尸体如果被任意解剖或做其他不当处理，可使大量病菌散播于周边，并在12～43 ℃有氧气存在的情况下，经过一定时间形成具有强大抵抗力的芽孢。因此，未经消毒处理的尸体是最危险的传染源。当芽孢污染土壤、饲料、水源等时，将会成为长久的传染源。

炭疽杆菌经过消化道、呼吸道、皮肤黏膜或昆虫叮咬等多种途径传播，但主要是动物采食被污染的饲料、牧草、饮水或食用未经严格处理的患病动物尸体等而感染。对感染起到决定性意义的是芽孢侵入的数量。饥饿、闷热及受凉等诱因可促进感染。

【症状】

本病潜伏期为1～3 d。

（1）鹿　常见于本病流行初期，往往不表现任何临床症状，突然倒地，全身痉挛、呼吸急促、瞳孔散大、口流黄水，于数分钟内死亡。

（2）水貂　多呈最急性和急性经过，病程为20 min至3 h，病貂体温升高，呼吸频数，步履蹒跚，渴欲增强，食欲废绝，拒食，血尿和腹泻，粪便内混有血块和气泡。常从肛门和鼻孔里流出血样泡沫。出现咳嗽、呼吸困难、抽搐，咽喉水肿，有时水肿扩散于颈部、头部、胸下、四肢及躯干。

（3）紫貂　表现为超急性经过，无任何临床表现，进食后突然死亡。

（4）银黑狐、北极狐和貉　病程长，一般为1～2昼夜。除上述临床表现外，主要为喉部水肿，水肿由颈部向头、四肢和躯干蔓延。几乎全部以死亡而告终，极少有康复病例。

（5）其他食肉动物　常表现为厌食，口、唇、舌发炎、肿胀，咽喉水肿，呼吸困难，体表局部肿胀发炎。食肉动物通常表现为胃肠道症状，如严重的胃肠炎和咽炎症状等，也可能在唇、舌等处黏膜发生痈性肿胀，但多数能恢复，很少死亡。

【病理变化】

当怀疑患病动物死于炭疽时，禁止解剖。死于炭疽的动物主要表现为败血症变化，常有天然孔出血，血液呈煤焦油状，不易凝固。可视黏膜发绀，尸僵不全，尸体腐败迅速。头、咽喉、颈部及胸前、腹下等部位皮下组织胶样浸润，呈黄红色胶冻状，有的水肿或胶样浸润扩散到肌肉深层。咽下淋巴结肿胀、充血、出血。喉部肿胀多见于银黑狐和北极狐，紫貂和海狸鼠比较少见。

另外，可见机体各部结缔组织中有浆液性渗出以及出血。皮下组织有黄色胶样浸润和出血。在浆膜下的疏松结缔组织中，特别是在纵隔、肠系膜、肾脏周围等处水肿和出血。脾脏呈显著的急性肿大，增至 2～5 倍，被膜紧张、易破裂，脾髓质呈暗红色，质软如泥，脾小梁或脾小体模糊不清，也有的呈局限性肿胀，软化及出血。淋巴结肿大，呈黑红色，切面湿润呈樱桃红色，并有出血点，尤以胶样浸润部位以及附近的淋巴结更为明显。肝及肾充血肿胀，质软易碎。心肌呈灰红色松软状态，心内膜出血。体腔内含有暗红色液体，血液凝固不良。小肠黏膜或黏膜下层充血、肿胀。

【诊断】

炭疽病的诊断方法较多，常将临床诊断、细菌学检查和血清学检查结合起来进行确诊。

1. 临床诊断

炭疽是一种较复杂的疾病。由于被感染动物种类不同和个体差异而表现多样，易与某些疾病相混淆，另有一些最急性疾病往往缺乏临床症状，需结合流行病学特点、患病动物临床症状以及剖检确定，然而怀疑死于炭疽的尸体只能在特定情况下及不致扩大污染的条件下方可进行，如特定解剖室或埋葬坑旁。一般来说，由于不明原因而突然死亡或临床上出现可视黏膜发绀、高热、病情发展急剧及死后天然孔出血的病例，都应首先怀疑其为炭疽。

2. 实验室诊断

(1)细菌学检查　镜检病料需选择患病动物死前的静脉血、水肿液或血便，也可选择新鲜尸体的脾脏、淋巴结以及肾脏作抹片，自然干燥，用福尔马林龙胆紫染色(吉姆萨染色或碱性亚甲蓝染色)，菌体呈深紫色，荚膜呈淡紫色，单个大杆菌或 2～4 个大杆菌组成的短链，即可确诊。陈旧腐败病料中炭疽杆菌会迅速崩解，无镜检意义。

(2)分离培养　取新鲜病料直接接种于普通琼脂和血液琼脂平板上培养。若病料已经被污染，应先制成悬液，在 70 ℃水浴中加热 30 min 杀死非芽孢菌后，再接种于普通琼脂或肉汤中进行培养，根据菌落形态特征加以鉴定。

(3)鉴别试验　根据培养情况，选取可疑菌落用以下方法鉴别。

①噬菌体裂解试验。将分离菌株涂布在琼脂平板上，中心部滴加 γ-噬菌体，置于 37 ℃培养 8 h 观察，如滴加噬菌体部位出现噬菌斑，即证明所分离的细菌为炭疽杆菌。

②串珠试验。炭疽杆菌在适当浓度青霉素溶液作用下，菌体肿大形成串珠，这种反应为炭疽杆菌所特有，因此可用此法与其他需氧芽孢杆菌相鉴别。取培养 4～12 h 的肉汤培养物 3 管，其中 2 管各及时加入每毫升含 5 和 10 国际单位青霉素溶液 0.5 mL(最终浓度含 0.5 和 1.0 国际单位)混匀，另一管加生理盐水 0.5 mL，作为对照。置 37℃孵育 1～4 h(时间过久，串珠继续肿胀，容易破裂)，取出加入 20%福尔马林溶液 0.5 mL，固定 10 min 后，涂片显微镜检查，找到典型串珠状者可判定为炭疽杆菌。

③荚膜形成试验。将分离菌接种于 0.2%活性炭末、0.7%碳酸氢钠血清琼脂平板上，25% CO_2 环境中，37 ℃培养 16～22 h 后，如长有圆形、整齐、光滑及显著黏稠的菌落，即可认为是产生了宽厚荚膜的炭疽强毒菌株。如菌落为黏液-粗糙型，则是形成了部分荚膜的炭疽弱毒菌株，如为粗糙菌落，则属于无毒菌株。

(4)动物试验　一般常用小鼠或豚鼠。将病料或培养物用生理盐水制成 10 倍乳剂，给试验动物皮下注射。若病料中含有炭疽杆菌，则于 12 h 后注射部位发生水肿，经 2～3 d 因败血症死亡。剖检采取病料进行涂片镜检、分离培养和鉴定。

(5)血清学检查

①沉淀反应。将被检血液或研磨的脏器，用生理盐水稀释 5～10 倍，煮沸 15～20 min，取浸出液用中性石棉滤过，用毛细管吸取透明滤液，慢慢重积于装入小试管内的沉淀素血清上 1～5 min，若接触面出现清晰的白色沉淀环则为阳性。沉淀反应的特异性主要取决于炭疽沉淀血清的特异性。我国生产的炭疽沉淀血清是以福尔马林杀死的炭疽杆菌对马进行免疫制成的，用标准抗原(5 万倍稀释)做试验，于 30～60 s 出现阳性反应；对干燥炭疽皮抗原(10 倍稀释)，于 1～2 min 内发生阳性反应；对健康皮抗原(10 倍稀释)于 15 min 内不呈现反应；对类炭疽芽孢杆菌和枯草芽孢杆菌则呈阴性反应，证明这种血清有很高的特异性。实际应用的判定标准：以脾、肝及血液等组织制成的抗原，于 1～5 min 内，两液接触面出现清晰的白色沉淀环(白轮)为阳性；生皮病料抗原，于 15 min 内出现白轮为阳性，不出现白轮为阴性，如白轮不清晰则为可疑反应，应再做一次。

②间接凝集反应。本法是利用吸附炭疽血清的碳粉或乳胶的诊断液，检查标本中是否存在炭疽杆菌的一种血清学方法。检查时，将待检标本液滴于玻璃板上，再加炭疽诊断血清或乳胶诊断血清，充分混匀后，静置室温下，在 5 min 内判定结果。如系炭疽杆菌凝集反应，检验滴中的炭疽呈颗粒状凝集，液滴透明，即为阳性反应；若炭疽杆菌呈浓厚的墨汁状团集，且振摇不散，即为阴性反应。如系乳胶凝集反应，检验滴中的乳胶被凝集，像白色粉末飘浮在透明的液滴中，即为阳性反应；若乳胶仍呈均匀的奶汁状，即为阴性反应。

③荧光抗体技术。将病料涂片、干燥、固定后用炭疽杆菌荚膜荧光抗体染色后，再用荧光显微镜观察，炭疽杆菌荚膜呈明亮黄绿色荧光。

【鉴别诊断】

最急性型和急性型炭疽常与巴氏杆菌病及恶性水肿类似，应当注意鉴别。

①巴氏杆菌病在血液中及实质脏器中可检出两端着色的巴氏杆菌，Ascoli 沉淀反应阴性。

②恶性水肿为创伤感染，触摸其肿胀有凉感，以后呈迅速向四周扩散的气性肿胀，触诊有捻发音，细菌检查为两端钝圆的大杆菌，新鲜病料中也有芽孢出现。

【治疗】

对患病动物早期发现和确诊，进行及时治疗，大多数急性和亚急性病例可以治愈。

(1)血清疗法　抗炭疽血清为治疗炭疽的特效生物制剂。如能早期应用，常常可于用后 6 h高温下降，12 h 后便完全康复。如 6 h 高温仍不下降，应重复应用一次。治疗剂量：水貂及紫貂皮下注射抗炭疽血清，成年动物 10～15 mL，幼龄动物 5～10 mL；银黑狐、北极狐及貉，成年动物 20～30 mL，幼狐 10～15 mL。

(2)药物治疗　首选药为青霉素，肌内注射。水貂和紫貂每次肌内注射 11 万～20 万国际单位；狐、貉每次可注射 30 万～40 万国际单位，每日 3 次。土霉素、链霉素、金霉素、多西环素及磺胺类药物也有疗效。如采用几种抗菌药物或抗菌药物与抗炭疽血清联合应用，其治疗效果更好。

【预防】

每年应定期进行炭疽疫苗预防接种，尤其是对炭疽常发地区的毛皮动物要坚决贯彻执行。

患过炭疽的动物，可产生抗菌及抗毒素免疫，能获得坚强的免疫力，再次感染者很少。一般认为炭疽毒素和保护性抗原刺激机体产生的抗体，具有抗感染的作用。目前国内的菌苗主要有3种：巴氏苗、Sterne芽孢苗和PA佐剂苗。

对于疫情控制的办法，首先要控制传染源。当确诊为炭疽后，应立即进行严格封锁，并将疫情向上级报告。对所有动物做临床诊断，患病动物和可疑患病动物应隔离治疗，尽快查明疫情，划定疫区。

①动物舍及其活动区域，用含有效氯5%的漂白粉液、10%烧碱彻底消毒。患病动物的粪便、垫草要焚烧，被污染的泥土用漂白粉消毒后，铲除上边一层，再垫上新土。

②对患病动物群做全群测温，发现体温升高的可疑患病动物，先以抗炭疽血清注射，1～2周后再接种炭疽芽孢苗。对其他假定健康动物进行全面炭疽芽孢苗预防接种，并逐日观察至两周。

③对患病动物待过的地方和接触过的用具进行彻底消毒，对患病动物的分泌物、排泄物等要妥善处理。尸体最好焚烧销毁或深埋，严禁解剖。

此外，还要保护易感动物，加强饲养管理。对控制区内的易感动物要进行定期免疫接种，对受威胁地区的动物要定期检疫。

二、大肠埃希菌病

大肠埃希菌病(colibacillosis)是由致病性大肠埃希菌引起的各种动物的疾病的总称，其病型复杂多样，但一般来说是初生动物的一种急性肠道传染病的总称，以发生败血症、腹泻、赤痢样症候群及毒血症等为特征。成年动物除发生乳腺炎及子宫内膜炎外，一般对大肠埃希菌具有抵抗力。

【病原】

本菌为革兰氏阴性无芽孢的直杆菌，长0.4～0.7 μm，宽2～3 μm，两端钝圆，散在或成对存在，个别呈短链存在。大多数菌株以周身鞭毛运动，但也有无鞭毛或丢失鞭毛的无动力变异株。除少数菌株外，通常无明显荚膜，但常有微荚膜。碱性染料对本菌有良好着色性，菌体两端偶尔略深染。

大肠埃希菌的抗原构造及血清型极为复杂。抗原主要由菌体抗原(O抗原)、荚膜抗原(K抗原)和鞭毛抗原(H抗原)组成，此外还有菌毛抗原(F抗原)。O抗原为多糖-类脂-蛋白质复合物，即内毒素。已确定的大肠埃希菌O抗原有173种，K抗原有80种，H抗原有56种。从水貂、北极狐、银狐等毛皮动物分离到的致病性菌型有O_3、O_{20}、O_{26}、O_{55}、O_{111}、O_{118}、O_{121}、O_{129}、O_{124}、O_{127}、O_{128}。自然界中存在的大肠埃希菌血清型是十分庞杂的，但与人和动物疾病有关的血清型数量较少。有K抗原的细菌不能被抗O血清凝集，且有吞噬能力，毒力较强。根据抗原结构的不同，将致病性大肠埃希菌分为若干群和型。血清型与致病性有着密切的联系，有些血清型只能引起一种动物发病，而另一些血清型则能引起多种动物发病，但对毛皮动物则在有条件时出现致病性。

本菌的抵抗力不强，对一般消毒药如漂白粉、石炭酸等均很敏感。对热的抵抗力较强，55 ℃ 60 min或60℃ 15 min一般不能杀死所有的菌体，但60℃ 30 min则能将其全部杀死。在潮湿温暖的环境中能存活近1个月，在寒冷干燥的环境中生存时间更长，在自然界的水中能存活数周至数月。对消毒剂的抵抗力不强，常规浓度在短时间内即可将其杀灭。本菌的培养物在室温下可存活数周，密闭室温保存于黑暗处至少可存活1年，菌种培养物加10%甘油在−80 ℃下可保存几年，冻干后置于−20 ℃下能存活10年。

【流行病学】

大肠埃希菌病的分布极为广泛，凡是有饲养经济动物的国家和地区均常发生。本病菌常感染10～30日龄动物，也可导致出生后12～18 h的新生动物发病。在自然条件下，10日龄以内的银黑狐和北极狐最易感。1月龄左右的仔貂及当年的幼貂易发，成年貂较少发病。

本病感染范围较广，所有温血动物均可发生。已见报道感染大肠埃希菌病的野生哺乳动物包括狐狸、水貂、毛丝鼠、鹿、刺猬、大象、眼镜熊、海豹、猞猁等。其中毛皮动物水貂、北极狐、银狐主要发生于断乳前后的幼龄动物。

同种属带菌动物是主要的传染源，粪便污染的水体是重要的传播媒介。带菌动物通过粪便、尿液等排泄物，将病原体排出体外。带菌动物的粪便以及所有被粪便污染的舍、栏、圈、笼、垫草、饲料、饮水、管理人员的靴鞋、服装等均能传播本病。带菌动物的肉尸亦可传播本病。此外，本病常自发感染，毛皮动物的正常机体即有大肠埃希菌存在，当机体抵抗力降低，肠道菌群失调等诱发因素存在时，大肠埃希菌即可迅速繁殖，毒力不断增强，而引起动物发病。

在自然条件下，10日龄以内的银黑狐和北极狐最易感。据统计，1～5日龄仔兽患大肠埃希菌病死亡的占50.8%，6～10日龄的仔兽死亡率较低。带菌的动物和被污染的饲料、饮水是本病的传染源。

【症状】

大肠埃希菌在多种野生动物中可引起局部或全身性疾病，包括急性、致死性的败血症、肠炎和脓肿等。在哺乳动物中，致病菌株往往表现为未出现腹泻症状即发生死亡的急性肠炎，有时表现为急性败血症。大肠埃希菌病表现为食欲废绝、体温升高和渐进性沉郁，有时并发肺炎、脑膜炎和关节炎；肠炎型病初排黄白色粥样粪便，逐渐变稀，呈灰白色，便中带血，如不治疗，1～3 d脱水而死，个别可自愈；中毒型临床症状不明显，但死亡率较高，濒死前常出现神经症状。

自然感染本病，潜伏期变动很大，潜伏期长短取决于动物的抵抗力、大肠埃希菌的数量和毒力以及动物的饲养管理条件。北极狐和银黑狐的潜伏期一般为2～10 d。

1. 水貂、狐大肠埃希菌病

毛皮动物与幼龄动物主要表现为腹泻。早期常表现不安，被毛蓬乱，常被粪便污染，肛门部被毛污染尤为严重。当轻微按压腹部时，常从肛门排出黏稠度不均匀的黄绿色、绿色、褐色或淡黄白色的液状粪便，严重者可排血便，黏稠度不一，常常可见未消化完全的乳块，间或混有血液，气泡和黏液。

年龄较大的毛皮动物症状发展较为缓慢，表现为食欲减退，逐渐消瘦，活动减少，持续性腹泻，粪便颜色为黄色、灰白色或暗灰色，常伴有黏液状粪块。严重者排便失禁，患病动物虚弱，眼窝下陷，背拱起，步态摇晃，被毛蓬乱而无光泽。

此外，多重耐药大肠埃希菌所引起的肠道外感染也多见，主要表现为肾炎、排尿困难或膀胱积尿。而脑炎型患病动物如患病仔狐常表现沉郁或兴奋，食欲尚存，但寻找食物的能力下降。患病动物额部被毛蓬松，头盖骨异常突出，容积增大。后期出现共济失调，反应迟钝，四肢不全麻痹。有的呈持续性痉挛或昏迷状态。妊娠母兽患病时，常发生大批流产和死胎。

在患病动物出现上述症状1～2 d后，会在笼内不出来活动，而母兽常把患病动物叼出，放在笼网上。当下痢停止时，常表现有神经症状。

2. 特禽大肠埃希菌病

病禽除败血症和肠炎病症外，还可出现纤维素性渗出物或肉芽肿病灶、腹膜炎、输卵管炎、气囊炎、化脓性关节炎。急性病例可能无临床表现或表现不明显而突然死亡，但有时可见病禽精神沉郁、羽毛松乱、食欲减退或废绝，嗜饮，两翅下垂；鼻分泌物增多，气囊发炎，经常伸颈张口呼吸，并发出“吐-吐”的声音，眼炎病例结膜发炎，眼前房浑浊，病眼失明，腹泻，排黄白色或黄绿色稀便。很快消瘦，关节发炎，脚麻痹，难以站立。水禽还可发生大肠埃希菌性生殖器感染，临床表现为精神沉郁，行动迟缓，常两爪紧缩，蹲伏于地，全身肌肉颤抖，勉强下水，不愿游动，呆浮于水面。

3. 鹿大肠埃希菌病

本病常见急性经过，食欲废绝，粪便似牛粪并带血，最后排血便，病程 2～3 d。慢性经过的病鹿精神沉郁，鼻镜干燥，呼吸加快，结膜潮红，排粪次数增多，粪便呈稀粥状，初期带有灰色黏液，之后粪便带血，最后排血便，脱水，体温下降，四肢厥冷。

因感染菌株毒力不同，发病机制也不尽相同。多数大肠埃希菌病的发生和流行往往与动物自身的抵抗力强弱有关，未获得足够母源抗体的新生幼龄动物、应激或营养不良导致免疫力低下的患病动物更易患此病。

【病理变化】

哺乳动物主要表现为不同程度的肠炎及内脏器官的出血、变性。

1. 水貂、狐大肠埃希菌病

动物机体常消瘦，心包常有积液，心内膜下有点状或带状出血，心肌呈淡红色。肺颜色不一致，常有暗红色水肿区，切面流出淡红色泡沫样液体。肝脏呈土黄色，被膜有出血点，充血肿大。脾脏肿大 2～3 倍。肾脏柔软，呈灰黄色或暗白色，常见肿大，且被膜可见出血。胃肠道主要为卡他性或出血性炎症病变，肠管内常有黏稠的黄绿色或灰白色液体和少量气体，个别肠管内充满气体，呈鱼鳔状，肠壁菲薄，黏膜脱落，布满出血点，肠系膜淋巴结肿大，充血或出血，切面多汁。

当患病动物有神经症状时，脑充血或出血，脑室常有化脓性渗出物或淡红色液体。许多病例在软脑膜内发现有灰白色病灶，脑实质变软，切面上有许多软化灶。这种脑水肿与化脓性脑膜炎变化，常见于北极狐和银黑狐的仔兽。

2. 特禽大肠埃希菌病

特禽大肠埃希菌病主要有纤维素性渗出型、肠炎型和肉芽肿型。纤维素性渗出型肉眼可见病变主要有纤维素性心包炎、纤维素性肝周炎和纤维素性气囊炎。心包炎的主要表现为心包积液，心包膜浑浊、增厚，或者内有渗出物与心肌粘连；肝周炎的表现为肝脏肿大，表面有纤维素性渗出物，或者整个肝脏被纤维素性薄膜所包裹；气囊炎则表现为气囊浑浊，有纤维素性渗出物，或纤维素性渗出物充斥于腹腔内肠道和脏器间，气囊壁增厚。肠炎型表现为消化道呈出血性炎症变化。肠黏膜出血、脱落，肠壁增厚。肠内容物呈黑褐色、黑红色。肌胃、腺胃交界处出血，腺胃附灰白色黏稠伪膜。肝、脾散在灰白色或黄白色粟粒大小到高粱大小的坏死灶。肉芽肿型表现为肺部有大小不等、质地较软、淡黄色的肿瘤样物。切面为粉红色或灰白色，呈豆腐渣样。肝、盲肠、十二指肠和肠系膜也有典型的肉芽肿。

3. 鹿大肠埃希菌病

食道和前胃无变化，真胃内容物为褐色，黏膜有出血点，肠系膜淋巴结肿大，肠系膜有出血点，小肠内容物暗红色，黏膜有出血点，直肠黏膜脱落，各胃及盲肠常有溃疡，如黄豆或蚕豆大。脾有坏死灶，肝肿大、质地脆弱，呈暗褐色，肾脏不肿大，呈暗红色，心腔内血液凝固不良，冠状沟有少数粟粒大出血点。

【诊断】

根据流行病学、临床症状及病理变化可以做出初步诊断。确诊还需进行实验室诊断。

【治疗】

发病后，排除可疑致病因素，切断传染源，用大剂量的磺胺类或其他抗生素药物进行治疗或预防，一般能很快控制本病。治疗可用恩诺沙星、环丙沙星、庆大霉素、小檗碱、磺胺脒等药物。但应注意，大肠埃希菌易产生对抗生素的抗药性，故在条件允许时，应先做药敏试验，或几种抗生素联用，可取得良好的效果。另外，可用仔猪、犊牛、羔羊大肠埃希菌病的高免血清进行特异性治疗。1～2 月龄银黑狐和北极狐的仔兽，皮下多点注射高免血清 15～20 mL；1～2 月龄的水貂和紫貂仔兽皮下注射 5～6 mL 高免血清。

【预防】

本病的病原体是动物体内的常在菌，要防止本病的发生，必须加强饲养管理，保证饲料和饮水清洁，减少动物接触病原体的机会。特别是仔兽期要经常检查产箱内是否有蓄积的饲料，若有要及时除掉，以防动物食用后患胃肠炎。提高机体的非特异性抵抗力，搞好兽医卫生防疫工作，加强对环境用具的消毒。仔兽断奶后，要给予优质的饲料。发病季节，可给动物口服（混到饲料中）抗生素进行预防。如果毛皮动物饲养场或动物园发生大肠埃希菌病的流行，要严格执行兽医卫生防疫制度，对患病动物要隔离治疗，对污染的地面、用具及笼舍等要进行严格的消毒。流产和出现死胎的雌兽要打皮淘汰或隔离饲养。与病仔兽同窝而幸存下来的仔兽也要隔离饲养或年终打皮淘汰。

三、沙门菌病

沙门菌病(Salmonellosis)是由沙门菌属的细菌引起的各种疾病的总称。临床上主要表现为败血症和肠炎。以发热、下痢、体重减轻、孕母兽发生流产为特征。毛皮动物（狐、貉、貂和海狸鼠等）的沙门菌病主要是由沙门菌属中的肠炎沙门菌、猪霍乱沙门菌和鼠伤寒沙门菌等引起的急性传染病。

【病原】

沙门菌病的病原属于肠杆菌科（Enterobacteriaceae）沙门菌属（*Salmonella*），常见的有猪霍乱沙门菌、猪副伤寒沙门菌、肠炎沙门菌、马流产沙门菌、牛病沙门菌、都柏林沙门菌、鼠伤寒沙门菌、鸡沙门菌、雏沙门菌、鸭沙门菌、甲型副伤寒沙门菌等。

本属菌的形态与多数肠道杆菌相似，为两端钝圆的中等大杆菌，呈直杆状，长 0.7～1.5 μm，宽 2.0～5.0 μm，无芽孢，一般无荚膜，除鸡白痢沙门菌和鸡伤寒沙门菌外，都有周身鞭毛，能运动，个别菌株可出现无鞭毛的变种。绝大多数细菌具有菌毛，能吸附于细胞表面或凝集豚鼠红细胞。革兰氏染色呈阴性。

本菌为需氧或兼性厌氧菌，具有菌体（O）抗原、鞭毛（H）抗原、荚膜（K）抗原和菌毛（F）抗原。O 抗原是细菌壁表面的耐热多糖抗原，100 ℃煮沸 2.5 h 不变性。它的特异性依赖于多糖链上特异性侧链的存在，而 O 抗原决定簇又由该侧链上末端单糖及多糖链上的排列顺序所决定。K 抗原包括 Vi、M 和 S 三种抗原。其中 Vi 抗原因最初发现与细菌毒力有关而得名。Vi

抗原位于菌体表面，是一种 *N*-乙酰-*D* 半乳糖胺，属于糖醛酸聚合物。M 抗原位于荚膜层，是沙门菌黏液型菌株的一种黏液抗原；S 抗原来源于 O 抗原。而 H 抗原是蛋白质性鞭毛抗原。

本属菌对热、各种消毒药和外界环境的抵抗力较强，在水中能存活 2～3 周，在粪中可存活 1～2 个月，在潮湿温暖处可存活 4～5 周，在干燥的地方可存活 8～20 周。对干燥、腐败、日光等因素具有一定的抵抗力。其对冷冻有一定的抵抗力，如在冰冻土壤中能过冬，在 −25 ℃能存活 10 个月，在干燥的沙土中可存活 2～3 个月，在干燥的排泄物中可存活 4 年之久。本菌在 60 ℃下 1 h 即可杀死。但食品加热对沙门菌的致死作用依污染程度而定。

【流行病学】

禽类和其他动物对沙门菌中的许多血清型都有易感性，各年龄的动物均可感染，但幼龄动物更易感。在自然条件下，毛皮动物中银黑狐、北极狐、海狸鼠等易感，而水貂、紫貂等抵抗力较强。

沙门菌属中的许多菌种对各类动物均有致病性。患病动物和带菌的动物是本病的传染源。病菌可随粪便、尿、乳汁及流产胎儿、胎衣和羊水排出，污染饲料和水源等。另外，饲养管理不当如饲养密度过大、缺乏全价饲料、饲料变质、卫生防疫较差等都可引起本病的发生。

本病主要是由于食入污染的饲料和饮水而经消化道感染，但也有经呼吸道和眼结膜感染的报道。患病动物和健康兽类交配或用患病动物的精液人工授精也可发生感染。此外，在子宫内也可能感染。有学者认为鼠类可传播本病。

本病一年四季均可发生，但有明显的季节性，一般发生在 6～8 月份。常呈急性经过，多侵害断奶幼龄动物，哺乳期少见。当环境污秽、潮湿、养殖密度大、粪便堆积，饲料和饮水供应不佳，长途运输，疲劳和饥饿，寄生虫的侵袭，分娩，手术，幼龄动物缺乏 B 族维生素，新引进动物未实行检疫隔离等均易导致本病的发生。

【症状】

本病的潜伏期为 3～20 d，平均 14 d。一般分为急性型、亚急性型和慢性型 3 种。

1. 急性型

多见于幼龄动物，体温升高到 41～42 ℃，病初精神兴奋，继而沉郁、拒食、喜躺卧于室内，流泪、下痢，有时呕吐，呕吐物含较多的黏液，行走缓慢，弓背，病程稍长者可出现眼窝塌陷，眼结膜炎，眼流泪。病初兴奋，很快转为沉郁，最后全身衰竭，常在昏迷状态死亡。一般在发病 5～10 h，或延至 2～3 d 死亡。

2. 亚急性型

主要症状表现为胃肠机能紊乱，体温 40～41 ℃，精神沉郁，呼吸减弱，食欲废绝，被毛蓬乱，眼窝凹陷无神，少数病例会有黏液性化脓性鼻炎、咳嗽。患病动物下痢，排出水样便和大量卡他性黏液，个别病例混有血液，吸乳无力，没有支撑能力，后期出现后肢不全麻痹，重度衰弱死亡。北极狐、银黑狐的皮肤和黏膜有黄染，水貂、麝鼠多发生败血症。

3. 慢性型

患病动物食欲不振、腹泻、粪便有黏液。呈进行性衰弱，贫血。眼结膜常化脓。被毛松乱，失去光泽，患病动物爱卧于小室内，较少运动。行走时不稳，缓慢，最后衰弱而死亡。另外，妊娠患病母兽往往空怀和流产。有的在产前 3～14 d 发生流产。患病母兽精神沉郁、拒食，在哺乳期仔兽染病时，表现虚弱，不活动，吸乳无力。有的发生昏迷及抽搐，四肢呈游泳状态。有的发生呻吟或鸣叫，病程 2～3 d 死亡。

【病理变化】

哺乳动物的急性及亚急性型表现为胃及小肠黏膜肿胀、变厚，有时充血，有时有少量针尖大或更大些的溃疡。肠内容物为稀薄的黏液，常混有血块或纤维素性絮状物。大肠变化不显著，黏膜稍肿胀、充血，内有少量黏液。肠淋巴结显著肿大、出血。脾明显肿大，有时为正常的数倍，呈暗红色或暗褐色，切面多汁。散在出血点、斑或灶性坏死。肝肿大，淡黄或红褐色，切面外翻，小叶不清。胆囊增大，充满浓稠胆汁。肾皮质有少量出血。慢性型尸体消瘦，黏膜苍白，肌肉色淡。脾轻度增生性肿大。肠壁薄，苍白透明，肠内容物为稀薄黏液，大多呈深红色或茶色。

1.银狐、蓝狐及水貂沙门菌病

银狐、北极狐及貉可视黏膜、皮下组织、肌肉、脏器、浆膜和胸腔不同程度黄染，貂类和麝鼠黄疸轻微，胃空虚或含有少量混有黏膜的液体，黏膜肿胀，变厚，有时充血，少数病例有点状出血。肝脏肿大，土黄色或暗黄色，切面外翻，有黏稠血样物，胆囊肿大充满浓稠胆汁。脾脏肿大，可达6～8倍，个别病例超过12～15倍，呈暗红色或灰红黄色。肠系膜及肝脏淋巴结肿大超过2～3倍，呈灰色或灰红色。肾脏稍肿大，呈暗红色或灰红黄色，肾包膜下有弥漫性出血点。心包下有密集的点状出血，膀胱黏膜有散在点状出血，心肌变性，呈煮肉状。脑实质水肿，侧室内积液。

2.特禽沙门菌病

肺部有大小不一的实质变性或坏死病灶。肝肿大、呈黄色或暗红色，表面有密集坏死小点，部分肝内有结节。肠壁可见形状、大小不等的坏死结节。肾可见白色小结节，肾小管上皮细胞轻度变性，局部间质内血管周围少量单核细胞浸润。镜下中央静脉及血窦扩张、充血。青年特禽白痢心肌内见坏死结节，黄白色，稍凸起，形成表层坏死。镜下观察心外膜水肿，增厚，淋巴细胞、单核细胞浸润。脾肿大，部分可见白色结节。镜下白髓体积变小，淋巴细胞减少，网状细胞片状增生，网状纤维间红染，蛋白颗粒沉着。

【诊断】

根据流行病学、临床症状及病理变化，可做出初步诊断。确诊需做实验室检验。

【鉴别诊断】

本病应与钩端螺旋体病、巴氏杆菌病、犬瘟热和地方流行性脑脊髓炎进行鉴别。

①钩端螺旋体病，患病动物体温升高表现在发病的初期，当出现黄疸后，体温下降至35～36 ℃。

②犬瘟热，不同于沙门菌病，犬瘟热具有典型的浆液性、化脓性结膜炎，皮肤脱屑，鼻端肿大，有特殊的腥臭味，足掌肿大。

③脑脊髓膜炎，患病动物表现为神经紊乱，癫痫性发作、嗜睡、步态不稳或做圆圈运动。

④巴氏杆菌病，此病可同时发生于各种年龄的动物，细菌学检查可检查到两极浓染的革兰氏阴性小杆菌。

【治疗】

本病治疗原则为抗炎、解热、镇痛，一般用新霉素和螺旋霉素等抗生素治疗。

①用新霉素和螺旋霉素混于饲料中喂给，连续用7～10 d。对幼龄兽用5～10 mg，成年兽为20～30 mg；水貂可用链霉素50～100 mg、四环素0.01～0.025 g或磺胺二甲基嘧啶0.1～0.2 g混入饲料内，连喂8～10 d；或用庆大霉素和卡那霉素等药物进行治疗。

②为保持心脏功能，可皮下注射10%樟脑磺酸钠，幼龄动物为0.5～1 mL，成年兽为

2 mL,也可以用拜有利注射液(此药优点为抗菌谱广,半衰期长,每天注射1次)。

③为了保持体内电解质平衡,防止脱水,有条件的可以静脉注射5%葡萄糖生理盐水,同时可用安痛定注射液解热镇痛。

【预防】

动物感染沙门菌痊愈后,可获得相当牢固的免疫力,主要是细胞免疫,释放淋巴因子发挥作用。体液免疫也有一定的保护力,主要是免疫球蛋白M(IgM)在补体协助下可以溶解细胞外的病原菌,防止扩散。但局部慢性感染者和食物中毒者免疫力均不强。目前只有鼠伤寒、仔猪副伤寒及马流产的灭活或弱毒菌苗。

本病的防治原则是杜绝传染源引进与药物预防相结合,执行严格的卫生消毒措施与隔离淘汰制度。加强饲养卫生管理,提高仔兽的抵抗力,特别是对妊娠动物和哺乳期的断乳动物,应保证供给多价饲料和易消化的饲料,保护仔兽正常生长发育。

在毛皮动物饲养场应尽量不引种。在引进时应注意严格的检疫,尤其是在本病净化场更应如此。为了防止本病的发生,可在饲料中掺入抗菌药物,如磺胺类药物等。同时对动物使用的饮水和饲喂用具以及活动的场所定期消毒,并对发病动物及时隔离治疗或淘汰,逐渐建立无特定疾病的动物群。

四、巴氏杆菌病

巴氏杆菌病(pasteurellosis)又称出血性败血症,是由多杀性巴氏杆菌引起的一种急性败血性传染病,常以败血症和出血性炎症为主要特征,多与其他疾病混合或继发感染。本病分布广泛,世界各地均有发生,且常呈地方性流行。

【病原】

本病病原为多杀性巴氏杆菌(*Pasteurella multocida*),属于巴斯德氏菌科(Pasteurellaceae)巴斯德氏菌属(*Pasteurella*)成员,是两端钝圆、中央稍隆起的短杆菌,单个存在,有时成双排列,长1～1.5 μm,宽0.3～0.6 μm,不形成芽孢,无鞭毛,无运动性,可形成荚膜。普通染料即可着色,革兰氏染色呈阴性。组织压片或体液涂片,用瑞氏、吉姆萨氏法或亚甲蓝染色镜检,菌体多呈卵圆形,两端着色深,中央着色较浅,即为两极浓染的小杆菌。新分离的细菌荚膜较宽厚,用印度墨汁染色可见到,体外培养后很快消失。

多杀性巴氏杆菌分为A、B、C、D、E和F 6个荚膜血清型,其中C型为猫和犬的正常栖居群。产毒素多杀性巴氏杆菌为A型和D型,用凝集反应对菌体抗原(O抗原)分类可分为12个血清型;用琼脂扩散试验对热浸出菌体抗原分类,分为16个血清型。我国对本菌的血清学鉴定表明,有A、B、D 3种血清群,没有E血清群。

本菌抵抗力不强,50 ℃下30 min、58 ℃下20 min、70～90 ℃下5 min即可将其杀死,煮沸立即死亡。本菌耐低温,能耐受−7 ℃冷冻而不死亡。本菌在腐败组织及土壤内能存活3个月,在粪便内存活14 d以上。各种消毒药能很快杀死本菌,5%石炭酸1 min内杀死,3%来苏儿、1%石灰乳和1%漂白粉溶液经3～10 min杀死,2%～3%福尔马林3～5 min即能达到消毒的目的。加热至60 ℃ 1 min内即可杀死。

本菌在自然界中活力不强,粪便中存活14 d,密封在玻璃管内、尸体内存活1～3个月,浅层土壤中存活7～8 d。本菌在干燥的情况下,−23 ℃或更低的温度时可以保存,不发生变异或失去毒力,有的冻干保存26年后的培养物对鸡仍有毒力。

【流行病学】

本病分布广泛，世界各地均有发生，主要的传染源是患病或带菌的动物。巴氏杆菌常存在于健康动物上呼吸道黏膜中。病菌可随唾液、鼻液、粪便、尿液污染饲料、饮水、用具等。经济动物患本病的主要原因是饲喂患病的畜、禽及其副产品。不同畜禽种间一般不易相互传染，但猪巴氏杆菌病可传染给水牛和水貂，禽、畜间相互传染的病例也颇为多见。

多杀性巴氏杆菌对多种动物和人均有致病性，但以幼龄动物最易感。动物中牛、猪发病较多，特禽、兔、水貂等经济动物易感。可感染本病的经济动物有紫貂、水貂、银狐、蓝狐、红狐、貉、海狸鼠、麝鼠、毛丝鼠、驯鹿、浣熊、鹿角羚、驼鹿、黑羚、瞪羚、旱鸭、绿头鸭、银鸡、红嘴鸡、珍珠鸡、斑嘴鸭等。

本病的发生一般无明显季节性，散发，但冬春季节交替时或闷热潮湿季节多发，发病率为20%～70%，冬季发生率较低，热带比温带地区多发。水貂常呈地方性流行，狐狸、水貂和貉在各生物学阶段均可发生，但断奶分窝后的幼狐、幼貂、幼貉发病率高。

【症状】

本病的潜伏期一般为 1～5 d，长的可达 10 d。

本病在临床上可分为最急性型、急性型和慢性型 3 种类型。最急性型患病动物精神沉郁、采食停止、呼吸急促、体温升高达 40 ℃以上，腹泻，初排水样便，后排血样稀便。临死前体温下降、四肢抽搐、尖叫，病程短的 24 h 死亡，稍长的 3～4 d 死亡。最急性型者常见不到临床症状而突然死亡。急性型多表现突然发病，食欲不振，精神沉郁，鼻头干燥，有时呕吐和下痢，稀便中常混有血液和黏液，有的出现神经症状、痉挛和不自觉的咀嚼运动，常在抽搐过程中死亡。慢性型病变多集中于呼吸道。临床症状因感染动物不同而有差异。

(1)鹿　多呈急性败血症或大叶性肺炎经过，体温升至 41～41.5 ℃，呼吸、脉搏均加快，皮肤和黏膜充血、出血，毛稀少处呈青紫色；食欲废绝，反刍和嗳气停止；精神沉郁，呆立或躺卧；鼻镜干燥，口腔和鼻腔内有血样泡沫液体；初便秘，后腹泻，严重时为血便。一般 1～2 d 死亡。肺炎型(胸型)，精神沉郁，步履蹒跚，呼吸粗粝，咳嗽，鼻镜干燥，体温达 41 ℃以上，头向前伸；后期呼吸极度困难，鼻翼扇动，流鼻液，口吐白沫，粪便稀软，多 5～6 d 死亡，也可能在 1～2 d 内死亡，死亡率很高。

(2)银黑狐、蓝狐　突然发病，食欲不振或废绝，饮水量增加。精神沉郁，鼻镜干燥，有时出现呕吐、下痢，粪便内含血液和黏液，可视黏膜黄染，消瘦。当神经系统受到侵害时，伴发痉挛性抽搐等神经症状，可在抽搐中死亡。心跳加快，呼吸困难，体温达 40.8～41.5 ℃，有时头、颈水肿。

(3)水貂　多为急性经过，幼貂先发病，然后大群突然发作。最急性型死亡或以神经症状开始，痉挛、虚脱、出汗而死。病貂类似感冒，不愿活动，卧于小室内。体温达 40～41.6 ℃。濒死时体温降至 35～36 ℃，鼻镜干燥，食欲减退，渴欲增高。肺炎型呼吸困难，心跳加快，有的病貂鼻孔有少量黏液性无色或血样分泌物。有的头颈水肿，眼球突出，一般 2～3 d 死亡。肠炎型食欲减退、废绝，下痢，粪便呈灰绿色水样，混有血液、黏液和未消化的饲料，眼球塌陷，卧于笼内不愿活动，通常昏迷、痉挛而死。慢性经过时，精神、食欲不振或拒食，呕吐。黏膜贫血、发白，极度消瘦，被毛无光泽，鼻镜干燥，体温升高，下痢，肛门周围有少量稀便或黏液，如不及时治疗，3～5 d 多以死亡转归。本病初期症状不典型，很难看到典型出血性败血症。

(4)貉　急性型突然发病死亡，尤其幼龄动物多见。患病动物精神沉郁，卧于笼内，不愿活动。毛无光泽，体温达40 ℃时，食欲减退或废绝。鼻镜干燥，呼吸困难，喜饮凉水，少数患病动物下泻，有的头颈部发生水肿，后期活动不灵活，常痉挛性抽搐而死。慢性型一般为4～5 d，开始精神不振，消瘦，被毛蓬乱，食欲减退，体温升高，心跳加快，渴欲增加，腹泻，稀便恶臭，混有血液和黏液。

(5)海狸鼠　多呈急性经过，嗜睡，行动不稳，食欲下降，流涎，流泪，流黏液性混有血液的鼻液，体温达39.5～40.5 ℃。肌肉痉挛，后肢瘫痪。慢性经过，有浆液脓性结膜炎，关节肿胀，进行性消瘦，死亡率达80%～90%。

(6)麝鼠　最急性型病例，发病第1天无异常表现，次日突然死亡，此型约占死亡总数的50%。急性型患病动物精神高度沉郁、嗜睡、食欲下降或拒食，行动迟缓，步态不稳，喜卧，体温升高1～1.5 ℃，呼吸困难；喜欢将头放在凉水中，渴欲增强，流泪，流涎，有黏液性混有血液的鼻漏，眼有脓性分泌物；粪便软呈黑绿色或煤焦油样；机体逐渐衰竭，消瘦，最后卧地不起，抽搐死亡；病程为2～3 d，此型约占患鼠的10%。慢性型(脓肿型)，皮下脓肿，切开可见乳黄色干酪样物质，个别内有淡黄色黏稠液体；脓肿主要发生于颈部、四肢内侧和背部，开始小，后期逐渐增大，致使患鼠行动困难，精神不振，食欲减退或废绝；有的出现浆液脓性结膜炎，并有关节炎，病程7～15 d，此型约占患鼠的40%。

【病理变化】

1.最急性型

本型主要以败血症病变、出血性素质为主要特征。全身各部黏膜、浆膜、实质器官和皮下组织有大量出血点，其中以胸腔器官尤为明显。全身淋巴结肿大、出血，切面潮红多汁。脾脏除个别小动物外，一般无明显外观变化。但组织学检查时，有急性脾炎变化。常见皮下疏松结缔组织胶冻样浸润、出血。胸腔内常有多量淡黄色积液。

2.急性型

本型除具有最急性败血症病变外，主要是不同程度的纤维素性肺炎(胸型)、出血性肠炎(肠炎型)。胸型主要表现为肺有暗红色硬固区，切面肝样硬变，可沉于水；其余部分水肿、充血。肺与胸膜常粘连，有多量胸水，并有纤维素性渗出物；支气管内充满泡沫样、淡红色液体。肠炎型表现为胃、小肠黏膜有卡他性或出血性炎症，在肠管内常混有血液和大量黏液。其他病变为肝、肾变性，体积变大，颜色变深。

3.慢性型

本型表现为尸体消瘦，贫血。内脏器官常发生不同程度的坏死，肺脏病变较严重，肝样变且有坏死灶。胸腔常有积液及纤维素样沉着。鼻炎型剖检时可见鼻黏膜充血，内有多量鼻漏，轻者水肿。鼻窦、鼻旁窦黏膜红肿并积聚大量分泌物。

【诊断】

1.涂片镜检

取心血、脾、肝、肺、淋巴结等病料涂片染色，镜下见到两极浓染革兰氏阴性小球杆菌。

2.分离培养

于血琼脂平板上划线，长出透明露滴状S形小菌落，周围不溶血。45°折光有荧光反应，菌落生长良好，可做出诊断。于平板培养基上选定菌落镜检确认后，将其移植到斜面培养基上进行纯培养。

3. 生化鉴定

将纯培养物进行生化鉴定,MR 试验呈阴性,形成靛基质,不分解鼠李糖,但分解葡萄糖、蔗糖、果糖和甘露醇。

4. 生物学试验

给小鼠或家兔肌内或皮下注射 1∶5 或 1∶10 病料悬液 0.2～0.5 mL,接种后 18～24 h 死亡。心血涂片镜检,同时从尸体分离到该菌即可确诊。

【鉴别诊断】

应注意本病与副伤寒、犬瘟热、伪狂犬病和肉毒梭菌中毒相鉴别。

(1)副伤寒 仔兽多发,皮下骨骼肌显著黄染,海狸鼠大肠黏膜溃疡,能分离到副伤寒菌,为革兰氏阴性杆菌。而巴氏杆菌镜检时则似“双球菌”。

(2)犬瘟热 有典型的浆液、化脓性结膜炎发生。侵害神经系统,有麻痹和不完全麻痹症状。临床最具典型特征的是水貂、狐、貉等动物脚掌肿胀,而细菌学检查为阴性。

(3)伪狂犬病 有神经症状,口流泡沫含血液。狐头部典型损伤,啃咬笼网,呕吐和流涎;水貂则眼裂收缩,用前脚掌摩擦头部皮肤。用患病动物脏器悬液接种家兔经 5 d 会出现特征性损伤而死亡,并且细菌学检查为阴性。

(4)肉毒梭菌中毒 病程 1～2 d,大批死亡。内脏器官无出血性变化,特征性肌肉松弛,瞳孔散大。在肉类饲料及死亡动物内脏器官可检测到肉毒梭菌。

【治疗】

对患病动物进行隔离治疗,用抗出血性败血病单价或多价血清 5～30 mL,每日皮下注射 1 次,连用 2～3 d;或青霉素 15 万～120 万单位,链霉素 2～15 mg,每日肌内注射 2～3 次,连续 3～5 d;或卡那霉素 15～45 mg,每日肌内注射 2 次,同时用复方新诺明 0.2～0.8 g,混于饲料中,每日 2 次,连续 5～7 d。发生本病后,立即停喂可疑肉类饲料,妥善处理患病动物的粪便和尸体,并进行彻底消毒。

【预防】

加强兽医卫生和饲养管理,经常做好圈舍的清洁卫生工作,尤其在本病流行季节,更要注意圈舍和食具的卫生及饲料和饮水的清洁,秋冬交替时要做好防寒工作。防止应激因素的刺激,如拥挤、潮湿、营养不良、长途运输、过冷过热等。应严格检查饲料,特别是禽、兔、犊牛、仔猪、羔羊的肉尸及其副产品,禁喂污染饲料。可疑饲料煮熟后再喂。兽舍要定期消毒,杜绝一切传染病。绝不允许鸡、鸭、猪、犬等进入畜场。每年定期接种疫苗尤为重要。对动物做好经常性检疫,必要时在饲料中混合磺胺类药物预防感染。

发生本病后,应立即查明病因,排除传染源。同时将患病动物和可疑患病动物隔离观察和治疗。全群进行紧急接种菌苗或接种高免血清(治疗量的 1/2)后,间隔 1～2 d 再接种菌苗。对患病动物污染的环境、用具等进行全面彻底消毒,可用 10%石灰乳、3%～5%来苏儿、15%漂白粉。动物尸体及粪便应进行无害处理,深埋或生物发酵。

五、魏氏梭菌病

魏氏梭菌也称产气荚膜梭菌,是一种广泛分布于自然界中的条件性致病菌。魏氏梭菌病(Clostridiosis Welchii)是由魏氏梭菌引起的,可感染多种动物,是一种重要的人兽共患传染病。

毛皮动物魏氏梭菌病又称魏氏梭菌性肠炎，是由A型魏氏梭菌及其毒素引起的下痢性疾病。临床特征是急性下痢，排黑色黏性粪便，病理特征表现为胃黏膜有黑色溃疡和盲肠浆膜面有芝麻粒大小的出血斑，发病率和致死率都很高，给毛皮动物养殖业带来巨大的经济损失。

【病原】

魏氏梭菌(*Clostridium welchii*)为梭状芽孢杆菌属(*Clostridium*)成员，也称产气荚膜梭菌(*Clostridium perfringens*)，为革兰氏阳性、无鞭毛、不运动的大杆菌，单个存在，呈双或短链排列，长4～8 μm，宽1～1.5 μm。在动物组织中形成荚膜是本菌的主要特征。本菌芽孢呈卵圆形，位于菌体中央或近端，直径比菌体小，但在动物体内或培养物中很少见到芽孢。

本菌为厌氧菌，对营养要求不高，在普通培养基上生长良好，能快速增殖。在血液琼脂平板上，形成灰白色、圆形、边缘呈锯齿状的大菌落，产生甲型溶血，有时可见双重溶血环，在血清葡萄糖琼脂平板上，形成中央隆起或圆盘状的大菌落，菌落边缘呈锯齿状，表面有放射状条纹，外观似"勋章"样。在厌气肉肝汤中，细菌生长迅速，培养5～6 h汤即变浑浊，并产生大量气体。因而有所谓的"快速移植法"，即每隔2～4 h传一代，用此法来排除杂菌，有助于本菌的分离。在牛乳培养基中，培养8～10 h后，本菌因发酵乳中的酪蛋白而使牛乳呈海绵状，气势凶猛，称此种现象为暴烈发酵或急骤发酵，此特征对本菌鉴定有很大意义。

根据魏氏梭菌毒素-抗毒素中和试验将本菌分为A、B、C、D、E、F六型。对毛皮动物致病的有A、B、C、E四型，其中以C型常见。对人致病的主要有A、C、F三型。A型能引起人和动物的气性坏疽(恶性水肿)及鹿的肠毒血症；B型引起羔羊痢疾、犊牛和羔羊的坏死性肠毒血症及水貂的肠毒血症；C型引起羔羊和犊牛的出血性肠毒血症，鹿、水貂、田鼠的肠毒血症；D型引起牛、羊的肠毒血症；E型引起犊牛、羔羊的肠毒血症和痢疾；F型则引起人的肠炎和毒血症。

本菌的繁殖体抵抗力不强，一般消毒药均可将其杀死。芽孢具有较强的抵抗力，90 ℃下30 min或100 ℃下5 min才能将其杀死。毒素在70 ℃下30～60 min即可被破坏。

【流行病学】

魏氏梭菌普遍存在于土壤、粪便、污水、饲料及健康动物的肠道内，发病及死亡动物的尸体也是本病的传染源。

动物家禽和野生动物均可发病，近年奶牛、山羊、绵羊、猪、鸡、兔等发病增多，甚至还有一些野生动物因感染魏氏梭菌而发病的报道，如大熊猫、鹿、非洲狮、牦牛、梅花鹿、豚鹿、北极狐、兔、貉、水貂、麝鼠、犬、海狸鼠等。

本病可经消化道、皮肤和损伤的黏膜等感染。因食入污染的饲料、饲养管理不当、饲料突然更换、蛋白质饲料过量、粗纤维过低等，使胃肠正常菌群失调，造成肠道内魏氏梭菌迅速繁殖，产生毒素，引起肠毒血症和下痢死亡。

本病一年四季均可发生，以春、秋、冬三季多发。本病呈散发或在某几个养殖场中流行。一般在秋季发生较严重，发病率10%～30%，病死率90%～100%。

【症状】

(1)最急性型　不见任何症状或仅排少量黏稠黑色粪便突然死亡。仅见腹部膨胀，口吐白沫，很快倒地痉挛而死。可见死前尖叫，排出血便。有些出现神经症状，表现尖叫，随之痉挛、麻痹，倒地而死。病程在数小时内，死亡率为100%。

(2)急性型　精神沉郁，采食量剧减或食欲废绝，体温升高，鼻镜干燥，呼吸困难，腹部增大，站立不稳，弓背弯腰，可发生不同程度的腹泻，粪便中含有鲜红的血液。肛门松弛，排粪失禁，重度脱水。眼结膜初潮红，后发绀，有的眼中流泪，眼睑肿胀，病后期肛门突出，瞳孔散大，倒地不起，四肢痉挛抽搐，很快死亡。病程一般在 1～3 d。个别持续 5～6 d 后转为慢性。

(3)慢性型　采食减少，排稀便，病初为灰黄色，后为灰绿色，最后为煤焦油色。精神差，蜷缩于笼内不动。腹部膨胀，有腹水。尿色暗呈茶水色。发病后在 2～3 d 内死亡，个别的可拖延 1 周左右，最终因肠道吸收毒素而死亡。

【病理变化】

患病动物外观无明显症状，打开腹腔有特殊的腐臭味，胃肠内因充满气体而扩张，胃大弯及胃底部的浆膜下隐约可见到圆形的芝麻粒大小的溃疡面，切开胃壁，在胃黏膜上有数个大小不等的黑色溃疡面，盲肠充气、扩张，浆膜面及部分肠系膜上可见圆形的出血斑，小肠壁变薄、透明，各肠段内充满有腐败气味的黑色糊状粪便。肝脏肿胀出血，肺有明显出血斑，肾脏肿胀，肾皮质出血。

【诊断】

由于本病发生急，病程短，根据流行病学、临床症状和病理变化不容易做出诊断。细菌学检查和毒素测定可提供可靠的诊断依据。

病料的采集主要是选取一段回肠或盲肠，两端结扎，保留肠内容物，同时采集实质脏器、肠系膜淋巴结或肠内容物做涂片和分离培养。

1. 涂片检查

将病料直接涂片，革兰氏染色镜检。魏氏梭菌为革兰氏阳性大杆菌，具有明显的荚膜。

2. 分离培养

将病料接种于厌气肉肝汤中，如在培养几小时后，肉汤浑浊并产生大量气体，立即移植，培养 2～4 h 再次移植，如此反复几次可获得纯培养物。也可将病料直接在血清葡萄糖琼脂平板上划线接种，培养后挑取典型菌落镜检，如与涂片检查菌特征一致(但不一定有荚膜)，可进行纯培养。

3. 动物试验

用 18～24 h 液体纯培养物接种健康小鼠，腹腔注射 0.3～0.5 mL，一般于感染后 48 h 内死亡，用其脏器涂片和细菌分离培养，予以验证。

4. 生化鉴定

为进一步确定病原，将纯培养菌接种牛奶培养基和卵黄琼脂平板上(点接种)，37 ℃培养，定时观察。魏氏梭菌在牛奶培养基中呈暴烈发酵现象，产生大量气体，牛奶凝固。在卵黄琼脂平板上，由于该菌产生卵磷脂酶，可水解卵磷脂，故而在接种处细菌生长的周围出现一乳白色环，证明卵黄被水解。

【鉴别诊断】

本病易与巴氏杆菌病、大肠埃希菌病混淆，可做如下区别。

(1)巴氏杆菌病　由多杀性巴氏杆菌引起，多种动物均易感，临床上多呈超急性经过，不见任何症状突然死亡，与本病有相似之处，须经细菌学检查加以区别。巴氏杆菌在组织涂片中为革兰氏阴性、两极明显着染的小球杆菌。

(2)大肠埃希菌病　由大肠埃希菌引起，幼龄动物多发，呈急性经过，常见腹泻、血便，与魏氏梭菌病难以区分，但可通过细菌学检查加以确定。此外，用死亡动物的肠内容物滤液注射家兔或小鼠，不发病者可确定为大肠埃希菌感染。

【治疗】

发现本病应立即隔离患病动物，对全场进行消毒，立即停止饲喂不洁的变质饲料。对健康群立即用磺胺-6-甲氧嘧啶（每千克体重 50 mg）和金霉素（每千克体重 20 mg）拌料，连喂 5～7 d。为预防本病继续发生，可全年在饲料中拌入弗吉尼亚霉素抗生素添加剂，这样做不仅可有效防止动物肠炎、肠出血、肠坏死病的发生，而且有促进生长，提高幼龄动物成活率等多种作用，添加量为每千克体重10～20 mg。

发病拒食的重症病例大多难以治愈。对轻症病例可用庆大霉素，剂量为每千克体重2～5 mg，肌内注射，或拜有利 0.5～2 mL，肌内注射，连用 3～5 d。

【预防】

为预防本病的发生，要严格控制饲料，防止饲料腐败、酸败或发霉。质量可疑的饲料、饲草不能喂动物。不可随意改变饲料配比或突然更换饲料。当发生本病时，应将患病动物和疑似患病动物及时隔离饲养。及时查明发病原因，更换可疑饲料，有条件的养殖场应尽快使用抗魏氏梭菌高免血清，及时投用有效抗生素。恢复期可选用微生态制剂调整肠道菌群。对患病动物污染的笼舍或圈舍彻底消毒，可用 1%～2%苛性钠溶液或火焰消毒。粪便和污物堆放指定地点进行发酵。死亡的动物要深埋或焚烧，严禁剥皮和食用。地面用 10%～20%新鲜的漂白粉溶液喷洒后，挖去表土，换上新土。

六、坏死梭杆菌病

坏死梭杆菌病（necrobacillosis）是由坏死梭杆菌引起的一种侵害哺乳动物以及禽类的慢性传染病，以蹄部、皮下组织或消化道黏膜的坏死为特征。可转移到内脏器官如肝、肺形成坏死灶，或引起口腔、乳房坏死。

【病原】

病原为坏死梭杆菌（*Fusobacterium* necrophorus），属拟杆菌科（Bacteroidaceae）梭杆菌属（*Fusobacterium*）。坏死梭杆菌是一种厌氧菌，革兰氏染色呈阴性，多形性杆菌，不能运动，不产生芽孢和荚膜。抵抗力不强，一般消毒剂均能在短时间内将其杀死。

初次分离得到的细菌和初代培养基生长的细菌呈长丝状，宽 0.75～1.5 μm，长 80～100 μm，偶尔也可见到 3～4 μm 长；呈短杆或球杆状。在液体培养基中，其多形性尤为明显，菌体略弯，中部膨大，两端钝圆。普通苯胺染料可着色，初期培养菌着色均匀。培养超过 24 d，用石炭酸-复红加温染色，呈浓淡相间的不均匀着色，似串珠状。如用碱性复红-亚甲蓝染色，表现更为明显，这是由于菌丝内形成空泡所致。

本菌为严格厌氧菌，分离比较困难。常从患病动物的肝、脾等内脏的病变部分采集病料分离。在培养基中加入血液、血清、葡萄糖、肝块等可助其生长；加入亮绿或结晶紫可抑制杂菌生长，获得本菌的纯培养。在血液琼脂平板上，呈 β 溶血。在血液琼脂或葡萄糖血液琼脂上经 48～72 h培养，形成圆形或椭圆形菌落。适宜培养温度为 34～37 ℃，适宜 pH 7.4～7.6。据报道，该菌在 22～43 ℃均能生长，以 37 ℃生长最好，pH 6.0～8.4 也能存活。

本菌能产生两种毒素，一种为外毒素，可引起组织水肿；另一种为内毒素，可使组织坏死。外毒素中坏死毒素对热稳定，100 ℃ 15 min 不受影响，100 ℃ 1 h 仅能略微降低其活性。

【流行病学】

所有畜禽和经济动物均有易感性，常见于牛、羊、马、猪、鸡和鹿。动物中以猪、绵羊、山羊、牛、马最易感，禽易感性较小。也可感染经济动物中的水貂、鹿和兔；实验动物以家兔和小鼠最易感，豚鼠次之。本病也见于观赏动物，如袋鼠、猴、羚羊、蛇及龟类。人也偶有感染，在手的皮肤、口腔、肺部形成脓肿。

本病的主要传染源是患病和带菌动物，如动物发生肢、蹄部或体躯其他部位的皮肤坏死病变，或发生在口腔黏膜坏死，病菌随患部渗出物、分泌物和坏死组织污染周围环境使其成为传播媒介。健康动物在很大程度上也起着媒介作用。

本病的感染途径主要是经损伤的皮肤和黏膜（口腔）感染。仔兽可经脐带感染，低劣的卫生和创伤是感染本病的诱因。其中皮肤损伤是坏死梭杆菌病的主要感染途径，也可通过消化道创伤、助产产道伤口以及脐带炎而感染。特别是在机体抵抗力下降时，一旦损伤皮肤，尤其是蹄部皮肤，极易感染发病。

【症状】

各种动物受害的组织部位不同，所引起的临床症状也各不相同。

1. 腐蹄病

腐蹄病多见于偶蹄动物，也可发生于马属动物。一般呈慢性经过，因蹄部受到机械损伤而发病，可引起皮肤及皮下组织的溃疡和坏死。若病情严重，病变扩散到肝、肺等内脏时，全身症状明显恶化，继而发生脓毒败血症而死亡。

2. 坏死性皮炎

坏死性皮炎的特点是体表及皮下组织甚至肌肉发生溃烂、化脓和坏死。多发生于臀部、后肢、体侧及颈部。一般呈慢性经过，但也可形成内脏转移，或继发感染其他疾病，使病情恶化。

3. 坏死性鼻炎

坏死性鼻炎的病灶原发于鼻黏膜，继发蔓延到鼻甲骨、鼻旁窦、气管和肺。患病动物出现咳嗽，脓性鼻涕，呼吸困难。

4. 坏死性口炎

坏死性口炎又称“白喉”，病变多见于齿龈、舌、上腭、颊及咽部，同时伴有体温升高、厌食、流涎、鼻漏、口臭，严重时不能吞咽，呕吐，呼吸困难。病变可向肺及其他器官转移，引起患病动物死亡。此外，还可见脸部、下颌肿胀，消化不良，消瘦，共济失调等症状。

【病理变化】

一般患病动物可见由创伤感染所致的局部病变和脓毒败血症所导致的全身性、转移性病灶。局部病变如腐蹄病、坏死性皮炎、坏死性口炎、坏死性鼻炎。坏死病变蔓延至病灶附近的皮下蜂窝组织或更深层，并形成大小不一、互相贯通的病灶。

多数患病动物除在体表有病变，内脏器官（肝、肺、肠）也常有转移性坏死灶。病变在肝脏时，肝脏肿大、呈土黄色，散在分布有多数黄白色、质地硬实、周围有红晕、大小不一的坏死灶。病变在肺脏时，形成大小不等的灰黄色结节，圆而硬固，切面干燥。病变在肠道时，在肠黏膜上出现坏死与溃疡，严重的遍及整个肠壁，甚至穿孔。偶见胃发生以上病变。

【诊断】

根据本病以肢蹄部和幼龄动物口腔黏膜坏死性炎症为主，以及坏死组织的特殊恶臭味变化，再结合流行病学资料，不难做出诊断。确诊需进行实验室诊断。

1. 细菌学检查

采取患病与健康组织交界处的深部组织制成涂片，用等量酒精与乙醚混合液固定，用碱性亚甲蓝染色。镜检为典型的长丝状菌体即可做出初步诊断，但确诊尚需分离鉴定。

2. 细菌分离培养

首先用套有针头的灭菌注射器，充满二氧化碳，刺入病变组织边缘，抽取炎性渗出物，再将针头插入灭菌橡胶块内(避免空气进入)；或用棉拭子蘸取病变深处材料，迅速插入含硫乙醇酸钠半固体琼脂管内，及时送检。当接到送检材料时，应立即在厌氧条件下进行接种。培养48～72 h后，在培养基上长出一种带蓝色的菌落，中央不透明，边缘有一团亮带，可视为疑似坏死梭杆菌菌落。再做纯培养和生化鉴定，即可做出准确诊断。

3. 动物接种试验

将病料用生理盐水或肉汤制成 10 倍稀释的混悬液，注射 0.1 mL 于小鼠尾根皮下，经 24 h，皮下高度水肿，再做镜检，能见到坏死梭杆菌即为本病。另外，在家兔耳的内侧面，经火焰对表面杀灭杂菌后，取 0.5 cm^3 的坏死组织块，埋入皮内，以橡皮胶封好，经 3 d，可呈水肿，3 d 后坏死，7 d 后发生转移性坏死灶，内脏发生坏死，肝脏尤为明显，然后再从内脏分离本菌进行纯培养，最后镜检出坏死梭杆菌，即可确诊本病。

【鉴别诊断】

本病应注意与葡萄球菌病相鉴别。葡萄球菌病多为金黄色葡萄球菌感染，流黄白色脓汁。而坏死梭杆菌病多流出黑色坏死组织分泌物，有突出的臭味。

【治疗】

坏死梭杆菌病的治疗原则是早期发现，及时治疗，局部和全身治疗相结合，防止病灶扩散和转移。对患部仔细地剪毛清洗之后，清除坏死组织及其碎片、脓汁、异物，必要时扩创、引流，以防恶性循环，平息炎症，改善营养，促进愈合。

具体方法：对患部剪毛，清洗消毒，清除局部坏死组织、脓汁、异物，用 3%过氧化氢和 5%碘酊按 1∶20 的比例配合液或 3%高锰酸钾液冲洗创面，然后撒上碘酊或等量硼酸粉末(或拔毒散或生肌散)。还可以用高锰酸钾粉，然后使用绷带包扎。每隔 2～3 d 换 1 次药。病情严重者，可用 0.25%普鲁卡因 20 mL，碘胺嘧啶注射液20 mL，链霉素 100 单位，进行蹄部神经封闭，疗效显著。

全身治疗可静脉注射甲硝唑 250～500 mL，加 10 支 80 万单位青霉素；或静脉注射环丙沙星 100～200 mL。也可静脉注射 5%～10%葡萄糖 500～1 000 mL，在葡萄糖液内加入安钠咖注射液 5 mL、乌洛托品注射液 20 mL、磺胺注射液20 mL则效果更好。同时，常规肌内注射抗生素。

【预防】

改善动物舍环境，保持清洁卫生，定期消毒圈舍，要求地面平整，防止肢、蹄部受损，及时清除圈舍内的粪便，保持地面清洁、干燥。每年春季开始消毒，每隔 15～30 d 消毒 1 次，消毒药可用 3%～5%的来苏儿，每次消毒前必须彻底清扫圈舍。

首先，保护皮肤和黏膜的完整性，防止细菌侵入；其次，提高健康水平和抗病力，能有效地防治本病；最后，对患病动物及时隔离并进行消毒处理。新生仔兽，要在隔离栏内放入垫草，防止蹄部、膝关节等处磨损。

保持兽舍干燥，避免皮肤黏膜损伤，发现外伤及时处理。防治时主要采取以下措施：平时要保持动物舍的干燥，避免皮肤和黏膜的外伤，一旦出现外伤应及时消毒；消除坏死组织。用1%高锰酸钾或3%来苏儿冲洗，然后用碘酊或龙胆紫涂擦；对坏死性口炎，用1%高锰酸钾冲洗，涂碘甘油或龙胆紫；对内脏转移坏死灶，可用抗生素结合强心、利尿、补液等药物进行治疗。

七、钩端螺旋体病

钩端螺旋体病(leptospirosis)是由钩端螺旋体引起的一种重要且复杂的人畜共患的自然疫源性传染病。本病的临床表现复杂多样，动物种类不同，所感染钩端螺旋体的血清型不同，其临床表现也不尽相同，常见的症状有贫血、黄疸、发热、出血性素质、血红蛋白尿、败血症、流产、皮肤和黏膜坏死、水肿等。现已证明，不但多种温血动物，多种爬行动物、节肢动物、两栖动物、软体动物和蠕虫也可自然感染钩端螺旋体。本病在世界各地流行，热带、亚热带地区多发。我国许多省区都有本病的发生和流行，以盛产水稻的中南、西南、华东等地区发病最多。

【病原】

钩端螺旋体是钩端螺旋体科(Leptospiraceae)钩端螺旋体属(*Leptospira*)成员。该菌大小为(0.1～0.2) μm×(6～20) μm，有12～18个弯曲细密规则的螺旋，菌体一端或两端弯曲呈钩状。

钩端螺旋体为需氧菌，对培养基要求不高，可用含动物血清和蛋白胨的柯氏培养基、不含血清的半综合培养基等培养，新鲜灭活的家兔血清能中和培养过程中产生的抑制因子。培养适宜的温度为28～30 ℃，适宜的pH为7.2～7.6。

钩端螺旋体对理化因素的抵抗力较强，能耐低温，在中性水中可存活数月，在静滞的微碱性水和淤泥中可长期存活。潮湿是其存活的重要条件，其在含水的泥土中可存活6个月，这在疾病传播过程中有重要意义。

【流行病学】

发病和带菌动物是主要的传染源，鼠和猪是两个主要的传染源，它们的带菌率、带菌的菌群分布和传染性等方面因地而异。我国的鼠类中，黄胸鼠、沟鼠、黑线姬鼠、罗赛鼠、鼷鼠的带菌率较高，所带菌群亦多，分布较广，其他鼠类则次之。在我国，猪带菌率最高，分布最广，其他如牛、犬、羊等次之。此外，从猫、马、梅花鹿和鬣蜥体内也都分离出钩端螺旋体，多年来我国不少地区已从蛙类体内分离出致病性钩端螺旋体。血清学检查的方法表明，蛇、鸡、鸭、鹅、兔、黄鼠狼、水貂、狐狸、野猫、白面兽、貉、浣熊等动物均有可能是钩端螺旋体的储存宿主。

病原存在于猫、犬、鼠、狐、貂等多种动物体内，可在肾和输尿管中形成持续感染，通过尿液等排泄物排出体外，污染饲料、饮水或动物生活场所，通过消化道、损伤的皮肤和黏膜传染给易感动物。因此，接触含有病原体的尿液是感染本病的主要原因，除此以外，也可通过交配、人工授精传染，在菌血症期间可由吸血昆虫如蜱、虻等传播。采食患病或死亡动物是食肉动物感染本病的主要原因，即以食物链形成传播。

本病一年四季均可发生，特别是秋雨连绵、湿度较大的季节发病较多。各种年龄的动物不分性别均可发生，但以幼龄较敏感，成年动物次之，在体况上营养良好者比瘦弱者多发。饲养管理条件失调，如饥饿、饲养不合理或其他疾病致使机体衰弱时，常可促进本病的发生和流行。隐性感染的动物，可因抵抗力降低而表现症状，甚至死亡。耐过本病者，可获得对同型菌的免疫力。

【症状】

总体而言，本病菌感染率高，发病率低，症状轻的多，重的少。患钩端螺旋体病动物主要症状是黄疸、发热、尿血和贫血。可分为4型，最急性型1～3 d，急性型3～6 d，亚急性型1～2周，慢性型长达2周以上。临床多见急性经过，表现为精神沉郁，食欲减退或拒食，反刍动物表现为反刍停止，频排血红蛋白尿。

病初体温上升，稽留3 d以上，离群独立于一隅，两耳下垂，可视黏膜黄染，肢体倦怠无力。血液稀薄乃至呈血水状，红细胞减少，血沉加速，心肺机能均有相应变化。后期体温下降至36 ℃以下，脉搏100～120次，大多躺卧，呼吸困难，窒息而死。良性经过者，贫血状态逐渐停止，血尿和黄疸现象逐渐减轻并消失，可逐渐恢复健康。

【病理变化】

钩端螺旋体对动物所引起的病变基本一致。在急性病例，可见皮肤、皮下组织、全身黏膜及浆膜发生不同程度的黄疸。心包腔、胸腔、腹腔内常有少量淡茶色澄清或稍浑浊的积液。肝、肾、黏膜和浆膜常见点状或斑状出血。肝呈棕黄色，体积轻度肿大，质脆弱，切面常隐约可见黄绿色胆汁淤积的小点。亚急性病例表现为肾炎、肝炎、脑脊髓炎及产后泌乳缺乏症。慢性病例，则表现虹膜睫状体炎、流产、死产等。病程常经历菌血症（前期发热）和菌尿症（后期无热）两个阶段。

【诊断】

临床症状、剖检病变及流行病学分析等可为诊断提供有利佐证。实验室诊断最重要的指标是检测特异性抗体滴度是否升高。诊断材料在发病7～8 d内可采集血、脑脊液，剖检可取肝和肾。发病7～8 d后可采集尿液，死后则采肾。

1. 病原学诊断

（1）涂片镜检　涂片后，用吉姆萨染色或方登纳氏镀银染色，临床标本用暗视野显微镜、免疫荧光或经过适当染色后用光学显微镜检查可发现钩端螺旋体。镀银染色时钩端螺旋体呈深灰色或灰色。

（2）分离培养　无菌肝素抗凝血及尿液可直接接种于柯氏培养基，污染组织病料可接种于含抗生素的培养基，置28～30 ℃培养，每隔5～7 d观察一次，连续4周或更长时间，最多至3个月，未检出者为阴性。如为阳性，常在培养7～10 d后肉眼见培养基略呈乳白色浑浊，对光轻摇试管时，上1/3内有云雾状生长物，此时挑取培养物做暗视野检查，可见多量的典型钩端螺旋体。

（3）动物接种　适用于含菌量少的病料的分离及菌株毒力的测定。常用幼龄豚鼠和金黄仓鼠，每份病料至少接种两只动物，一般在接种后1～2周实验动物出现体温升高和体重减轻的症状，此时可取其肝和肾进行镜检和分离。

2. 分子生物学诊断

用同位素或生物素标记的DNA探针以及PCR技术可检测尿中的菌体DNA，特异、敏感、快速。分型可用限制性内切酶，比较其基因图谱。

3. 血清学诊断

取同一患病动物发病早期和中后期的血清各一份，检测特异性抗体的存在及其滴度上升情况即可做出诊断。

显微凝集试验（MAT）具有高度特异性，是钩端螺旋体病诊断最常用的方法之一。试验时用活的菌体作抗原，与被检血清作用后在暗视野镜检，若待检血清中有同种抗体，可见菌体相互凝集呈“小蜘蛛”状，被检血清效价在 1∶800 或以上者判为阳性，1∶400 为可疑，1∶400 以下者，间隔 10～14 d 后再次采血检查，若效价较上次增高 4 倍，即可确诊。

【鉴别诊断】

本病应注意与附红细胞体病、衣原体病相区别。

【治疗】

早期大剂量使用各种抗生素如青霉素、链霉素、金霉素、土霉素都有效。本病在早期不易发现，一旦发现症状就是中、晚期，所以治疗效果一般不理想。轻症病例，可用青霉素或链霉素 60 万单位每日分 3 次肌内注射，连续治疗 2～3 d；重症的连续 5～7 d。同时配合维生素 B_1 和维生素 C 注射液各 1～2 mL，分别肌内注射，每日 1 次。为了维护心脏功能，应给予强心剂；腹泻时可给予收敛药物；如有便秘，可投服缓泻药。此外，使用四环素、土霉素等也有一定的治疗作用。

【预防】

防治本病的措施应包括 3 个部分，即消除带菌排菌的各种动物(传染源)；消除和清理被污染的水源、污水、淤泥、牧地、饲料、场舍、用具等以防止传染和散播；实行预防接种和加强饲养管理，提高动物的抵抗力。另外，由于老鼠可携带钩端螺旋体，所以养殖场一定要做好防鼠灭鼠工作。

八、土拉杆菌病

土拉杆菌病(tularemia)又称野兔热，是由土拉杆菌引起的一种自然疫源性疾病，主要感染野生啮齿动物并可传染给其他动物和人类。主要表现为体温升高，肝、脾、肾肿大，充血和多发性粟粒状坏死，淋巴结肿大，并有针尖大干酪样坏死灶。

【病原】

土拉杆菌(*Bacillus tularensis*)是盐杆菌科(Halobacteriaceae)弗朗西斯氏菌属(*Francisella*)成员。革兰氏染色阴性，为专性需氧胞内寄生菌，呈两极着色。在适宜的培养基中的幼龄培养物中形态相对一致，呈小的、单在的杆状，大小为 0.2 μm×(0.2～0.7) μm，而培养 24 h 呈多形态，表现豆形、球形、杆状和丝状等形态，死亡期的丝状细胞裂解成碎片。无芽孢，无动力，强毒的土拉杆菌有荚膜。最适生长温度 37 ℃，可生长温度范围为 24～39 ℃。在普通培养基上不生长，在葡萄糖半胱氨酸血琼脂(GCBA)平板上培养 2～4 d 可形成光滑、凸起的灰白色菌落，围绕有特征性褪色绿环，直径约 1 mm。分解葡萄糖、果糖、甘露糖迟缓产酸不产气，可由半胱氨酸或胱氨酸产生硫化氢(H_2S)。触酶试验弱阳性，氧化酶阴性，不水解明胶，不产吲哚。

【流行病学】

土拉杆菌病在自然界中主要流行于野兔和啮齿类动物中，多种节肢动物如虱、蚤、蚊、虻、螨、蝇等是本病的重要传染源。病原体、传播媒介和易感动物构成一个复杂的小生态环境。这个小生态环境常存在某一地区，成为自然疫源地。传播媒介是吸血昆虫。吸血昆虫和易感动物数量、密度决定本病的传播和流行程度，数量和密度越高，流行程度越激烈。在流行间歇期，病原体存在于小疫源地内。

土拉杆菌病主要是通过吸血节肢动物传播，土拉杆菌能在节肢动物体内寄居和繁殖。昆虫叮咬动物时，细菌会随昆虫的唾液进入动物体内。动物在采食过程如食入有带菌的昆虫也会发生感染。

土拉杆菌病的易感、带菌野生哺乳动物为黑尾鹿、白尾鹿、欧洲野猪、赤狐、灰狐、北美水貂、浣熊、雪兔、欧洲野兔、美洲野兔、田鼠、水獭、麝鼠、松鼠、美洲旱獭等。土拉杆菌病对欧洲、北亚和美国的野兔一直是个可怕的威胁。人工饲养的毛皮动物，如水貂、银黑狐、北极狐、海狸鼠、麝鼠等均易感。

本病一年四季均可发生，发病时间主要与人类生产活动的季节和媒介、宿主动物活动的季节变化有关。因媒介传播引起的发病，多见于媒介活动季节，常为夏、春季；因接触动物宿主引起的发病多见于冬季。在我国，病例大多数是由于接触受感染的动物而引起的，发病较多集中在秋、冬季，但也有极个别因被家养宠物抓伤及受河水污染而发病的病例，其发病时间无明显的规律。

【症状】

动物患上土拉杆菌病的临床症状常不明显，淋巴结肿大为本病的特征。临床可见头颈部及体表淋巴结肿大。一般还可见体温升高、衰弱。当发现动物患此病时，往往已处于濒死期或动物已经死亡。本病潜伏期为1～9 d，但以1～3 d居多。不同动物和病例的临诊症状差异较大。

幼兔患本病多呈急性经过，一般病例常不表现明显症状而突然死亡。有的仅表现体温升高、食欲废绝、步态不稳、昏迷而后死亡。成年兔大多为慢性经过，常表现为鼻炎、流鼻涕、打喷嚏、颌下、颈下、腋下和腹股沟等体表淋巴结肿大、化脓，体温升高，白细胞增多。12～14 d后恢复。

水貂在流行早期多为急性型，潜伏期2～3 d。患貂突然拒食，体温升高达42 ℃，精神沉郁，厌食，疲倦，迟钝。呼吸困难，甚至张口、垂舌、气喘。后肢麻痹，常转归死亡，病程1～2 d。流行后期水貂多呈慢性经过，沉郁，厌食，鼻镜干燥，倦怠，步态不稳，极度消瘦，眼角有大量脓性分泌物，有的病貂排带血稀便，体表淋巴结肿大，可化脓、破溃，并向外排脓汁。如治疗及时且适当，多数能康复。

狐表现为沉郁，拒食，体表淋巴结肿大、化脓，有的出现呼吸困难和结膜炎。多数转归死亡。

【病理变化】

特征性病变为化脓性淋巴结炎及内脏实质器官出现坏死和肉芽肿。

急性型病例缺乏病理特征性变化，亚急性型和慢性型病例表现典型。体表（颌下、咽后、肩前、肩下、颈部等）淋巴结显著肿大，一般可达正常的10～15倍，其被膜亦增厚数倍，无光泽，并分布有淡灰色小坏死灶；切面淋巴结正常结构消失，充满黄色小腔洞，慢性病例淋巴结切面有结缔组织增生，呈半透明条索状，硬固。淋巴结常化脓，呈黄白色干酪样，无臭味，并能形成瘘管，与皮肤表面相通，形成干酪样坏死，胸膜及腹膜常显著增厚，潮红，粗糙，覆盖以米糠样薄膜。胸、腹腔有白色浑浊、混有纤维素絮片的积液。皮下组织充血、瘀血，伴有胶样浸润。心内外膜有点状出血，心肌松弛。肺充血、水肿。肝肿大，切面呈豆蔻状纹理。脾增大2～3倍。肝、脾、肺等脏器常有大量灰白色干酪样坏死灶。

【诊断】

根据流行病学特点及病理变化可做初步诊断，确诊依靠实验室检查。

变态反应诊断：用土拉菌素0.2 mL注射于尾根皱褶处皮内，24 h后检查，如局部发红、肿胀、发硬、疼痛者为阳性,但有部分患病动物不发生反应。

【治疗】

链霉素是治疗土拉杆菌病最有效的抗生素。在感染土拉杆菌病的小鼠、鼠和猴的治疗实验中,证明了链霉素的治疗效果,它既有抑菌作用也有杀菌作用。动物实验结果还表明,四环素对土拉杆菌有效,其他抗菌剂(大环内酯类、β-内酰胺和氯霉素)效果较差。在临床实践中,可用药敏试验选择敏感而经济的抗生素治疗。

【预防】

农业上采取减少鼠类食物、消除鼠类栖息场所,以及保护食鼠动物的方法,降低鼠害,是防止土拉杆菌病流行最有效和安全的措施。

人工饲养过程中,为控制本病的发生,应注意杜绝野生啮齿动物和外寄生虫,加强食物和饮水的管理,做好卫生防疫工作。应定期进行灭鼠工作,发现死鼠应及时收集进行无害处理。做好除虫工作,特别是螫刺昆虫。在昆虫滋生季节,要防止蚊、蚤和扁虱等昆虫叮咬。喂饲动物的饲料特别是肉类应是安全的。肉类食物应来自健康动物,必要时对供肉动物进行宰前检疫,可疑肉类需加热处理。不要让动物饮用河流的水。

发现本病流行时,应及时隔离患病动物,消除传染媒介,对动物舍和用具进行彻底消毒。

人也易感染本病,接触动物的人员应进行免疫预防接种和采取必要的防护措施。因本病病原菌能直接通过未破损的皮肤进入机体造成感染,所以接触动物(包括死的动物)需佩戴手套。

九、结核病

结核病(tuberculosis)是由结核分枝杆菌引起的人兽共患的一种慢性传染病。其特点是在多种组织器官形成结核结节和干酪样坏死或钙化结节。病原主要侵害肺,也可侵害肠、肝、脾、肾和生殖器官,甚至引起全身性病变。

我国野生经济动物也有本病发生,特别是鹿科反刍动物和野禽山鸡(人工驯养的山鸡)感染率和发病率都比较高。貂、貉、狐、海狸鼠、麝鼠等很少呈地方性流行,散发。

【病原】

结核分枝杆菌(*Mycobacterium tuberculosis*)共有 3 种型,即人型分枝杆菌(*M. hominis*)、牛型分枝杆菌(*M. bovis*)和禽型分枝杆菌(*M. avian*)。分枝杆菌属除这 3 种分枝杆菌外,还包括副结核分枝杆菌、胞内分枝杆菌以及冷血动物型、鼠型结核杆菌等 30 余种分枝杆菌,但它们对人和动物的致病力均较弱或无致病力。

在经济动物中,以牛型和禽型分枝杆菌最为易感,人型分枝杆菌次之。本菌为革兰氏阳性菌,无鞭毛,不形成芽孢和荚膜,也不具有运动性,形态因种别不同稍有差异。人型分枝杆菌是直或微弯的细长杆菌,呈单独或平行相聚排列,多为棍棒状,间有分枝状。牛型分枝杆菌稍短粗,且着色不均匀。禽型分枝杆菌短而小,为多形性。

本菌为需氧菌,营养要求高。生长适宜 pH 牛型为 5.9～7.2,人型为 7.4～8.0,禽型为 7.4,最适温度为 37 ℃,低于 30 ℃或高于 42 ℃均不生长,但禽型 42 ℃可生长。本菌在初次分离培养时发育很慢,需用凝固牛血清或鸡蛋培养基;在不含甘油固体培养基上接种,3 周左右开始生长,出现菌落,如粟粒大,圆形、透明、潮湿并逐渐变为半透明,呈褐灰白色菌落,易剥离。在甘油肉汤培养基中细菌形成菲薄柔软,呈网状,不常扩展皱襞的菌膜。经过驯化培养的菌株,可在液体表面形成大量多皱襞的菌膜。牛型分枝杆菌生长最慢,禽型分枝杆菌生长最快。

本菌对磺胺类药物和一般抗生素不敏感，但对链霉素、异烟肼及对氨基水杨酸和环丝氨酸等有不同程度的敏感性。

【流行病学】

经济动物中鹿的死亡率较高，尤其是仔鹿，配种后期的公鹿发病率和死亡率更高。在毛皮动物中，幼龄水貂、银黑狐、貉、海狸鼠等比较敏感，北极狐很少患病。我国个别水貂场偶有散发病例。由于水貂色型和抵抗力不同，易感性也有所差异。

开放型的患病动物是主要的传染源，患病动物可经不同途径排菌，肺结核通过痰、乳房结核通过乳汁、肠结核通过粪便、肾和膀胱结核通过尿、淋巴结核则通过破溃的分泌物扩散传播，因此感染结核菌的肉类饲料和乳品为主要传染来源。肉食动物吞食了未经无害化处理的患结核病的牛、羊肉及内脏等副产品，易感染本病。开放型肺结核患病动物咳嗽时有大量结核杆菌随同痰液或飞沫扩散到空气中，易感动物经呼吸道吸入肺中而感染。其他途径如外伤、子宫内感染也都有可能。

本病主要通过呼吸道、消化道感染，其次是通过生殖道(交配)感染。皮肤接触也有可能传染。由患病动物排出的病菌可污染周围空气、地面、土壤、饲料、动物舍、禽舍及其他用具，由此传染给健康易感动物。

发病没有季节性，一年四季均可发生，毛皮动物多见于夏、秋两季。饲养管理不当与本病的传播有着密切关系，特别是笼具比较小和密集饲养，粪便堆积不及时清除，卫生条件不好，兽舍通风不良、潮湿、阳光不足，饲料不足或搭配不当，缺乏运动，以及多种动物混养均可促进本病的发生与传播。禽结核病的发病率被认为可能与气候有关，而与禽的品种、年龄关系不大。

【症状】

结核病潜伏期长短不一，短者十几天，长者数月甚至数年。通常呈慢性经过，病初临床症状不明显，当病情逐渐延长，病症才逐渐显露，各种动物的临床表现取决于一个或几个器官的病变程度。

1. 鹿结核病

鹿常因感染牛型分枝杆菌而致病。初期症状不明显，随病程进展食欲逐渐下降，呈进行性消瘦，随发病部位不同，临床表现不一。肺结核时，易疲劳，初干咳后湿咳，并以早晚及采食时为甚。随病情的发展咳嗽加重、频繁且表现痛苦。呼吸次数增加，严重时发生气喘。听诊肺部有湿性啰音或胸膜摩擦音，被毛无光，换毛延迟，不爱运动，贫血，不育，体表淋巴结肿大，并常有低热。本病为慢性经过，一般都要拖至数日甚至一年之久，最后极度消瘦，衰竭而死亡。肠结核时，表现消化不良，食欲不振，迅速消瘦，顽固性下痢，病鹿常有腹痛表现，腹泻与便秘交替发生，腹泻时粪便呈半液状，混有脓液甚至血液。乳腺结核时，乳房上淋巴结肿大，一侧或两侧乳腺肿胀，泌乳量减少，触诊可感知坚实硬块，乳汁初期无变化，严重时稀薄如水。纵隔淋巴结核时，淋巴结肿大，甚至压迫食道妨碍反刍，引起顽固性慢性瘤胃臌胀。淋巴结核时，常发生在咽喉部，下颌淋巴结明显肿胀，多为开放性的，流出脓血，经久不愈，鹿尤为常见。病程较长，可达数月至一年之久，如不及时治疗，多以死亡告终。

2. 水貂结核病

水貂结核病潜伏期为1～2周，病程一般为40～70 d。病貂不愿活动，食欲减退，进行性消瘦，易疲乏嗜卧，贫血，被毛无光泽，鼻镜颜色变淡。当侵害肺部时，表现咳嗽，严重者呼吸困难；部分病貂鼻、眼有较多浆液性分泌物。如侵害肠系膜淋巴结时，腹腔可能积水。还发现咽后淋巴结肿大，触之有波动感，破溃后，流出脓样黏稠液体。局部被毛黏结，创面污秽。有些病例出现带血下痢，还有些病例死前1～2周出现后肢麻痹。有的病貂常打喷嚏和响鼻，有化脓性鼻漏，因此在鼻镜上形成淡黄色痂皮。胸部听诊有啰音，呼吸频数，浅表。

3. 银黑狐、北极狐和海狸鼠结核病

病例表现决定于病变部位。大多数病例表现衰竭，被毛蓬乱无光泽。当肺部病变时发生咳嗽，呼吸困难，很少运动。下颌淋巴结和颈浅淋巴结受侵染时，肿大、破溃。实质脏器(肝、肾等)结核病多无明显可见的临床症状，表现消瘦，营养不良。有的患病动物发生腹泻或便秘，腹腔积水；银黑狐体表淋巴结被侵害时，出现长久不愈的溃疡或形成结节。

4. 貉结核病

貉结核病表现为发育停滞，消瘦，被毛逆立、蓬乱、粗糙无光泽。病貉出现咳嗽，有的体表淋巴结肿大，特别是颈浅淋巴结溃烂，创面污秽，被毛黏结，可视黏膜苍白，不愿活动，秋末冬初发生死亡，剖检以肺部变化为主，可见大小不等各型结节，有的下颌淋巴结破溃。

5. 禽结核病

禽结核病主要危害雏鸡和火鸡，成年鸡多发，其他家禽和野禽亦可感染。感染途径主要经过消化道，但亦可能通过呼吸道感染。临床表现贫血、消瘦、鸡冠萎缩，跛行以及产蛋减少甚至停产。病程持续2～3个月，有时可达1年。病禽因衰竭或肝变性破裂而突然死亡。

【病理变化】

结核病的病理变化特点是在器官组织发生增生性或渗出性炎症，或二者混合存在。当机体抵抗力强时，机体对结核菌的反应以细胞增生为主，形成增生性结核结节，为增生性炎，由上皮样细胞和巨噬细胞集结在结核菌周围，构成特异性肉芽肿，外层是一层密集的淋巴细胞或成纤维细胞形成的非特异性肉芽组织。在机体抵抗力降低时，机体反应则以渗出性炎症为主，在组织中有纤维蛋白和淋巴细胞的弥漫性沉积，之后发生干酪样坏死、化脓或钙化，这种变化主要见于肺和淋巴结。

(1)毛皮动物结核病　患病动物尸僵完全，可视黏膜苍白、消瘦。结核病变常发生于肺内，在肋腹下及肺组织深部，可见豌豆大或黄豆大的单在钙化结节，切面见有浓稠凝块和灰黄色脓样物。有的侵害气管和支气管，形成空洞，其内容物由支气管进入气管而排出体外。有的在气管和支气管黏膜上发现小的结核结节。在胸腔内混有脓样分泌物。支气管周围和纵隔淋巴结增大，切面多汁，有脓样病灶。肠系膜淋巴结肿大，充满黏稠灰色凝块状物。

(2)鹿结核病　主要发生在肺脏，肺门淋巴结和体表淋巴结，肝、脾、浆膜等也常见到结核病灶。外观呈大小不等的脓肿，最大呈篮球状。结节中心呈灰白色、粗糙、稠浓汁样、无臭、无味的坏死灶。有的肺空洞化，见有少量灰白色干酪样渗出物。肠结核也常发生，其病变多见于空肠后1/3部及回肠内，结节特点是有明显溃疡面，呈圆形或椭圆形，周围为堤状突起，底面常有脓样坏死物。肠系膜结核时常发生在浆膜面上，浆膜结核可见珍珠样病理变化。体表淋巴结呈开放性结核时，从破溃的淋巴结流出白色无臭的干酪样物质。

(3)禽结核病　见于肝、脾、肺、肠等处，出现不规则的、浅灰黄色、从针尖大到1 cm^2 大小的结节，将结节切开，可见结核外面包裹一层纤维组织性的包膜，内有黄白色干酪样坏死，通常不发生钙化。结节大小不等，多少不一，多时可布满整个器官，肝、脾最多，结节稍突起于器官表面，在肠壁、腹膜、骨骼、卵巢、睾丸、胸腺等处也可见到结核结节。

【诊断】

在动物群中有发生进行性消瘦、咳嗽、慢性乳腺炎、顽固性下痢、体表淋巴结慢性肿胀等症状的动物，可作为初步诊断的依据。但在不同的情况下，须结合流行病学、临床症状、病理变化、结核菌素试验，以及细菌学试验和血清学试验等综合诊断方可确诊。

1. 细菌学诊断

本法对开放性结核病的诊断具有实际意义。采取患病动物的病灶、痰、尿、粪、乳及其他分泌物直接涂片，进行抗酸性染色，镜检见到红色短杆状菌，则为此菌。接种培养，分离本菌，病料必须经过特殊处理，因含杂菌多，必须接种在含有抑制杂菌生长的培养基上。

2. 病理组织检查

做病理组织切片时，病料需用10%福尔马林固定、石蜡切片、抗酸染色，如有该菌存在，镜检时可见到结核菌染成红色，其他细菌染成蓝色，并可观察到典型结核结节结构。

3. 动物接种

豚鼠和家兔对人型和牛型分枝杆菌敏感，试验注射 1 mL 病料悬液于豚鼠皮下，阳性反应者，10 d 后局部出现硬结，并逐渐增大。3 周后破溃，1～2 个月内患全身性结核而死亡，从病灶中可分离出结核菌，即可确诊。

4. 血清学诊断

补体结合试验、血细胞凝集试验、沉淀试验、吞噬指数试验等方法均可检测本菌，但由于这些方法的实际应用意义不大，目前极少应用。目前广泛采用免疫荧光抗体技术检查病料，该法具有快速、准确、检出率高等优点。

5. 结核菌素试验

本法是目前诊断结核病具有现实意义的好方法。本法操作简便，易于在基层和现场展开工作。结核菌素试验主要包括提纯结核菌素(PPD)和老结核菌素(OT)诊断方法。

(1)提纯结核菌素诊断方法　即应用由我国研制的提纯结核菌素于皮内试验。取每毫升含 5 万国际单位的提纯结核菌原液 0.1 mL，用注射用水或灭菌蒸馏水稀释成每毫升含 2.5 万国际单位的提纯结核菌素 0.2 mL，注射于牛颈侧中部皮内。在注射后 72 h 观察反应。局部皮肤会出现肿、热、痛等炎症反应。皮差为 4 mm 以上，或不到 4 mm，但局部呈弥漫性水肿的，可判为阳性。

(2)提纯结核菌素点眼反应　将每毫升 5 万国际单位的提纯结核菌素，以注射用水或无菌蒸馏水 2～3 滴做点眼反应试验。一般于点眼后 3、6、9 h 各观察 1 次，必要时可观察 24 h 反应。有 2 个大米粒大或 2 mm×10 mm 以上的呈黄白色的脓性分泌物自眼角流出，或散布在眼的周围，眼结膜明显充血、水肿、流泪并有全身反应的为阳性。

(3)老结核菌素皮内反应法　在牛的颈部皮内注射老结核菌素 0.2 mL，在注射前用标尺测量好皮的厚度。注射后于 72 h 观察反应，除阳性牛不做第 2 次注射外，凡阴性牛及疑似牛在原注射部位，按前注射量注射，第 2 次注射后在 48 h 观察反应。局部发热，有疼感并呈现界限不明显的弥漫性水肿，软硬度如面团或硬片，其肿胀面积在 3.5 mm×4.7 mm以上者，或少有轻微的肿胀，皮厚差超过 8 mm 者为阳性。

(4)老结核菌素点眼反应　结核菌素 OT 采取两次点眼试验，点眼间隔为 3～5 d。在点眼前对双眼做细致检查，注意眼结膜有无变化，正常时方可做点眼，第 1 次点于左眼，第 2 次必须点同一只眼睛。每次滴入 2～3 滴(0.2～0.3 mL)。点眼后于 3 h、6 h、9 h 各观察 1 次，必要时可观察 24 h。有 2 个大米粒大或 2 mm×10 mm 以上的呈黄白色的脓性分泌物自眼中流出，或散布在眼的周围。或上述反应较轻，但有明显结膜充血、水肿、流泪并有全身反应者，为阳性。

【治疗】

目前，对于鹿尚无特效疗法，对体质较差的可以淘汰；对有利用价值的可用异烟肼和链霉素治疗。每千克体重异烟肼 8 mg、链霉素 20 mg，每日 2 次，疗程应坚持数月。

毛皮动物结核病不仅治疗困难，而且疗程长，用药量大，治疗意义不大，所以从生产角度出发走自群净化路线，发现患病动物和可疑患病动物应尽快隔离饲养，维持到取皮淘汰。除非特别优良的品种可用链霉素、异烟肼、对氨基水杨酸、维生素等进行治疗，一般宜淘汰处理。据资料报道，水貂结核病可用异烟肼治疗，每只水貂每日口服 4 mg，连续 3～4 周可获得良好疗效。

在长期治疗时，病情呈进行性发展而不见疗效时，应同时使用几种抗结核药物进行控制，并应分离病原菌，确定为何种分枝杆菌，还需进行药敏试验，以选择理想抗结核药物。感染禽型分枝杆菌的动物，用单一抗结核药物治疗一般效果不理想，可考虑几种药物结合使用。总之，结核病的治疗最好做药敏试验，选择敏感药物，联合用药，长期坚持用药不间断的原则，才有可能达到理想的治疗效果。

【预防】

对经济动物定期进行结核病检疫，查出阳性者，建议及时隔离，严重者淘汰；假定阳性者，接种疫苗。平时应加强饲养管理，严格执行兽医卫生制度。防止养殖密度过大，避免棚舍潮湿，确保营养全价。有本病的养殖场，对患病动物用过的笼子用火焰喷灯或 2%热苛性钠溶液消毒，场地、饲槽可用 5%煤酚皂，3%～5%石炭酸、5%克辽林或 20%漂白粉，实行严格消毒。除检疫和严格隔离发病动物外，谢绝外人参观，饲养员则应每年进行两次健康检查，患有开放型结核的病人不应在饲养场工作。

十、布鲁氏菌病

布鲁氏菌病(Brucelliasis)又称地中海弛张热、马耳他热、波浪热或波状热，是由布鲁氏菌病引起的人兽共患性全身传染病。在毛皮动物主要侵害母兽，使妊娠动物发生流产和产后不育以及新生仔兽死亡。

【病原】

布鲁氏菌(*Brucella*)为革兰氏阴性短小杆菌，菌体无鞭毛，不形成芽孢，毒力菌株可有菲薄的荚膜。

布鲁氏菌在自然环境中生命力较强，在患病动物的分泌物、排泄物及尸体的脏器中能生存 4 个月左右，在食品中生存约 2 个月。加热 60 ℃或日光下曝晒 10～20 min 可杀死此菌，对常用化学消毒剂较敏感，1%～2%苯酚、来苏儿溶液，1 h 内死亡；1%～2%甲醛溶液，经 3 h 杀死；在 0.2%石炭酸中 2 h 失去活力。对卡那霉素等抗菌药敏感，但对低温抗力较强。

【流行病学】

布鲁氏菌病流行于世界各地。我国多见于内蒙古、东北、西北等牧区。新中国成立前在牧区常有流行，在北方农区也有散发。新中国成立后国家成立了专门的防治机构，发病率逐年下降。

染菌动物首先在同种动物间传播，造成带菌或发病，随后波及人类。患布鲁氏菌病动物的分泌物、排泄物、流产物及乳类含有大量病菌，是危险的传染源。

所有动物都易感。成年兽感染率较高，幼龄动物发病率较低。

本病一年四季均可发病，但以产仔季节为多。发病率牧区高于农区，农区高于城市。流行区在发病高峰季节（春末夏初）可呈点状暴发流行。动物一旦感染，首先表现为患病妊娠母兽流产，多数只流产 1 次；流产高潮过后，流产可逐渐完全停止，虽表面看恢复了健康，但多数为长期带菌者。

【症状】

潜伏期长短不一，一般为 4～7 d。布鲁氏菌病临床表现主要特征为流产。水貂、狐等毛皮动物的流产一般发生于妊娠后期，体温升高，或产弱生幼龄动物，食欲下降，个别的出现化脓性结膜炎，空怀率高，雄性动物配种能力下降等。

【病理变化】

妊娠中、后期死亡的母兽，子宫内膜有炎症，或有糜烂的胎儿，外阴部有恶露附着，淋巴结和脾脏肿大，其他器官充血、瘀血，公兽有的出现睾丸炎。

【诊断】

1. 初诊

根据流行病学调查，怀孕动物发生流产，特别是第一胎流产多，并出现胎衣不下、子宫内膜炎、不孕；公兽发生睾丸炎、附睾炎，不育，加上胎衣、胎儿的病变等可怀疑为本病，但确诊需进一步检查。

2. 病原学检查

采流产胎儿的胃内容物、脾、肝等和母畜的胎衣、阴道分泌物、乳汁等涂片，进行柯氏染色。具体方法：将涂片在火焰上固定，滴加 0.5%沙黄液，并加热至出现气泡，需 2～3 min，水洗后，再滴加 0.5%孔雀绿液，复染 40～50 s，水洗，晾干，镜检。检验结果为布鲁氏菌呈红色，其他细菌及细胞呈绿色；布鲁氏菌大部分在细胞内，集结成团，少数在细胞外面。

3. 分离培养

布鲁氏菌为需氧菌，对营养要求严格，初代分离培养时，须在含肝汤、血清等营养丰富的培养基上才能生长。可选用基础培养基如血琼脂基础中加入 2%～5%牛血清或马血清，或者血清葡萄糖琼脂、甘油葡萄糖琼脂等。该菌生长缓慢，一般需要 7 d 或更长时间才能长出肉眼可见的菌落。该菌分解糖类的能力因种类而不同。一般能分解葡萄糖产生少量酸，不能分解甘露糖，不能产生靛基质，不液化明胶。VP 试验及 MR 试验均阴性。有些菌型能分解尿素和产生硫化氢。

4. 血清学试验

检查的常用方法是虎红平板凝集试验、试管凝集试验（凝集试验，判定凝集效价 1∶50 可疑，1∶100 以上为阳性）。

（1）补体结合试验　本反应对布鲁氏菌病有很高的诊断价值，无论对急性或慢性的患病动物都能检查出来，其敏感性比凝集反应高，但操作复杂。一般毛皮兽发生流产后 1～2 周采血检查，可提高检出率。

（2）凝集试验　在本病诊断中应用最广的是试管凝集试验，此外，平板凝集试验也较常用。试管凝集反应是用生理盐水倍比稀释，血清取 1∶25，1∶50，1∶100，1∶200，然后用每毫升含 100 亿菌的布鲁氏菌抗原做反应。最后判定，血清凝集价在 1∶25（+）时判定为疑似反应；在

1∶50(++)时判定为阳性反应。疑似反应病例，经3～4周后，采血再做凝集反应试验。

此外，也可应用全乳环状试验、变态反应、荧光抗体试验和病原分离方法进行诊断。

【鉴别诊断】

布鲁氏菌病与副伤寒相类似，但根据细菌学检查即可鉴别，副伤寒病原体常出现在血液内和脏器中，同时副伤寒固有病理变化比较明显。

水貂布鲁氏菌病虽然与阿留申病相似，但通过血清学检查可得到鉴别。阿留申病血清对流免疫电泳阳性，病理组织学检查，阿留申典型的浆细胞增多，而布鲁氏菌病没有这种变化。

【治疗】

1.抗菌治疗

急性期要以抗菌治疗为主。常用抗生素有链霉素、庆大霉素、卡那霉素、土霉素、金霉素、四环素。对患病动物可应用上述抗生素药物进行治疗。没有治疗价值的，隔离饲养到取皮期，淘汰取皮。

2.菌苗疗法

菌苗疗法适用于慢性期患病动物，治疗机理是使敏感性增高的机体脱敏，减轻变态反应的发生。菌苗疗法也宜与抗菌药物同时应用。

3.水解素和溶菌素疗法

水解素和溶菌素系由弱毒布鲁氏菌经水解及溶菌后制成，其作用与菌苗相似，但疗效各说不一。

【预防】

1.管理传染源

加强患病动物管理，发现患病动物应隔离于专设牧场中。污染兽场还应通过定期检疫可疑动物群，扑杀阳性个体达到目的。同时对患病动物污染的笼子可用1%～3%石炭酸或来苏儿溶液消毒。用5%新石灰乳处理地面。隔离服用2%苏达溶液煮沸或用1%氯亚明溶液浸泡3 h。

2.切断传播途径

平时应加强肉类饲料的管理，对可疑的肉类及下脚料要高温处理。疫区的乳类、肉类及皮毛需严格消毒灭菌后才能外运，保护水源。

3.保护易感动物

经常与动物接触者，应具备一定的防病知识，既要防止布鲁氏菌病在动物间传播，又要防止患病动物传染给人，特别是在接产或处理流产时要谨慎。

十一、犬瘟热

犬瘟热(canine distemper)是由犬瘟热病毒引起的犬科、鼬科及部分浣熊科动物的一种急性、热性、高度接触性传染病，主要侵害呼吸系统、消化系统及神经系统。其主要特征为双相热，眼、鼻、消化道等黏膜炎症，以及卡他性肺炎、腹泻性肠炎、皮肤湿疹，脚底表皮过度增生、变厚，形成硬肉趾病，有特殊的腥臭味，偶有神经症状，具有较高的发病率和死亡率，素有毁灭性传染病之称，亦有“犬瘟”“貂瘟”等说法。

【病原】

犬瘟热病毒(*canine distemper virus*，CDV)属副黏病毒科(Paramyxoviridae)麻疹病毒属

(*Morbillivirus*)。病毒粒子直径在123～175 nm,病毒形态呈多形性,多数为球形,亦有畸形和长丝状病毒。病毒基因组为不分节段的单股负链RNA,相对分子质量为6×10^6,核酸全长15 690 bp。蔗糖中的浮力密度为1.180～1.218,峰值为1.195。病毒粒子中心含有直径为15～17 nm螺旋形核衣壳、外面被覆一层脂质的囊膜,囊膜上排列有1.3 nm的杆状纤突,纤突只含血凝素,而无神经氨酸。

CDV抵抗力不强,对热、干燥、紫外线和有机溶剂均很敏感,易被日光、酒精、乙醚、甲醛与煤酚皂等杀死。病毒在-14～-10 ℃下可存活6～12个月;-70 ℃冻干毒可保存毒力1年以上;4～7 ℃可保存2个月;干燥条件下病毒在室温中尚能生存7～8 d。CDV对热敏感,55 ℃经1 h或60 ℃经30 min即可使病毒灭活,而100℃经1 min即可失去毒力。此外,病毒对多种消毒药(0.75%～3%甲醛、0.5%过氧乙酸、1%煤酚皂溶液、3%氢氧化钠、5%石炭酸溶液等)均很敏感。对乙醚、氯仿等有机溶剂也较为敏感,病毒经甲醛灭活后仍可保留其抗原性。pH 4.5以下和pH 9.0以上的酸碱环境也可使其迅速灭活。

CDV存在于患病动物的鼻液、唾液、眼分泌物、泪液、血液、脑脊液、脑、淋巴结、肝、脾、心包液、胸腹水和尿液中。由于CDV为囊膜病毒,对环境的抵抗力很弱,分离成功率较低。因此,病料采样的部位、时间、样品处理、病程类型、发病动物的抗病毒抗体水平等因素对病毒分离培养成功与否有一定的影响,但最主要的是分离培养病毒的细胞是否敏感和有效。

【流行病学】

患犬瘟热的动物、潜伏期带毒动物及患病死亡尸体是主要的传染源。CDV大量存在于患病动物的鼻、眼分泌物、唾液中,也见于血液、脑脊液、淋巴结、肝脏、脊髓、心包液及胸腹水中,而且患病痊愈动物带毒期可长达6个月,它们可由所有的排泄物和分泌物中排出病毒,污染周围环境,但CDV康复犬可获得终身免疫力。最危险的传染源是患犬瘟热的犬,国内外许多毛皮动物饲养场发病,多数是由附近居民或本场内的患病犬传染的。因此,毛皮动物养殖场严禁养犬,如护场需要时,应定期进行免疫。

CDV的自然宿主是犬科、鼬科及浣熊科动物,而这3科动物对CDV呈高度易感。随着动物和病毒的进化,目前已知的可自然感染CDV的动物包括食肉目所有8个科、偶蹄目猪科、灵长目猕猴属和鳍足目海豹科等多种动物,具体包括犬科的犬、狼、豺、北美小狼、赤狐、银狐、北极蓝狐、貉、非洲猎犬、非洲野狗,鼬科的雪貂、水貂、紫貂、石貂、鸡貂、黄鼠狼、獾、鼬、臭鼬和水獭,浣熊科的小熊猫、浣熊、北美环尾猫熊、中南美洲蜜熊和美洲长吻浣熊,猫科的猫、狮、孟加拉虎、西伯利亚虎、豹、雪豹、美洲豹,灵猫科的花面狸和獴,大熊猫科的大熊猫,熊科的棕熊、灰熊和黑熊,海豹科的港海豹和灰海豹,偶蹄目猪科的猪和灵长目的猕猴、猿猴。此外,可实验感染雪貂、海豹、地鼠、小鼠、豚鼠等动物。

CDV没有明显的季节性,当有多种毛皮动物饲养在同一个大型养殖场里,一般都是先从最易感的动物开始流行,经一段时间,再传播到另一种动物。在犬瘟热流行时,貉易感性较高,一般先发病,然后是狐和鼬科动物水貂,其中北极狐比银黑狐和彩狐易感。流行季节主要在8～11月份,呈散发、地方流行或暴发。其流行规律为:不免疫的种兽所生仔兽断乳前发病率较高。免疫种兽所生的仔兽在哺乳期和断奶后15 d前很少感染CDV,但由于断奶后母源抗体消失,使仔兽在断奶15～20 d以后成为极易感动物,此时发病率最高,其死亡率高达80%～90%。在犬瘟热流行过程中,成年兽有一定抵抗力,一般非配种期病势进展较缓慢,而春季配种期,由于种兽出入,人为增加了传染的概率,促进本病发生。老兽很少发病,仅于流行的中后期，一般出现 2%～5%的死亡率。在引种、串种和倒种过程中常发生犬瘟热的流行，到流行的高峰期发病率可达 70%以上。如果不采取迅速有效的防治措施，疫情会很快演变为地方性流行。

【症状】

发病初期动物种类不同，其临床症状也不尽相同，各有特点。

1. 狐犬瘟热

自然感染时，银黑狐、北极狐的潜伏期为 9～30 d，有的长达 3 个月。患病初期，看不到特征性表现，病狐食欲减退，貌似感冒，体温升高到 40～41 ℃，持续 2～3 d。鼻镜干燥，有的出现呕吐和轻微卡他性症状，排出蛋清样稀便。随着病情加重，症状逐渐明显，开始出现浆液性、黏液性或化脓性结膜炎。眼角内有大量眼眵，将两眼粘连在一起，或呈戴眼镜样附着在眼圈周围。鼻子也出现浆液性、黏液性或化脓性鼻炎，有时分泌物干涸在鼻孔内，形成鼻塞。唇缘皮肤增厚，嘴角被毛粘有不洁的分泌物和饲料。腹泻、肛门黏膜红肿。病狐很少出现皮肤脱屑，有时后脚掌和尾尖皮肤能看到有轻度变化。

当肺出现继发感染时，出现咳嗽，开始干咳，后变为湿咳。特别是春、秋季节常发生本病，常侵害呼吸器官、消化器官，发生卡他性炎症、腹泻，粪便有时混有血液，幼龄北极狐腹泻严重，常常发生脱肛，而银狐此现象少见。

狐感染脑炎型犬瘟热时，病狐出现咀嚼肌痉挛、头肌和四肢肌肉痉挛性收缩、麻痹或不全麻痹。肌群不自主地有节律颤动，一般为进行性的，起初是后肢，而后导致完全麻痹。银黑狐常突然出现视觉消失，瞳孔散大，虹膜呈绿色。急性型的病程 2～3 d 死亡，慢性经过的 20～30 d 继发感染而死。

2. 貉犬瘟热

自然感染时，开始症状不明显，只是食欲不佳。而后出现腹泻，患病动物不愿活动，多卧于笼内一角，头插在裆里，体蜷缩，被毛蓬乱。此时兽群有蔓延现象，多只出现此症状。随着病情加剧，患病动物眼球塌陷，睁得不圆、凝视，眼内有少量灰白色黏液样眼眵，鼻镜干燥；进一步检查患病动物颈部皮肤有小米粒大小的皮疹，毛丛中有皮屑，少数出现脓性眼眵和掌部皮肤增厚肿大现象。所以当貉群出现大批腹泻，并伴有扩大趋势时，要给予足够重视。

3. 水貂犬瘟热

由于传染源动物种属不同，传染速度也不一样。如果是貂源性传染，经 3～4 周即可引起广泛传染，症状典型，死亡率高。狐源性传染的，则需经过 2～4 个月隐性经过，待毒力增强后才能造成广泛传播。根据临床表现和症状，水貂犬瘟热可分为 4 个类型。

(1)最急性型　常发生于流行病的初期或后期，无任何前兆突然发病，病貂出现神经症状：突然前冲、滚转、四肢抽搐，头颈后仰或咬住笼网，吱吱尖叫，口吐白沫，癫痫性发作，经多次发作后全身处于无力状态，不能支撑起立，体躯瘫软任人摆动，病程仅 1～3 d，转归死亡。有时只看到 1～2 次抽搐、尖叫、吐沫，仅几分钟便以死亡告终，发作后体温均在 42 ℃以上。

(2)亚急性型(混合型)　患病动物病初似感冒样，眼圈湿润、流泪，鼻孔湿润、流涕，体温升高，出现“双峰热”，即在感染后 2～5 d 出现第 1 次高热，体温多为 40～41 ℃，持续 2～3 d，而后体温下降至常温，经 5～7 d 又出现第 2 次高温，可达 41.5 ℃，再经 3～5 d 患病动物死亡，“双峰热”是犬瘟热重要的临床特征之一。除体温变化之外，患病动物的消化道和呼吸器官也常表现特征变化。患病动物的肛门黏膜或外生殖器发炎微肿；食欲减退或拒食，鼻镜干燥。随着病程的进展，眼部出现浆液性、黏液性乃至化脓性眼眵，黏附在内眼角或整个眼睑周围，严重者将整个眼睛糊死。鼻端亦有少量分泌物固着，重者将整个鼻孔糊死。口裂和鼻部皮肤增厚，黏着糠麸或豆腐渣样的干燥物。患病动物被毛蓬乱、无光泽，毛丛中有谷糠样的皮屑。颈部或股内侧皮肤有黄褐色分泌物的皮疹，患病动物散发出一种特殊的腥臭味。患病动物消化紊乱、下痢，病初排出黏液性蛋清样稀便，后期粪便呈黄褐色或煤焦油样。肛门红肿外翻，呼吸促迫，尿流不止。公兽腹下被毛浸湿，极似尿湿症。少数病例同时表现脚掌红肿，趾间溃烂。有时病症稍缓解，但很快又恶化。犬瘟热病程后期，部分患病动物出现后躯麻痹，共济失调或拖拽前进或者某部肢体呈现不随意运动，如仰头歪颈、肌群震颤，神经症状间歇发作，一次比一次严重。病程平均3～10 d，多数转归死亡。

(3)慢性型(皮肤黏膜型)　一般病程都在20 d以上，患病动物以双眼、耳、口、鼻、脚爪和颈部皮肤病变为主。患病动物食欲减退，时好时坏。不活动，多卧于笼内。眼睑边缘皮肤发炎、脱毛、变厚、结痂，形成眼圈，或上下眼睑被黏液脓性眼眵黏附在一起，看不到眼球，时而睁开，时而又黏着在一起，反复交替多次。鼻面部肿胀，鼻镜和上下唇、口角边缘皮肤有干痂物附着；有的患病动物耳边皮肤干燥无毛。四肢趾掌肉垫增厚，为正常时的几倍，病初爪趾(指)间皮肤潮红，而后出现微小的湿疹，皮肤增厚肿胀变硬，俗称“硬足掌症”。皮肤弹力减弱，出现皱褶，尤以颈、背部为重，被毛内有大量麸皮样湿润污秽的脱屑，发出难闻的腥臭味。有的患病动物外阴肿胀、肛门外翻。此类型患病动物虽然多取良性经过，但发育落后，皮张质量降低，一部分患病动物出现并发症后，仍以死亡转归。

(4)隐性感染型　多见于流行后期，病貂仅有轻微的一过性反应，类似感冒，或仅有轻度皮炎及一些极轻的卡他性症状，看不到明显的异常表现，多耐过自愈，并获得较强的终身免疫力，但也成为隐性带毒者。部分患病动物出现细菌继发感染并发症，终以死亡转归。

【病理变化】

1. 急性型

尸体营养良好，体表不洁，常被粪尿等沾污。刚停止呼吸不久的尸体非常绵软，口角周围带有泡沫样唾液。患病动物鼻镜干涸、口张开、肛门松弛、尿失禁浸湿周围被毛。胃肠黏膜出血肿胀，肝、脾变化轻微，肺尖叶有紫红色病灶，切面多含泡沫样液体。脑实质变软、充血、出血。其他实质脏器无明显变化。

2. 亚急性型(混合型)

尸体外观变化不明显，仔细检查才能发现眼、鼻有少量黏液性分泌物，鼻镜裂纹较深，齿龈出血，四肢脚掌轻度肿胀。肺的一般性炎症病灶呈粉红、紫红、灰褐等多种颜色，而肺气肿灶外观则呈灰白色泡沫状。同时还可见到无气肺，个别病例胸肺粘连。患病动物体腔干燥，心扩张，心肌弛缓。胃和小肠黏膜增厚，呈明显的卡他性炎症变化，病变严重的肠段黏膜出血、脱落、溃疡，大肠段末端肠管多见出血性炎症变化。肝暗紫色或黄褐色，质脆。胆囊显著增大、充满胆汁。脾有时轻度肿大。肾脏分界不清，一般病例皮质呈暗紫褐色或灰褐色，包膜下常有出血点。膀胱黏膜肿胀，有出血点。

3. 慢性型(皮肤黏膜型)

患病动物外观多见有较多的眼分泌物，鼻面皮肤肿胀粗糙。足垫肿胀、肢端明显增大，绒毛中有糠麸样皮屑。患病动物脑和脑膜有出血性浸润灶，神经细胞变性，着色较深，部分神经细胞核消失，呈渐进性坏死。肺及细支气管明显水肿，上皮肿胀增生。脾血管高度充血并有弥漫性出血。肾小管上皮空泡变性、玻璃滴样变性、出血和坏死。肾小球囊肿大，内皮增生，呈急性肾小球肾炎变化。膀胱黏膜上皮样细胞着色深浅不一、易脱落，黏膜下水肿。肠黏膜上皮样细胞脱落。在细支气管和肺泡、胃肠道、胆道以及泌尿道的上皮样细胞和脾脏的网状内皮细胞内，均能发现圆形或椭圆形的包涵体。这些包涵体大多位于上述细胞的胞浆内，但也有极少数出现于胞核内。

【诊断】

经济动物的犬瘟热病诊断，根据病史、流行病学和临床症状，易于做出初步诊断。但确诊必须依靠病毒分离、鉴定和免疫血清学等实验室诊断。

【鉴别诊断】

与犬瘟热相类似的水貂、貉、狐的疾病，有狂犬病、传染性肝炎、传染性细小病毒病、脑脊髓炎、副伤寒、巴氏杆菌病、B族维生素缺乏。

1. 狂犬病

有神经症状，攻击人、畜，喉头、咀嚼肌麻痹，在海马角能检出尼氏小体，但没有皮疹、结膜炎和腹泻。

2. 传染性肝炎

犬瘟热病有皮疹和卡他性鼻炎，特殊腥臭味，无剧烈腹痛。传染性肝炎解剖时，肝脏和胆囊壁增厚，浆膜下有出血点，腹腔中有多量黄色或微红色浆液和纤维蛋白凝块，二者还可用血清鉴别。

3. 传染性细小病毒病

临床有两个表现型，即肠炎型和心肌炎型。犬瘟热不具有这两个临床表现型，腹泻的排泄物中没有管套现象，而肠炎有典型管套状稀便，肠黏膜除出血外，浆膜也有出血、充血。心肌炎型主要表现为肺水肿，左心室肌肉变化明显。

4. 脑脊髓炎

具有与犬瘟热相同的神经症状，都有癫痫性发作。但脑脊髓炎是散发，没有流行情况，没有特殊腥臭味。

5. 副伤寒

具有明显季节性(6～8月份)，脾高度肿大，犬瘟热不具有这个特点。

6. 巴氏杆菌病

本病对不同年龄和性别的毛皮动物均可致病，多突然发生，体温高、病程急、死亡率高，并可见出血性肠炎和与犬瘟热相似的临床症状，有时也出现结膜炎和鼻炎。但剖检时脏器和组织严重出血，检菌时又可分离到有致病性两极浓染的小杆菌，且以大剂量的磺胺或抗生素类药物治疗尚可收到一定疗效，这与犬瘟热有明显区别。

7. B族维生素缺乏

患病动物嗜睡，不愿活动，有时出现肌肉不自主痉挛、抽搐，但无眼、口、鼻的变化，没有怪味，不发热，用B族维生素治疗有效。犬瘟热双相热，B族维生素缺乏不发热。

【治疗】

无特异性疗法，用抗生素治疗无效，只能控制继发感染。目前对毛皮动物犬瘟热病可用犬瘟热高免血清或康复动物血清(或全血)进行治疗。为预防继发感染，可用磺胺、抗生素类药物控制细菌引起的并发症，延缓病程，促进痊愈。眼、鼻可用青霉素眼药水点眼和滴鼻。并发肺炎时,常使用青霉素、链霉素、拜有利控制,幼龄银黑狐、蓝狐每日肌内注射15万~20万单位,每日注射2~3次,成年狐每日注射30万~40万单位,水貂每日注射15万~20万单位,也可用拜有利注射液,每千克体重注射0.05 mL。

当出现胃肠炎时,可将土霉素或喹乙醇等混入饲料内投给,用药剂量按常规治疗量,每日早晚各1次,幼龄银黑狐、蓝狐为0.05 g,成年兽为0.2 g,水貂和紫貂为0.03 g,连投3 d。

【预防】

目前水貂、狐、貉等毛皮动物的饲养数量和饲养规模不断扩大,与此同时,由犬瘟热病毒引起的犬瘟热已成为危害最大的疫病之一。犬瘟热病毒的扩散不仅给饲养场带来了灭顶之灾,也给从事毛皮动物饲养、繁殖和疫病防治及国际贸易工作者带来前所未有的难题,同时也给人类本身带来严重危害。因此,对毛皮动物犬瘟热的防治需要从多方面加以综合考虑。

1. 加强饲养管理

在目前犬瘟热没有得到很好控制的情况下,采取适当封闭式饲养是必要的。主要是限制外人进入,对新引进的动物应隔离观察1~2个月,观察无病后方可合群。对群养动物,应依性格、品种、年龄分群、分地饲养,群体之间尽量少来往。分散饲养,易于隔离,一旦有疫病发生,缩小了传染范围,易于治疗和扑灭。

2. 严格遵守消毒制度,加强卫生防疫措施

养殖过程中消毒的好坏直接影响到动物群的健康,必须做好笼舍的消毒工作。消毒方法应由过去简单的消毒方式转变为多种消毒剂交替使用,由过去的平面消毒变为立体化、全方位消毒。各养殖场应尽量做到自繁自养。在犬瘟热流行季节,严禁将个人养的犬带进养殖场。如已有动物发病,应采取下列措施:对有典型临床症状的患病动物,应立即隔离。对动物圈舍可用3%甲醛溶液、0.5%过氧乙酸溶液或3%氢氧化钠溶液进行彻底消毒。

3. 及时隔离治疗

及时发现患病动物,尽早隔离治疗,预防继发感染,是提高治愈率、减少死亡率的关键。病初可肌内或皮下注射抗犬瘟热高免血清(或犬五联高免血清)或本病康复动物血清(或全血)。血清的用量应根据病情及动物个体大小而定,在用高免血清治疗的同时,配合应用抗病毒类药物,可提高治疗效果。此外,早期应用抗生素并配合对症治疗,对于防止细菌及其他疾病的继发感染和促进患病动物康复均有重要意义。

4. 定期进行免疫接种

犬瘟热的防治主要来自各种类型的疫苗刺激机体产生免疫保护。由于不同动物对疫苗的生物学反应差异较大,慎重选择疫苗和把握接种动物的免疫日龄是免疫接种取得理想效果的关键。注射犬瘟热疫苗需要注意:注射针头要消毒,以防由于接种传播疾病;不要漏打、漏注;加强疫苗注射后的管理。

十二、伪狂犬病

伪狂犬病(pseudorabies),又名阿氏病(Aujesky's disease, AD),是由伪狂犬病毒引起的一种野生动物及多种动物共患的急性传染病。临床上主要表现为发热、奇痒(猪和自然发病的貂除外)、繁殖障碍和脑脊髓炎。该病毒一旦感染动物将终生带毒,呈潜伏感染状态。人也可感染本病,但一般不发生死亡。本病在毛皮动物中多见,给毛皮动物饲养业带来很大的经济损失。

【病原】

伪狂犬病毒(pseudorabies virus,PRV)是疱疹病毒科(Herpesviridae)甲型疱疹病毒亚科(Alphaherpesvirinae)成员。完整的病毒粒子呈球形,无囊膜的粒子直径为110～150 nm;有囊膜的成熟病毒粒子直径180 nm。囊膜表面有长8～10 nm,呈放射状排列的纤突。

PRV对外界环境的抵抗力较强,在污染的圈舍或干草上能存活1个多月,在pH 4～9保持稳定。将感染组织置于50%甘油中,在0～6 ℃下病毒可保持5个月以上的感染性。PRV对乙醚、氯仿、福尔马林等化学消毒剂敏感,对紫外线照射也敏感。0.5%石灰乳或0.5%碳酸钠中1 min,0.5%盐酸和硫酸溶液以及氢氧化钠溶液中3 min,2%福尔马林溶液中20 min,即能杀死病毒。PRV对热的抵抗力较强,55～60 ℃经30～50 min,80 ℃经3 min灭活,100 ℃瞬间能将病毒杀灭。

PRV具有泛嗜性,能在鸡胚细胞,猪、牛、兔、猫等多种动物的肾细胞,犬睾丸原代细胞,以及HeLa、Hep2、PK15、BHK21等的传代细胞内增值,并产生明显的细胞病变,受感染的细胞变圆、融合,呈多核巨细胞变化。苏木素-伊红染色,镜检可见嗜酸性核内包涵体,强毒株更易引起多核巨细胞的形成。鸡胚经各种途径可以感染PRV,在绒毛尿囊膜上接种,可产生小点状病变,一般3～5 d杀死胚体。

【流行病学】

患病或带毒动物以及被尿污染的饲料、水等是本病的主要传染源。

PRV主要由污染的饲料、水经消化道和由空气经呼吸道传播,也可经胎盘、乳汁、交配及擦伤的皮肤传染。在实验条件下,给毛皮动物饲喂含有病毒的饲料,特别是当口腔黏膜破损后,易于感染本病毒。

在自然条件下,毛皮动物以水貂、银黑狐、北极狐、貉易感。此外,PRV也能感染猪、牛、羊、犬、猫、兔、鼠等动物,鸡、鸭、鹅及人均可感染轻度的伪狂犬病。实验动物中家兔最敏感,较豚鼠敏感1 000倍左右,是最常用实验动物。

毛皮动物对本病没有明显的季节性,但以夏、秋季多见。本病常因饲料中混有病死动物的肉和脏器发生暴发流行,流行初期死亡率高,停喂污染饲料后,流行很快平息。

【临床症状】

不同种属的动物患本病所表现的临床症状不尽相同。猕猴、浣熊、臭鼬、黑足鼬、负鼠感染本病时均表现出奇痒(啃咬和摩擦皮肤),而水貂发病却无瘙痒反应。除麝、臭鼬外,其他种类患本病的动物都出现厌食、大量流涎、阵发性痉挛和惊厥等症状。有的还出现鼻炎、肺炎呼吸道症状。到后期,患病动物后肢麻痹,以死亡告终。

1. 北极狐

潜伏期为6～12 d,主要症状是拒食1～2次,但症状发展很快,常发生流涎和呕吐。病狐精神沉郁、拱腰、行动缓慢、在笼内转圈圈、呼吸加快、体温稍增高、眼睑和瞳孔高度收缩。由于严重痛痒,常用肢搔抓颈部、唇、颊部的皮肤。病狐呻吟、翻转打滚,往往先跳起,又重新倒下,不仅抓伤皮肤,而且也损伤皮下组织和肌肉,局部出现出血性水肿。兴奋性显著增高的病狐,常咬笼子和器具等。由于中枢神经紊乱严重和脑脊髓炎,常引起肢体麻痹或不完全麻痹。有些病例出现呼吸困难时,呈腹式呼吸,节拍急促,每分钟可达150次。有些病例呈犬坐姿势,前肢叉开,颈伸展,咳嗽和呻吟。后期由鼻孔和嘴流血样泡沫,但很少出现搔痒伤。

2. 银黑狐和貉

自然潜伏期为6～12 d。表现为拒食、流涎和呕吐，眼裂及瞳孔高度收缩。有明显的瘙痒，患病动物用前脚掌搔抓颈、唇、颊部的皮肤，经1～2 min反复一次。疲劳后，卧地呻吟，辗转反侧，过一段时间突然用后掌跳起，之后又重新卧下，被搔抓部位水肿，严重者出血。兴奋性增强，对外界刺激反应增强，常咬笼壁、狂奔，兴奋后转入沉郁。后期不全或完全麻痹。有奇痒症状的病例病程1～8 h，在昏迷状态下死亡。不出现瘙痒症状的病例，表现呼吸困难、浅表、呈腹式呼吸，每分钟可达150次。患病动物常取坐姿，前肢叉开、颈伸展、咳嗽声音嘶哑并出现呻吟，后期由鼻孔及口腔流出血样泡沫。病程为2～24 h。

3. 貂

病貂无瘙痒和抓伤。主要表现平衡失调，常仰卧；用前爪掌摩擦鼻镜、颈和腹部，但无皮肤和皮下组织的损伤。病貂食欲废绝，表现拒食或食后不久发作，其特征为食后1 h发现多数水貂精神萎靡，瞳孔急剧缩小，呼吸促迫，鼻镜干燥，体温升高(40.5～41.5 ℃)，狂躁不安，冲撞笼网，兴奋与抑制交替出现。病貂时而站立，时而躺倒抽搐、转圈，头稍昂起。前肢搔抓脸颊、耳朵及腹部。舌面有咬伤，口腔流出多样黏液，有的出现呕吐和腹泻。死前出现喉麻痹，胃肠臌气。有的公貂发生阴茎麻痹。眼裂缩小，斜视，下颌不自主地咀嚼或痉挛性收缩，后肢不完全麻痹或麻痹，病程1～20 h死亡。无论是自然感染还是人工感染病例，均不出现瘙痒和抓伤，主要表现为血液循环障碍。

4. 鹿和野牛

表现头枕部和背部皮肤奇痒，常在有棱角的硬物上摩擦皮肤，或啃咬皮肤，致使患处被毛脱落，皮肤水肿、出血。神经症状较轻，表现磨牙和频频空嚼，但无攻击人畜现象。体温升高达40 ℃以上，精神委顿，食欲下降，发病后多在48 h之内死亡。

【病理变化】

1. 剖检变化

本病无特征性病理变化。观察病死貂尸体，营养良好，鼻和口角有多量粉红色泡沫状液体。患病动物眼、鼻、口、肛门黏膜发绀。舌肿胀，露出口外，有咬痕。银黑狐、北极狐和貉的尸体搔抓部位的皮肤被毛缺损，有搔伤和撕裂痕，患病动物腹部膨满、腹壁紧张，叩之鼓音。皮下组织呈出血胶样浸润。胸膜有出血点，支气管和纵隔淋巴结充血、瘀血。气管内有泡沫样黄褐色液体。心扩张，冠状动脉血管充盈，心包内有少量渗出液，心肌呈煮肉样。肺塌陷，呈暗红色或淡红色，表面凹凸不平，有红色肝样变区和灰色肝样变区交错，切之有多量暗红色凝固不良血样液体流出。胃肠臌气，胃肠黏膜常覆以煤焦油样内容物。银黑狐胃内常见到出血点。而水貂有的胃黏膜有溃疡灶。小肠黏膜呈急性卡他性炎症，肿胀充血和覆有少量褐色黏液。肾脏增大，呈樱桃红色或泥土色，质软，切面多血。脾微肿，呈充血、瘀血状态，白髓明显，被膜下有出血点。大脑血管充盈，质软，脑实质呈面团状。

2. 组织学变化

组织学病变有一定的诊断价值。各脏器表现充血、出血，局部血液循环障碍，这是组织学病变的主要特点。组织学病变也表现在中枢神经系统呈弥漫性、非化脓性脑炎及神经节炎、血管套及胶质细胞坏死。

【诊断】

通常根据临床症状(奇痒、神经症状以及局部的抓伤、咬伤的形态等)结合流行特点可做出初步诊断。而对那些症状不明显的病例，单凭临床诊断难以确诊，尚须进行实验室检查。

病毒分离是诊断本病最确切的一种方法。其中兔肾和猪肾（包括原代细胞和传代细胞系）最适合病毒的增殖。需要注意的是组织样本必须置 4 ℃或低温冷冻保存，以确保病毒分离成功。

【鉴别诊断】

毛皮动物伪狂犬病与狂犬病、狐脑脊髓炎、神经性犬瘟热、肉毒梭菌中毒、巴氏杆菌病等常有相似之处，必须加以鉴别，以免误诊。

1. 狂犬病

伪狂犬病与狂犬病相类似，特别是以神经症状为主而又无皮肤瘙痒和搔伤的病例更难区别。狂犬病典型症状是散发，恐水，易攻击人、畜；伪狂犬病则突然发作，病程短，迅速出现大批死亡，胃肠臌气。银黑狐、北极狐等常出现皮肤瘙痒和搔伤。

2. 狐脑脊髓炎

狐伪狂犬病与脑脊髓炎有某些相似之处，但后者病程较长，呈散发流行，且局限于场内某一区域，常侵害 8～10 月龄的幼狐，银黑狐易感，蓝狐少见。

3. 神经性犬瘟热

犬瘟热多呈慢性经过，高度接触性传染，而无皮肤的瘙痒和搔伤，幼龄动物多发，死亡率较高。特别是对膀胱黏膜上皮样细胞进行包涵体检查时，犬瘟热病例可见特征性胞浆内包涵体。

4. 肉毒梭菌中毒

水貂伪狂犬病与肉毒梭菌中毒也存在某些相似之处。后者中毒主要是由肉毒梭菌毒素引起，病情来势凶猛，群发。主要表现为病貂后肢麻痹，丧失活动能力，肌肉高度松弛，放在手中后肢下垂，病势可由后肢向前肢发展，最后引起全身瘫软。病貂瞳孔散大，闪闪发光。而水貂伪狂犬病则瞳孔缩小，皮肤有擦伤或撕裂痕，主要表现为血液循环障碍。

5. 巴氏杆菌病

巴氏杆菌病无皮肤瘙痒和搔伤，幼龄动物多发。体温升高到 41.5～42 ℃，皮下组织水肿，淋巴结炎，卡他性出血性胃肠炎和肝脂肪变性，细菌学检查可以检出两极浓染的巴氏杆菌。而在伪狂犬病例中查不出细菌。

【治疗】

目前毛皮动物伪狂犬病尚无特效疗法，发病时使用各类抗生素、磺胺类药物、利巴韦林等均无效。用疫苗免疫动物是防治伪狂犬病的重要手段之一。但对野生动物感染 PRV 尚无特异性疫苗防治，有文献报道，应用于猪的 PRV 疫苗对野生动物有一定的保护作用。目前，国内主要应用灭活苗和弱毒苗预防伪狂犬病，具有良好的免疫效果。但值得注意的是，对于狐（蓝狐和银黑狐）、水貂等毛皮动物使用灭活苗比较安全，因为国内曾有蓝狐在接种猪用伪狂犬病弱毒疫苗后引发蓝狐脑炎性病变的报道。

【预防】

在目前对本病没有特效的治疗方法及防治猪的伪狂犬病尚很困难的情况下，对本病易感的毛皮动物（貂、狐、貉）的防治工作应重点做好毛皮动物饲养场的兽医卫生工作，其中主要是对饲料进行严格的检查，特别是猪的副产品，可疑为本病时不能饲喂，一律煮熟之后再喂。做好养殖场的灭鼠工作，对由野外捕捉的动物，经隔离饲养观察确无本病者可混入大群饲养。养殖场内也应该严防猫、犬窜入，更不允许鸡、鸭、鹅、犬、猪与毛皮动物混养。

十三、狂犬病

狂犬病(rabies)是由狂犬病毒及狂犬病相关病毒所引起的人、多种野生动物和其他动物共患的一种急性接触性传染病。本病的临床特征是患病动物出现极度的神经兴奋和意识障碍,继而出现局部或全身麻痹导致死亡。因其特征性病状多表现为恐水,因此也叫恐水病,俗称“疯狗病”。

【病原】

狂犬病毒(rabies virus,RV)是弹状病毒科(Rhabdoviridae)狂犬病毒属(*Lyssavirus*)成员。RV 粒子呈典型的子弹状或试管状,底部平凹,另一端钝圆。直径约 75 nm,长 100～300 nm。病毒颗粒由外壳和核衣壳核心两部分组成。外壳为一层紧密而完整的脂蛋白双层包膜,内部附着有少量基质蛋白(M),用来连接病毒的内外两部分,外部镶嵌有 1 600～1 900 个10 nm长的穗状突出物,为糖蛋白(G),电镜下观察具有“头”和“茎”结构。病毒基因组与核蛋白(N)及基质蛋白(M)结合,构成致密的螺旋状核衣壳。其中,病毒的核衣壳核心包括核酸(RNA)、核蛋白(N)、磷蛋白(NS)和依赖 RNA 的 RNA 多聚酶(L)。

病毒能抵抗自溶及腐败,在自溶(腐败)组织中保持活力 7～10 d,冻干可长期保存。在50%的甘油中保存感染脑组织中的病毒至少存活 1 个月,4 ℃存活数周,低温下数月甚至几年。该病毒对外界抵抗力不强,可被各种理化因素灭活。紫外照射、蛋白酶、酸、胆盐、甲醛、乙醚、升汞和季铵盐类化合物(新洁尔灭)及自然光、加热等都可使之灭活。56 ℃ 15～30 min、70 ℃ 15 min 或 100 ℃ 2 min 均可使之灭活。pH<3 或 pH>11 均可灭活,43%～75%酒精、0.01%碘液也可杀死病毒。用 1%甲醛和 3%来苏儿 15 min 内灭活。组织细胞培养中增殖的RV,用 1/1 000 丙内酯处理,可使病毒灭活,此法可用来制备疫苗。

【流行病学】

患病动物和健康带毒动物是本病的传染源。理论上所有感染发病的动物都可能成为狂犬病的传染源,但实际情况是,只有那些感染发病后攻击性明显的动物,如犬、猫以及其他肉食或杂食性的野生或家养动物,才能有效传播狂犬病。我国狂犬病的传染源主要是犬,其次是猫,在我国浙江和江西等地,鼬獾伤人导致狂犬病案例曾发生多起,并已经分离病毒确认。狂犬病最常见的传播途径是经带毒动物咬伤或受损的皮肤黏膜接触病毒而感染。此外,呼吸道、消化道和胎盘也可传播本病。

所有温血动物对狂犬病毒均易感。在自然界中主要的易感动物是犬科和猫科动物,以及翼手类(蝙蝠)和某些啮齿类动物。野生动物中的狼、狐、熊、臭鼬、蝙蝠等是狂犬病毒主要的自然储存宿主,蝙蝠是本病毒的重要宿主之一。野生啮齿动物如野鼠、松鼠、鼬鼠等对本病易感。经济动物中的狐、貂、麝、鹿、海狸鼠、毛丝鼠等均易感。实验动物中以仓鼠最为敏感,小鼠和兔也比较敏感。

本病的流行无明显的季节性,一年四季均可发生。但是在动物集中发情的时段(如春季),动物个体间接触机会增多,争夺领地活动频繁,感染和传播的机会也会大大增加。本病的发生也没有年龄和性别的差异,雄性动物好斗、幼龄动物敏感性高而多发。此外,伤口部位越接近中枢神经系统或伤口越深,发病率越高。

【临床症状】

狂犬病的潜伏期与病毒的毒株、侵入的部位、动物的种类等有关,但多为 1～3 个月,也有短至不足10 d,或长达数年的报道。毛皮动物狂犬病与犬一样,经过多为狂暴型。大体区分为3期,前驱期可见短时间沉郁,厌食,对外界反应迟钝,运动迟缓;兴奋期高度兴奋,攻击性强,猛扑人和各种动物,咬、扒、撕物体;麻痹期后躯摇晃,后肢麻痹,在痉挛、抽搐中死亡。现将部分动物的临床表现分述如下。

1. 鹿

潜伏期短的为数日,长的为数月。临床表现3种类型,即①兴奋型,突然发病、不安、尖叫、乱撞、攻击、迅速死亡,病程1～2 d;②沉郁型,表现为离群呆立,两耳下垂,头颈震颤,步伐蹒跚或卧地不起,流涎,最后死亡,病程3～5 d;③麻痹型,病鹿后躯麻痹无力,步行摇晃或呈母兽排尿样姿势站立,最后因呼吸中枢麻痹或高度衰竭死亡,病程较长。一般多见狂暴、沉郁、后躯麻痹混合发生。

2. 狐

潜伏期1～8周,临床表现多为兴奋(狂暴)型,发病时躲在暗处,异嗜,继而兴奋,狂暴攻击人和动物,咬笼、尖叫甚至自咬,到后期流涎、后躯麻痹、倒地不起,最后昏迷死亡。病程短,1～2 d,死亡率几乎100%。

3. 貉

多喜暗处、沉郁、厌食、运动迟缓,对外界反应敏感,易惊恐不安。随后出现兴奋、狂暴、攻击、尖叫、乱撞。病后期舌下垂,流涎,后躯麻痹,倒地不起,窒息死亡。急性病程2～3 d,亚急性病程约1周,死亡率几乎100%。

【病理变化】

1. 剖检变化

一般无特征性病理变化。营养良好,经常可见的是咬伤、牙齿缺损,角膜高度充血,可视黏膜稍苍白或偶有黄染,有的肛门周围附有粪便。剖检时,皮下血管充盈,心外膜、内膜有出血点。肝有的肿大,膈面有的有硬币大的坏死灶,切面微外翻,有大量血液流出,且质地易碎。肾皮、髓质分界不明显,皮质出血,色泽污秽不洁。脾一般无明显的变化,有的稍肿胀,表面有点状出血,脾小梁明显,个别病例脾萎缩。胃内空虚或充满异物(纸片、毛等),有的胃黏膜高度发炎、出血,有的出现溃疡灶。十二指肠亦有溃疡灶,内有红褐色内容物,黏膜充血,多数病例呈血肠样。空回肠黏膜呈卡他样变化或局部性出血,呈血肠样。盲肠有的出血。直肠有干涸的蓄粪,有的为黑色粪便,恶臭味。肠系膜血管充盈,膀胱充满尿液。脑膜充血、瘀血和出血。

2. 病理组织学变化

主要是在光学显微镜下可见到内基氏小体(Negri body),是RV的包涵体,平均直径3～10 μm,位于感染细胞的胞质内,呈圆形或卵圆形,边缘整齐。目前的研究已经表明,内基氏小体主要存在于海马和大脑皮质的椎体细胞,以及小脑的浦肯野细胞。取待检动物脑组织做成病理切片,检查神经细胞内是否有可见明显嗜酸性的颗粒,如果为阳性结果,再根据流行病学和临床症状即可确诊,但该法检出率低(20%～70%)。

【诊断】

如果临床症状明显,有机会观察到全部或大部分症状;结合病史和剖检特征综合分析,可做出初步诊断。确诊需要进行实验室检查。

【鉴别诊断】

狂犬病麻痹期的症状常与神经型犬瘟热和饲料中毒类似,必须认真加以区别诊断。

1. 犬瘟热

神经型犬瘟热无攻击性，不狂暴；犬瘟热幼龄动物最易感，而狂犬病任何年均易感；犬瘟热脑组织切片包涵体不局限于海马角，在膀胱黏膜刮取物中也能检出包涵体，而狂犬病则无。

2. 饲料中毒(食盐)

饲料中毒表现群发，多数出现呕吐，无攻击行为。而狂犬病则不出现全群发病，呈散发。

【治疗】

在狂犬病毒进入机体到达中枢神经系统前，如切除局部神经，或注射 RV 特异性抗体和狂犬病疫苗，有可能阻止病毒进入，从而避免疾病的发生，这是目前疑似 RV 感染治疗的最有效手段。但对于 RV 感染的病例，目前成功得到治疗的却极其罕见。也就是说，狂犬病一旦发病几乎无治愈可能。对于毛皮动物狂犬病发作，一般都无有效治疗方法，而且治疗也无意义。

【预防】

在没有找到特殊的治疗方法的现阶段，对疫区和受威胁区的全部感染动物进行疫苗免疫是控制毛皮动物狂犬病最为有效的方式。RV 在动物体内既能引起体液免疫，又能引起细胞免疫，因而必须接种 RV 疫苗用于狂犬病的预防。鹿可以每年春季接种鹿狂犬病灭活疫苗，公梅花鹿 2.5～3.5 mL/头，母梅花鹿 2.5 mL/头；公马鹿 4.0～5.0 mL/头，母马鹿 3.0～4.0 mL/头。其他毛皮动物，如狐、貂、貉等可参考犬用狂犬疫苗使用说明书，根据动物个体大小和体重调整使用剂量。此外，建立严格的兽医卫生制度，禁止外来犬、野生动物进入饲养场，引入新种源时，要隔离观察 30 d。在经常流行狂犬病的地区，应对本场的动物和人预防接种(目前有弱毒苗和灭活苗)。发生疫情要及时上报，严格封锁，严禁人和动物出入，患病动物立即处死、焚烧或紧急接种治疗。患病动物尸体焚烧，禁止取皮或食用，对管理人员紧急接种。严格进行消毒。在最后一头患病动物死亡后，2 个月无发病的动物，可解除封锁。

十四、附红细胞体病

附红细胞体病(eperythrozoonosis)，又叫嗜血性支原体感染，目前国际上多已将附红细胞体病改为嗜血性支原体感染，2019 年，国内学术界将其统一命名为附红细胞体病。本病由嗜血性支原体寄生于脊椎动物红细胞表面或血浆中而引起的一种人、兽共患传染病。本病多为隐性感染，在急性发作期出现溶血性贫血、黄疸、贫血、发热等症状。

本病广泛分布于世界各地。我国 1981 年首次发现病例。

【病原】

对嗜血性支原体的分类，国际上较广泛地采用《伯杰细菌鉴定手册》的分类方法，将其列为立克次氏体目(Rickettsiales)支原体科(Anaplasmataceae)嗜血性支原体属，而不再将其归为立克次氏体科。嗜血性支原体种类很多，已命名的有 13 种，常见有兔嗜血性支原体和牛温氏嗜血性支原体等。

嗜血性支原体是一种多形态生物体，在电子显微镜下观察呈环形、球形、卵圆形、逗点形或杆状形，无细胞器和细胞核，直径在 0.3～0.4 μm。瑞氏染色呈浅蓝色，吉姆萨染色呈紫红色，革兰氏染色阴性，苯胺类色素如吖啶黄易于着染，着染性高于其他染色方法，但需在荧光显微镜下才能观察。在红细胞表面单个或成团存在，呈链状或鳞片状。红细胞上虫体数多少不等，少则 3～5 个，多则 15～25 个，也可能游离于血浆中。

迄今为止还没有嗜血性支原体体外培养的成功方法，因此其许多生物学特性尚不十分明确。

嗜血性支原体对干燥和化学药品的抵抗力低，用消毒药几分钟可将其杀死，但在低温条件下其可存活数年，在冰冻凝固的血液中其可存活 31 d，在加 15%甘油的血液中－79 ℃时能保持感染力 80 d。

【流行病学】

患病动物为主要传染源。宿主包括毛皮动物中的蓝狐、貉、貂等。有研究认为，附红细胞体可长期存在于动物体内，病愈后经过两年的追踪观察，血中仍有一定数量的附红细胞体，提示本病可较长时间携带，这在流行病学上有重要意义。

(1)经吸血昆虫和节肢动物传播　这是目前公认的一种最为主要的传播方式。在夏秋或雨水较多的季节，吸血昆虫活动、繁殖为本病的传播起到了关键媒介作用，常见的吸血昆虫和节肢动物有蚊虫、螯蝇、猪虱、蠓、蜱等。但到目前吸血昆虫和节肢动物传播机制尚属未知。

(2)垂直传播　主要指胎儿在母体中或在分娩过程中发生的母源性传播，如人和奶牛、猪的附红细胞体可通过母体经胎盘传给后代。

(3)血液传播　动物之间可通过摄食血液、含血的食物、舔断尾的伤口、咬尾或喝被血污染的尿、交配等相互传播。人为因素也可能造成本病的传播，如使用被污染的注射器。

多种动物均易感，以毛皮动物易感程度观察，顺序为蓝狐—貉—水貂—银黑狐。

本病一年四季均可发病，但在夏、秋季节(7～9 月)多发。蚊、蝇及吸血昆虫叮咬可以造成本病的传播。此外，注射针头消毒不完全可造成严重传播。许多成年水貂带虫，在应激作用下发病。

【临床症状】

本病的临床症状较复杂，并且易与其他疾病混合感染，使其症状更为复杂。本病潜伏期 6～10 d，有的长达 40 d。在发病的初期使用抗生素后症状减轻，食欲有所恢复，但一旦停药就会复发并加重。患病动物耳下、鼻、腹下皮肤出现红斑，出血斑。耳尖、四肢和腹下皮肤初期出现红斑块，后期变成青紫色，指压不褪色，眼结膜潮红，有的粪便带血。病的初期可见皮肤发黄，尿液发黄或发红，后期结膜苍白，全身贫血消瘦，被毛逆立粗乱。发病时，绝大部分幼龄动物出现腹泻，而后粪便干燥带血。发病仔兽在 1 周内消瘦，但仍保持一定的饮水欲。母兽可致化胎、死胎、早产、不发情、不孕；公兽无精、精子畸形，因体虚而致配种能力明显下降。

病原体在患病动物的血液中大量繁殖，破坏红细胞。病狐、病貂表现发热，体温升高至 40.5 ℃以上，稽留热，食欲不振，拒食，偶有咳嗽、流鼻涕、呼吸迫促，可视黏膜(眼结膜、口腔黏膜等)苍白、黄染，机体消瘦，有的排血便，最终衰竭死亡。驯鹿感染后表现为衰弱、嗜睡、厌食、呼吸困难、体重减轻，躯干部不同程度水肿，中度贫血，红细胞变小或变大，形态异常，血红蛋白减少。

【病理变化】

尸体消瘦，营养不良，被毛蓬乱；可视黏膜苍白、黄染；血液稀薄；肺脏有出血斑；心肌松软、心冠脂肪黄染，剖开心脏，心包内有大量淡黄色液体；肝脏肿胀，黄染，有出血斑，质脆；脾脏肿大；肾出血严重；胆囊肿大、充满浓稠的胆汁；肠系膜淋巴结肿大，切面多汁，肠管黏膜有轻重不一的出血，肠腔内有暗红色黏液。

【诊断】

根据流行病学特点、临床症状及病理变化可做出初步诊断。血片检查找到虫体，即可确诊。血液涂片用吉姆萨氏染色，在 1 000 倍显微镜下镜检，可见到红细胞变形，周边呈锯齿状或星芒状，有的细胞破裂，在每个红细胞表面上附有数目不等，少则几个，多则 10～20 个；大小不一，直径为 0.25～0.75 μm；呈蓝紫色有折光性附红体，即可确诊。

【治疗】

病狐每千克体重用咪唑苯脲 1～1.5 mg，肌内注射，每日 1 次，连用 3 d，效果较好；也可用盐酸土霉素注射液治疗，按每千克体重 15 mg 肌内注射，或血虫净按每千克体重 3～5 mg，用生理盐水稀释深部肌内注射；同时可以注射复合维生素 B、维生素 C 以及铁制剂。

另外，附红细胞体对庆大霉素、喹诺酮、通灭等药物也敏感。

【预防】

平时应加强饲养管理，搞好环境卫生，消灭场地周围的杂草和水坑，以防蚊、蝇滋生传播本病。减少不应有的意外刺激，避免应激反应。大群注射疫苗时，要注意针头的消毒，做到一动物一针，严禁一针多用，以防由于注射针头而造成疫病的传播。平时应全群预防性投药，可用多西环素粉，剂量为每千克体重 7～10 mg，拌料喂 5～7 d；也可用土霉素、四环素拌料。

第三节　药用动物的传染病

一、鹿口蹄疫

口蹄疫(foot and mouth disease，FMD)是由口蹄疫病毒引起的一种急性传染病，最易感的是牛类，猪也易感，鹿、绵羊、山羊、骆驼、大象等均有发病报告，人亦可感染。临床主要表现为唇、牙龈、颊部、舌的边缘、四肢下端等处的黏膜、皮肤先出现红点、继生水疱，水疱破裂后成溃疡、结痂后痊愈，发病时伴有发热、头痛、四肢痛、眩晕、呕吐、腹泻等。一般预后较好。

【病原】

口蹄疫是由口蹄疫病毒(foot and mouth disease virus)引起的反刍动物的一种急性、热性、高度接触性传染病，人也可感染。多种动物能感染，以偶蹄动物最为易感。

【流行病学】

患鹿是主要传染源，病毒主要随水疱皮、水疱液、唾液、乳汁、粪便、尿、精液和阴道分泌物排出，污染环境从而扩散传播。污染的空气、饲料、水源、车船、道路、物品、皮毛等均可传播，病毒也可经活的媒介物远距离传播。鹿口蹄疫的流行多发生于冬、春季，由于此时鹿体况下降、抗病力降低而容易感染，仔幼鹿在感染后几乎都经 10～12 d 死亡。感染的入侵门户为咽喉部，感染初期在咽部增殖排毒。

【症状】

鹿感染后经 2～8 d 潜伏期后突然发病，初期体温升高到 40 ℃以上，精神沉郁，肌肉颤动，食欲废绝，流涎，反刍停止。1～2 d 后，在舌面、齿龈、嘴唇、口腔黏膜和鼻镜出现大小不同的水疱，水疱通常在 24 h 内破溃，水疱液中含有大量病毒。随后出现水疱上皮脱落，大量流涎，呈线状黏稠的唾液悬挂于嘴边，水疱溃烂后呈边缘整齐的红色糜烂面，舌背面坏死面可达2/3，有的全舌都有坏死灶。舌和颌部的坏死可进一步导致齿脱落和骨坏疽。与此同时，蹄部也发生水疱，常见于趾间和蹄冠，水疱很快破溃出现糜烂，甚至蹄匣脱落，表现剧烈疼痛与显著跛行。此病在春末流行时，可见到母鹿大量流产和胎衣滞留，发生子宫炎与子宫内膜炎。有的还发生皮下、腕关节和跗关节蜂窝组织炎等并发症,四肢肿胀,沿血管和淋巴经路的皮肤发生瘘管与脓性坏死性溃疡,或发生产后瘫痪、褥疮,最后多死亡。

【病理变化】

除口腔和蹄部病变外,还可见到食道和瘤胃黏膜有水疱和烂斑;胃肠有出血性炎症;肺呈浆液性浸润;心包内有大量浑浊而黏稠的液体。恶性口蹄疫可在心肌切面上见到灰白色或淡黄色条纹与正常心肌相伴而行,如同虎皮状斑纹,俗称“虎斑心”。

【诊断】

主要依据鹿的流行病学特点,口腔、唇、舌及皮肤和蹄的变化,可做出初步诊断,利用病料悬液接种动物,病毒中和试验与补体结合试验可以进行确诊。

【治疗】

治疗应在隔离条件下进行,而精心护理原则是治疗的基础。

①静脉注射鲁格液,成鹿 50 mL,仔鹿 20～30 mL,每日 1 次,连用 3 d,幼鹿剂量酌减。

②口腔、嘴唇和舌面溃疡可用 0.1%的高锰酸钾溶液冲洗消毒,并涂以 3%～5%明矾或碘甘油,也可撒布冰硼散。

③皮肤和蹄部可用 3%～5%克辽林或来苏儿洗涤,擦干后涂以松馏油或鱼石脂软膏,最好包扎绷带或穿上蹄鞋。

④为防止并发症,根据发病过程中发现血清钙含量降低,可用氯化钙、葡萄糖酸钙等制剂,以其 5%～11%溶液静脉注射,成鹿 50～100 mL,仔鹿 20～30 mL,每日 1 次。此外,可用青霉素 80 万单位肌内注射,每日两次以控制感染。

【预防】

平时对引进的种鹿、鹿产品和饲料等进行严格的检疫,以杜绝传染源。对可疑发病鹿场,除及时进行诊断外,应上报疫情,同时实施封锁、隔离病鹿、紧急消毒等防疫措施。对假定健康鹿用口蹄疫多价灭活疫苗做紧急接种,以增加特异性抵抗力,4～12 个月鹿 0.5 mL(4 个月以下的鹿不注射),12 个月以上的鹿 1 mL,一律肌内注射或皮下注射,免疫期 4～6 个月。通常在最后一头病鹿死亡、捕杀或痊愈,鹿仍需限制自由活动 3 个月。人与鹿接触也可感染,因此在流行期应注意自我保护。

二、鹿流行性乙型脑炎

流行性乙型脑炎简称乙脑,是由日本脑炎病毒(Japanese encephalitis virus,JEV)引起,以三带喙库蚊(*Culex tritaeniorhynchus*)为主要传播媒介的人兽共患传染病,可引起人和鹿等动物中枢神经系统症状。本病因首次发生于日本,故又称日本乙型脑炎(Japanese Bencephalitis,JBE)。

【病原】

日本脑炎病毒属黄病毒科(*Flaviviridae*)黄病毒属(Flavivirus)的成员。病毒直径 15～22 nm,核芯为单股 RNA,包以脂蛋白膜,表面有糖蛋白突出物。病毒对常用消毒药均敏感,56 ℃ 30 min 或 100 ℃ 2 min 即可灭活,但对低温和干燥有抵抗。

【流行病学】

流行性乙型脑炎的主要传染源是因蚊虫叮咬而感染乙脑且产生病毒血症的带毒动物,如猪、马、牛、羊等动物,在自然情况下,人、鼠、犬、兔、鹿、鸡、鸭、鹅和野禽也能带毒。鹿易感,自

20 世纪 70 年代以来，本病在东北地区鹿群中屡有流行，有的地区常年散发，有的则周期性流行。育成鹿和公梅花鹿发病多，成年母鹿和仔鹿很少发生。

【症状】

患病鹿只体温升高达 40 ℃以上，经 1～2 d 后降至正常体温。在临床上常见到狂躁型和沉郁型病鹿。狂躁型病鹿表现不安，常在圈内转圈，步态不稳，后躯摇晃，常头顶墙或食槽呆立。部分鹿只出现目光凝视，横冲直撞，肌肉震颤，经 1～2 d 后倒地，四肢呈游泳状，衰竭死亡。沉郁型病鹿精神委顿，对外界刺激反应减弱，两耳下垂，眼半闭，喜卧不愿活动，走路不稳，后期倒地，呈昏迷状态，体温下降，呼吸迟缓，终因心力衰竭死亡。

【病理变化】

病理剖检可见脑部充血，脑脊髓液增多浑浊，脑实质有液化灶，局部色淡，脑侧室有米粒大出血点。脊髓膜和大神经干上有点状出血，心内膜有散在出血斑，肺水肿，肝和脾无明显变化，个别有小出血点。膀胱和子宫见有弥漫性出血，胃和肠有出血和坏死。

病理组织学检查发现有神经变性、坏死、卫星和嗜神经现象，主要为非化脓性脑炎变化。

【诊断】

根据流行病学特点和临床及病理学变化可做出初步诊断，进一步确诊需进行病毒学和血清学检查。

目前诊断流行性乙型脑炎主要用补体结合反应、中和试验、血凝和血凝抑制试验。对鹿流行性乙型脑炎的诊断工作尚未大量开展，有待进一步研究。

病毒分离试验，可采病鹿血液、脊髓液及脑组织，于 2～4 日龄乳鼠脑内接种，确定其感染性。用多种动物肾原代细胞和鸡成纤维细胞分离培养病毒，进一步进行鉴定。

【治疗】

药物治疗对病毒无效，但可以根据临床症状采取相应措施。为了降低脑内压，缓解兴奋性，可静脉注射 25％山梨醇或 20％甘露醇注射液，按每天每千克体重 1～2 g，隔 8～12 h 注射 1 次。如无上述药物，可静脉注射 10％～25％高渗葡萄糖注射液 500～1 000 mL。

为调节大脑皮层兴奋性可用镇静剂，10％溴化钠溶液 50～100 mL 或水合氯醛 20～50 g 灌肠等。为强心可用樟脑水或安钠咖，为利尿解毒可用乌洛托品，为控制继发感染可用青霉素和链霉素。

三、鹿恶性卡他热

恶性卡他热(malignant catarrhal fever，MCF)是反刍动物的一种急性致死性传染病，大多数的暴发动物群都曾与自然带毒的角马或羊有直接或间接接触史。此病是世界性分布，许多国家和地区散发或呈地方性流行。

【病原】

本病病原为 γ-疱疹病毒亚科 Macavirus 属内的绵羊疱疹病毒 2 型(OvHV-2)、山羊疱疹病毒 2 型(CpHV-2)、角马型疱疹病毒 1 型(A1HV-1)、角马型疱疹病毒 2 型(A1HV-2)以及麝牛恶性卡他热病毒(MCFV-muskox)、北山羊恶行卡他热病毒(ibex-MCFV)和白尾鹿恶性卡他热病毒(MCFV-WTD)。角马相关恶性卡他热主要在非洲流行，绵羊相关恶性卡他热在世界范围内广泛流行。

【流行病学】

本病在我国散发或偶发，尚无本病的流行。本病的带毒宿主及传染源为山羊和绵羊，然而绵羊对本病病原并不表现任何患病症状。麋鹿、梅花鹿和黑鹿对本病最易感，马鹿有一定的抵抗力，本病对黇鹿似乎完全没有影响。病毒主要经呼吸道与消化道传播。可通过唾液、黏液、灰尘或受到污染的运输工具、设备、饲料、衣物或手进行传播。尚不清楚病毒在鹿体内的潜伏期。本病各种年龄鹿皆可感染，但以 3 岁鹿为主。

【症状】

鹿恶性卡他热主要为肠型，少见头眼型。肠型主要表现为急性胃肠炎病，典型症状为粪便初期干燥，后期糊状、液状并混有血液，精神沉郁和食欲丧失。患病鹿通常离开鹿群，呆立一旁，两耳下垂，不愿运动。起初体温可能高于正常体温(高于 39.5 ℃)，并且呼吸和心率很少增加，病鹿病情通常在 12～24 h 快速恶化。此时病鹿躺卧、体温下降到低于正常体温范围(38～39.5 ℃)，随后很快死亡。病程很快，相当数量的病鹿在没有任何先兆的情况下猝死。

患病鹿有 5%～10%初期病症较轻，并发展为头眼型恶性卡他热慢性症状。最初为鼻、眼眶分泌浆液性分泌物，接着持续卡他，口黏膜潮红、干燥，不久在牙龈、舌面出现纤维素膜，脱落后出现溃疡坏死，特别是颊部乳头，且有眼炎发生。在发热后第 2 至第 3 天，起始于角结膜交接处的角膜开始浑浊，进而发展至中心区，个别病鹿表现失明。表面淋巴结变大，可触诊。恶性卡他热的死亡率为 20%～50%，幼鹿和新引种的鹿群死亡率更高。

【病理变化】

本病的病理变化主要是在各组织器官(常见于心、肝、脾、肾、肺、脑、淋巴结、生殖道和消化道等)广泛散性脉管炎，从轻度出血至广泛性红斑。动脉呈现广泛纤维素性坏死性炎症反应，脑部则可见广泛性非化脓性坏死脑炎，淋巴结及肠管亦有类似症状。但有些鹿往往无明显的病变，突然发病，有时看不到任何临床症状。

【诊断】

本病易与黏膜病、伪结核、梭状芽孢杆菌病、休克及其他出血性肠炎等病相混淆。根据流行特点，有无接触传染、呈散发、临床症状可以做出初步诊断。最后确诊还应该通过实验室诊断。

【鉴别诊断】

应用 PCR 技术可以鉴定感染组织(包括来自活体动物血样)中恶性卡他热病毒 DNA。也可以用竞争性酶联免疫分析法检测病鹿血清抗体。

【治疗】

目前尚无有效的疫苗预防本病。本病是一个自然散发的疾病，感染此病的鹿几乎必定死亡，目前无特效治疗药物。积极治疗有时只能使急性经过转为慢性经过，但是最终仍然避免不了死亡。

【预防】

因为绵羊(山羊也有可能)是恶性卡他热病毒的携带者，它们在冬末和春季散布病毒，所以鹿场应该尽可能远离这些动物。避免在鹿的放牧场放牧绵羊。鹿饲养员不要和绵羊进行直接或间接的接触，以避免通过与绵羊接触过的衣物、运输工具、设备和手传染本病。

由于应激反应容易导致本病的发生，因此，在秋季和冬季，对鹿特别是公鹿的良好饲养管理非常关键。避免非种用公鹿秋季顶斗和体重过度下降。

四、鹿流行性出血热

鹿流行性出血热病(epizootic hemorrhagic disease of deer,EHD)是重要的动物虫媒病,由于鹿流行性出血热在周边国家都曾暴发过,存在鹿流行性出血病病毒(epizootic hemorrhagic disease virus of deer,EHDV)传入我国的风险,因此,EHD是我国进出口贸易中需要监测的重要疫病。

【病原】

鹿流行性出血热由鹿流行性出血热病毒引起,该病毒属呼肠孤病毒科(*Reoviridae*)环状病毒属(*Orbivirus*),是节肢动物源(主要是库蠓)的双股RNA病毒,呈圆形或六角形,二十面体对称,直径为62 nm。该病毒有12个血清型,由10个片段(L1～L3、M4～M6、S7～S10)双链RNA编码的7个结构蛋白(VP1～7)和3个非结构蛋白(NS1、NS2、NS3/NS3A)。

鹿流行性出血病病毒的抗性如下:鹿流行性出血病病毒对乙醚和去氧胆酸盐有抵抗力,对氯仿敏感或稍有抵抗力,于pH 6.8～9.5稳定,在pH 4.0以下迅速灭活,不耐热,56 ℃4～5 h灭活,在−70 ℃、+20 ℃或+4 ℃可以长期保存活力,但在−20 ℃较快灭活,放置1个月后,病毒效价明显下降,但随后趋于稳定,病毒效价的下降变慢。

【流行病学】

本病以变翅库蠓如尖喙库蠓(*Culicoides oxystoma*)为重要的传播媒介,夏季多发,是一种季节性、非接触性的病毒性传染病。在自然条件下,鹿流行性出血病病毒可引起牛、绵羊等动物及白尾鹿、麋鹿、大角羚羊等多种驯养和野生反刍动物感染。美国已从白尾鹿、黑尾鹿、绵羊、山羊、牛、野牛体内分离到病毒。以白尾鹿感染最为严重,发病鹿群死亡率较高。

【症状】

本病潜伏期6～8 d,临床特征为病鹿精神沉郁、不食,体温短暂升高,达41 ℃左右;心跳加快,呼吸困难,可视黏膜充血;流涎,有的唾液呈红色;有的皮肤出现出血斑,急性表现为发热,迅速呼吸困难,舌水肿呈青紫色,唾液增多,有严重卡他性的鼻渗出物,有时有血性腹泻,各组织和脏器都有明显出血。急性期未死鹿由于蹄冠蹄缘出血而表现跛行,急性病例4～8 h昏迷死亡。

【病理变化】

组织器官广泛出血,多见肝、脾、肾、肺和消化道有出血点或出血斑,腹膜水肿,浆膜囊内有积液。

【诊断】

可根据临床症状、病理变化、血清学、病毒分离及分子生物学方法进行诊断。但EHDV的临床症状及病理变化与相关虫媒病毒不易鉴别,且鹿流行性出血病病毒与蓝舌病病毒在琼脂扩散、间接免疫荧光和补体结合试验中明显交叉,给诊断带来困难。

【鉴别诊断】

近年来随着分子生物学的发展,分子生物学技术也应用到鹿流行性出血病的诊断技术中来,但所需仪器较为昂贵,成本较高,不易推广,因此多用于实验室研究,尚未进入临床应用阶段。

【治疗】

本病目前尚无有效疫苗和治疗措施,推荐采用如下方法治疗。清瘟败毒饮:金银花、连翘、板蓝根、鲜竹叶各15 g,栀子、桔梗、黄芩、杭白芍各10 g,玄参、牛蒡子各12 g,芦根、鲜荷叶各

30 g,水牛角 50 g(先煎),甘草 10 g,煎服,每日 1 剂,连用 4～7 剂。另用 50 g/L 葡萄糖 500 mL、维生素 C 100 mg 混合静脉注射以加强解毒效果;心脏衰弱者肌内注射安钠咖 10 mL,并配合抗生素治疗以减少并发症的发生。

【预防】

控制和消灭鹿流行性出血热病毒是预防本病的主要措施。隔离患鹿,加强环境消毒非常重要。

五、鹿病毒性腹泻-黏膜病

鹿病毒性腹泻-黏膜病(deer viral diarrhea-mucosal disease,BVD-MD)是由牛病毒性腹泻-黏膜病病毒引起的一种临床上以持续性、顽固性腹泻等症状为主的传染病。

【病原】

本病病原为黏膜病病毒(mucosal disease virus),又称牛病毒性腹泻病毒(bovine viral diarrhea virus,BVDV)。病毒对乙醚、氯仿、酸敏感,56 ℃下很快灭活。

【流行病学】

BVD-MD 呈世界性分布,世界各国都有比较普遍的存在和发生。感染动物包括牛、羊、猪、鹿、骆驼等。鹿、麝及多种反刍动物易感。本病可常年发生,但以冬末和春初多见。本病在自然条件下可感染各种鹿,急性型病例则以 6 个月至 2 岁的鹿较多,传播途径主要是带毒或发病的鹿及其他发病动物,经呼吸道排出病毒到外界,污染饲料和饮水而使鹿感染,也可由病兽咳嗽、剧烈呼吸而直接传播或通过用具等媒介传播,可通过胎盘进行传播。病毒随鼻眼分泌物、乳汁、粪便、尿液及精液排出体外,食入或吸入被污染的物质是主要的传播方式。本病在新疫区可呈全群发生,在老疫区常只有少数轻型病例,多数呈隐性经过。持续性感染的动物可以终生带毒,并通过分泌物、排泄物不断向外界排毒。所以持续性感染的动物是极易被忽视的重要病毒宿主,在传播 BVDV 感染中有重要的作用。

【症状】

鹿人工感染与自然发病的症状一致,表现虚弱,听觉和视觉明显减退,脱水及消瘦。有的病鹿出现大量流泪和角膜浑浊。以持续性、顽固性腹泻等症状为主,粪便含有大量的黏液和血液。

【病理变化】

皱胃和肠黏膜糜烂,气管、肺、皱胃及肠卡他性或出血性炎症,膀胱炎,肾炎,肝脏坏死,眼结膜、鼻黏膜、口腔黏膜发生瘀点或瘀斑性出血。有的病例皮内、瘤胃底部及心外膜呈现出血。

【诊断】

目前,诊断 BVD-MD 常用的方法有病毒分离、琼脂扩散试验、中和试验等。病毒分离诊断比较可靠,但操作麻烦,耗时费力且分离率低;琼脂扩散试验操作简便、快速,但特异性差,检出率低,易造成漏诊;中和试验需要采取双份血清,虽然准确、可靠,但不能做出早期诊断,且兽医操作部门难以实施,这就严重影响了本病的检测与净化。

【预防】

对 BVD-MD 的防治,国外主要采用接种 BVDV 弱毒苗或灭活苗,并结合采取扑杀、淘汰、消毒、净化等综合性防治措施。国内目前已有商品化的 BVDV 灭活疫苗,可用于 BVDV 的预防接种。国内对患鹿主要是隔离和加强治疗护理,实行对症治疗。污染群可用弱毒疫苗进行预防注射或紧急接种。

六、鹿副结核病

副结核病(paratuberculosis)，又称 Johne's disease，是由副结核分枝杆菌引起的反刍兽的慢性消化道疾病，又称副结核性肠炎。以顽固性腹泻、渐进性消瘦、肠黏膜增厚并形成皱襞为特征。WOAH 将其列为 B 类疫病。

【病原】

副结核分枝杆菌(*Mycobacterium tuberculosis*)属于禽分枝杆菌副结核(*Mycobacterium avium* Subsp. *paratuberculosis*，MAP)亚种，是一种细长杆菌，有的呈短棒状，有的球杆状，不形成芽孢、荚膜和鞭毛，革兰氏染色呈阳性。

副结核分枝杆菌对热和化学药品的抵抗力与结核菌相同，对外界环境的抵抗力较强，在污染的牧场，厩肥中可存活数月至 1 年，在牛乳和甘油盐水中可保存 10 个月。对湿热抵抗力不大，60 ℃ 30 min 或 80 ℃ 1～5 min 可杀灭。

【流行病学】

本病广泛流行于世界各国，以奶牛业和肉牛业发达的国家受害最为严重。本病无明显季节性，但常发生于春、秋两季。主要呈散发，有时可呈地方性流行。潜伏期不一，由数月到数年不等，本病鹿多数病例系在幼年期感染发病，到表现出临床症状相隔可达数年之久，长期大量排菌，容易传染，无可靠的菌苗和治疗方法，很难净化，对畜牧业危害极大。鹿多发于 1～2 岁的育成鹿。马、驴、猪也有自然感染的病例。

患病动物是主要传染源，症状明显和隐性期内的患病动物均能向体外排菌，主要随粪便排出体外，污染周围环境。也可随乳汁和尿排出体外。动物采食了污染的饲料、饮水，经消化道感染。也可经乳汁感染幼龄动物或经胎盘垂直感染胎儿。

【临床症状】

本病为典型的慢性传染病，以体温不升高、顽固性腹泻、高度消瘦为临床特征。典型症状是下痢和消瘦。起初为间歇性下痢，随着病程的发展逐渐发展到经常性顽固性下痢。排出的稀粥样便常呈喷射状，粪便稀薄恶臭带气泡、黏液或血液凝块，病兽减食，呈贫血衰竭状态。食欲起初正常，精神良好，随后食欲有所减退，随着病程的进展，患病动物消瘦，眼窝下陷，经常躺卧，泌乳逐渐减少，高度营养不良，皮肤粗糙，被毛松乱，下颌及垂皮可见水肿。最后因全身衰弱死亡。

【病理变化】

发生下痢的机制被认为是肠黏膜的变态反应引起的，因为用抗组织胺制剂可以暂时缓解下痢。病菌侵入后在肠黏膜和黏膜下层繁殖，并引起肠道损害。主要病变在消化道(空肠、回肠、结肠前段)和肠系膜淋巴结，以肠黏膜肥厚、肠系膜淋巴结肿大为特征。空肠、回肠和结肠前段的肠系膜高度肥厚，回肠尤为明显，较正常的增厚 3～30 倍，黏膜形成硬而弯曲稀疏的皱褶，如大脑回纹。肠系膜淋结肿大变软，切面湿润，上有黄白色病灶。

【诊断】

根据典型的临床症状和病理变化可做出初步诊断，确诊则需进一步做实验室诊断。

对副结核病的诊断通常采用临床剖检和病理组织学检查、病原体的分离鉴定、免疫学、基因探针及聚合酶链式反应等。病原分离是诊断副结核病的一种可靠方法，但该方法所需时间长(4～6 周),不利于临床大量样品检测。

免疫学诊断是用于畜禽检疫的主要手段,目前常用的方法有变态反应、补体结合反应(CF)和酶联免疫吸附试验(ELISA)等。其中变态反应主要用于诊断早期病兽,是检测细胞免疫的手段。CF、ELISA 是检测体液免疫反应的手段。CF 在各国都采用,但现在公认 CF 只适于检出临床期病兽,而且操作麻烦、费时、费力,不利于临床大批量检测。随着 ELISA 的技术发展,应用 ELISA 检测副结核病,使本病诊断快速、灵敏、准确得到统一。

【预防】

本病的防治至今仍是一个难题。人们对鹿的副结核病进行过一些研究,但国内外目前还没有找到有效的治疗药物,有些国家采用注射疫苗来防治。我国在感染较轻的兽群通常采用检疫、淘汰病兽、环境消毒等措施;而对感染较重的兽群则采取更复杂的综合性防治措施,其中包括检疫、淘汰或隔离病兽、定期消毒、幼龄动物出生后立即隔离饲养(饲喂巴氏消毒乳、7 日龄内注射副结核疫苗)。

第四节　毛皮动物的传染病

一、水貂病毒性肠炎

水貂病毒性肠炎(mink viral enteritis,MVE)又称泛白细胞减少症或传染性肠炎,是以出血,坏死,急剧下痢,白细胞高度减少为特征的一种急性病毒性传染病。猫科、鼬科及犬科动物对本病均有易感性,其中以水貂最为敏感。幼龄水貂有较高的发病率和死亡率,多数病貂转归死亡,造成巨大损失,是世界公认的对水貂饲养业危害较大的病毒性传染病之一。

【病原】

本病的病原体为细小病毒科(Parvoviridae)细小病毒属(*Parvovirus*)的水貂肠炎病毒(mink enteritis virus)。本病毒对外界环境有较强的抵抗力,能耐受 66 ℃ 30 min 加热处理。病貂污染的笼子表面的病毒能保持 1 年毒力,含有病毒的器官和粪便于冷冻状态下一年内,其毒力不降低,病毒对胆汁、醚、氯仿、5%甘油、抗生素(青霉素、链霉素、新霉素、四环素)有抵抗力。煮沸能杀死病毒,0.5%甲醛或苛性钠溶液,在室温的环境下,可在 1 d 内使病毒失去活力。可用猫肾、肺、睾丸原代细胞和貂肾原代细胞来增殖病毒,也可用猫肾细胞(CRFK)等细胞株进行培养。

【流行病学】

在自然条件下,不同品种和不同年龄的水貂都易感染,但幼龄水貂最易感。发病没有季节性,全年均可发生,但以夏季多发。本病开始扩散比较慢,每天死亡较少,即地方性流行。发病初期呈慢性型传染,经过一段传染,毒力增强以后,转为急性型。特别是仔貂分窝以后,发病率 50%～60%,死亡率高达 90%。

本病流行的另外一个特点是具有固定性。患病的貂场如不采取措施,第 2 年仔兽分窝后(7～9 月)还会大批发病死亡,这可能与耐过病毒性肠炎的水貂长期带毒有关。

病毒可经发病或带毒动物的粪便、尿、精液、唾液等途径排出体外,污染饲料、饮水和用具,经消化道和呼吸道传播。也可经过未严格消毒的注射器和体温计等传播。病毒还可能通过白嘴鸦、乌鸦或其他候鸟,从污染貂场将病毒携带到安全貂场。另外,蝇类、禽类、鼠类在本病的传播上起重要作用。饲养人员的手套、饲具及其他用具也可以携带病原,引起本病传染散布,病毒还可通过病貂和健康貂相互接触而传播,如配种、断斗等。

【症状】

本病潜伏期 4～9 d,临床上分为最急性型、急性型和慢性型。

(1)最急性型　病例发病突然,常观察不到典型症状,仅在食欲废绝后 12～24 h 内死亡。

(2)急性型　患貂主要表现为高烧、呕吐、下痢,排出混有血液、黏液(多呈乳白色,少数呈鲜红色,或红褐色乃至黄绿色)的水样便,或脱落肠黏膜样的稀便,有的出现管形(黏液管)便。白细胞高度减少,所以称之为"泛白细胞减少症"。病貂精神沉郁,活动量减少,拒食,渴欲增强,有时发生呕吐,体温 40～40.5 ℃。发病动物高度脱水,消瘦,7～14 d 后因衰竭而死亡。

(3)慢性型　病貂耸肩弯背,被毛蓬松,两眼睁得不圆,有的眼裂变窄,眼呈斜视,排粪频繁但量少,粪便为液状,常混有血液,呈灰白色、粉红色、褐色或绿色。病貂呈现极度虚弱和消瘦,常常四肢伸展平卧,病程一般可长达 14～18 d。

用显微镜检查粪便时,发现有大量纤维素、白细胞和脱落的黏膜上皮。在发病后期进行血液检查时,发现白细胞的总数显著减少,由正常的 9 500 下降到 5 000 以下,嗜中性白细胞相对增加,而淋巴细胞则相对减少。呈地方性流行时,急性型病例出现症状后 4～5 d 死亡,在病的流行旺期,最急性型通常没有临床症状就突然死亡,个别的病例在 1～2 周后,衰竭而死,或逐渐恢复健康。病愈的水貂长期带毒,生长发育迟缓。

【病理变化】

急性型经过病例一般尸体营养良好,慢性经过时尸体消瘦,被毛蓬松,肛门周围被粪便污染。剖检时发现的主要变化在胃肠道,胃内空虚,含有少量黏液和胆汁,黏膜特别是幽门部黏膜充血,常常发生溃疡。肠管呈鲜红色,血管明显充血,肠内容物混有血液和纤维样物质,呈急性卡他性出血性肠炎变化。有些尸体的肠内容物呈水样。一般肠管空虚,肠管直径显著增大(2～3 倍),肠壁菲薄如纸。肠系膜淋巴结肿大、充血及水肿。胆囊内胆汁充盈。脾通常肿大呈暗红色,表面粗糙,在脾内发现大量充血和出血区。其他器官组织未见明显的变化。亚急性病例肝肿大,质脆色淡。肾没有发现可见的变化。

组织学检查时,小肠黏膜可见显著充血,有坏死灶和纤维素沉着,小肠隐窝的上皮细胞明显肿大(2～3 倍),出现空泡变性。这种肿大的上皮细胞常见于粪便内,其中有些上皮细胞出现胞质包涵体和胞核包涵体,数量为 2～3 个,胞质包涵体出现在增大的上皮细胞里,胞核包涵体出现在未增大的上皮细胞里,用 HE 染色时,包涵体被染成红色。

【诊断】

根据流行病学、临床症状、病理解剖和组织学变化综合分析可做出初步诊断。临床可见大批发病和急性传播,高度腹泻并在液状粪便内发现黏膜圆柱(黏液管),白细胞显著减少,小肠病理切片可见上皮细胞增大、空泡变性和包涵体出现等较为特征性的变化,均可为诊断本病提供依据。通过血凝、血凝抑制(HA-HI)和琼脂凝胶扩散(AGP)试验可准确诊断。

【鉴别诊断】

病毒性肠炎与食物性肠炎某些症状相类似,也常与细菌性肠炎(大肠埃希菌病、巴氏杆菌病等)相混同,容易误诊。在本病诊断的过程中,对上述两种原因引起的肠炎要加以区别,除全面考虑流行病学、临床症状及病理变化外,如果是由饲料引起的肠炎,更换饲料后貂群就会停止发病和死亡。当细菌传染而引起发病时,给予抗生素治疗后可见到明显的效果,而病毒性肠炎则无效,但最终需通过细菌学检查和生物学试验才能加以鉴别。

【治疗】

对病毒性肠炎,目前尚无特效疗法。当继发细菌(大肠埃希菌、巴氏杆菌和副伤寒杆菌)感染时,可用抗生素和磺胺类药物治疗。有条件的可用水貂病毒性肠炎病毒制备的高免疫血清或卵黄抗体进行治疗,效果较好。

【预防】

预防水貂病毒性肠炎最好的办法就是接种疫苗,仔兽可在50～60日龄与犬瘟热疫苗同时进行免疫接种;种兽在配种前一个月加强免疫一次。如场内或周围场发生病毒性肠炎疫情,应对未发病动物进行紧急接种,剂量为正常接种量两倍,每只兽更换一个针头。

二、水貂阿留申病

阿留申病(Aleutian disease,AD)是由阿留申病病毒侵染水貂引起的一种病程缓慢的进行性衰弱的疾病,是主要侵害网状内皮系统致使血清丙种球蛋白、浆细胞增生和终生病毒血症,并伴有动脉炎、肾小球肾炎、肝炎、卵巢炎或睾丸炎等炎症变化的慢性病毒性传染病。临床上以感染母貂不能妊娠,或者发生流产,或通过胎盘感染胎儿,导致弱胎,仔貂成活率下降,种公貂丧失配种能力等为特征。本病的危害是多方面的,既能影响繁育和毛皮品质,又会干扰免疫反应,给养貂业造成极其严重的经济损失,为水貂三大疫病之一。

【病原】

阿留申病病毒(Aleutian disease virus,ADV)是细小病毒科(*Parvoviridae*)细小病毒亚科(*Parvovirinae*)阿留申水貂病毒属(Amaovirus)成员。病毒粒子大小为22～25 μm,呈球形,核酸型为脱氧核糖核酸(DNA)。

阿留申病毒的抵抗力很强,它能在pH 2.8～10.0内保持活力,甲醛中80 ℃存活1 h,在5 ℃的条件下,置于0.3%甲醛中,能耐受2周,4周能将其灭活。最近研究表明,1%福尔马林、0.5%～1%氢氧化钠是有效的灭活剂。

【流行病学】

ADV的主要传染源是病貂和潜伏期的带毒貂。病毒在貂群中的传播主要是通过水平和垂直传播两个主要途径。水平传播主要通过接触传播,感染ADV的水貂其尿液、粪便和唾液中都有病毒存在,此外还有空气传播。饲养人员和兽医工作者往往是本病传染的主要媒介。疫苗接种、外科手术和注射药物等消毒不严格时,也能造成本病的传播。分窝前,母兽与仔兽生活在同一笼舍中,经由接触传播引发病毒交叉感染的可能性也会比较大。

另外,考虑到本病有持续的病毒血症存在,通过节肢动物传播也是有可能的。在水貂饲养场或其附近区域饲养的或野生的其他动物,如猫、犬、浣熊、鼠、雪貂等,对ADV的储存和传播也可能起到一定的作用。黑貂传播ADV的能力要强于棕色貂。垂直传播主要是通过胎盘组织垂直感染以及产后哺乳传染病毒。哺乳是导致仔兽ADV感染的另一个垂直传播的途径。

本病有明显的季节性,冬季的发病率和死亡率较其他季节均高。本病还具有世界性分布的特点,几乎存在于所有养殖水貂的国家和地区。

【症状】

本病潜伏期不定,平均60～90 d,最长可达7～9个月,有的病貂可持续1年或更长时间不表现临床症状。本病属自身免疫病,并无固有的特征性症状,少数呈急性经过,但多数为慢性或隐性型。

幼貂感染 ADV 后，病情发展迅速，常发生急性间质性肺炎，临床表征为严重的呼吸窘迫，伴随肋骨的剧烈收缩和呼噜音，还伴有咳嗽、发热等，之后表现为倦怠和嗜睡，并在 24 h 内死亡。成貂感染后一般不呈现明显的临床症状，多数入冬后陆续发病，主要症状如下。

①渐进性消瘦。病貂食欲时好时坏，貂体逐渐消瘦，严重病貂体重急剧下降。

②出血和贫血。病貂出血性素质变化相当明显，主要表现在口腔、齿龈、软腭、硬腭和舌根有大量出血点和出血斑，口腔黏膜、眼结膜和阴道黏膜苍白，脚趾出现明显苍白、贫血状态。

③渴欲增强。由于肾损害，增加水分的消耗，因此病貂在临床上表现为高度口渴，出现暴饮症状和啃冰。

④神经系统症状。如侵害神经系统，表现抽搐、痉挛、共济失调、后躯麻痹等症状，2～3 d 死亡。

⑤生殖系统症状。母兽会出现不能妊娠、流产或胎儿被吸收，公兽也会出现生殖能力的损伤。

阿留申基因型的水貂在感染后 3～5 个月常因肾衰竭而死亡，约 20%的非阿留申水貂可抵抗该病毒的感染而不发病，即使感染也很少在 5 个月以内死亡，其中一部分可以存活 1 年以上。

【病理变化】

尸僵完整，被毛无光泽，高度消瘦，可视黏膜苍白，口腔和胃黏膜有大小不等的溃疡灶，肛门周围有少量煤焦油样稀便附着。病初肾常肿大充血，表面点状出血，切面外翻，后期肾萎缩，表面有黄白色浆液性粟粒状小病灶，发生肾变性-血管球性肾炎，急性经过脾脏肿大 2～5 倍，淋巴结肿大。成貂表现为脾、肾、肝、淋巴结和骨髓的浆细胞增多和动脉炎。幼貂病理变化局限在肺部，包括局部或弥散性出血，肉芽肿，肺表面浸润，肺泡表面玻璃样变化，Ⅱ型肺泡上皮细胞增生肥大。浆细胞增生为阿留申病的组织学特征。

【诊断】

根据流行病学、临床症状和剖解变化可做出初步诊断。病理组织学、血清学(对流免疫电泳、PPA-ELISA)检验结果通常可确诊此病。

【治疗】

本病没有非常有效的治疗办法，国外学者 Ellis 等曾利用褪黑激素清除自由基、抗过氧化酶及具免疫调理作用来治疗水貂阿留申病，在降低感染水貂的死亡率方面取得一定的效果。

【预防】

本病重在检疫、淘汰阳性貂。目前无特效药物可供治疗，也无特异性强的疫苗。每年在仔貂分窝后，利用免疫电泳法逐只采血检疫，阴性貂进行疫苗免疫，阳性貂到取皮期再一律淘汰取皮，坚持 3～5 年，就可基本消灭阿留申病。

三、狐传染性脑炎

狐传染性脑炎(fox infectious encephalitis)是由狐传染性脑炎病毒引起的一种以眼球震颤、高度兴奋、肌肉痉挛、感觉过敏、共济失调、呕吐及便血为特征的急性、败血性、接触性传染病，是危害养狐业的三大疫病之一。

【病原】

狐脑炎病毒又称犬传染性肝炎病毒(Infectious canine hepatitis virus，ICHV)，属腺病毒科、哺乳动物腺病毒属成员。本病毒为犬腺病毒Ⅰ型(CAV-1)，犬腺病毒Ⅱ型(CAV-2) 主要引起狐喉气管炎，虽然二者的血清型存在差异，但二者具有70％的基因相似度，所以在免疫上具有一定的交叉保护。

本病毒易在犬肾和睾丸细胞内增殖，也可在猪、豚鼠和水貂等的肺和肾细胞中有不同程度增殖，并出现细胞病变(CPE)，主要特征是细胞肿胀变圆、聚集成葡萄串样，也可产生蚀斑。感染细胞内常有核内包涵体，核内病毒粒子晶格状排列，已感染犬瘟热病毒的细胞，仍可感染和增殖本病毒。

本病毒在4 ℃、pH 7.5～8.0 时能凝集鸡红细胞，在pH 6.5～7.5 时能凝集大鼠和人O型红细胞，这种血凝作用能为特异性抗血清所抑制，利用这种特性可进行血凝抑制试验。本病毒的抵抗力相当强大，在污染物上能存活10～14 d，在冰箱中保存270 d仍有传染性；37 ℃ 可存活2～9 d，60 ℃ 3～5 min 灭活。对乙醚和氯仿有耐受性，在室温下能抵抗95％酒精达24 h，污染的注射器和针头仅用酒精棉球消毒仍可传播本病。苯酚、碘酊及烧碱是常用的有效消毒剂。

【流行病学】

本病具有发病急、传染快、死亡率高等特点。本病广泛流行于世界各地，美国、德国、法国、苏联、罗马尼亚、波兰、挪威和加拿大等国家相继报道过狐脑炎，现已广泛流行于世界各养狐国家，我国也有发生，给养狐业造成了较大的经济损失。

犬和狐易感本病，特别是出生后3～6个月的幼狐最易感。各种不同年龄的狐类动物都能感染传染性脑炎。幼龄动物发病率为40％～50％，2～3岁的成年狐感染率为2％～3％，老年狐很少患病。

在发病初期，发病动物血液内出现病毒，此后在所有分泌物、排泄物中都有病毒排出。特别是康复动物，自尿中排毒长达6～9个月之久，康复和隐形感染动物为带毒者，是最危险的疫源。这些动物的分泌物和排泄物污染的饲料、水源、周围环境，可经消化道等途径传染。寄生虫也是本病传播的媒介，发病动物在本病的流行初期死亡率高，中、后期死亡率逐渐下降。

本病没有明显的季节性，但夏、秋季节幼龄动物多，饲养密集，对本病的传播最为有利，可经胎盘和乳汁感染胎儿。本病病程较长，很难治愈。

【症状】

本病潜伏期6～10 d，常突然发生，呈急性经过。病狐发病初期，流鼻涕，丧失食欲，轻度腹泻，眼球震颤；继而出现中枢神经系统症状，如感觉过敏、过度兴奋、肌肉痉挛、共济失调、呕吐、腹泻等；阵发性痉挛的间歇期精神萎靡、迟钝，随后麻痹和昏迷而死。有的病例有截瘫和偏瘫症状。

几乎所有出现症状的病狐难免死亡，病程短促，2～3 d即死。本病一旦传入养狐场，可持续多年，呈缓慢流行，每年反复发生。慢性病例，病狐食欲减退或暂时消失，有时出现胃肠道障碍和进行性消瘦、贫血、结膜炎，通常慢性病例能延长到打皮期。

【病理变化】

急性病例内脏器官出血，常见于胃肠黏膜和浆膜，偶见骨骼肌、膈肌和脊髓膜点状出血。肝肿大、充血，呈淡红色或淡黄色。慢性病例尸体极度消瘦和贫血，肠黏膜和皮下组织有散在出血点。实质器官脂肪变性，肝肿大、质硬，带有豆落状纹理。组织学检查可见脑脊髓和软脑膜血管呈袖套现象。各器官的内皮细胞和肝上皮细胞中，可见有核内包涵体。

【诊断】

根据流行特点、临床症状和病理变化，可做出初步诊断。本病的早期症状与犬瘟热相似，且有时混合感染，必须注意区别。狐脑炎主要为急性病程和严重的神经症状，最终确诊还需要实验室检查。常用的实验室检查方法如下。

(1)病原分离　应用犬或猪肾原代细胞进行病毒分离培养。可根据犬传染性脑炎病毒致细胞病变的特征，出现单个的圆形折光细胞，并在细胞单层内出现空泡，小岛样病变细胞堆积成较大团块，如葡萄样，形成核内包涵体加以确认。

(2)血清学中和试验　中和抗体在感染后 1 周即出现，持续时间也长，适于中和抗体的测定和免疫水平的判定。通常用组织培养中和试验法，实用效果好。

(3)皮内反应　应用病死的感染动物实质脏器悬浮液制备的上清液，加入甲醛灭活，然后用于皮内接种，观察局部是否出现红肿来判定。

免疫荧光抗体技术、间接血凝、炭凝集法也可以用于本病的诊断。然而，比较有实用价值的是用免疫荧光抗体检查扁桃体涂片和肝脏涂片，或用活组织标本染色检查核内包涵体或病毒(抗原)，可提供比较确实的早期诊断。

【鉴别诊断】

通常临床上能治愈的脑炎病例均不属于此类型感染，可能是细菌性或非病原性脑炎，如脑膜炎双球菌感染、李氏杆菌感染、低血钙症、维生素 B_1 缺乏等；此外，脑积水、中毒病以及其他传染病也能导致脑炎症状，应加以区分和识别。

(1)传染性脑炎与脑脊髓炎的区别　传染性脑炎广为传播，大面积流行，成年狐和幼狐均能发生。而脑脊髓炎常为散发流行，局限于场内某一区域(栋或组)，常侵害 8～10 月龄的幼狐，银黑狐易感，蓝狐少见。

(2)传染性脑炎与犬瘟热的区别　犬瘟热是高度接触性传染病，传播迅速，发病动物表现出典型的浆液性化脓性黏膜变化和结膜变化，消化紊乱、腹泻，眼有泪和脓性眼眵，皮肤脱屑有特殊的腥臭味，二次发热。而传染性脑炎则无此症状。

(3)传染性脑炎与钩端螺旋体的区别　钩端螺旋体病主要症状为短期发热、黄疸、血红蛋白尿、出血性素质、水肿、妊娠母兽流产等。而传染性脑炎则无此症状。

【治疗】

病狐在隔离情况下对症治疗，可使用抗血清特异治疗，结合镇静(如氯丙嗪、硫酸镁)、降低颅内压(如甘露醇)、消炎(磺胺嘧啶钠、脑炎清、青霉素等)综合治疗。丙种球蛋白也能起到短期的治疗效果，还可给发病动物注射维生素 B_{12}，成年兽注射量为 350～500 μg/只，幼龄动物注射量为 250～300 μg/只，持续给药 3～5 d，同时随饲料给予叶酸，每日每只 0.5～0.6 mg，持续喂 10～15 d。

【预防】

对狐传染性脑炎，每年定期接种疫苗即可有效预防，一旦发病应进行紧急接种，保护健康狐。发生狐传染性脑炎时，应将发病动物和可疑发病动物隔离、治疗，直到取皮期为止。对污染的笼具应进行彻底消毒。地面用 10%～20%漂白粉或 10%生石灰乳消毒。被污染的(发过病的)养殖场到冬季取皮期应进行严格兽医检查，精选种兽。对患过本病或发病同窝幼龄动物以及与之有过接触的毛皮动物一律取皮，不能留作种用。

四、绿脓杆菌病

绿脓杆菌病（pyocyanosis）又称假单胞菌病（pseudomonosis）、出血性肺炎，是由绿脓杆菌引起的人、畜、水貂等毛皮动物的一种急性传染病。以肺出血，鼻、耳出血和脑膜炎为特征，常呈地方性流行，病程短，死亡率高。

【病原】

绿脓杆菌（*Bacterium pyocyaneum*）又称绿脓假单胞菌（*Pseudomonas aeruginosa*），为需氧性无芽孢的革兰氏阴性小杆菌，菌体正直或弯曲，单在、成对或形成短链，长 1.5 μm，宽 0.5～0.6 μm。两端钝圆，一端有鞭毛，有运动力。该菌广泛分布于自然界中人和动物的粪便内，以及水中。本菌在普通培养基上生长良好，菌落大小不一，多数产生蓝绿色水溶性色素和芳香气味，色素可使菌落周围琼脂培养基着色。

从水貂、银黑狐、北极狐以及其他经济动物，乃至人体中分离出的绿脓杆菌，对小鼠、大白鼠、豚鼠、家兔都具有致病力，约在攻毒后 40 h 死亡。

绿脓杆菌对紫外线抵抗力强，因该菌产生色素，可改变紫外线光谱。该菌对外界环境的抵抗力比一般革兰氏阴性菌强，在潮湿环境中能保持致病性 14～21 d，在干燥的环境下，可以生存9 d。55 ℃加热 1 h 可被杀死。对一般的消毒药敏感，0.25％甲醛、0.5％石炭酸和苛性钠、1％～2％来苏儿、0.5％～1％醋酸溶液均可迅速杀死本菌。因本菌有广泛的酶系统，能合成自身生长所需的蛋白质，不易受各种药物的影响，因此对常用的抗生素大都不敏感。

【流行病学】

自然条件下，水貂和毛丝鼠最易感，其次是北极狐、貉及银黑狐，实验动物中的小鼠、大白鼠、豚鼠及家兔均易感。本病多发生于幼龄动物和青年动物，老龄兽一般有较强耐受力。水貂常见单独发生，狐、貉多继发于某些传染病。一般在夏秋两季流行，冬季很少发生。主要传染源是被污染的饲料和饮水。传播途径为呼吸道与消化道，人工感染动物试验证实，经鼻腔感染发病率最高。

【症状】

自然感染时，潜伏期 19～48 h，最长可达 4～5 d，呈超急性或急性经过。死前看不到症状，或死前出现食欲废绝，体温升高，鼻镜干燥，行动迟钝，流泪，流鼻液，呼吸困难。多数病兽出现腹式呼吸，并伴有异常的尖叫声。有些病例可见咯血、鼻出血或耳道出血。常在发病后 1～2 d 死亡。

【病理变化】

肺肿胀、色泽暗红，各个肺叶上均有不同程度大小不等、形状不整的出血斑，切面有大量紫黑色血液流出，切面和表面色泽一致，肺门淋巴结肿大、出血。心肌弛缓、色淡，有的病例冠状沟周围有出血点，心室内含有少量凝固不良的血液。胸腔内充满大量的玫瑰酒样液体。多数病例脾肿胀，表面有散在性出血点。肾微肿，表面有零散的出血点或出血斑，肾实质出血，三界混淆。胃黏膜有条状出血，内容物呈紫黑色。小肠前段黏膜呈弥漫性出血，内容物黑红黏稠。可见肺大叶性、纤维素性及出血性炎症变化，并在小动脉、小静脉周围有绿脓杆菌聚集。病变严重者肺组织出现嗜中性粒细胞浸润，细支气管内含有白细胞、红细胞、脱落的上皮细胞和纤维蛋白渗出物，肺泡上皮脱落。

【诊断】

根据流行规律、临床表现、病理变化，特别是当发现鼻孔周围有血迹时，可怀疑本病，确诊需进行微生物学诊断。

(1)镜检　取濒死期或刚死亡发病动物的脏器及血液进行涂片、染色，可查到革兰氏阴性的中等大杆菌，其中肺含菌量较高。

(2)分离培养　无菌采取被检尸体的实质脏器及血液，接种常规培养基，18～72 h 即可观察结果。在普通肉汤中可形成菌膜，细菌生长迅速，肉汤显著浑浊，呈黄绿或绿色，有时无色素产生。在普通琼脂平板上可形成光滑、形状不规则的菌落，产生的水溶性色素可渗入培养基中，有芳香味或生姜味。在血液琼脂平板上色素显示较差，菌落周围有乙型溶血环。

此外，对感染兽进行血清学诊断因发病动物大多数为急性死亡，故实用价值不大。

【鉴别诊断】

应与多杀性巴氏杆菌和某些产生类似色素的致病或非致病菌相区别，一般通过菌体形态观察可排除其他菌类。

【治疗】

当用实验室手段确定为出血性肺炎时，首先对发病动物和可疑发病动物进行隔离，固定饲养人员，与此同时，及时查明传染来源，立即切断传播途径，对假定健康兽进行预防性投药，对发病动物进行综合性治疗。

下列药物可供选择：庆大霉素，肌内注射，每日 2 次，疗程为 4 d，水貂每次 2 万～4 万国际单位，狐、貉每次 2 万～4 万国际单位。链霉素，肌内注射，每日 2 次，疗程为 3 d，水貂每次 10 万～20 万国际单位，狐、貉每次 20 万～40 万国际单位。多黏菌素 E：口服，每日 2 次，疗程为 3～4 d，水貂每次 1 万～3 万国际单位，狐、貉每次 2 万～6 万国际单位。

此外，强心、解毒、调节机体内电解质平衡等对症疗法应同时进行。药物治疗的同时应结合精心护理，及时清除发病动物的排泄物，并对污染的场地、笼舍、小室、饮食用具等进行全面彻底消毒，以防本病的反复发生。

【预防】

为预防本病的发生，要定期接种疫苗。日本研制出一种新型绿脓杆菌菌苗，保护力很好，既能用于预防，又可用于治疗。我国也研制出水貂假单胞菌病脂多糖菌苗，效果很好，可做预防接种用或紧急接种用。正常情况下可在 8～9 月进行预防接种，经 5～6 d 可产生坚强的免疫力。

平时应加强饲养管理和提高机体的抵抗力，特别是要注意兽场的饮水卫生和经常灭鼠等，也是预防本病的重要措施。

当发生绿脓杆菌病时，对病兽和可疑病兽要及时进行隔离，用抗生素和化学药物给予治疗，一直隔离到屠宰期为止。对病兽和可疑病兽污染的笼子、地面和用具要进行彻底的消毒。笼子用喷灯火焰消毒，特别注意笼子上的绒毛一定要烧净。用 2%苛性钠溶液洗涤小室及消毒地面。避免各栋人员之间的接触。严防跑兽，如有跑兽应捕回送隔离室饲养到屠宰期。

从最后一例死亡时算起，再隔离 2 周不发生本病死亡，可取消兽场的检疫。最后实行终末消毒。

五、水貂肉毒梭菌毒素中毒

肉毒梭菌毒素中毒(Clostridium botulinum poisoning)是由于食入肉毒梭菌毒素而引起的一种中毒性疾病,本病主要特征是神经和横纹肌不全麻痹,病貂全身瘫软不能活动,死亡率很高,常呈群发性。

【病原】

肉毒梭菌(*Clostridium botulinum*),又称腊肠中毒杆菌(*Bacillus botulinus*),为专性厌氧、两端钝圆的大杆菌,平均长为 4~6 μm,宽 0.3~1.2 μm,多单在,革兰氏阳性(有时可呈阴性)菌,有鞭毛,有荚膜,能形成偏端的椭圆形芽孢。芽孢的抵抗力很强,干热 180 ℃ 5~15 min,湿热 100 ℃ 5 h 才能被杀死。

肉毒梭菌是一种典型的腐生菌,主要存在于土壤中,在动物肠道中也有发现,但不能使动物发病。肉毒梭菌在土壤中可存活多年。该菌在适宜的条件下生长繁殖能产生外毒素,毒素的毒力极强,已超越所有已知细菌毒素,10^{-7} mL 毒素即可毒死豚鼠。该毒素对低温和高温都能耐受,当温度达到 105 ℃时,经 1~2 h 才能破坏,胃酸及消化酶不能使其破坏。

根据毒素的抗原性不同,可将本菌分为 A、B、C(含 C_α、C_β 型)、D、E、F、G 7 个血清型,各型毒素是由同型细菌产生的。引起人和毛皮动物(肉食动物)中毒的多为 C 型。

【流行病学】

本病的潜伏期为 4~20 d,患病动物多突然发病,迅速死亡。主要发生在气温较高的夏季,水貂肉毒梭菌中毒的传染源主要是被该菌污染的饲料,水貂吃了含有肉毒梭菌及其毒素的饲料就会发生中毒现象。这种被污染的饲料即使被存放于低温冷库中也不能破坏其中的毒素,后期饲喂的时候仍然会引起中毒。

【症状】

通常于食后 8~10 h 突然发病,最慢者 48~72 h,多为最急性经过,少数为急性经过。病貂表现为运动不灵活、躺卧、不能站立,先后肢出现不全麻痹或麻痹,不能支撑身体。拖腹爬行(即海豹式行进),继而前肢也出现麻痹。行走困难,常滞留于小室口内外。意识在未进入昏迷期前,一直很清醒。将病貂拿在手中,像未尸僵的死貂一样,瘫痪无力。

有的病貂表现神经症状,流涎,吐白沫,颌下被毛湿润,瞳孔散大,眼球突出。有的病貂痛苦尖叫,进而昏迷死亡;较少看到呕吐和下痢,有时水貂无明显症状而突然死亡。

【病理变化】

病理解剖没有特征性变化。胃肠黏膜充血、出血,附有黏液,肝脏充血,肺及胸膜有出血斑。肺部充血水肿,局部瘀血坏死;肝脏肿胀,呈土黄色;肾脏肿胀,苍白;脾脏肿胀;膀胱内有尿液潴留,色泽偏黄;机体各处淋巴结未见明显的病理性变化;胃肠轻微臌气,未见明显出血点。

【诊断】

根据临床症状及剖检情况,初步怀疑为肉毒梭菌毒素中毒,立即采取治疗措施,同时进行实验室检查以进一步确诊。

(1)细菌分离培养　取水貂吃剩的饲料及胃内容物,用灭菌的缓冲液稀释,均分为两份:一份不进行任何其他处理;另一份 90 ℃加热 30 min 以杀死细菌而非芽孢。待处理过的样品冷却至室温后,将两份样品同时接种于已制备好的庖肉培养基,经 12 h 后观察,石蜡冲起,肉渣变黑,腐败恶臭;第 5 天后挑取具有典型特征的菌落接种于卵黄琼脂平板,进行分离纯化,

35 ℃厌氧培养 48 h，挑取 48 h 培养后的单菌落进行涂片镜检，观察并记录菌落形态等。

(2)动物试验　取病死水貂胃内容物及剩余饲料按照 1∶2 用量加入缓冲液，无菌环境下充分研磨，室温下放置 1～2 h 充分浸出后，滤纸过滤，将滤液分为两份，一份不做任何处理，作为实验组使用；另一份 100 ℃加热 30 min 灭活毒素，作为对照组使用。取体况相似的健康小鼠 6 只，3 只腹腔注射实验组液体 0.5 mL/只；3 只腹腔注射对照组液体 0.5 mL/只。将 6 只小鼠置于同一适宜的环境下饲养，观察并记录实验结果。另取体况相似的小公鸡 2 只(体重约为 2 kg)，分别于左眼内接种实验组液体，右眼内接种对照组液体，用量均为 0.2 mL，观察并记录实验结果。实验组发病死亡，对照组不发病。

【治疗】

由于本病有来势急、死亡快、群发等特点，来不及治疗，同时也无好的治疗办法。发病以后停喂已变质或疑似变质的饲料，在饲料中拌入一定量的解毒剂，按照每 50 kg 饲料拌入 1 kg 的剂量，向饲料中拌入葡萄糖，并按照临床使用量加入氟苯尼考、多西环素，添加一定量的复合维生素 B，在饲料临近饲喂时加入维生素 C。特异性疗法可用同型阳性血清治疗，效果较好，对症疗法可强心利尿，皮下注射 5%葡萄糖。

【预防】

注意饲料卫生检查，防止动物性饲料发霉变质，注意储存温度。用自然死亡的肉尸作为饲料时，及时清理、清洗绞肉设备，一定要经过高温处理后再饲喂。对本病污染区要提高警惕，加强消毒。

貂群可考虑接种肉毒梭菌菌苗，1 次接种的免疫期可达 3 年之久。最常用的是 C 型肉毒菌苗，每次每只注射 1 mL。处理肉毒梭菌中毒病的关键在于预防，动物性饲料要保证新鲜、无污染。对于冷藏的肉类及其副产品，在冷藏前应保证无污染，购买回来后要快解冻、快加工，防止二次污染。

六、阴道加德纳氏菌病

阴道加德纳氏菌病(Gardnerella vaginalis disease，GVD)是由阴道加德纳氏菌引起的水貂、狐狸、貉流产的一种人兽共患病。

【病原】

阴道加德纳氏菌(Gardnerella vaginalis，GV)，是一类鞭毛、芽孢、荚膜都不存在的革兰氏阴性杆菌，具有等球杆、近球或杆状等多种形态，大小(0.6～0.8)μm×(0.7～0.2) μm，成单在或排列成短链和八字形存在。

加德纳氏菌对营养要求较为严格，培养要求较高，且有厌氧、嗜血的特性，能对马尿酸及淀粉进行水解；其在自然常态下能存活 2～5 d，对于周围环境的温度及湿度相当敏感；在消毒剂中，以甲醛、碘酊等效果最好。常用兔血胰蛋白琼脂培养基进行培养，于 37 ℃、48 h 后长出光滑、湿润、微凸起透明小菌落，呈 β-溶血。

【流行病学】

加德纳氏菌病是引起狐、貉、水貂繁殖障碍的重要细菌性传染病之一。本病主要传染源是病狐和患有本病的其他动物，能传染人，人狐间能互相传染。本病的传播方式主要是通过交配，传染途径主要是生殖道或外伤。

本病狐最易感，其中北极狐较其他狐感染率高，成年狐较育成幼龄狐感染率、空怀率和流产率高，配种后期感染率明显上升。

【症状】

病兽场在配种后不久，在母兽妊娠前期和中期出现不同程度的流产，规律明显，以后每年反复，病情每年加剧，兽群空怀率逐年增高。母兽感染本病主要表现为阴道炎、子宫炎、卵巢囊肿、尿道感染、膀胱炎、肾周围脓肿及败血症等，公兽感染本病常发生包皮炎和前列腺肿大。

【病理变化】

死亡母兽剖检发现阴道黏膜充血肿胀，子宫颈糜烂，子宫内膜水肿、充血和出血，严重的发生子宫黏膜脱落，卵巢常发生囊肿，膀胱黏膜充血和出血；公兽常发生包皮肿大和前列腺肿大。病理剖检发现，主要病变发生在生殖系统和泌尿系统，其他系统无明显变化。

【诊断】

阴道加德纳氏菌病的主要诊断标准就是对阴道内的分泌物进行细菌分离、培养及鉴定，看能否发现加德纳氏菌菌株，或者通过其他科学检测手段能否发现加德纳氏菌菌株的存在，就可以确定是否为加德纳氏菌感染。

(1)胺试验诊断法　依照加德纳氏菌的致病机理，从患有加德纳氏菌感染的病兽阴道内提取出分泌物，然后用每升 100～200 g 含量的氢氧化钾进行检测，可释放出鱼腥样的气味，即为胺的味道。

(2)聚合酶链式反应(PCR)检测法　此种方法对检测阴道加德纳氏菌的感染有特异性，因此，此方法能敏感地检测出加德纳氏菌的致病菌株，而且不受其他抗生素治疗的影响。

(3)显微镜检测法　显微镜检测主要是对其进行常规的革兰氏染色，染色后在上皮细胞上可见大量的革兰氏阴性小杆菌等，阴道内正常革兰氏阳性菌几乎消失。

(4)荧光抗体检测法　此种实验检测法是利用加德纳氏菌特异性荧光抗体直接进行染色镜检，就能对阴道加德纳氏菌感染做出准确的判断。

此外，实验诊断方法还有酶测定法、分泌物 pH 测定法、气相色谱法等一些诊断阴道加德纳氏菌感染的方法。

【治疗】

加德纳氏菌对氯霉素、氨苄青霉素、红霉素及庆大霉素 100%敏感；对磺胺、金黏菌素和多黏菌素不敏感。临床常选用氯霉素和氨苄青霉素对狐进行治疗，其治愈率达 99%。

【预防】

应用加德纳氏菌铝胶灭活疫苗，免疫期为 6 个月，每年注射两次。在初次使用该疫苗前最好进行全群检疫，对检出的健康兽立即接种，对发病动物应取皮淘汰，对流产胎儿不可用手触摸，对流产兽阴道流出的污秽物污染的笼舍、地面用喷灯或石灰彻底消毒。

七、水貂脑膜炎双球菌病

水貂脑膜炎双球菌病(Mink Neisseria meningitides disease)是水貂的一种急性传染病，以脓毒败血症为特征，并伴有内脏器官的炎症及体腔积液，发病率及死亡率很高，严重影响养貂业的健康发展。

【病原】

脑膜炎双球菌(*Neisseria meningitidis*)，又名脑膜炎奈瑟菌(*Diplococcus intracellularis*)或脑脊髓膜炎双球菌，简称为脑膜炎球菌，是一种革兰氏阴性菌，因其所导致的脑膜炎而闻名。本菌营养要求较高，用血液琼脂或巧克力培养基，在 37 ℃、含 5%～10% CO_2、pH 7.4 环境中易生长。传代 16～18 h 细菌生长旺盛，抗原性最强。细菌裂解后释放的内毒素是重要致病因素，细菌表面成分也与致病有关，菌毛是脑膜炎球菌的黏附器。本菌感染性强，但对外界的抵抗力较弱，在外环境中存活能力差。本菌含自溶酶，如不及时接种易溶解死亡。对寒冷、干燥较敏感，低于 35 ℃、加温至 50 ℃或一般的消毒剂处理极易使其死亡。

【流行病学】

水貂不分品种、年龄及性别均能感染本病，但成年貂多发于妊娠期，幼龄水貂常见暴发流行。饲养管理不当、卫生条件不好、饲料不全价等可诱发本病。

【症状】

本病潜伏期 2～6 d，病貂主要表现精神沉郁、不食、喜卧、体温 40.5～41.0 ℃、心跳和呼吸加快。粪便变稀、带血和含有肠黏膜，后期出现抽搐，角弓反张，痉挛而死，慢性者高度消瘦。新生仔貂发病时常见无特征性临床症状而突然死亡。日龄较大的幼貂表现精神沉郁，食欲丧失；步态摇摆，前肢屈曲，弓背，呻吟，躺卧不起；摇头，呼吸困难，腹式呼吸，从鼻和口腔内流出带血分泌物。

【病理变化】

肺充血肿大，气管及支气管内含有出血性、纤维素性和黏液性渗出物。胸腹腔及心包内有化脓性渗出物。脾脏稍肿大，肝肿胀，表面有黄黏土色条纹，淋巴结充血肿大。

【诊断】

根据临床症状可怀疑本病，确诊应进行细菌学和血清学检查。采取肝、心血、淋巴结及各种渗出液，涂片染色、镜检，本菌为革兰氏阳性排列成对的双球菌。

【治疗】

无特效的治疗方法，宜杀灭病原。病貂可用抗脑膜炎双球菌高免血清治疗，每只皮下注射 5～10 mL，每日 1 次，连用2～3 d，同时配合抗生素及磺胺类药物治疗。还应注意对症治疗，如肌内注射樟脑磺酸钠，每只 0.3～0.4 mL，防止心脏衰竭而死亡。静脉注射葡萄糖溶液及维生素 B、维生素 C 等，可提高治愈率。

【预防】

对貂群加强饲养管理，消除各种不良因素，提高机体抵抗力。饲料要全价，在日粮中适当增加瘦肉、鲜鱼及维生素饲料，严禁饲喂病兽肉类、奶及下水，以及被污染的饲料和饮水等。在饲料内添加治疗量的金霉素、新霉素或多黏菌素，可预防本病。

发病时立即隔离病貂，进行治疗。对未发病的貂群可用抗生素预防，检查日粮，更换饲料。貂舍、貂笼、场地及用具应用喷灯、3%福尔马林或 3%火碱等全面消毒。

八、水貂链球菌病

水貂链球菌病(Streptococcal disease)是由溶血性链球菌引起的一种急性、败血性传染病，临床上以发热、呼吸促迫、结膜发绀、嘶哑尖叫、局部关节肿胀、运动障碍、卧地不起等为特征，本病多散发，很少呈地方性流行。

【病原】

本病病原是需氧或兼性厌氧 C 型兽疫链球菌和 A 型化脓链球菌。该菌营养要求较高，普通培养基上生长不良，需补充血清、血液、腹水，大多数菌株需核黄素、维生素 B_6、烟酸等生长因子。最适生长温度为 37 ℃，在 20～42 ℃能生长，最适 pH 为 7.4～7.6。在血清肉汤中易成长链,管底呈絮状或颗粒状沉淀生长。在血平板上形成灰白色、半透明、表面光滑、边缘整齐、直径 0.5～0.75 mm 的细小菌落,不同菌株溶血不一。

该菌抵抗力一般不强,60 ℃ 30 min 即被杀死,对常用消毒剂敏感,可在干燥尘埃中生存数月。乙型链球菌对青霉素、红霉素、氯霉素、四环素、磺胺均敏感。青霉素是链球菌感染的首选药物,很少有耐药性。

【流行病学】

主要通过消化道和呼吸道传播。由于饲喂被链球菌污染的饲料所感染,尤其是牛、羊、猪肉类饲料,被污染的垫草和水等也能造成传播,被污染的笼子、用具和饲养室是造成污染的重要因素。

【症状】

本病潜伏期长短不一,一般为 6～16 d。发病初期多呈急性型,病貂突然拒食,精神沉郁,喜卧,不愿站立,呼吸急促,结膜潮红流泪,不愿活动,行走时后躯左右摇晃,呼吸急促而浅表;一部分水貂发现眼内有脓性分泌物,全身麻痹,四肢呈游泳状等神经症状;有的貂拉稀,且便中带血,尿失禁,如不及时治疗,多在几小时至 1 d 内死亡。有的貂死前口、鼻腔流血或红色泡沫液体,急性病例因治疗不彻底可转化成亚急性或慢性。亚急性型的病貂出现于发病后期,病程在 1 d 以上,经治疗多能转归痊愈。有的表现头部脓肿、心内膜炎、乳腺炎等,最终死于败血症。

【病理变化】

急性型病例的水貂营养状况良好,脾脏肿大呈暗红色,表面粗糙有小出血点或片状出血性梗死。肝脏充血肿大,质脆,切面外翻,个别有粟粒大小坏死灶,肺充血,肾肿胀,有出血点,个别的有化脓性出血性心肌炎病变;幼貂均有膀胱积尿和出血性化脓性炎症;多数病貂脑膜充血;肠系膜淋巴结肿大,肠淋巴肿大,有小出血点;肠内有煤焦油状粪便。所有这些病变在急性和亚急性型死貂中变化较为明显,而在最急性型病貂则不太明显。慢性型病例,关节内可见化脓性渗出物,在肺、肝其他器官出现转移性脓肿。

【诊断】

根据病史、临床症状和剖检病变可以怀疑本病,确诊需要细菌学检查。

细菌学检查:取肝、脾、血液、腹水等病料做涂片,用革兰氏染色或瑞氏染色镜检,均见革兰氏阳性菌,多为单个或成对排列,偶尔亦可见 3～4 个呈链状排列的球形细菌。随后将肝、脾、肾、脑,分别涂布于鲜血琼脂 37 ℃、10% CO_2 培养 24 h,均有细菌生长,绝大多数为链球菌。从脑中分离到的链球菌在马丁肉汤中生长良好,菌液浑浊,无菌膜,涂片革兰氏染色可见4～9个不等球菌,最长的可见 13～15 个。此菌纯化后在鲜血琼脂上 37 ℃培养24 h,生长出圆形、光滑、边缘整齐、灰白色的较大的菌落,菌落周围有明显的溶血带。

【治疗】

宜抗菌消炎,青霉素 G 钠 10 万～20 万国际单位,肌内注射,每日 2 次,连用 7 d。或应用氟苯尼考注射液注射,按每千克体重 20 mg,2 d 注射 1 次,同时应用头孢噻呋钠按每千克体重注射 30 mg,每日注射 2 次,体温高者适当应用安乃近退热。

【预防】

病死貂立即焚烧后深埋;笼具、食具、棚舍及周围环境彻底消毒;对现有水貂进行药物治疗。复方新诺明拌料,每日 0.125 g/只,连用 5 d 后剂量减半,直至全群基本恢复正常为止。

更换可疑和不新鲜的饲料，日粮中适当增加各种维生素的用量。经上述处理，3 d 后即无新病例出现，1 周后基本恢复正常。

九、克雷伯氏菌病

克雷伯氏菌病(Klebsiella pneumoniae disease)是由肺炎克雷伯氏菌引起的一种急性或亚急性经过的传染病，临床上以脓肿、蜂窝织炎、麻痹和脓毒败血症，并伴有内脏器官炎症和体腔积液为特征，本病呈地方性暴发，发病率和死亡率都很高。

【病原】

本病病原系肠杆菌科克雷伯氏杆菌属肺炎克雷伯氏菌。克雷伯氏菌(*Klebsiella trevisan*)是直杆菌，直径 0.3～1.0 μm，长 0.6～6.0 μm，呈单个、成对或短链状排列，有荚膜，革兰氏阴性，不运动；兼性厌氧，可进行呼吸和发酵两种类型的代谢；生长在肉汁培养基上产生黏韧度不等的稍呈圆形有闪光的菌落。该菌发酵葡萄糖产酸产气(产生 CO_2 多于 H_2)，但也有不产气的菌株。大多数菌株产生 2,3-丁二醇作为葡萄糖发酵的主要末端产物，VP 试验通常为阳性。水貂克雷柏氏菌，在动物体内形成菌血症，可从病貂的心血、肝、脾、肾、肺中分离培养出本菌。

【流行病学】

肺炎克雷伯氏菌是典型的条件致病菌，在自然界以及人和动物体内广泛存在。正常情况下带菌动物不发病，但当机体抵抗力下降或本菌大量增殖时，就会引起动物发病甚至暴发性流行，是当前危害动物和人类最为严重的条件致病菌之一，可引起支气管炎、肺炎、泌尿系统和创伤感染、败血症、脑膜炎、腹膜炎等。本病可能通过被污染的饲料感染，也可通过仔貂的粪便和被污染的饮水传播，但传播方式不清楚。

【症状】

本病的潜伏期为 2～6 d，根据临床表现可分为 4 个类型。

(1)脓疱痈型　病貂周身出现小脓疱，特别是颈部、肩部出现许多小脓疱，破溃后流出黏稠的带黄色的浓汁，形成瘘管，局部淋巴结形成脓肿，妊娠母貂易发生流产、空怀。

(2)蜂窝织炎型　多在喉部出现蜂窝织炎并向颈下蔓延，可达肩部。化脓肿大，患部肿胀，肌肉出现化脓，呈灰褐色或暗红色。

(3)麻痹型　食欲欠佳或废绝，后肢麻痹，步态不稳，多数病貂在出现症状后 2～3 d 内死亡，如身体同时出现脓肿，则病程更短。

(4)急性败血型　突然发病，食欲急剧下降或完全废绝，精神沉郁，呼吸困难，出现症状后很快死亡。

【病理变化】

病理变化因不同的类型而有所区别。

(1)脓疱痈型　体表有脓疱，破溃后有灰黄色或淡蓝色的脓汁，内脏器官出现败血症的变化，充血、瘀血和各种营养不良的变化。

(2)蜂窝织炎型　肝脏明显肿大，质硬，脆弱，充血和瘀血，切面有多量凝固不良、暗褐色的血液流出，脾肿大 3～5 倍，呈暗紫色，肺有脓肿。

(3)麻痹型　伴有膀胱充满黄色尿液，黏膜肿胀增厚，脾、肾肿大。

(4)急性败血型　死亡水貂营养状况良好，死前有明显呼吸困难的病貂，呈现化脓型，纤维素性肺炎和心内、外膜炎。脾、肝肿大，肾有出血点或梗死。

【诊断】

根据病史、临床症状和剖检病变可以怀疑本病，确诊需要细菌学检查。

(1)涂片镜检　无菌采取颈部脓汁、肝、肺涂片，染色镜检，发现革兰氏阴性杆菌，有荚膜。

(2)分离培养　无菌采取脓汁、肺接种于 PYG 汤(含蛋白胨 20 g/L、葡萄糖 10 g/L、氯化钠 5 g/L、酵母粉 3 g/L、琼脂 20 g/L)和 PYG 平板，37 ℃培养 24 h，在 PYG 汤中液体均匀浑浊，PYG 平板长出灰白色湿润、密集的黏稠菌落。

(3)动物接种试验　取 PYG 汤纯培养物，接种健康小鼠，腹腔注射 0.2 mL/只，解剖死亡小鼠，取肺、肝组织触片，镜检，发现有革兰氏阴性杆菌。根据病貂的临床表现，病理剖检变化和实验室分离到的细菌情况，做出此病的确诊。

【治疗】

宜抗菌消炎。病貂及时隔离，对体表有脓肿的病貂，切开脓肿排出脓汁，用过氧化氢冲洗，充分洗出脓汁，向脓腔内灌注抗生素。

根据药敏试验，选择敏感药物，及时全群投药进行治疗。病貂用硫酸庆大霉素，按每千克体重 5 mg，肌内注射，2 次/d，连用 5 d。必要时与链霉素联用，效果更佳。同时在饮水中加入硫酸庆大霉素可溶性粉剂，按每 25 L 水 200 万单位，供水貂自由饮用，连用 7 d。经过 1 周治疗和采取的综合防治措施，病情可以得到控制。

【预防】

发生本病后，及时隔离病貂和疑似病貂。对水貂场进行严格消毒，1 次/d，连续 7 d，以后每周消毒 1 次，根除病原。

本病应该注意对饲料，特别是对肉联厂的下脚料以及饮水的卫生进行检查，下脚料尽量煮熟后饲喂，对于预防本病有重要意义。

十、秃毛癣

秃毛癣(bald ringworm)是由皮霉菌类真菌引起的毛皮动物皮肤传染病。其特征是在皮肤上出现圆形秃斑，覆盖以外壳、痂皮及稀疏折断的被毛，使毛皮质量下降，常呈地方性暴发。

【病原】

在毛皮动物中发现的皮霉菌类真菌主要有两属，即发癣菌属(*Trichophyton*)和小孢子菌属(*Microsporum*)。本菌在缺乏蛋白质而富于碳水化合物的培养基上易于生长和发育。常用萨布罗(Sabouraud)培养基培养，在 20～30 ℃条件下，经 7～10 d 生长，菌落如石膏粉、麸皮或形成绒毛状。这种皮肤真菌寄生在皮肤、被毛上，能形成菌丝体和无数圆形或卵圆形的孢子。孢子对外界环境有较强的抵抗力。在病料(鳞屑、被毛等)内可保持毒力 1.5 年，落入土壤中其毒力可保持两个月。阳光直射下几小时对真菌起致死作用。水银石英灯光线 30 min 杀死。在湿润环境内 80～90 ℃经 7～10 min、干热(100～110 ℃)条件下 15～20 min、2%～3%福尔马林溶液 20～30 min 或 8%苛性钠溶液 20～30 min 均可杀死。

【流行病学】

在自然情况下，银黑狐和北极狐对秃毛癣易感。狐狸的传染来源为发病动物。由直接接触或间接经护理用具(扫帚、刮具)、垫草、工作服、小室等而发生传染。啮齿动物和吸血昆虫可能是病原体的来源和传染媒介。炎热多雨和干旱气候都能促进本病的发生。本病最常见于夏季，也能发生于冬季和春季。基本上罹患幼龄动物，成年兽也能发病。饲养管理不当、皮肤上出现擦伤、挠伤时易诱发本病。

本病开始出现在一个兽群中，发病动物被毛随风散布，可迅速感染全场。也可由母兽直接接触传递给后代，持续很长时间。

【症状】

本病的潜伏期为 8～30 d。主要表现为在头颈、四肢皮肤上出现圆形斑块，上面无毛，或有少许折断的被毛，覆盖以鳞屑和外壳，剥下外壳露出充血的皮肤，压迫时从毛囊流出脓样物，干涸后形成痂皮。常在脚趾间和趾垫处发生病变。起初病变呈圆形，分界不明显；逐渐融合形成规则的区域；无痒感或不显著。如不治疗，在患病动物背腹两侧形成掌大或更大的秃毛区。个别病例出现发病动物整个皮肤覆盖灰褐色痂皮。患有本病的银黑狐和北极狐，营养不良。发病率有时达 30%～40%，有的可达到 90%。

【诊断】

于患病狐采集皮肤刮下物送实验室检查。

(1)显微镜检查　取感染的被毛或鳞屑少许置于载玻片上，滴加 10%～30%氢氧化钠 1 滴，徐徐加热至周围出现小白泡为止，加热目的是促使组织疏松透明，真菌结构清晰，以易于观察，然后加盖玻片干燥，在显微镜下观察。如有真菌存在，常发现不同形状菌丝体和分生孢子。但观察时应注意菌丝同纤维、孢子与气泡、血细胞和油滴的区别。

(2)培养检查　为去除病料中污染的杂菌，需先将病料浸入 2%石炭酸或 70%酒精中处理数分钟，然后接种于萨布罗培养基中，根据菌落的大小和形状确定是哪种真菌。进一步做显微镜检查，根据其菌丝体和分生孢子的特性确定是哪一种真菌。

(3)发光检查　小孢子菌具有发光特性，可借比进行鉴别。在暗室内以紫外线透视患部被毛时，就会出现闪耀明亮的浅绿色。健康动物被毛和其他真菌侵害的被毛都没有此种现象。

【鉴别诊断】

狐狸秃毛癣与维生素缺乏病，特别是与 B 族维生素缺乏病有某种类似的地方。虽然这种病也会在身体某部出现秃毛斑，但缺乏秃毛癣特有的外壳和痂皮，没有脚掌病变，在日粮中加入 B 族维生素，皮肤病变即会停止，显微镜检查刮下物没有真菌孢子。

【治疗】

在夏季推荐用 5%碘酊或 10%水杨酸酒精，涂擦患部连同其周围健康组织，可反复多次。或应用一氯化碘治疗秃毛癣，在最初 3 d 之内用 3%～5%药液浸润外壳，然后用温水和肥皂洗涤患部，除去外壳涂以 10%一氯化碘溶液，隔 5 d 重复治疗。或用 25%漂白粉溶液做秃毛癣治疗。术者应戴橡皮手套，用该溶液涂擦患部及其周围健康皮肤。然后再涂过磷酸钙粉。此时发生猛烈反应并分解出大量原子氯及其他气体，能杀死真菌芽孢。在上述药物涂擦的地方形成灰色外壳，待外壳脱落，被毛迅速长出。治疗间隔 7～8 d 反复一次。如发生面积较大(头、颈、脚掌、背部等)，可分区治疗，防止中毒。

【预防】

应经常检查狐群，发现有本病发生，立即隔离饲养和治疗。发病动物污染的笼子和用具用火焰喷灯烧灼，或用 2%苛性钠溶液煮沸。价值低的用具烧掉。粪便污物也一并烧毁。地面用 20%漂白粉消毒，每平方米用量为 3 L。定期灭鼠，不准许患发癣病的人饲喂狐狸。

十一、念珠菌病

念珠菌病(candidiasis)俗称鹅口疮,是由白色念珠菌引起的一种以皮肤或黏膜(尤其是消化道黏膜)上形成乳白色凝乳样病变和炎症的疾病。

【病原】

白色念珠菌(*Canidia albicans*)是半知菌纲念珠菌属的一种,为假丝酵母菌。本菌在自然界广泛存在,在健康的畜禽及人的口腔、上呼吸道和泌尿生殖道等处的黏膜上寄居。所以念珠菌病是一种机会性内源真菌病,由微生物群落紊乱或其他应激因素引起,而不是由外来真菌引起致病感染。

本菌在病变组织渗出物和普通培养基上产生芽生孢子和假菌丝,不形成有性孢子。出芽细胞呈卵圆形(2 μm×4 μm),革兰氏染色呈阳性。在普通琼脂、血琼脂与沙堡培养基上均可良好的生长。需氧,室温或 37 ℃培养,1～3 d 可长出菌落,呈乳脂状,有浓厚的酵母气味,其表层多为卵圆形酵母样出芽细胞,深层可见假菌丝。在玉米培养基上可长出厚垣孢子。本菌的假菌丝和厚垣孢子可作为鉴定诊断依据。

本菌能发酵葡萄糖、麦芽糖、甘露糖、果糖等,产酸产气,发酵蔗糖、半乳糖,产酸不产气,但不分解乳糖、菊糖。

【症状】

病变常发生于口腔黏膜上,形成一个或多个小的隆起软斑,表面附有黄白色假膜。假膜剥脱后,露出溃疡面。病貂表现为不安、呕吐或腹泻。有的趾部肿胀,趾间及周围皮肤皱褶处糜烂,有灰白色和灰红色分泌物;有的形成瘘管,后期常有 1～2 个甚至全爪溃烂脱落,趾部露出鲜嫩肉芽。当病菌侵入肺部时,病貂精神沉郁,食欲减退或拒食,体温升高,咳嗽、呼吸困难。

【诊断】

根据临床症状和实验室检查可做出诊断。

【治疗】

宜杀死病原。制霉菌素片,50 万单位/片,一次内服 1 片,每日 3 次,连用 10 d 以上。制霉菌素软膏,5%碘甘油或 1%龙胆紫溶液适量,涂布局部病变部位,每日 2～3 次。

十二、隐球菌病

隐球菌病(cryptococcosis)是由新型隐球菌引起的亚急性或慢性真菌病。临床上以侵害中枢神经系统和肺脏,发生精神错乱、咳嗽气喘、意识障碍为特征。

【病原】

本病的病原是新型隐球菌(*Cryptococcus neoformans*)。在组织中呈圆形或卵圆形,芽殖,直径 4～20 μm,在组织中菌体稍大,经培养后变小;菌体有胶样物质的黏多糖荚膜,厚 1～2 μm,是一种可溶性的半抗原。根据其荚膜抗原性的不同,新型隐球菌有 A、B、C 和 D 4 个血清型。临床分离多为 A 型或 D 型。荚膜抗原能溶解在脑脊液、血清及尿中,可用特异性血清检测。

本菌不形成菌丝和孢子,在室温或 37 ℃时易在各种培养基上生长,在沙堡培养基上 1～2 周方见白色、皱纹样菌落,继续培养呈湿润、黏稠光滑、乳白色、酵母样菌落。能分解尿素、肌醇、麦芽糖、卫茅醇,不分解乳糖,硝酸盐试验呈阴性。

【症状】

临床表现多种多样，一般表现为神志不清，呕吐不止。有的精神错乱，摇头摆尾，不停旋转。有的行为异常，运动失调。有的感觉过敏，视觉障碍。肺部受侵害时，连声咳嗽，鼻腔流出浆液性、脓性或出血性鼻液，呼吸困难，胸部疼痛。有的出现抽搐，甚至意识障碍，少数病例出现隐性肺炎症状。

【诊断】

临床症状无特征性变化，确诊主要依据真菌培养、血清学检查、动物接种试验的结果。

【治疗】

使用两性霉素 B，1 片（5 mg/片）一次内服，每日 3 次，连用 10 d 以上。也可以选用克霉唑、酮康唑等。同时体表病灶应用外科手术彻底根除病变组织，以防复发。

十三、传染性水貂脑病

传染性水貂脑病（transmissible mink encephalopathy，TME）又名水貂脑病，主要侵害中枢神经系统，临床上以呈现兴奋和迟钝交错发作为特征。本病只发生于老龄貂，1 岁以内的青年貂未见发病。病貂多在 10 月、11 月死亡，死亡率可达 100%。

【病原】

传染性水貂脑病的病原称为朊病毒（prion），朊病毒不同于目前已知的细菌、病毒、衣原体、支原体等病原微生物，其最大的特点是缺乏核酸，是一种蛋白质感染因子。

【流行病学】

传染性水貂脑病的传染来源至今不明。有人认为水貂不是本病的自然宿主。一般认为本病主要通过饲料经口感染，是水貂吃了用痒病羊或疯牛病病牛尸体生产的饲料所致。但是流行病学调查证明，本病更可能因水貂之间的互咬而传播。传染性水貂脑病和痒病不同，通常为暴发流行。流行持续 4 个月左右。成年水貂发病率高，最高可达 100%，病貂 100%死亡。这种流行方式和经污染饲料感染的途经相吻合。

【症状】

本病的潜伏期为 7～8 个月，发病后表现为以兴奋和迟钝交替发作为主的症状。兴奋时在笼内奔跑，动作不协调，常做转圈运动，尾上举或咬自己的尾巴，有的发生惊厥，用牙咬着笼网铁丝，病貂不在固定地点排粪，使笼舍污秽不洁。后转为迟钝嗜睡，躺卧在小室内。不久又转为兴奋，常见病貂咬着笼网铁丝死亡。

【病理变化】

除轻度脑水肿外，其他器官无异常变化。

【诊断】

根据水貂临床症状和流行病学进行初步诊断。尸检或活检脑组织切片通过显微镜观察显示病变仅在病貂中枢神经系统可见，在脑的特定区域可见明显的海绵状变化，发现空泡、胶质细胞增生、神经元细胞丢失等。

通过免疫组织化学染色检查 PrP^{Sc} 的方法，目前被认为是确诊传染性水貂脑病的金标准。其步骤包括对组织切片的脱水性或水解性高压消毒、用甲酸和硫氰酸处理，这些措施可灭活感染因子和破坏 PrP^{c}。由于 PrP^{Sc} 具有抗性而不被破坏，进而可利用多克隆或单克隆抗体进行检测。

【鉴别诊断】

本病的某些临床症状与水貂的一些常见神经性疾病相似,应注意区别。这些常见疾病包括:水貂自咬症、水貂神经型犬瘟热、水貂阿留申病等。

【治疗】

无特异性治疗药物和方法,可进行强心等对症治疗。

【预防】

对疑似病貂应立即隔离,及时用齿剪剪断犬齿,防止互相撕咬导致全群感染,确诊后将病貂扑杀并焚烧。金属丝的笼子用火焰或10%氢氧化钠溶液彻底清洗消毒。防止饲料内混入痒病或疯牛病病兽的肉和下水,特别是脑组织。

浣熊、臭鼬对本病易感,有人怀疑这两种野生动物可能是本病原的自然储存宿主,应避免与野生动物接触。

第五节 特种珍禽的传染病

一、新城疫

新城疫(newcastle disease,ND)又称亚洲鸡瘟,是由新城疫病毒引起的禽类的一种急性高度接触性传染病,常呈败血症经过。主要特征是呼吸困难、下痢、神经机能紊乱以及浆膜和黏膜显著出血。WOAH将本病列为必须报告的疫病。本病在特种珍禽养殖业主要发生于乌骨鸡、火鸡、鹧鸪以及雉等。

【病原】

本病病原为新城疫病毒(Newcastle disease virus,NDV),为副黏病毒科(*Paramyxoviridae*)副黏病毒亚科(*Paramyxovirus subfamily*)正禽腮腺炎病毒属(*Orthoavulavirus*)的成员,是禽Ⅰ型副黏病毒的代表株。病毒粒子具多形性,一般近似球形,直径100~300 nm,有时也可呈长丝状。病毒粒子的外部是双层脂质囊膜,表面带有两种类型的纤突。NDV纤突具有两种糖蛋白:血凝素神经氨酸酶(HN)及融合蛋白(F)。NDV的毒力主要取决于其HN及F的裂解及活化。

病毒能在鸡胚内及多种动物细胞组织上生长;存在于病鸡的所有组织、器官、体液、分泌物和排泄物中,以脑、脾、肺含毒量最高,而以骨髓含毒时间最长。

1~5 ℃条件下,病毒可保持毒力达1年以上。如附着在蛋上的病毒,在孵箱中可以存活126 d;室温中可存活235 d;在未消毒的鸡舍内,可以存活7周;粪便中的病毒,于50 ℃可以存活5.5个月。但病毒对湿热、日光及化学药品抵抗力不强。加热55~75 ℃,30 min可杀死;阳光直射48 h死亡;70%酒精、1%碘酊、2%氢氧化钠、1%~2%福尔马林及5%漂白粉等溶液,在几分钟内就可以把它杀死。

【流行病学】

野鸡、火鸡、珍珠鸡对本病都有易感性,其中以鸡最易感。尤其幼雏和中雏易感性最高,2年以上的老鸡易感性较低。鸭、鹅对本病有抵抗力,但近年来,在我国一些地区出现对鹅有致病力的新城疫病毒;鹌鹑和鸽也能自然感染而暴发新城疫,并可造成大批死亡。哺乳动物对本病有很强的抵抗力,人大量接触新城疫病毒可表现为结膜炎或类似流感症状。

病禽以及在流行间歇期的带毒鸡为本病的主要传染源。受感染的鸡在出现症状前 24 h，其口、鼻分泌物和粪便中已能排出病毒。而痊愈鸡多数在症状消失后 5～7 d 就停止排毒。

本病的传播途径主要是呼吸道和消化道，也可经眼结膜、受伤的皮肤和泄殖腔黏膜感染。在一定时间内鸡蛋也可带毒而传播本病。甚至体外寄生虫、野禽及人畜等，均可成为机械带毒者而扩大本病的传播。

本病可发生于任何季节，但以春、秋两季较多。发病率和死亡率可高达 90%以上。一旦发病，常呈毁灭性流行。

【症状】

自然感染潜伏期一般为 3～5 d。根据临诊发病特点将本病分为最急性型、急性型、亚急性型或慢性型 3 型。

(1)最急性型　突然发病，无特征临诊症状而迅速死亡。多发生在本病流行初期，雏禽多见。

(2)急性型　临诊常见。病鸡体温升高，食欲减退或废绝，精神不振，垂头缩颈，翅膀下垂，眼半开半闭，似昏睡状，冠和肉髯呈深红色或紫黑色。产蛋母鸡产蛋量急剧下降，有时可降到 40%～60%，软壳蛋增多，甚至产蛋停止。随着病程的发展，出现比较典型的症状：病鸡呼吸困难，咳嗽，有浆液性鼻液，常表现为伸头，张口呼吸，并发出“咯咯”的喘鸣声或尖叫声。嗉囊积液，倒提时常有大量酸臭液体从口内流出。粪便稀薄，呈黄绿色或黄白色，有时混有少量血液。部分病鸡出现明显的神经症状，如翅、腿麻痹等。最后体温下降，不久在昏迷中死亡。

(3)亚急性型或慢性型(非典型新城疫)　初期临诊症状与急性型相似，不久后逐渐减轻，但同时出现神经症状，患鸡头颈向后或向一侧扭转，翅膀麻痹，跛行或站立不稳，动作失调，常伏地旋转，反复发作，瘫痪或半瘫痪。病鸡时有腹泻、消瘦。一般经 10～20 d 死亡。此型多发生于流行后期的成年鸡，死亡率较低。

火鸡感染新城疫病毒后所表现症状，大体与鸡相似。病火鸡不愿走动，常呆立禽舍一角，咳嗽，口腔和鼻腔黏液增多，常见有甩头现象，拉稀，两腿发软，卧地不起。成年火鸡症状不明显或没有症状。

鹧鸪感染新城疫时食欲不振，头扭曲，羽毛逆立，两翼下垂，口腔有黏液，呼吸困难，咳嗽，粪便绿色，水泻，产软壳蛋或停产，一般患病 2～4 d 内死亡。

【病理变化】

本病的病变主要表现在全身黏膜或浆膜出血，淋巴组织肿胀、出血和坏死，尤其以消化道和呼吸道最为明显。

嗉囊内充满黄色酸臭液体及气体。腺胃黏膜水肿，其乳头或乳头间有出血点，或有溃疡和坏死，此为特征性病理变化。腺胃和肌胃交界处出血明显，肌胃角质层下也常见有出血点。肠外观可见紫红色枣核样肿大的肠淋巴滤泡，小肠黏膜出血、有局灶性纤维素性坏死性病变，有的形成伪膜，伪膜脱落后即成溃疡。盲肠扁桃体肿大、出血、坏死，坏死灶呈岛屿状隆起于黏膜表面，直肠黏膜出血明显。心外膜和心冠脂肪有针尖大的出血点。产蛋母鸡卵泡和输卵管显著充血，卵泡膜极易破裂以致卵黄流入腹腔引起卵黄性腹膜炎。腹膜充血或出血。肝脏、脾脏、肾脏无特殊病变。脑膜充血或出血，脑实质无眼观变化，仅在组织学检查时见有明显的非化脓性脑炎病变。

非典型新城疫病变轻微，仅见黏膜卡他性炎症，喉头和气管黏膜充血，腺胃乳头出血少见，但多剖检数只，可见部分病鸡腺胃乳头有少量出血点，直肠黏膜和盲肠扁桃体多见出血。

【诊断】

依据流行病学、临床特点和病理剖检变化特别是肠道淋巴滤泡的变化可以做出初步诊断。必要时进行实验室诊断。

(1)病毒分离与鉴定　特种珍禽出现临床症状后，在大多数器官和分泌物中即有多量病毒。采取病、死鸡的呼吸道分泌物、脾、肺、脑等组织用磷酸盐缓冲液(PBS溶液)做成1∶5的混悬液，每1 mL加链霉素和青霉素各1 000单位，置4 ℃冰箱中作用2～4 h，然后离心沉淀。取其上清液接种9～12日龄鸡胚绒尿膜或尿囊内，剂量0.1～0.2 mL，37～38 ℃培养5 d。每天照蛋检查死亡情况，24 h内死胚弃去。其后检查死亡鸡胚病变，收集尿囊液和羊水(透明无菌者)，与1%鸡红细胞悬液进行血凝试验，同时用已知抗新城疫血清进行血凝抑制试验，即可确认。为了尽快做出诊断，也可在鸡胚死亡前用注射器吸出尿囊液做检查，再将鸡胚送回恒温箱孵化。一般在接种后36 h就可测出血凝素。

还可以将上述双抗处理的病料乳剂上清，接种于生长良好的单层鸡胚成纤维细胞或鸡胚肾细胞，观察细胞病变，测定血凝价。

(2)血凝抑制(HI)试验　按常规先用已知病毒做血凝试验，测定病毒的血凝价，再做血凝抑制试验，检测血清的凝集抑制抗体的高低。血凝抑制试验灵敏度高。迄今所知，除火鸡副流感外，鸡的其他病毒病不会产生与新城疫病毒发生交叉反应的抗体。

(3)中和试验　将连续稀释的血清与定量的已知病毒(50～100个空斑形成单位)混合，孵育，接种于鸡胚成纤维细胞单层上，加覆盖层进行培养并设立对照组。一般于72 h加上第2层带有中性红的覆盖层，24～48 h在适当的光线下观察。根据一定稀释度的血清所减少的空斑数，即可获得血清的中和抗体滴度。此方法是检测中和抗体最敏感的方法。

(4)荧光抗体技术　取新鲜病死或发病珍禽的肝、脾、肺、肾、脑组织，制成抹片或冰冻切片，滴加标记的荧光抗体进行染色，在荧光显微镜下可见到病毒抗原。此法比血凝抑制试验和常规的鸡胚接种法能更快、更灵敏地做出诊断。

【鉴别诊断】

临诊上本病易与禽流感和禽霍乱相混淆，应注意鉴别。

禽流感病禽呼吸困难，神经症状不如新城疫明显，嗉囊没有大量积液，常见皮下水肿和黄色胶样浸润，黏膜、浆膜和脂肪出血比新城疫广泛而明显，剖检见卵巢坏死，输卵管内有分泌物，气管出血且有分泌物，且禽流感肌肉和脚爪部鳞片出血明显，通过血凝试验和血凝抑制试验可做出诊断。

禽霍乱，鸡、鸭、鹅均可发病，但无神经症状，肝脏有灰白色的坏死点，心血涂片或肝触片，染色镜检可见两极浓染的巴氏杆菌，抗生素类药物治疗有效。

【治疗】

目前本病尚无有效的治疗方法。对于未感染或轻度感染的珍禽，用2倍量Ⅳ系或clone 30点眼或4倍饮水(必须做到饮水均匀)，水中加电解质多维，3 d病情即可得到控制。

【预防】

预防本病是禽病防疫工作的重点。

采取严格的生物安全措施。高度警惕病原侵入禽群，防止一切带毒动物(特别是鸟类)和污染物品进入禽群，进入禽场的人员和车辆必须消毒；饲料来源要安全；不从疫区购进种蛋和禽苗;新购进的禽必须接种新城疫疫苗,并隔离观察2周以上,证明健康方可混群。

做好预防接种工作。按照科学的免疫程序,定期预防接种是防控本病的关键。

(1)正确选择疫苗　新城疫疫苗分为活疫苗和灭活疫苗两大类。活疫苗接种后疫苗在体内繁殖,刺激机体产生体液免疫、细胞免疫和局部黏膜免疫。灭活疫苗接种后无病毒增殖,靠注射入体内的抗原刺激产生体液免疫,对细胞免疫和局部黏膜免疫无大作用。目前,国内使用的活疫苗有Ⅰ系苗(Mukteswar株)、Ⅱ系苗(B1株)、Ⅲ系苗(F株)、Ⅳ系苗(LaSota株)和Ⅴ4弱毒苗及一些克隆化毒株苗。Ⅰ系苗是一种中等毒力的活疫苗,ICPI为1.4,绝大多数国家已禁止使用,我国禽业生产中也逐步停止使用。Ⅱ、Ⅲ和Ⅳ系苗属弱毒疫苗,各种日龄禽均可使用,多采用滴鼻、点眼、饮水及气雾等方法接种,但气雾免疫最好在2月龄以后采用,以防止诱发慢性呼吸道疾病。Ⅴ4弱毒苗具有耐热和嗜肠道的特点,适用于热带、亚热带地区散养的禽群。灭活疫苗的质量取决于所含有的抗原量和佐剂,灭活疫苗对禽安全,可产生强大且持久的免疫力,但是注射后需10～20 d才产生免疫力。灭活苗和活苗同时使用,活苗能促进灭活苗的免疫反应。

(2)制定合理的免疫程序　主要根据雏禽母源抗体水平确定最佳首免日龄。雏禽可经蛋黄传递从母体获得的被动免疫抗体,母源抗体的半衰期为4～5 d(平均4.5 d),为推算最恰当的首免日龄,通常在出壳第一天采血检查HI滴度,大批雏禽的每批抽样不少于0.1%。得出1日龄雏禽母源抗体平均值后换算为对数值,再按公式计算:雏禽最佳首免日龄=4.5×(1日龄HI的对数值-4)+5,如:一批雏禽的1日龄平均HI效价为1∶32,即$\log_2 5$,按公式计算,这批雏禽的最佳首免日龄为:4.5×(5-4)+5=9.5 d。根据疫苗首免接种后抗体滴度和禽群生产特点,确定加强免疫的时间。ND的免疫程序也应根据饲养管理情况,流行病学情况,环境因素,禽群免疫状态,疫病流行情况等进行设计。不同地区、不同禽场免疫程序不能一概而论。

(3)建立免疫检测制度　有条件的禽场,需定期检测禽群血清HI抗体水平,全面了解禽群的免疫状态,确保免疫程序的合理性以及疫苗接种的效果。

(4)克服影响免疫效果的因素　①疫苗的问题。所用弱毒活疫苗的HA效价应≥1∶640。油佐剂灭活疫苗不能有严重的油水分层现象。应正确选择疫苗种类及剂量,盲目加大剂量也可能导致免疫后发病。慎用Ⅰ系,Ⅰ系属于中等毒力毒株,对雏禽有一定的致病性,须对雏禽进行过两次弱毒疫苗免疫后使用。②首免日龄。首免时间过早,疫苗受母源抗体干扰,免疫过晚,母源抗体已降低,不能有效保护,雏禽可能在疫苗产生有效免疫前感染,两种情况均可造成免疫失败。③免疫方法。首免不能用气雾免疫,以免引起支原体感染等应激综合征。若进行饮水免疫,应严格控制水质,避免漂白粉及金属离子对疫苗的破坏,可用井水或自来水烧开冷后再用。在水中加入1%鲜奶或脱脂奶粉,对疫苗病毒粒子有一定保护作用。饮水前先断水,夏季断水2 h左右,冬季断水4 h左右,饮水器数量足够,保证每只禽都能饮到足够的水量,所用弱毒疫苗能在90 min内全部饮用完为好。④禽群健康状况。目前已证实,传染性法氏囊病、传染性贫血因子病、早期禽白痢严重感染等均可影响禽的免疫功能。据报道,患IBD的一日龄雏鸡,对ND的免疫抑制率可达40%,7日龄为32.5%。另外,目前广泛采用的IBD弱毒疫苗在免疫后均对法氏囊产生短期可恢复的破坏作用,在免疫程序的安排上,还应将ND疫苗的免疫始终安排在用IBD弱毒疫苗之前几天。⑤免疫次数、免疫剂量应适中。在ND免疫预防中,任意增加免疫次数,加大免疫剂量的现象普遍存在,有的禽场出现每隔1个月免疫1次,用量加大,从而严重影响禽群的免疫效果,造成免疫不整齐或免疫抑制,这是发生非典型新城疫的一个重要原因。

禽群一旦发生本病，应立即封锁禽场，禁止转场或出售，可疑病禽及其污染的羽毛、垫草、粪便应焚烧或深埋，污染的环境进行彻底消毒，并对禽群进行紧急接种。待最后一个病例处理后 2 周，不再有新病例出现，并通过彻底消毒，方可解除封锁。

二、传染性法氏囊炎

传染性法氏囊炎（infectious bursal disease，IBD）又称传染性腔上囊炎，是由传染性法氏囊病病毒引起的主要危害雏鸡的一种急性高度接触性传染病。主要症状是腹泻、颤抖、极度虚弱。法氏囊、肾脏病变，腿肌和胸肌出血，腺胃和肌胃交界处条状出血是特征性的病理变化。幼鸡感染后，可导致免疫抑制，并可诱发多种疫病或使多种疫苗免疫失败。在特种珍禽中本病主要发生于乌骨鸡、鹧鸪、雉等。

【病原】

本病病原为传染性法氏囊炎病毒（infectious bursal disease virus，IBDV），为双股 RNA 病毒科。病毒粒子为球形，无囊膜，单层核衣壳，20 面体对称，直径为 55～65 nm。IBDV 主要侵害鸡的中枢免疫器官法氏囊，导致免疫抑制，从而使机体对其他疫病的易感性增加，同时对其他疫苗的反应性降低。

病毒在外界环境极为稳定，在鸡舍内能够持续存在 122 d。病毒特别耐热、耐阳光及紫外线照射。病毒耐酸不耐碱，pH 2 时不受影响，pH 12 时可被灭活。病毒对乙醚和氯仿不敏感。3%的煤酚皂溶液、0.2%的过氧乙酸、2%的次氯酸钠、5%的漂白粉、3%的石炭酸、3%的福尔马林、0.1%的升汞溶液可在 30 min 内灭活病毒。

【流行病学】

普通鸡和乌骨鸡是 IBDV 的重要宿主，火鸡可隐性感染，其法氏囊内的淋巴细胞有坏死，并见荧光抗原、采血可查出中和抗体和沉淀抗体；鸭可感染并有分离出病毒的报告，也可有抗体反应；各种哺乳动物都能抵抗 IBDV 的感染。

病鸡和带毒鸡为主要传染源，其粪便中含有大量的病毒。本病可直接接触传播，也可经污染的饲料、饮水、垫料、用具等间接接触传播。感染途径包括消化道、呼吸道和眼结膜等。昆虫可作为机械传播的媒介，带毒鸡胚可垂直传播。

本病的流行特点是突然发病，传染性强，传播迅速，感染率高，发病率高，病程短，呈高峰式死亡和迅速康复的曲线。

【症状】

本病的潜伏期为 2～3 d。根据临诊症状可分为典型感染和非典型（亚临诊型）感染。

（1）典型感染　早期症状是有些鸡自啄泄殖腔，病鸡羽毛蓬松，采食减少，畏寒，挤堆，精神委顿。随即出现腹泻，排出白色黏稠或水样稀粪，泄殖腔周围的羽毛被粪便污染。严重病鸡头垂地，闭眼呈昏睡状态。后期体温低于正常，严重脱水，极度虚弱，最后死亡。整个鸡群的死亡高峰在发病后 3～5 d，以后 2～3 d 逐渐平息。死亡率差异很大，有的仅为 3%～5%，一般为 15%～30%，严重发病鸡群死亡率可达 60%以上。喂高蛋白质饲料的鸡群，病死率有明显增高趋势。部分病鸡的病程可拖延 2～3 周，但耐过鸡往往发育不良、消瘦、贫血、生长缓慢。

（2）非典型感染（亚临诊型）　主要见于老疫区或具有一定免疫力的鸡群，以及感染低毒力毒株的鸡群。本病型感染率高，发病率低，症状不典型。主要表现少数鸡精神不振，食欲减退，轻度腹泻，死亡率一般在3%以下。但病程和鸡群的整个流行期都较长，并可在一个鸡群中反复发生，直至开产。本病型主要造成免疫抑制。

乌骨鸡在发病初期可见有些鸡啄自己肛门周围的羽毛，随即病鸡出现腹泻，排出白色黏稠或水样稀粪。病鸡走路摇晃，步态不稳。随着病程的发展，食欲减退，翅膀下垂，羽毛逆立无光泽，发病严重者，鸡头垂地，闭眼呈一种昏睡状态。最后因脱水严重，趾爪干燥，眼窝凹陷，极度衰竭而死亡。病程7～8 d，死亡从发病开始，典型发病鸡群呈尖峰式死亡曲线。

鹧鸪发病后精神极度萎靡，食欲减退或废绝，饮欲激增，羽毛松乱，两翼下垂，低头嗜睡，排白色米汤样粪便，肛门周围被粪便黏附，最后患禽常因虚脱和衰竭而死亡。病程短暂，幸存者可在数日内康复，但生长停滞而成为“僵鸪”。

【病理变化】

典型性IBD感染的死鸡表现尸体脱水，腿部和胸部肌肉出血。法氏囊的病变具有特征性：法氏囊充血、水肿、变大，浆膜覆盖有淡黄色胶冻样渗出物，法氏囊由正常的白色变为奶油黄色，严重出血时，呈紫黑色，似紫葡萄状。切开囊腔后，黏膜皱褶多浑浊不清，黏膜表面有出血点或出血斑，腔内有脓性分泌物；5 d后法氏囊开始萎缩，8 d后仅为原来的1/3左右，此时法氏囊呈纺锤状；有些慢性病例，外观法氏囊的体积增大，囊壁变薄，囊内积存干酪样物。腺胃和肌胃交界处有条状出血。肾脏肿大苍白，呈花斑状，肾小管和输尿管有白色尿酸盐沉积。非典型性感染的死鸡常见法氏囊萎缩，皱襞扁平，囊腔内有干酪样物质。有时胸部和腿部肌肉有轻度出血，肾脏肿胀，有尿酸盐沉积。

鹧鸪的典型特征为腿肌与胸肌都出血，呈斑状或条纹状，肾脏肿大，有大量白色尿酸盐沉积，腺胃与肌胃交界处有出血点。病初腔上囊的体积和重量都增大，呈奶黄色，黏膜有出血，后期则萎缩，变为灰色。

【诊断】

根据突然发病、传播迅速、发病率高、有明显的高峰死亡和迅速康复的曲线、法氏囊水肿和出血等流行病学特点和病变的特征即可做出诊断。必要时可做病毒的分离鉴定、琼脂扩散试验和易感鸡感染试验。

(1)病毒分离鉴定　鸡群在发病后的2～3 d，法氏囊中的病毒含量最高，其次是脾脏和肾脏。取典型病鸡的法氏囊和脾脏磨碎后，加灭菌生理盐水做1∶(5～10)稀释，离心取上清液加入抗生素作用1 h，经绒毛尿囊膜接种9～12日龄SPF鸡胚。接种后3～5 d鸡胚死亡，胚胎全身水肿，头部和趾部充血和出现小点出血，肝脏有斑驳状坏死。

(2)琼脂扩散试验　既可检测抗原，也可检测抗体，进行流行病学调查和检测疫苗免疫后的IBDV抗体，但是本方法不能区分血清型差异，主要检查禽群特异性抗原。IBD变异毒株能诱发胚胎的肝脏坏死，脾脏肿大，不引起鸡胚死亡，可采用交叉中和试验加以区别。

(3)易感鸡感染试验　取病死鸡有典型病理变化的法氏囊磨碎制成悬液，经滴鼻和口服感染21～35日龄易感鸡，在感染后48～72 h出现临诊症状，死后剖检见法氏囊有特征性的病理变化。

【鉴别诊断】

本病通常有急性肾炎，应注意与肾型传染性支气管炎鉴别。

肾型传染性支气管炎的雏鸡常见肾脏肿大，输尿管扩张并沉积尿酸盐。有时见法氏囊充血和轻度出血，但法氏囊无黄色胶冻样水肿，耐过鸡的法氏囊不见萎缩，腺胃和肌胃交界处无出血。本病的肌肉出血，应与鸡传染性贫血、缺硒、磺胺类药物中毒和真菌毒素引起的出血相似，但这些病都缺乏法氏囊肿大和出血的病变。

本病的腺胃出血要与新城疫相区别，关键区别是新城疫不具有法氏囊肿大、出血病变，并且多有呼吸困难和扭颈的神经症状。

本病有腹泻症状，应注意与雏鸡白痢、鸡球虫病相区别，雏鸡白痢发病在14～21日龄，粪便呈糨糊状，肛门常有干石灰样粪便封堵，病死鸡常有肺炎和肝脏肿大、变性、坏死，抗菌药物治疗有效，这些都有别于IBD；鸡球虫病多为血便，且用抗球虫药治疗有效。

【治疗】

给发病鸡肌内注射IBD高免血清或高免卵黄抗体治疗。在有条件的地方，也可用抗体制剂施行全群鸡的被动免疫。同时对鸡舍、鸡体表、周围环境进行喷洒消毒。降低饲料中的蛋白质含量，添加双倍量多种维生素。供给足量的含5%葡萄糖和0.1%食盐的饮水，以促进病鸡早日康复。鸡群存在其他疾病时，应及时采取对症治疗措施，以便减少损失。

【预防】

第一，采取严格的兽医卫生措施。要注意对环境的消毒，特别是育雏室。对环境、鸡舍、用具、笼具进行消毒，经4～6 h后，进行彻底清扫和冲洗，然后再经2～3次消毒。

第二，提高种鸡的母源抗体水平。种鸡群经疫苗免疫后，可产生高的抗体水平，并可将其传递给子代。如果种鸡在18～20周龄和40～42周龄经2次接种IBD油佐剂灭活苗后，雏鸡可获得较整齐和较高的母源抗体，在2～3周龄内得到较好的保护，能防止雏鸡早期感染和免疫抑制。但是，高母源抗体可干扰主动免疫，因此对雏鸡应选择合适的疫苗和首免日龄。

第三，对雏鸡进行免疫接种。用琼扩试验测定雏鸡母源抗体消长情况，从而确定弱毒疫苗首次免疫日龄。1日龄雏鸡抗体阳性率不到80%的鸡群，在10～16日龄间首免；阳性率达80%～100%的鸡群，在7～10日龄再检测一次抗体；阳性率在50%时，可于14～18日龄首免。

三、传染性支气管炎

传染性支气管炎(infectious bronchitis，IB)是由传染性支气管炎病毒引起的一种急性高度接触性呼吸道疾病，以气管啰音、咳嗽、打喷嚏，产蛋禽产蛋量减少和蛋品质下降为特征。常因呼吸道或肾脏感染而引起死亡。在特种珍禽养殖业，本病主要侵害乌骨鸡、鹧鸪、雉等。

【病原】

本病病原为传染性支气管炎病毒(infectious bronchitis virus，IBV)，属于冠状病毒科(*Coronaviridae*)冠状病毒属(Coronavirus genus)中的一个代表种。病毒颗粒具有多形性，但大多数倾向圆形或球形，直径为90～200 nm。有囊膜，囊膜表面有松散、均匀排列的花瓣样纤突，使整个病毒粒子呈皇冠状。基因组为单分子线状正链单股RNA。

本病毒的基因组核酸在复制过程中易发生突变和高频重组，因此血清型众多，新的血清型和变异株在不断出现，各型之间仅有部分或完全没有交叉保护性，给传染性支气管炎的预防带来很大困难。

病毒主要存在于病鸡的呼吸道渗出物中，肝、脾、肾、法氏囊和血液中也能发现病毒。在肾和法氏囊内停留的时间可能比在肺和气管中还要长。病毒能在10～11日龄的鸡胚中生长，又能在15～18日龄的鸡胚肾、肺、肝细胞培养上生长，也能在非洲绿猴细胞株中连续传代。

病毒的抵抗力弱，被包含于组织团块或骨块中的病毒，在外界存活的时间较长。大多数毒株在 56 ℃下 15 min 失去活力，在低温下能长期保存，用低压冻干法保存，至少可存活 24 年。病毒对一般消毒药敏感，如 1%来苏儿、0.01%高锰酸钾、70%酒精、1%福尔马林、2%氢氧化钠溶液等，能在 3 min 内杀死。

【流行病学】

本病可发生于乌骨鸡、鹧鸪以及雉。在自然条件下，本病仅发生于鸡，各种年龄的鸡均发，但雏鸡最为严重，特别是以 10～21 日龄鸡易感。过热、严寒、拥挤、通风不良、维生素缺乏及矿物质和其他饲料供应不足，可以成为本病的诱因。病鸡和带毒鸡为主要传染源，主要传播方式是通过空气飞沫经呼吸道感染，也可通过污染的蛋、饲料、饮水及饲养用具等经消化道传染。康复鸡可带毒 49 d，在 35 d 内具有传染性。本病无季节性，传播迅速，几乎在同一时间内有接触史的易感鸡都发病。

【症状】

本病的潜伏期为 36 h 或更长，人工感染为 18～36 h。通常分为呼吸型、肾型和腺胃型。

(1)呼吸型　病鸡常看不到前躯临诊症状，以突然出现呼吸困难，并迅速波及全群为本病特征。4 周龄以下的鸡常表现伸颈、张口呼吸、喷嚏、咳嗽、啰音、全身衰弱、精神不振、食欲减少、羽毛松乱、昏睡、翅膀下垂。常挤在一起，借以保暖。个别鸡鼻窦肿胀，流黏性鼻汁，眼泪多，逐渐消瘦。康复鸡发育不良。5～6 周龄以上鸡，突出的临诊症状是啰音、气喘和微咳，同时伴有减食、沉郁或下痢等临诊症状。成年鸡出现轻微的呼吸道症状，产蛋鸡产蛋量下降，并产软壳蛋、畸形蛋、“鸽子蛋”或粗壳蛋。蛋的质量变劣，蛋白稀薄呈水样，蛋黄和蛋白分离以及蛋白黏着于壳膜表面等。病程一般为 1～2 周，有的拖延至 3 周。雏鸡的病死率可达 25%，6 周龄以上的鸡病死率很低。康复后的鸡具有免疫力，血清中的相应抗体至少有 1 年可被测出，但其高峰期是在感染后 3 周前后。部分病鸡经常归巢而不产蛋，即所谓“伪产蛋鸡”，出现生“假蛋”现象(输卵管发炎所致)，此种情况见于孵出后几天内早期感染的鸡。

(2)肾型　多发生于 2～4 周龄的鸡，呼吸道临诊症状轻微或不出现，或呼吸临诊症状消失后，病鸡极度沉郁，持续排白色或水样下痢，迅速消瘦，饮水量增加。雏鸡病死率为 10%～30%，6 周龄以上鸡病死率为 0.5%～1%。

(3)腺胃型　主要由接种生物制品引起，水平传播不强，发病率为 30%～50%，病死率 30%左右，病鸡临诊表现主要为发育停滞、腹泻、消瘦。

鹧鸪发病后表现伸头，张嘴呼吸，咳嗽，流鼻液、眼泪，面部浮肿，3 周龄及以上鹧鸪发病时气管出现呷音，伴有咳嗽和气喘。产蛋鹧鸪产蛋量下降，产软壳蛋、畸形蛋，蛋壳粗糙，蛋质变差，蛋白稀薄，呈水样。

乌骨鸡发病后精神委顿，脱水，尿、粪液多，咳嗽，气喘有啰音，眼湿润，鼻有分泌物，个别鸡可见窦肿胀。6 周龄后或成年患病鸡的症状较轻。

【病理变化】

(1)呼吸型　剖检主要病变是气管、支气管、鼻腔和窦内有浆液性、卡他性和干酪样渗出物。气囊浑浊或含有黄色干酪样渗出物。在死亡鸡的气管后段或支气管中可能有一种干酪性的栓子。在大的支气管周围可见到小灶性肺炎。产蛋母鸡的腹腔内可以发现液状的卵黄物质，卵泡充血、出血、变形，输卵管呈节段不连续，或不发育如幼鸡般细小。

(2)肾型　剖检主要病变是肾脏肿大出血，多数表面红白相间呈斑驳状的“花斑肾”，切开后有多量石灰渣样物流出。肾小管和输尿管因尿酸盐沉积而扩张。严重病例，白色尿酸盐沉积可见于其他组织器官表面。

(3)腺胃型　剖检主要病变是腺胃显著肿大、胃壁增厚、胃黏膜水肿、充血、出血、坏死，肠道内黏液分泌增多，法氏囊、脾脏等免疫器官萎缩。

【诊断】

在一般情况下，本病可根据流行病学特点、症状及病变做出现场初步诊断，但确诊需要进行实验室诊断，包括病毒的分离与鉴定、干扰试验、气管环培养和血清学诊断。

(1)病毒的分离与鉴定　无菌采取数只急性期的病鸡气管渗出物或肺组织，经尿囊腔接种于10～11日龄的鸡胚或气管组织培养物中。在鸡胚中连续传几代，则可使鸡胚呈规律性死亡，并能引起蜷曲胚、僵化胚、侏儒胚等一系列典型变化，发育受阻，胚体萎缩成小丸形，羊膜增厚，紧贴胚体，卵黄囊缩小，尿囊液增多等。也可以收集尿囊液再经气管内接种易感鸡，如有本病病毒存在，则被接种的鸡在18～36 h后可出现症状，发生气管啰音。感染鸡胚尿囊液不凝集鸡红细胞，但经1%胰酶或磷脂酶C处理后，则具有血凝性，可以进行血凝(HA)和血凝抑制(HI)实验。

(2)干扰试验　IBV在鸡胚内可干扰NDV-B1株(即Ⅱ系苗)血凝素的产生，因此可利用这种方法对IBV进行诊断：取9～11日龄鸡胚10枚，分为2组，一组先尿囊腔接种被检IBV鸡胚液；另一组作为对照。10～18 h后2组同时尿囊腔内接种NDV-B1，孵化36～48 h后，置鸡胚于4 ℃ 8 h，取鸡胚液做HA。如果为IBV，则试验组鸡胚液有50%以上HA滴度在1∶20以下，对照组90%以上鸡胚液HA滴度在1∶40以上。

(3)气管环培养　利用18～20日龄鸡胚，取1 mm厚气管环做旋转培养，37 ℃ 24 h，在倒置显微镜下可见气管环纤毛运动活泼。感染IBV，1～4 d可见纤毛运动停止，继而上皮细胞脱落。此法可用做IBV分离、毒价滴定，若结合病毒中和试验则还可做血清分型。

(4)血清学诊断　酶联免疫吸附试验、免疫荧光及免疫扩散，一般用于群特异血清检测；而中和试验、血凝抑制试验一般可用于初期反应抗体的特异抗体检测。琼脂扩散沉淀试验用感染鸡胚的绒毛尿囊膜制备抗原，按常规方法测定血清抗体。

【鉴别诊断】

本病应与新城疫、传染性喉气管炎、传染性鼻炎等鉴别诊断。

新城疫呼吸道症状比本病更为严重，并出现神经症状和大批死亡；传染性喉气管炎很少发生于幼雏，高度呼吸困难，气管分泌物中有带血的分泌物，气管黏膜出血和气管中有血凝块；传染性鼻炎脸部明显肿胀和流泪，用敏感的抗菌药物有一定疗效。

肾型传染性支气管炎常与痛风相混淆，痛风一般无呼吸道症状，无传染性，且多与饲料配合不当有关，通过对饲料中蛋白质、钙、磷分析即可确定。

【治疗】

本病尚无特效疗法。发病鸡群注意保暖、通风换气和鸡舍带鸡消毒，增加多维素和电解质的饲用量。为了补充钠、钾损失和消除肾脏炎症，可以给予复方口服补液盐或含有柠檬酸盐或碳酸氢盐的复配制剂。有继发感染可使用抗生素或磺胺类药物等。治疗本病主要是预防继发细菌感染，应用红霉素、土霉素或新诺明等药物，还可应用中草药制剂进行治疗。

【预防】

防控本病主要以疫苗免疫为主要手段。严格执行隔离、检疫等卫生防疫措施。鸡舍要注意通风换气，防止拥挤，注意防寒保温，加强营养，补充维生素和矿物质饲料，增强鸡体抗病力。同时配合疫苗进行人工免疫。

常用 M_{41} 型的弱毒苗如 H_{120}、H_{52} 及其灭活油剂苗。一般认为 M_{41} 型对其他型病毒有交叉免疫作用。H_{120} 毒力较弱，对雏鸡安全；H_{52} 毒力较强，适用于 20 日龄以上的鸡；各种日龄均可使用油苗。一般免疫程序为 5～7 日龄首免，用 H_{120}；25～30 日龄二免用 H_{52}；种鸡于120～140 日龄油苗做三免。使用弱毒苗应与 NDV 弱毒苗同时或间隔 10 d 再进行 NDV 弱毒苗免疫，以免发生干扰作用。弱毒苗可采用点眼(鼻)、饮水和气雾免疫，油苗可做皮下注射。对肾型 IB，弱毒苗有 Ma-5，1 日龄及 15 日龄各免疫 1 次，方法同上。除此之外还有多价(2～3 个型毒株)灭活油剂苗，按 0.2～0.3 mL/雏、0.5 mL/成鸡皮下注射。

四、禽痘

禽痘(fowlpox)是由禽痘病毒引起的禽类的一种急性、热性、接触性传染性疾病，通常分为皮肤型和黏膜型。皮肤型多为皮肤(尤以头部皮肤)的痘疹，继而结痂、脱落为特征；黏膜型可引起口腔和咽喉黏膜的纤维素性坏死性炎症，常形成假膜，故又名禽白喉，有的病禽二者可同时发生。

在特种珍禽养殖业中本病主要发生于乌骨鸡、火鸡、鹧鸪、雉等。

【病原】

本病病原为禽痘病毒(Poxvirus avium)，为痘病毒科(*Poxviridae*)脊椎动物痘病毒亚科禽痘病毒属(Avipoxvirus)。禽痘病毒属的代表种为鸡痘病毒，成员还有金丝雀痘病毒、火鸡痘病毒、鸽痘病毒、鹊痘病毒、鹌鹑痘病毒、麻雀痘病毒、鹦鹉痘病毒以及燕八哥痘病毒等。

痘病毒为 DNA 病毒，有囊膜，病毒粒子多为砖状，大小约为 250 nm×250 nm×200 nm。禽痘病毒与本科其他属痘病毒之间无免疫学关系，而在本属各痘病毒之间存在不同程度的交叉保护作用。根据 DNA 的相关性，禽痘病毒属各成员可进一步分为 3 个群，分别以鸡痘病毒、金丝雀痘病毒和鹦鹉痘病毒为代表。禽痘病毒大量存在于病禽的皮肤和黏膜病灶中。病毒对热抵抗力不强，55 ℃ 20 min 或 37 ℃ 24 h 丧失感染力。对冷及干燥有抵抗力，痘病毒的生理盐水悬液在 0 ℃下最少可保存 5 周以上，冷冻干燥可保存 3 年。在干燥痂皮中的病毒至少能存活几个月，在正常条件下的土壤中可生存几周。在 pH 3 的环境下，病毒可逐渐地失去感染能力。直射日光或紫外线可导致病毒灭活。0.5%福尔马林、3%石炭酸、0.01%碘溶液、3%硫酸及盐酸都可在数分钟内使病毒失去感染力。

【流行病学】

家禽中以鸡的易感性最高，各种年龄、性别和品种的鸡都能感染，但以雏鸡和中雏最常发病，雏鸡死亡多。其次是火鸡，其他如鸭、鹅等家禽虽也能发生，但并不严重。鸟类如金丝雀、麻雀、燕雀、掠鸟等也常发痘疹，但病毒类型不同，一般不交叉感染，偶有例外。健禽与病禽接触可传播本病，脱落和碎散的痘痂是病毒散布的主要形式。主要通过皮肤或黏膜的伤口而感染，不能经健康皮肤感染，亦不能经口感染。蚊子及体表寄生虫可传播本病。蚊子的带毒时间可达 10～30 d。

本病一年四季中都能发生，以春、秋两季和蚊子活跃的季节最易流行。拥挤、通风不良、阴暗、潮湿、体表寄生虫、维生素缺乏和饲养管理恶劣，可促进本病的发生并加重病情。如有葡萄球菌病、传染性鼻炎、慢性呼吸道病等并发感染，可造成禽群的大批死亡。一般在春季和初秋发生皮肤型禽痘较多，在秋季则以黏膜型禽痘为多。

【症状】

本病的潜伏期 4～8 d。在临诊上可分为皮肤型、黏膜型和混合型。

(1)皮肤型　多发于身体无毛或毛稀少的部分，特别是在鸡冠、肉髯、眼睑和喙角，也可出现于泄殖腔的周围、翼下、腹部及腿等处，产生一种灰白色的小结节，渐次成为带红色的小丘疹，很快增大如绿豆大痘疹，呈黄色或灰黄色，凹凸不平，呈干硬结节，突出皮肤表面。有时和邻近的痘疹互相融合，形成干燥、粗糙呈棕褐色的大的疣状结节，使眼睑闭合。痂皮可以存留 3～4 周之久，以后逐渐脱落，留下一个平滑的灰白色疤痕。轻的病鸡也可能没有可见疤痕。一般无明显的全身症状，但病重的雏鸡则有精神萎靡、食欲消失、体重减轻等。产蛋鸡则产蛋量显著减少或完全停产。

(2)黏膜型　多发生于幼雏和中雏，死亡率高，幼雏死亡可达 50%。病初鼻腔流出浆液性或黏液性分泌物，随后可见口腔、咽喉等处黏膜发生痘疹，初呈圆形黄色斑点，逐渐扩散成大片假膜，随后变厚而成为灰白色结节，强行剥离局部会留下较深的鲜红色溃疡面。假膜若伸入喉部，可引起呼吸和吞咽困难，甚至窒息而死。有时病变可蔓延到眼结膜，使结膜腔内充满脓性或纤维素性渗出物，眼睑肿胀，甚至可引起眼睛失明。由于本型可在咽喉部及上部气管处的黏膜表面形成灰白色假膜，故又名禽白喉。

(3)混合型　即皮肤和黏膜同时受侵害，而表现出上述 2 型共同的临诊表现。病情严重，死亡率高。

【病理变化】

本病的剖检变化主要限于上述所见的皮肤和黏膜，但有时口腔黏膜的病变可蔓延到气管、食道和肠。组织学变化是病变部位的上皮细胞内可发现胞浆内包涵体。

火鸡痘与鸡痘的症状和病变基本相似，因增重受阻造成的损失比因病死亡者还大；产蛋火鸡呈现产蛋减少和受精率降低，病程一般 2～3 周，严重者为 6～8 周。鸽痘的痘疹多发生于腿、脚、眼睑或靠近喙角基部，也可出现口疮(黏膜型)。金丝雀患痘，全身症状严重，常引起死亡。剖检时可见浆膜下出血，肺水肿和心包炎。在头部、上眼睑的边缘、趾和腿上有时可出现痘疹。

【诊断】

根据发病情况，病鸡的冠、肉髯和其他无毛部分的结痂病灶，以及口腔和咽喉部的白喉样假膜也可做出初步诊断。确诊则依赖于实验室诊断，如鸡胚接种，分离病毒；接种易感鸡，出现痘肿；或进行血清学检查。

【鉴别诊断】

单纯的黏膜型易与传染性鼻炎混淆。可采用病料接种鸡胚或人工感染于健康易感鸡。方法是：取病料(一般用痘疹或其内容物或口腔中的假膜)做成 1：(5～10)的悬浮液，通过划破禽冠或肉髯、皮下注射等途径接种同种易感禽，若接种后 5～7 d 内出现典型的皮肤痘疹可确诊。

【治疗】

对病鸡皮肤上的痘疹一般不需要治疗。如治疗可先用 1%高锰酸钾溶液冲洗痘疹，而后用镊子小心剥离，伤口用碘酊或龙胆紫消毒。口腔病灶可先用镊子剥去假膜，用 0.1%高锰酸钾溶液冲洗，再涂碘甘油，或撒上冰硼散。眼部肿胀的病鸡，可先挤出干酪样物，然后用 2%硼酸溶液冲洗，再滴入5%蛋白银溶液或抗生素眼药水。

【预防】

有计划地进行预防接种，是防控本病的有效方法。我国目前有3种疫苗可用于防疫，即鸡痘鹌鹑化弱毒疫苗、鸡痘蛋白筋胶弱毒疫苗（鸡痘原）和鸽痘蛋白筋胶弱毒疫苗（鸽痘原），以鸡痘鹌鹑化弱毒疫苗为常用。

鸡痘鹌鹑化弱毒疫苗：按实含组织量用50%甘油生理盐水或生理盐水稀释100倍后应用，稀释后当天用完。用消毒过的刺种针蘸取疫苗，在鸡翅内侧无血管处皮下刺种1～2针。1月龄以内的雏鸡刺1针，1月龄以上的鸡刺2针，或按鸡只年龄稀释疫苗，1～15日鸡稀释200倍，15～16日龄鸡稀释100倍，2～4月龄鸡稀释50倍，每鸡刺种1针，刺种后3～4 d，刺种部位微现红肿、水疱及结痂，2～3周痂块脱落，免疫期5个月。

一旦发生本病，应隔离病鸡，轻者治疗，重者淘汰，病死鸡深埋或焚烧，健康鸡应进行紧急预防接种，污染场所要严格消毒。存在于皮肤病灶中的病毒对外界环境的抵抗力很强，因此隔离的病禽应在完全康复后2个月方可合群。

五、鸭瘟

鸭瘟（duck plague，DP）又称鸭病毒性肠炎，是由鸭瘟病毒引起的常见于鸭、鹅等雁形目禽类的一种急性败血性和高度接触性传染病。典型的临诊特点是体温升高、流泪和部分病鸭头颈部肿大，两腿麻痹和排出绿色稀粪。病理特征可见食道和泄殖腔黏膜出血、水肿和坏死，并有黄褐色伪膜覆盖或溃疡，肝脏灰白色坏死点。本病的特征是流行广泛、传播迅速、发病率和病死率高，是目前对世界范围水禽危害最为严重的疫病之一。

在特种珍禽中主要发生于番鸭、麻鸭。

【病原】

本病病原为鸭瘟病毒（duck plague virus）。鸭瘟病毒学名鸭疱疹病毒Ⅰ型（Duck herpesvirus Ⅰ），系疱疹病毒科甲型疱疹病毒亚科鸡马立克病毒属的成员，具有疱疹病毒的典型形态结构。有囊膜，病毒粒子呈球形或椭圆形，直径为80～160 nm，有的成熟病毒粒子可达300 nm。在感染细胞制备的超薄切片中，电镜下可见细胞核内病毒粒子为90 nm，胞浆内病毒粒子为160 nm。

本病毒对乙醚、氯仿敏感，在37 ℃下经胰蛋白酶、胰凝乳蛋白酶及脂肪酶处理18 h可使本病毒部分失活或完全失活。本病毒对外界环境抵抗力较强，50 ℃ 90～120 min、56 ℃ 30 min、60 ℃ 15 min、80 ℃ 5 min均可破坏病毒的感染性；在22 ℃条件下其感染力可维持30 d，－7～－5 ℃时可存活3个月。在pH 5.0～9.0环境中较稳定，经6 h其毒力不降低；在pH 3.0或1.0的环境下很快被灭活。

【流行病学】

鸭瘟呈世界性分布，一年四季均可发生，但以春、秋季最为多见，不同品种和年龄的鸭均可以感染鸭瘟病毒，但发病率和病死率有一定的差异，成年鸭的发病率高于幼鸭，20日龄内的雏鸭较少流行本病。鸭瘟病毒的自然感染仅限于雁形目的鸭科成员如鸭、鹅、天鹅等，而与病鸭直接接触的其他禽类如鸡、火鸡、鸽及哺乳动物均不感染。病鸭（鹅）以及带毒的家养和野生水禽是主要传染源。一些候鸟如野鸭和大雁等，既是本病的易感者，又是鸭瘟病毒长距离的携带者和自然传染源。鸭瘟的传播方式既可通过易感鸭与感染鸭直接接触，也可通过间接接触被污染的环境。

本病自然感染情况下的传播途径主要是消化道，其次可通过交配、眼结膜、呼吸道、泄殖腔和损伤的皮肤传播。

鸭瘟康复鸭可能成为带毒鸭，并周期性地向外排毒，从而引起家鸭和野生禽类鸭瘟的暴发。水禽往往在一共同水域中觅食、饮水和栖居，所以水是本病从感染禽传播到易感禽的重要自然传播媒介。

【症状】

本病自然感染的潜伏期为 2～5 d，人工感染的潜伏期为 2～4 d，有时甚至不到 1 d。病初体温急剧升高，达 43～44 ℃以上，持续不退，呈稽留热，体温升高并稽留至中后期是本病非常明确的发病特征之一。病鸭精神沉郁，头颈缩起，离群独处。羽毛松乱，翅膀下垂；饮欲增加，食欲减退或废绝。两腿发软，麻痹无力，走动困难，行动迟缓或伏坐地上不能走动，强行驱赶时常以双翅扑地行走，走几步即倒地，此时病鸭不愿下水，若强迫其下水，则漂浮水面并挣扎回岸。腹泻，排出绿色或灰白色稀粪，有腥臭味，泄殖腔周围的羽毛被沾污或结块。肛门肿胀，严重者黏膜外翻，黏膜面有黄绿色的伪膜且不易剥离，翻开肛门可见泄殖腔黏膜充血、出血及水肿，黏膜上有绿色伪膜，剥离后可留下溃疡。

部分病鸭头部肿大，触之有波动感，所以本病又俗称"大头瘟"或"肿头瘟"。眼有分泌物，初为浆液性，使眼睑周围羽毛湿润，后变为脓性，常造成眼睑粘连。眼结膜充血、水肿，甚至形成小溃疡，部分外翻。初期鼻中流出稀薄的分泌物，后期鼻中流出黏稠的分泌物。呼吸困难，并发生鼻塞音，叫声嘶哑，部分病鸭有咳嗽。倒提病鸭时从口腔流出污褐色液体。病的后期，体温降至常温以下，体质衰竭，不久死亡。

本病一般呈急性经过，有的病例甚至可在泄殖腔发现外形完整而未来得及产出的鸭蛋，少数病例呈亚急性过程，拖延数天，部分转为慢性经过。急性病例病程一般为 2～5 d，致死率在 90% 以上。少数不死者转为慢性，表现消瘦，生长发育不良。亚急性病例病程 6～10 d，病死率达 90% 以上，也有不到 1% 的，个别不死的病例转为慢性，呈现消瘦、生长发育不良，产蛋减少，并因采食困难而引起死亡，病程可达 2 周以上。产蛋鸭群的产蛋量减少，一般减少 30% 左右，随着病死率的增加，可减产 60% 以上，甚至停产。病鸭的红细胞和白细胞均减少，感染发病后 24～36 h，血清白蛋白显著降低，β 和 γ 球蛋白有不同程度的上升，在临死前 24 h 上升幅度尤为明显。

【病理变化】

鸭瘟特征性病变包括：食道黏膜有纵形排列的灰黄色伪膜覆盖或小出血斑点，伪膜易剥离，剥离后留有溃疡瘢痕。泄殖腔黏膜表面覆盖一层褐色或绿色的坏死痂，黏着很牢固，不易剥离，黏膜上有出血斑点和水肿。肝脏早期有出血性斑点，后期出现大小不同的灰白色坏死灶，在坏死灶周围有时可见环形出血带。坏死灶中心常见小出血点，肝脏表面和切面有大小不等的灰黄色或灰白色的坏死点。腺胃与食道膨大部的交界处有一条灰黄色坏死带或出血带，肌胃角质膜下层充血。肠黏膜有充血和出血性炎症。

2 月龄以下鸭肠道浆膜面常见 4 条环状出血带。产蛋母鸭剖检还可见卵巢充血、出血，卵泡膜出血，有时卵泡破裂而引起腹膜炎，输卵管黏膜充血、出血。雏鸭剖检还可见法氏囊呈深红色，表面有针尖大小的坏死灶，囊腔充满白色的凝固性渗出物。

【诊断】

可以根据流行病学、特征症状和病理变化等做出现场初步诊断。实验室确诊需要进行以下检查。

(1)病毒分离　病毒的分离一般采用急性发病期或死亡后病鸭的血液、肝脏、脾脏或肾脏作为分离病毒的检样。一般采用9～14日龄鸭胚，通过尿囊膜途径接种，分离病毒。鸭胚在接种后4～10 d死亡，胚体有典型出血病变，若初次分离为阴性，可将收获尿囊膜盲传3代。肝脏和脑是病原学诊断的最佳取材部位。可用PCR、中和试验鉴定分离到的病毒。

(2)其他实验室方法　琼脂凝胶扩散试验、酶联免疫吸附试验(ELISA)、反向间接血凝试验、斑点酶联免疫吸附试验等方法可用于本病的特异诊断。

【鉴别诊断】

临诊上应注意鸭瘟与鸭霍乱相鉴别。鸭霍乱一般发病急，病程短，除鸭、鹅外，其他家禽也能感染发病，头颈不肿胀，食道和泄殖腔黏膜无假膜，发病率及病死率较鸭瘟低，可见肝脏表面、脾脏表面有多量白色坏死点，心肌和心冠脂肪出血、肠道出血；取病鸭或病死鸭的心血和肝脏做抹片，经瑞氏染色镜检，可见到两极着色的巴氏杆菌；应用磺胺类药和抗生素有很好疗效，而对鸭瘟没有效果。

【治疗】

本病目前尚无有效的治疗方法。在发病初期可肌内注射抗鸭瘟高免血清，每只鸭注射0.5 mL，有一定的疗效，配合聚肌胞成年鸭每次肌内注射1 mL，每3 d注射1次，用药2～3次，可收到较好的防治效果。

【预防】

防控本病主要依赖于平时的预防措施。防控应从消除传染源、切断传播途径和对易感水禽进行免疫接种等方面着手。

(1)消除传染源　不从疫区引进种鸭、鸭苗或种蛋。一定要引进时，必须先了解当地有无疫情，确无疫情，经过检疫后才能引进。鸭运回后隔离饲养，观察2周。

(2)切断传播途径　避免接触可能污染的各种用具物品和运载工具。防止健康鸭到鸭瘟流行地区和有野生水禽出没的水域放牧。执行严格卫生消毒制度，对鸭舍、运动场、饲养管理用具等保持清洁卫生，定期用10%石灰乳和5%漂白粉消毒。

(3)免疫接种　病愈鸭以及人工免疫鸭能获得较强的免疫力。免疫母鸭可使雏鸭产生被动免疫，但13日龄雏鸭体内母源抗体大多消失。对受威胁的鸭群可用鸡胚适应鸭瘟弱毒疫苗进行免疫。20日龄雏鸭开始首免，每只鸭肌内注射0.2 mL，5个月后再免疫接种一次即可，种鸭每年接种2次，产蛋鸭在停产期接种，一般在1周内产生强大的免疫力。3月龄以上鸭肌内注射1 mL，免疫期可达1年。通常只需几个小时接种鸭就呈现出一定的保护力。鸭群一旦发生鸭瘟，必须迅速采取严格封锁、隔离、消毒、毁尸及紧急预防接种等综合性防疫措施。紧急预防接种关键在于尽早确诊，尽早注射疫苗，这对控制疫情、减少损失具有显著作用，各地实践证明，当发现鸭瘟就应立即用鸭瘟弱毒疫苗进行紧急接种(有用多倍剂量、10倍甚至更高)，一般在接种后1周内死亡率显著降低，随后停止发病和死亡。如果时间拖延后再注射疫苗，或者不配合进行严格隔离、消毒等措施，则保护率就很差。同时严格禁止病鸭外调或上市出售，应停止放牧，防止扩大疫情。

六、鸭病毒性肝炎

鸭病毒性肝炎(duck virus hepatitis，DVH)是雏番鸭的一种急性致死性的传染病。本病的特征是发病急，传播迅速，死亡率高。临诊表现角弓反张，病理变化为肝炎与出血。

本病在特种珍禽养殖业主要侵害番鸭。

【病原】

本病病原是鸭肝炎病毒(Duck hepatitis virus，DHV)，分类上属微 RNA 病毒科禽肝炎病毒属，大小为 20～40 nm。本病毒对氯仿、乙醚、胰蛋白酶和 pH 3.0 均有抵抗力。在 56 ℃加热 60 min 仍可存活，但加热到 62 ℃ 30 min 即被灭活。病毒对消毒剂有明显抵抗力，2%来苏儿 37 ℃ 60 min，1%福尔马林 37 ℃ 8 h 均不能保证完全灭活。病毒在被污染的鸭舍中可存活 10 周以上，湿粪中存活 5 周以上。

【流行病学】

本病发生突然，传播迅速，死亡多出现在 3～4 d 内。自然暴发仅见于雏番鸭，成年鸭即使在污染的环境中也不见临诊症状，产蛋率也不受影响。病毒随病鸭的分泌物和排泄物排出，雏鸭主要经消化道和呼吸道感染。病后康复鸭不再发生感染，但可随粪便排毒 1～2 个月。病毒的垂直感染尚未证实。

本病一年四季都有发生，流行季节取决于育雏时间。雏番鸭发病率可达 100%，死亡率则差别很大，高的达 100%，低的为 20%左右。随着日龄的增长与机体的免疫力的增强，死亡率逐渐减少，4 周龄以上雏番鸭发病率与死亡率均很低。

【症状】

本病自然感染潜伏期仅为 18～24 h，也有长达 5 d 的。病鸭发病初期精神沉郁、厌食、眼半闭呈昏睡状，以头触地，不久即转为神经症状，运动失调，身体倒向一侧，两脚痉挛性后蹬，全身抽搐，仰脖，头弯向背部。有的出现腹泻，有的在地上旋转，抽搐 10 min 至几小时后死亡。死时大多头向背部后仰，呈角弓反张姿态。

【病理变化】

在最急性型病例仅可见到败血症的变化，表现为各组织器官出血。急性型病例的主要病变见于肝脏。肝肿大，色淡(褪色呈黄红色)，有点状或斑状出血。有时可见脾脏肿大并有出血斑点。许多病例常出现肾肿大及血管充血。胆囊肿大，心肌如煮熟状。有的病例有心包炎、气囊中有微黄色渗出液和纤维素絮片。

病理组织学检查可见肝细胞在感染初期呈现空泡化，后期坏死。幸存的耐过鸭可见肝实质和胆管的广泛增生，粒细胞和淋巴细胞浸润。中枢神经系统可见套管现象。

【诊断】

本病现场诊断的主要依据是流行病学特征(如自然条件下发生于雏鸭等)、典型临诊症状(如神经症状、角弓反张等)和典型大体解剖病变(如肝脏肿大和出血斑点等)做出初步诊断。确诊则需进行实验室诊断。

(1)病毒分离鉴定　无菌采集雏鸭肝脏制成悬液，经尿囊腔接种 8～10 日龄鸡胚或10～14 日龄鸡胚，观察死亡情况。然后收集尿囊液作为待鉴定材料(此法也可同时设立阳性血清中和肝脏悬液对病料进行初步鉴定)。

(2)其他实验室方法　中和试验、雏鸭血清保护试验、间接 ELISA、琼脂扩散试验、荧光抗体技术、斑点酶联免疫吸附试验、免疫组织化学法、RT-PCR 等方法可用于本病的特异诊断。

【鉴别诊断】

临诊上本病应注意与雏鸭煤气(一氧化碳)中毒、番鸭细小病毒病(“三周病”)、鸭浆膜炎、雏鸭副伤寒、曲霉菌病及药物中毒等相区别。

(1)雏鸭煤气(一氧化碳)中毒　多发生于烧煤取暖而通风不良的鸭舍,主要表现雏鸭大批量死亡,离取暖炉越近死亡越多,剖检可见血液凝固不良、鲜红。

(2)番鸭细小病毒病("三周病")　主要病变为胰脏有针尖大小的白色坏死点、十二指肠出血,而肝脏病变一般不明显。

(3)鸭浆膜炎　多发生于2～6周龄的鸭,病鸭眼、鼻分泌物增加,眼周围羽毛黏湿,运动失调,全身颤抖,排绿色稀粪,主要病变是纤维素性心包炎、纤维素性肝周炎和纤维素性气囊炎,心包内充有黄白色絮状物和淡黄色渗出液。

(4)雏鸭副伤寒　多发生于2周龄内的雏鸭,主要表现严重腹泻、浆液性或脓性结膜炎,常突然倒地死亡,主要病变是心外膜和心包膜炎症,肝脏肿大、表面有大小不一的黄白色坏死灶,十二指肠发生严重的卡他性炎症。

(5)曲霉菌病　多发生于梅雨季节,主要表现呼吸困难、呼吸次数增加,主要病变是气囊或肺有黄色针头大至米粒大的结节,结节硬度似橡皮样,有时胸腔内有霉菌菌落。

(6)药物中毒　肝脏一般不出现明显的出血点和出血斑,可能表现为肝脏瘀血,肠黏膜充血和出血,确诊需要进行回顾性调查和饲养对比试验。

【治疗】

在鸭场暴发鸭病毒性肝炎时,除了采取一些预防传播的紧急防控措施外,如果能对病鸭及时治疗,将可减少甚至阻止死亡的发生,减少经济损失,目前能用于治疗DVH的有康复鸭血清、高免血清和卵黄等,鸭场发病后,可用于早期治疗和阻止未发病鸭感染。如果抗体效价高、治疗及时则效果极佳。刚出孵的1～3日龄雏鸭使用高免卵黄抗体皮下注射1～3 mL,可预防鸭病毒性肝炎的发生。

【预防】

我国现在防控雏鸭病毒性肝炎的主要技术手段是对种鸭免疫,使下一代雏鸭获得被动保护,以及对刚孵出雏鸭注射高免抗体,实践证明是可行和有效的。

(1)种鸭免疫　种鸭在产蛋前2周用弱毒疫苗免疫一次,5个月内可使下一代雏鸭获得抗DHV的免疫;在DVH流行严重地区,在种鸭产蛋前2～3周进行2次(间隔7 d)弱毒疫苗免疫,免疫4～5个月后,在种鸭产蛋高峰期开始下降时,再用DHV弱毒疫苗免疫一次,可使子代雏鸭获得较高的母源抗体水平。在严重发病鸭场,如无其他措施(如没有弱毒疫苗等),可采用本场分离的DHV强毒接种全部种鸭,第1次接种后间隔2周再注射1次,再经过2周即可获得具有高度免疫力的种蛋,这种方法只适用于发病严重的鸭场使用,同时应采取措施防止病毒扩散。种鸭和雏鸭均进行免疫适用于发病较严重的地区。虽然对种鸭进行严格免疫,15 d以后的雏鸭仍有少数发病,这种情况可在1日龄时使用弱毒疫苗进行口服,使雏鸭产生的主动抗体的上升能够弥补母源抗体的下降,从而防止DVH的发生。

(2)雏鸭免疫　没有母源抗体的雏鸭在1日龄时用弱毒疫苗进行皮下注射或口服,经2 d产生抗体,5 d达到高峰,此后略有下降,一直维持到8周龄;有母源抗体的1日龄雏鸭可改用口服途径进行免疫,已经证明DHV弱毒活苗饮水免疫与皮下注射效果相似,其中母源抗体对注射活毒有中和作用,对口服免疫效果影响很小。

除了母源抗体的存在会影响免疫效果外,还受暴露于强毒的时间和严重程度的影响。如果雏鸭在出壳后早期暴露于强毒,特别是雏鸭病毒性肝炎呈地方性流行及严重感染的地区,其弱毒疫苗免疫效果也会降低。采用适当的卫生措施有助于解决这一问题。

七、番鸭细小病毒病

番鸭细小病毒病(muscovy duck parvovirus disease,MDPD),俗称“三周病”,是由番鸭细小病毒引起的番鸭的一种急性或亚急性传染病。本病主要侵害3周龄以内雏番鸭,临诊上主要以传染快、发病率高、病死率高、喘气、腹泻、软脚、胰腺出现大量白色坏死点和肠炎等为特征。目前本病已成为危害番鸭业的主要病毒性传染病之一。

【病原】

本病病原是番鸭细小病毒(muscovy duck parvovirus,MDP),为细小病毒科依赖细小病毒属的一个新成员。病毒粒子呈球形,直径为20～24 nm,二十面体对称;无囊膜,对氯仿、乙醚、胰酶不敏感。无血凝活性。

番鸭细小病毒只有一个血清型,与鹅细小病毒(GPV)在抗原性上既相关又有一定差异,而与猫细小病毒、犬细小病毒、猪细小病毒、牛细小病毒、雏鸭肝炎病毒以及鸭瘟病毒等无抗原相关性。本病毒在番鸭鸭胚、鹅胚中以及番鸭胚成纤维单层细胞上生长良好,并分别引起胚体死亡和细胞病变。

自然感染病(死)番鸭的胰脏、肝脏、脾脏、肾脏、肠内容物等均含有大量病毒。本病毒对酸和热等有较强的抵抗力,经60 ℃水浴处理120 min、65 ℃ 60 min和70 ℃ 15 min,其毒力无明显变化,但本病毒对紫外线照射敏感。

【流行病学】

自然条件下,雏番鸭是唯一的易感动物,而麻鸭、半番鸭、北京鸭、樱桃谷鸭、鹅、鸡和哺乳类动物未见自然感染发病病例,即使与病番鸭混养或人工接种病毒也不出现临诊症状。本病主要侵害3周龄内的雏番鸭,尤其是7～18日龄雏鸭多发。发病率及病死率与日龄密切相关,日龄越小其发病率与病死率越高,一般发病率为20%～65%,病死率为20%～70%。40日龄的番鸭也可发病,但发病率和死亡率较低,症状轻微、病程较长。日龄稍大的青年番鸭和成年番鸭多呈隐性感染而成为带毒者。

本病主要呈水平传播。患病雏番鸭、康复带毒雏番鸭以及隐性感染的青年番鸭和成年番鸭为本病的主要传染源。病鸭通过排泄物特别是通过粪便排出大量病毒,污染的水源、饲料、饲养工具、运输工具及工作人员等均可造成本病的传播。种蛋蛋壳被污染后可将病毒传播给刚出壳雏鸭而导致本病暴发。本病发生无明显季节性,但是由于冬春气温低,育雏室空气流通不畅,空气中氨和二氧化碳浓度较高,故发病率和死亡率亦较高。

【症状】

本病的潜伏期为3～9 d,病程2～8 d,病程的长短与发病番鸭的日龄密切相关。根据病程长短可分为急性型和亚急性型两种。

(1)急性型　主要见于5～14日龄雏番鸭,病程较短,一般为2～4 d。病鸭表现为精神沉郁、厌食、喜蹲伏、一过性呼吸困难(张口呼吸)、排灰白色或绿色稀粪,并黏附于肛门周围。急性型雏鸭的发病率和病死率都很高。

(2)亚急性型　多见于发病日龄较大的雏鸭,临诊症状与急性型相近,但病程较长,多为5～9 d,病死率较低,病鸭生长发育迟缓,多转为僵鸭。

【病理变化】

剖检特征性肉眼病变为胰腺表面有针尖大小的灰白色坏死点、肠道黏膜有不同程度的充血和出血，尤以十二指肠和直肠后段黏膜为甚。胆囊臌胀、心肌柔软。

组织学检查可见心肌血管充血，肝小叶间血管充血、肝细胞局灶性脂肪变性，肺血管充血、肺泡扩张，肾小管上皮细胞变性，胰腺呈局灶性坏死，脑神经胶质细胞增生。

【诊断】

本病根据流行病学、临诊症状和病理变化可以做出初步诊断，但确诊必须依赖于病毒分离鉴定和血清学试验。

（1）病毒分离鉴定　本方法是目前确定本病最可靠的方法。可取感染鸭肝脏、脾脏、胰腺等脏器无菌处理后，经尿囊腔途径接种 9～14 日龄番鸭胚或番鸭胚成纤维细胞单层分离病毒，然后采用特异性的阳性血清或单克隆抗体进行鉴定。

（2）血清学试验　目前国内建立了乳胶凝集试验、荧光抗体技术、酶联免疫吸附试验、琼脂扩散试验以及核酸探针技术等用于本病的检测，其中以乳胶凝集试验最为实用，具有操作简便、敏感特异、检测速度快等特点。

【鉴别诊断】

在临诊上，本病易与雏番鸭小鹅瘟相混淆。雏番鸭发生的小鹅瘟是鹅细小病毒引起 4～20 日龄雏番鸭的一种高度接触性和致死性的急性传染病，其发病率和病死率比雏番鸭细小病毒病高，有时病死率几乎达 100%。临诊上表现的主要特征是扭颈、抽搐和水样腹泻。一般不表现呼吸困难。特征性的剖检病变为肠黏膜出血、坏死、脱落，肠道内形成腊肠样栓子，堵塞肠道。

【治疗】

发生本病时，应及时隔离消毒以防止散毒，同时对感染早期的病鸭紧急接种高免蛋黄抗体或高免血清，每羽肌内注射 1 mL，一般均可获得较好的治疗效果。发病后期的病鸭应及时扑杀销毁。

【预防】

避免从疫区引进雏鸭或种蛋，种蛋、孵化设备和出雏过程应进行及时消毒，防止雏鸭的早期感染。除此之外，疫区和受本病威胁的地区应积极做好疫苗的免疫接种。

种番鸭接种雏番鸭细小病毒弱毒疫苗是防控本病的一种有效而实用的方法。种番鸭于开产前 1 个月左右皮下或肌内注射雏番鸭细小病毒弱毒疫苗，开产前 10～15 d 以油佐剂灭活苗再次免疫，第 2 次免疫后 15 d 到 4 个月内的种番鸭后代在出生 10 日龄内能够抵抗本病毒的自然感染，但通常需要在 10～12 日龄时注射本病的高免蛋黄抗体，才能保护雏鸭度过危险期。对无母源抗体的雏番鸭，1 日龄接种弱毒疫苗，部分雏鸭经过 3 d 即可产生中和抗体，7 d 左右 95%以上的雏鸭便可获得有效的免疫保护力，而且可以维持较长时间。

八、鸭传染性浆膜炎

鸭传染性浆膜炎（duck infectious serositis）又名鸭疫里氏杆菌病，原名鸭疫巴氏杆菌病，是主要侵害小鸭的一种传染病，其临诊表现特点是困倦、不食、眼和鼻孔有分泌物、下痢、共济失调和抽搐。慢性病例为斜颈。其病理特点为纤维素性心包炎、气囊炎、肝周炎以及脑膜炎等。

本病在特种珍禽养殖业主要发生于番鸭。

【病原】

本病病原是鸭疫里氏杆菌(*Riemerella anatipestifer*),属于黄杆菌科(*Flavobacteriaceae*)原名鸭疫巴氏杆菌。菌体呈杆状或椭圆形,多为单个散在,少数成双或短链排列。可形成荚膜,无芽孢,无鞭毛。瑞氏染色可见两极着色,革兰氏染色阴性。

本菌对外界环境抵抗力不强。鲜血琼脂培养物置 4 ℃冰箱保存容易死亡,通常 4～5 d 应继代一次,毒力会因此逐渐减弱。对氟苯尼考、红霉素、庆大霉素、新霉素、林可霉素、壮观霉素、磺胺喹沙啉以及氟喹诺酮类药物等敏感,但易形成耐药性。

【流行病学】

鸭传染性浆膜炎可引起多种禽类发生败血性疾病。自然条件下最易感的是鸭,不同品种的雏鸭均有自然感染发病的报道,其次是火鸡和鹅,也可引起野鸭、雉、天鹅、鸡感染发病。

1～8 周龄的鸭高度易感,其中以 2～5 周龄鸭感染最常见,近年鸭传染性浆膜炎发病年龄有向幼龄化和大龄化方向发生的趋势。本病所造成的发病率和死亡率相差也较大,发病率在 5%～100%,病死率通常为 5%～70%或更高。新疫区的发病率和病死率明显高于老疫区,日龄较小的鸭群发病及病死率明显高于日龄较大的鸭群,1 日龄雏鸭病死率可达 90%以上。

本病可通过污染的饲料、饮水、飞沫、尘土经消化道、呼吸道、刺破的足部皮肤的伤口、蚊子叮咬等多种途径传播,库蚊是鸭传染性浆膜炎的重要传播媒介。

本病一年四季均可发生,但以低温、阴雨、潮湿的季节以及冬季和春季较为多见。本病常与大肠埃希菌病、沙门菌病并发或继发感染。

【症状】

本病潜伏期一般为 1～3 d 或 1 周左右。

(1)最急性型　病例出现于鸭群刚开始发病时,通常看不到任何明显症状即突然死亡。

(2)急性型　病例多见于 2～3 周龄的幼鸭,病程一般为 1～3 d。其临诊症状主要表现为精神沉郁、厌食、离群、不愿走动或行动迟缓,甚至伏卧不动、垂翅、衰弱、昏睡、咳嗽、打喷嚏,眼鼻分泌物增多,眼有浆液性、黏液性或脓性分泌物,分泌物凝结后堵塞鼻孔,使患鸭表现呼吸困难,部分患鸭缩颈或以喙抵地,濒死期神经症状明显,如头颈震颤、摇头或点头,呈角弓反张,尾部摇摆,抽搐而死。也有部分患鸭临死前表现阵发性痉挛。

(3)亚急性型或慢性型　多见于 4～7 周龄幼鸭,病程可达 7～10 d 或以上。临诊症状主要表现为精神沉郁、厌食、腿软弱无力、不愿走动、伏卧或呈犬坐姿势,共济失调、痉挛性点头或头左右摇摆,难以维持躯体平衡,部分病例头颈歪斜,当遇到惊扰时,呈转圈运动或倒退,有些患鸭跛行。病程稍长、发病后未死的鸭往往发育不良,生长迟缓,平均体重比正常鸭低 1～1.5 kg,甚至不到正常鸭的 1/2。

【病理变化】

(1)最急性型　常见肝脏肿大、充血,脑膜充血,其他无明显肉眼病变。

(2)急性型、亚急性型或慢性型　最为明显的肉眼病变主要在心包、肝脏和气囊形成纤维素性渗出炎症,俗有“雏鸭三炎”之称。纤维素性渗出性炎症可发生于全身的浆膜面,以心包膜、气囊、肝脏表面以及脑膜最为常见。急性病例的心包液明显增多,其中可见数量不等的白色絮状的纤维素性渗出物,心包膜增厚,心包膜表面常可见一层灰白色或灰黄色的纤维素性渗出物。亚急性或慢性病例,心包液相对减少。纤维素性渗出物凝结,使心外膜与心包膜粘连,难以剥离。气囊浑浊增厚,上有纤维素性渗出物附着,呈絮状或斑块状,颈、胸气囊最为明显。

肝脏表面覆盖着一层灰白色或灰黄色的纤维素性膜，厚薄不均，易剥离。肝脏肿大，质脆，呈土黄色或棕红色。胆囊往往肿大，充盈着浓厚的胆汁。

有神经症状的病例，可见脑膜充血、水肿、增厚，也可见有纤维素性渗出物附着。有些慢性病例常出现单侧或双侧关节肿大，关节炎增多，关节炎的发生率有时可达病鸭的 40%～50%。少数患鸭可见有干酪样输卵管炎，输卵管明显膨大增粗，其中充满大量的干酪样物质。脾脏肿大，脾脏表面可见有纤维素性渗出物附着，但数量往往比肝脏表面少。肠黏膜出血，主要见于十二指肠、空肠或直肠，也有不少病例肠黏膜未见异常。偶见有腹腔积液的报道，蓄积的液体清亮、呈橙黄色。鼻窦肿大的病例，将鼻窦刺破并挤压，可见有大量恶臭的干酪样物质蓄积。

【诊断】

本病主要依据流行病学特征、典型临诊症状和典型大体解剖病变可做出初步诊断。确诊需进行实验室诊断，实验室诊断方法如下。

(1)细菌学检查　无菌操作采集心血、肝脏、脾脏或脑等组织接种于胰酶大豆琼脂平板(TSA)或巧克力琼脂平板，置于浓度为 5%～10% CO_2 培养箱或烛缸中 37 ℃培养 24 h，可见表面光滑、稍突起、直径为 1～2 mm 的圆形露珠样小菌落。选择纯培养物鉴定其主要生化特性是否与鸭疫里氏杆菌相符合。应用标准的分型抗血清，可进行玻板或试管凝集试验以及琼脂扩散试验鉴定血清型。

(2)其他实验室方法　本病的特异性诊断方法有凝集试验、琼脂扩散试验、间接酶联免疫吸附试验、荧光抗体技术、PCR 等。

【鉴别诊断】

本病在临诊上应注意与雏鸭大肠埃希菌病、衣原体病相鉴别。根据在麦康凯琼脂上能否生长，可将本病和大肠埃希菌病区别开，而衣原体在所有的人工培养基上均不生长。

【治疗】

药物治疗应该建立在药物敏感实验的基础上，不能滥用。可选用氟苯尼考(按每升水中加入 40 mg，混饮，连用 3～5 d)或利高霉素(按每千克饲料中加入 44 mg，混饲，连用 3～5 d)，还可选用庆大霉素、环丙沙星、复方敌菌净等。

应用敏感的药物治疗，虽然可以明显地降低发病率和死亡率，但由于鸭舍、场地、池塘以及用具等受到污染，当下一批幼鸭进入易感日龄后，又会出现本病的暴发。最急性和急性病例且在治疗之前已出现一定程度的死亡鸭群，对那些症状和病变严重的病鸭，即使使用敏感药物，疗效也并不理想。有效防控本病的流行关键在于预防，包括环境生物安全措施和疫苗预防。

【预防】

应充分认识和强调良好饲养管理的关键作用，切实落实兽医卫生安全措施。只要饲养管理正确，兽医卫生安全措施得到切实落实的鸭场，鸭传染性浆膜炎的发病率就会很低或者不发生。平时应重点关注以下几个方面。

(1)注意减少各种应激因素　由于本病的发生和流行与应激因素密切相关，因此在将雏鸭转舍、舍内迁至舍外以及下塘饲养时，应特别注意气候和温度的变化，减少运输和驱赶等应激因素对鸭群的影响。

(2)注意环境卫生　及时清除粪便，鸭群的饲养密度不能过高，注意鸭舍的通风及温湿度；对鸭舍、场地及各种用具定期进行彻底、严格的清洗与消毒；如果气候突变或有其他较强烈的应激因素存在，可在饲料或饮水中适量添加敏感的抗菌药物。

(3)疫苗的预防接种 疫苗的预防接种是预防鸭传染性浆膜炎的有效措施,但由于本菌血清型多,各血清型之间缺乏交叉免疫保护,因此在应用疫苗时,要经常分离鉴定各地流行菌株的血清型,选用同型菌株的疫苗,以确保免疫效果。目前我国有批准文号的疫苗是灭活苗,根据当地发病日龄的早晚,于1~7日龄进行一次免疫,在流行严重地区可以考虑1~2周后再进行一次加强免疫。

九、禽曲霉菌病

禽曲霉菌病(avian aspergillosis)又称霉菌性肺炎或育雏室肺炎,见于多种禽类、哺乳动物和人。其特点是在组织器官中,尤其是肺及气囊发生炎症和小结节。主要病原体为烟曲霉。多见于雏禽,常见急性、群发性暴发。本病在特种珍禽养殖业主要发生于乌骨鸡、番鸭、野鸭、火鸡等。

【病原】

本病主要病原体为半知菌纲(Deuteromycetes)丝孢目,丛梗孢科,曲霉菌属(*Eurotium*)中的烟曲霉(*Aspergillus fumigatus*),其次为黄曲霉(*Aspergillus flavus*);此外,黑曲霉(*Aspergillus niger*)、构巢曲霉(*Aspergillus nidulans*)和土曲霉(*Aspergillus terreus*)等也有不同程度的致病性,偶尔也可从病灶中分离出青霉、木霉、头孢霉、毛霉、白曲霉等菌体。曲霉菌的气生菌丝一端膨大形成顶囊,上有放射状排列小梗,并分别产生许多分生孢子,形如葵花状。本菌为需氧菌,在室温和37~45 ℃均能生长。

在一般霉菌培养基,如马铃薯葡萄糖琼脂和其他糖类培养基上均可生长。烟曲霉在固体培养基中,初期形成白色绒毛状菌落,经24~30 h后开始形成孢子,菌落呈面粉状、淡灰色、深绿色、黑蓝色,而菌落周边仍呈白色。烟曲霉的孢子抵抗力很强,120 ℃干热1 h或在100 ℃沸水中经5 min才能杀死。对化学药品也有较强的抵抗力。一般的消毒剂只能使孢子致弱,如2%甲醛溶液10 min、3%石炭酸溶液1 h、3%苛性钠3 h对孢子只起致弱作用。某些曲霉菌能产生毒素,可使动物痉挛、麻痹、组织坏死和死亡等。

【流行病学】

曲霉菌的孢子广泛分布于自然界,禽类常因接触发霉饲料和垫料经呼吸道或消化道感染。火鸡、雉鸡、榛鸡、红鹤、灰鹤、鹦鹉、鹌鹑、企鹅、金丝鸟、鹰等各种禽类都有易感性,以幼禽(4~12日龄)的易感性最高,常为急性和群发性,成年禽为慢性和散发。哺乳动物如马、牛、绵羊、山羊、猪和人也可感染,但为数甚少。实验动物中兔和豚鼠可人工感染。

曲霉菌孢子易穿过蛋壳,可导致死胚或出壳后不久出现症状。孵化器严重污染时新生雏可受到感染,几天后大多数出现症状,一个月基本停止死亡。阴暗潮湿鸡舍和不洁的育雏器及其他用具、梅雨季节、空气污浊等均能使曲霉菌增殖而引起本病发生。

【症状】

本病急性病例可见病禽呈抑郁状态,多伏卧,拒食,对外界反应淡漠。离群独处,闭目昏睡,精神委顿,羽毛松乱。病程稍长的,可见呼吸困难,伸颈张口,细听可闻气管啰音,但不发生明显的"咯咯"声。由于缺氧,冠和肉髯颜色暗红或发紫,食欲显著减少或不食,饮欲增加,常有下痢。有的表现神经症状,如摇头、头颈不随意屈曲、共济失调、脊柱变形和两腿麻痹。病原侵害眼时,结膜充血、肿眼、眼睑封闭,下眼睑有干酪样物,严重者失明。慢性病例的临诊症状较为缓和,多见于成年或青年禽,主要表现为生长缓慢,发育不良,进行性消瘦,呼吸困难,且常有腹泻。产蛋禽则产蛋减少，甚至停产。急性病程 2～7 d 死亡，慢性可延至数周。

番鸭发病时，精神沉郁，食欲减退或废绝，不爱走动，跟不上群，常缩颈、呆立，两眼半闭状，翅下垂，羽毛松乱，不愿下水游动，即使驱赶下水也很快会上岸。有的病鸭出现呼吸困难，后腹起伏明显，咳嗽，有时发生间歇性强力咳嗽和出现喘鸣声。排出绿色或黄色糊状粪便。发病后期病鸭拒食，出现麻痹症状，有时发生痉挛或阵发性抽搐。有的病鸭角膜浑浊，甚至失明。病程快者 3～5 d 死亡。慢性病例，症状不明显，除一般症状外，可出现一或两脚跛行，不能站立，常蹲伏于地，行走困难；有的可见呼吸道症状，气喘，偶见下痢，逐渐消瘦，死亡，病程 10 多天或数周。

【病理变化】

本病病变为局限性或全身性的，取决于侵入途径和侵入部位。但一般以侵害肺部为主，典型病例均可在肺部发现粟粒大至黄豆大的黄白色或灰白色结节，结节的硬度似橡皮样或软骨样，切开见有层次的结构，中心为干酪样坏死组织，内含大量菌丝体，外层为类似肉芽组织的炎性反应层，并含有巨细胞。除肺外，气管和气囊也能见到结节，并可能有肉眼可见的菌丝体，呈绒球状。其他器官如胸腔、腹腔、肝、肠浆膜等处有时亦可见到。有的病例呈局灶性或弥漫性肺炎变化。

【诊断】

根据流行病学、临诊症状和病理剖检变化可做出初步诊断，确诊则需进行微生物学检查。采取少许病灶部位的霉菌结节或霉菌斑置于载玻片上，加 20% 氢氧化钾溶液（或生理盐水）1～2 滴，用针划破病料，加盖玻片后镜检，可见大量霉菌孢子，并见有多个菌丝形成的菌丝团，分隔的菌丝排列成放射状，直径为 7～10 μm，向一个方向呈 45°分枝。在病变组织切片中找到本菌即可确诊。

曲霉菌比较容易分离培养，可将病料接种沙氏培养基、察氏培养基和马铃薯葡萄糖琼脂等，每天观察培养物，并在光学显微镜下进行检查，根据其形态特征和生长特性可对所分离的菌株进行鉴定。由于霉菌的分布广泛，霉菌培养结果阳性时应综合临诊症状和病理变化再做出诊断结论。

【治疗】

本病目前尚无特效的治疗方法。据报道用制霉菌素防治本病有一定效果。剂量为每 100 只雏鸡一次用 50 万国际单位，混饲，每日 2 次，连用 2～5 d；或每千克饲料中加入 150 万国际单位（每片 50 万国际单位），混饲，连服 2～4 d，病重鸡可直接灌服。还可用硫酸铜，每升水中加入 0.3 g，混饮，连用 3～4 d；使用硫酸铜时应注意其对金属有腐蚀作用，必须用瓷器、塑料器皿或木器装盛；若与制霉菌素同用，则效果更好。或用碘化钾，每升水中加入 5～10 g，混饮，连用 3～5 d，停 3 d 再饮一个疗程，可控制病情。克霉唑（三苯甲咪唑），每 100 只雏鸡用 1 g，拌料喂服，连用 2～3 d。两性霉素 B、氯苯咪唑等也有一定疗效。

【预防】

防控本病的关键是不使用发霉的垫料和饲料，垫料要经常翻晒，妥善保存，尤其是阴雨季节，防止霉菌生长繁殖。种蛋、孵化器及孵化厅均按卫生要求进行严格消毒。

育雏室应注意通风换气和卫生消毒，保持室内干燥、清洁。长期被烟曲霉污染的育雏室，土壤、尘埃中含有大量孢子，雏禽进入之前应彻底清扫、换土和消毒。消毒可用福尔马林熏烟法，或用 0.4% 过氧乙酸溶液或 5% 石炭酸溶液喷雾后密闭数小时，经通风后使用。

发现疫情时应迅速查明原因并立即排除，同时进行环境、用具等的消毒。

十、衣原体病

衣原体病(chlamydiosis)是一种由衣原体引起的传染病，又称鸟疫、鹦鹉热，可使多种动物和禽类发病，人也有易感性。禽衣原体病是由鹦鹉热衣原体所引起禽类的一种以结膜炎、下痢、呼吸系统受损为特征的人兽共患的接触性传染病。在特种珍禽养殖业主要发生于乌骨鸡、火鸡、番鸭等。

【病原】

衣原体(*Chlamydia*)是一类具有滤过性、严格细胞内寄生、经独特发育周期以二等分裂繁殖和形成包涵体样结构的革兰氏阴性原核细胞型微生物，能引起人和动物的衣原体病。引起禽衣原体病的病原为鹦鹉热亲衣原体(原为鹦鹉热衣原体)，以鸟类和哺乳动物为其天然宿主，有 8 个血清型，鸟类为 A～F 型，哺乳动物为 M56 及 WC 型，毒力有差异。强毒株发病率 50%～80%，死亡率 10%～30%；低毒株则分别为 5%～20%及 1%～4%。可致畜禽肺炎、流产、关节炎等多种疾病，偶尔导致人的肺炎。

衣原体对高温的抵抗力不强，在低温下则可存活较长时间，如 4 ℃可存活 5 d，0 ℃存活数周，感染的鸡胚卵黄囊在－20 ℃可保存若干年。严重感染的小鼠和禽类脏器组织在－70 ℃保存 4 年未丧失其毒力。在 0.1%福尔马林溶液、0.5%石炭酸溶液 24 h 内，在 70%的乙醇溶液中数分钟，在 2%来苏儿 5 min 均能将其灭活。衣原体对四环素族、氯霉素、红霉素等敏感，对链霉素、杆菌肽等有抵抗力。鹦鹉热亲衣原体对磺胺类药物有抵抗力。

【流行病学】

鹦鹉热亲衣原体对多种动物均有致病性，但动物中以牛、羊较为易感，禽类中鹦鹉、鸽子较为易感。动物虽不分年龄均可感染，但不同年龄的动物其症状表现不一。几乎所有的鸟类均可携带本菌而使其他动物受到感染，患病动物和带菌者是本病的主要传染源。病禽通过呼吸道、消化道排出衣原体。人工感染后排菌可达半年之久。呼吸道是其主要的感染途径，通过吸入含有衣原体的粪尘和飞沫而发病。健康禽与病禽接触也可感染。雏禽可垂直感染。羽螨、羽虱也带有衣原体，可经皮肤伤口而传播。雏禽最敏感，死亡率可高达 80%。

在鹦鹉类禽鸟中引起鹦鹉热，在非鹦鹉类禽类则称为鸟疫。人类的感染大多来自患病鹦鹉类禽鸟，主要经吸入病禽鸟的含菌分泌物而感染，可引起肺炎和毒血症，亦称为鹦鹉热。

【症状】

禽衣原体病通常是全身性的，临诊症状的严重程度随着禽的种类、日龄大小以及感染菌株的不同而有很大差异。雏禽的发病率较高，症状严重，死亡率也较高。

(1)鹦鹉及笼养鸟类　对本病高度敏感，感染后多呈急性全身性败血症。表现为精神沉郁，食欲大减，闭目呈嗜睡状；羽毛蓬乱；下痢严重，排水样粪便；眼鼻发炎，有浆液性或黏液性分泌物；体温偏高，呼吸困难。

(2)雏鸭　急性感染时病情严重，主要表现全身颤抖、步态不稳、食欲丧失、下痢，粪便呈绿色水样，眼和鼻孔周围有浆液性或脓性分泌物，眼周围羽毛粘连结痂或脱落。鸭群的发病率在 10%～80%。在饲养管理不良的情况下，病鸭死亡率超过 30%。成年鸭可成为病原携带者或血清学反应呈阳性。

(3)火鸡　精神沉郁，食欲丧失；体温升高，呼吸困难；呆立似企鹅状，走路蹒跚；冠及肉髯发绀，眼下陷，目光呆滞，结膜发炎，眼有分泌物；腹泻，排黄绿色或胶冻样稀便，有时带血。产蛋率下降，脱毛，体质恶化，似恶病质状。

【病理变化】

患衣原体病的鹦鹉及笼养鸟病理剖检可见气囊增厚，内有黄色纤维蛋白絮状渗出物，肺脏呈现炎症变化。脾脏肿大，软化，有灰白色珍珠样病灶。肝脏色暗肿大，有灶性坏死。心包膜增厚、变硬，出现化脓性心包炎。肠道呈现卡他性炎症变化。

(1)雏鸭　病理变化可见结膜炎、鼻炎，有时全眼发炎，眼球萎缩，眶下窦有炎症反应。胸肌萎缩。常见浆液性或纤维素性心包炎，肝脏肿大、肝周炎和脾脏肿大。肝脏和脾脏有灰白或黄白色坏死灶。

(2)火鸡　剖检可见肺脏充血、发炎，气囊增厚，胸腔充满纤维蛋白性渗出物。心包增厚、充血，心脏被覆有纤维蛋白块。肝脏变色肿大呈斑点状。脾脏肿大有灰白色斑块。腹腔有多量渗出物。

【诊断】

根据流行病学、临诊症状和病理变化仅能怀疑本病，确诊需进行病原体的检查及血清学试验。

(1)病原体的检查　从病禽血液直接接种鸡胚或小鼠分离病原，或用典型病变器官(气囊膜、心包膜)制备诊断涂片，可见到衣原体的包涵体。病料离心取上清液 0.5 mL，接种在 6～7 日龄鸡胚的卵黄囊内，于接种后 3～10 d 内鸡胚死亡。也可腹腔接种 3～4 日龄小鼠，接种后小鼠发生结膜炎，腹腔有纤维素性渗出液，脾脏肿大，腹部膨胀。这是衣原体感染小鼠的典型症状。

(2)血清学试验　最常用的方法是补体结合反应。此外，间接血凝试验、免疫荧光试验、酶联免疫吸附试验等也得到较广泛的应用。近年来，DNA 探针及 PCR 技术也作为本病的诊断方法。

【治疗】

本病发生后，可采用以下方法进行治疗。小群家禽，可用四环素、土霉素，每千克体重40 mg，连用 7 d。大群家禽，每吨饲料中加土霉素 300～800 g，连喂 1～3 周。或饮水投药，每升水中加 0.1 g，连用 4 d。也可用金霉素，每千克饲料中加 0.5 g，连用 4 d；或每千克饲料中加 0.2 g，连用 3 周。鸽及观赏鸟类，以金霉素浸渍谷粒，每千克谷粒用 0.5 g 金霉素，连用 5～30 d；或每只口服 30～40 mg，每日 2 次，连用 5 d；或每日肌内注射 7～13 mg，连用 4～5 d。鹦鹉可喂金霉素调制的饲料(稻米 1 份，粉料 1 份，水 1.5 份，在压力锅中蒸 10～15 min，凉后拌入含 22%金霉素的黄豆粉或少许红糖，拌匀后饲喂)，每克饲料含金霉素 4.4 mg，连喂 4～5 d。

【预防】

改善饲养条件，加强环境卫生。控制传染源，隔离病禽，严格处理死禽，坚持执行消毒制度。定期进行血清学检疫，及时发现病禽，并采取相应的综合措施。

十一、禽支原体病

禽支原体病(avian mycoplasmosis)是由禽支原体引起的一种禽类传染病。支原体又称霉形体，是一类无细胞壁的细菌，多形性，可通过细菌滤器。禽的支原体有多种，如鸡毒支原体(MG)、滑液支原体(MS)、火鸡支原体(MM)、鸡支原体、惰性支原体、鸭支原体、鸽支原体、鸽口支原体等，均可经卵传递。对禽类具有明显致病性的有鸡毒支原体、滑液支原体和火鸡支原体。其中最常见且危害最大的是鸡毒支原体。本节将介绍鸡毒支原体感染。

鸡毒支原体感染是指鸡感染鸡毒支原体而发生的疾病，通常又称为慢性呼吸道病(CRD)

或鸡败血霉形体感染，在鸡主要表现为呼吸道症状，如气管炎、气囊炎等。火鸡感染发病则称为传染性窦炎，临诊特征是呼吸啰音、咳嗽、流鼻液。主要病变是鼻窦、气管及支气管内有黏性或干酪样渗出物，气囊浑浊。

【病原】

本病的病原为鸡毒支原体(*Mycoplasma gallisepticum*)，又名禽败血支原体。菌体通常为球形或卵圆形，直径 0.2～0.5 μm，细胞的一端或两端具有"小泡"极体，该结构与菌体的吸附性有关。吉姆萨或瑞氏染色着色良好，革兰氏染色呈弱阴性。在固体培养基上形成特征性的"煎荷包蛋"状菌落。本菌接种在 7 日龄鸡胚卵黄囊中能生长繁殖，但只有部分鸡胚在接种后 5～7 d 死亡，鸡胚的病变为胚体发育不全，全身水肿，关节肿大，尿囊膜、卵黄囊出血。如连续在卵黄囊继代，则死亡更加规律，病变更明显。

本菌对理化因素的抵抗力不强。对紫外线敏感，阳光直射便迅速丧失活力。一般常用的化学消毒剂均能迅速将其杀死，50 ℃加热 20 min 即可灭活。在肉汤培养物中－30 ℃能存活 2～4 年，经低温冻干后在－4 ℃能存活 7 年，在卵黄中 37 ℃能存活 8 周，在孵化的鸡胚中 45.6 ℃经 12～24 h 可被灭活。对泰乐菌素、红霉素、螺旋霉素、放线菌素 D、丝裂霉素最为敏感；对四环素、金霉素、土霉素、链霉素、林可霉素次之，但易形成耐药菌株；对青霉素、多黏菌素、卡那霉素、新霉素和磺胺类药物有抵抗力。

【流行病学】

本病主要发生于鸡和火鸡。此外，鹌鹑、珍珠鸡、鹧鸪及野鸡等也可感染。各种日龄的鸡和火鸡均可感染发病，尤以雏禽易感。4～8 周龄的肉用仔鸡和 5～16 周龄的火鸡最易暴发本病。成年鸡多为隐性感染。

本病有水平传播和垂直传播两种方式。病原体可通过病鸡咳嗽、打喷嚏随呼吸道分泌物排出，附着于空气中的尘埃上被健康鸡吸入而经呼吸道感染。也可经污染的饲料、饮水等由消化道感染。经卵传播是本病重要的传播方式，感染本病的母禽，孵出的弱雏多带有病原体而成为传染源。此外，配种时也可发生传染。某些特殊的细菌(如大肠埃希菌、鸡嗜血杆菌等)及呼吸道病毒对本病的发生起着一定的作用。同时，鸡群拥挤、幼鸡与成年鸡混群饲养，皆是本病暴发和复发的诱因。

本病一年四季均可发生，以寒冷冬季流行较重。

鸡群和火鸡群发生本病，几乎全部感染或大部分感染。老疫区传播较为缓慢，新疫区传播较快。死亡率一般为 10%～30%。成年鸡和火鸡感染，死亡率不高，但产蛋率、种蛋孵化率与健雏率均下降。

【症状】

幼龄鸡发病时，症状比较典型，表现为咳嗽、打喷嚏、气管啰音和鼻炎。病初流浆液性或黏液性鼻液，鼻孔周围常粘有脏污的饲料和垫料，有时鼻孔被堵塞妨碍呼吸，频频摇头、打喷嚏。随着病情发展，鼻窦发炎肿胀，病鸡呼吸困难，张口呼吸，喘气，咳嗽。如炎症蔓延至下呼吸道引起气囊炎时，喘气、咳嗽及气管啰音更加明显。病鸡还出现眼结膜炎，眼睑肿胀，眼角积有干酪样渗出物，严重者眼前房积脓，以至失明。病鸡食欲下降甚至停食，生长缓慢，逐渐消瘦，最后因衰竭或喉头被干酪样物堵塞而死亡。如无并发症，病死率较低。病程在 1 个月以上，甚至 3～4 个月。产蛋鸡感染后，只表现产蛋量下降和孵化率低，孵出的雏鸡活力降低。

【病理变化】

本病病变主要出现在呼吸道。鼻孔、鼻窦、气管、支气管和气囊内出现比较多的黏性液体或者卡他性分泌物，气管壁略水肿。气囊的变化具有特征性，早期气囊膜浑浊、增厚，灰白色不透明，常有黄色的泡沫，后期在气囊壁上出现干酪样渗出物。出现眼炎的病例，严重者切开结膜常可挤出黄色的干酪样物凝块。少数慢性病例，可见关节周围组织肿胀，关节液增多，开始时清亮而后浑浊，最后呈奶油状。

【诊断】

本病可根据流行病学、症状及病理剖检做出初步诊断。必要时，为确诊须进行病原体的分离培养和血清学诊断。分离培养可取气管或气囊的渗出物制成悬液，直接接种支原体肉汤或琼脂培养基，但由于鸡毒支原体对培养条件要求较高，分离培养难度较大，故很少进行；血清学诊断以血清平板凝集试验最常用，此外还可用 HI 和 ELISA 等方法。

【鉴别诊断】

鉴别诊断本病应注意与传染性鼻炎、曲霉菌病、传染性喉气管炎和传染性支气管炎相区别（表 2-1）。

表 2-1　鸡毒支原体感染、传染性鼻炎、曲霉菌病、传染性喉气管炎、传染性支气管炎鉴别诊断

诊断要点	鸡毒支原体感染	传染性鼻炎	曲霉菌病	传染性喉气管炎	传染性支气管炎
病原	鸡毒支原体	副鸡嗜血杆菌	主要是烟曲霉菌	疱疹病毒	冠状病毒
发病禽种	鸡、火鸡能自然感染	只有鸡能自然感染	鸡、鸭、鹅等均能自然感染	只有鸡能自然感染	只有鸡能自然感染
流行病学	主要侵害 4～8 周龄幼鸡，呈慢性经过，可经蛋垂直传播	1 周龄内幼雏有一定抵抗力，4 周龄以上的鸡均易感，以育成鸡和产蛋鸡最易感，呈急性经过	各种禽类都可发病，但幼禽最易感，常因接触发霉饲料和垫料而感染，曲霉菌的孢子可穿过蛋壳，引起胚胎感染	主要侵害成年鸡，传播迅速，发病率高	各种年龄的鸡均可发病，但雏鸡最严重，传播迅速，发病率高
主要症状	流鼻液，喷嚏，咳嗽，呼吸困难，出现啰音；后期眼睑肿胀，眼部突出，眼球萎缩，甚至失明	鼻腔与窦发炎，流鼻液，喷嚏，脸部和肉髯水肿；眼结膜炎，眼睑肿胀，严重者引起失明	沉郁，呼吸困难，喘气，肉髯发绀，饮水增多，常有下痢，鼻和眼睛发炎	呼吸困难，呈现头颈上伸和张口呼吸的特征姿势；咳嗽，咳出血性黏液	咳嗽、喷嚏和气管啰音，雏鸡流涕；产蛋鸡产蛋减少和质量变劣
病程	1 个月以上，甚至 3～4 个月	4～18 d	2～7 d，慢性者可延至数周	5～7 d 或更长	1～2 周，有的可延长到 3 周

续表 2-1

诊断要点	鸡毒支原体感染	传染性鼻炎	曲霉菌病	传染性喉气管炎	传染性支气管炎
病理变化	鼻、气管、支气管和气囊内有黏稠渗出物，气囊膜变厚和浑浊，内含干酪样物	鼻腔和鼻窦黏膜卡他性炎症，表面有大量黏液；鼻窦、眶下窦和眼结膜囊内有干酪样物	肺、气囊和胸膜腔浆膜上有针帽大至小米大的灰白色或淡黄色的霉斑结节，内含干酪样物	喉头和气管黏膜肿胀、出血、溃疡，覆有纤维素性干酪样伪膜，气管内有血性渗出物	鼻腔、气管、支气管黏膜卡他性炎症，有浆液性或干酪样渗出物；产蛋鸡卵泡充血、出血、变形，腹腔有卵黄物；肾型传支表现为肾脏肿胀和尿酸盐沉积
实验室诊断	分离培养支原体；或取病料接种 7 日龄鸡胚卵黄囊，5～7 d 死亡，检查死胚；活鸡检疫可用凝集试验	分离培养副鸡嗜血杆菌；或取病料接种健康幼鸡，可在 1～2 d后出现鼻炎症状	取霉斑结节，涂片检查曲霉菌菌丝，或取病料做曲霉菌分离培养	取病料接种 9～12 日龄鸡胚绒毛尿囊膜，3 d 后绒毛尿囊膜出现增生性病灶，细胞核内有包涵体	取病料接种 9～11 日龄鸡胚绒毛尿囊腔，可阻碍鸡胚发育，胚体缩小成小丸形，羊膜增厚，紧贴胚体，卵黄囊缩小，尿囊液增多
治疗	泰乐菌素、壮观霉素、多西环素和红霉素等有效	磺胺嘧啶、多西环素、链霉素、红霉素等有效	制霉菌素、硫酸铜、碘制剂有一定效果	尚无有效药物	尚无有效药物

【治疗】

鸡毒支原体对许多抗生素易产生耐药性，长期单一使用某种药物往往效果不明显。临诊用药应该做到剂量适宜，疗程充足，多种药物联合或交替使用，消除应激因素，及时控制并发病或继发病。目前认为泰乐菌素、泰妙菌素(支原净)、壮观霉素、红霉素、北里霉素、链霉素和多西环素等对本病有疗效。泰乐菌素，每升水加入 0.5～0.8 g，混饮；或每千克饲料加入 1 g，混饲，连用 3～5 d。泰妙菌素，每升水加入 0.25 g，混饮，连用 5～7 d。壮观霉素，肌内注射，每千克体重用 0.03 g，连用 3 d；或每升水加入 0.3 g，混饮，连用 4～7 d。红霉素，每升水加入 0.1 g，或每千克饲料加入 0.02～0.05 g，连用 3～5 d。北里霉素，每千克饲料加入 0.33～0.5 g，混饲，连用 5～7 d；或每升水加入 0.25～0.5 g，混饮，连用 3～5 d。链霉素，成年鸡每只肌内注射 0.2 g，每日一次，连用 2～3 d；5～6 周龄幼鸡每只肌内注射 0.05～0.08 g。一般早期治疗效果较好。多西环素，每千克饲料加入 0.1～0.2 g，混饲；或每升水加入 0.05～0.1 g，混饮，连用 3～5 d。

【预防】

加强饲养管理和避免各种应激因素是预防本病的关键。平时应注意保持适宜的饲养密度，保持良好的通风，还要饲喂全价饲料，防止营养缺乏。

(1)免疫接种　控制本病感染的疫苗有灭活苗和活疫苗两大类。灭活疫苗以油乳剂灭活苗效果较好，多用于蛋鸡和种鸡；活疫苗主要是 F 株和温度敏感突变株 S6 株，既可用于尚未感染的健康鸡群，也可用于已感染的鸡群，据报道免疫保护率在80%以上。

(2)药物防控　种用母鸡每月注射1次0.2 g链霉素，同时在饲料中定期加入土霉素或多西环素，连用1周，可减少种蛋中的支原体。对出壳雏鸡，用链霉素(100 U/mL)喷雾或滴鼻(2 000 U/只)，并结合防治鸡白痢，饮服环丙沙星5 d。

(3)建立无支原体病的种鸡群　主要方法如下：选用对支原体有抑制作用的药物，降低种鸡群的带菌率和带菌强度，降低种蛋的污染率；种蛋45 ℃处理14 h，或在5 ℃泰乐菌素药液中浸泡15 min；雏鸡小群饲养，定期进行血清学检测，一旦出现阳性鸡，立即将小群淘汰；做好孵化箱、孵化室、用具、鸡舍等环境的消毒，加强兽医生物安全措施，防止外来感染；产蛋前进行一次血清学检查，均为阴性时方可用作种鸡。当完全阴性反应亲代鸡群所产种蛋不经过处理孵出的子代雏鸡群，经过多次检测未出现阳性时，方可认为是无支原体病的种鸡群。

十二、马立克氏病

马立克氏病(Marek's disease，MD)是由疱疹病毒引起的一种最常见的鸡淋巴组织增生性疾病，以外周神经、性腺、虹膜、各种内脏器官、肌肉和皮肤单核细胞性浸润和形成肿瘤为特征。本病常引起急性死亡、消瘦或肢体麻痹，传染力极强，在经济上造成巨大损失。本病在特种珍禽养殖业主要发生于乌骨鸡、鹌鹑以及雉等。

【病原】

本病病原为马立克氏病病毒(Marek's disease virus，MDV)，学名禽疱疹病毒2型，是鸡的重要的传染病病原，具有致肿瘤特性。马立克氏病病毒是细胞结合性疱疹病毒，靶细胞为T淋巴细胞，因此过去曾归类于疱疹病毒丙亚型，但其分子结构与基因组组成类似于甲型疱疹病毒亚科，故目前归属甲型亚科。对MDV感染的细胞培养物进行超薄切片，可见六角形裸露的病毒颗粒或核衣壳，核衣壳二十面体对称，也可看到有囊膜的病毒颗粒。羽毛囊上皮的超薄切片可见有大量的有囊膜的病毒粒子，表现为不定型结构。病毒基因组为线状双股DNA，基因组全长约180 kb。MDV在细胞培养上呈严格的细胞结合性。MDV可分为3个血清型，一般所说马立克氏病病毒系指致肿瘤的血清1型；2型为非致瘤毒株；3型为火鸡疱疹病毒(HVT)，可致火鸡产蛋下降，对鸡无致病性。由于HVT与MDV基因组DNA 95%同源，故常用做疫苗进行预防接种。病毒对鸡及鹌鹑有致病性，其他禽类无致病性。

病毒能在刚孵出的幼雏、组织培养和发育鸡胚中生长繁殖，也能在鸡肾细胞和鸭胚成纤维细胞的培养物中繁殖，常产生疏散的灶状病变。病毒对温度的抵抗力不强，22～25 ℃经4 d，37 ℃经18 h，50 ℃经30 min，60 ℃经10 min丧失感染力。在－65 ℃冰冻状态下，不降低其滴度。

【流行病学】

鸡是最重要的自然宿主，本病最易发生在2～5月龄的鸡。此外，鹌鹑、火鸡也可以自然感染。年龄大的鸡发生感染，病毒可在体内复制，并随脱落的羽囊皮屑排出体外，但大多数不发病。病鸡和带毒鸡是主要传染源。马立克氏病主要通过直接或间接接触传播，其传播途径主要是经带毒的尘埃通过呼吸道感染，并可长距离传播。目前尚无垂直传播的报道。

【症状】

本病是一种肿瘤性疾病，潜伏期较长。多数以8～9周龄发病严重，种鸡和产蛋鸡常在16～20周龄出现临诊症状，少数情况下，直至24～30周龄发病。按病变发生的主要部位和临诊症状，将本病分为以下4型。

(1)神经型　病毒主要侵害周围神经。当坐骨神经受到侵害时,最早看到的症状为运动失调,步态不稳,甚至完全麻痹,不能行走,蹲伏地上,或一腿伸向前方,另一腿伸向后方,呈"大劈叉"的特征性姿势。当臂神经受侵害时,病侧翅膀下垂,控制颈肌的神经受到侵害可导致头部下垂或头颈歪斜。迷走神经受侵害时,可引起失声、嗉囊麻痹或扩张以及呼吸困难。腹神经受侵害时,常有拉稀症状。由于运动障碍易被发现,因此病鸡运动失调,步态异常是最早看到的症状。

(2)内脏型　多呈急性暴发。本型的特征为一种或多种内脏器官及性腺发生肿瘤。病鸡起初无明显症状,呈进行性消瘦,冠髯萎缩、颜色变淡、无光泽,羽毛脏乱,后期精神委顿,极度消瘦,最后衰竭死亡。

(3)眼型　出现于单眼或双眼,视力减退或消失。表现为虹膜褪色,呈同心环状或斑点状至弥漫的灰白色,俗称"鱼眼"。瞳孔边缘不整齐,呈锯齿状,而且瞳孔逐渐缩小,到严重阶段瞳孔只剩下一个针尖大小的孔,不能随外界光线强弱而调节大小,病眼视力丧失。

(4)皮肤型　肿瘤大多发生于翅膀、颈部、背部、尾部上方及大腿皮肤,表现为羽毛囊肿大,并以羽毛囊为中心,在皮肤上形成淡白色小结节或瘤状物。特别是在脱毛的鸡体上最易看出。

【病理变化】

(1)神经型　最常见的病变以外周神经病变为主,坐骨神经丛、腹腔神经丛、前肠系膜神经丛、臂神经丛、内脏大神经最常见。受害神经横纹消失,变为灰白色或黄白色,有时呈水肿样外观,局部弥漫性增粗可达正常的2～3倍及以上。病变常为单侧性,将两侧神经对比有助于诊断。

(2)内脏型　最常见于卵巢,其次为肾脏、脾脏、肝脏、心脏、肺脏、胰脏、肠系膜、腺胃和肠道。肌肉和皮肤也可见到病变。在上述器官和组织中可见到大小不等的肿瘤块,灰白色,质地坚硬而致密,有时肿瘤呈弥漫性,使整个器官变得很大。内脏的眼观变化很难与禽白血病等其他肿瘤相区别。法氏囊的病变通常为萎缩,有时因滤泡间肿瘤细胞分布呈弥漫性增厚,但不会形成结节状肿瘤,肿瘤组织细胞为T细胞,这是本病与鸡淋巴白血病的重要区别。

(3)眼型　虹膜和睫状肌肉的单核细胞浸润,有时出现骨髓样变细胞。病变部的浸润细胞常为多种细胞的混合物,其中有小淋巴细胞、中淋巴细胞、浆细胞及淋巴母细胞。

(4)皮肤型　主要表现为皮肤毛囊肿大,毛囊周围组织有大量单核细胞浸润,真皮内出现血管周围淋巴细胞、浆细胞等增生。严重病例病灶可呈疥癣样,表面有淡褐色的结痂形成,即所谓瘤皮症,有时可见到较大的肿瘤结节或硬结。

【诊断】

马立克氏病病毒具有高度接触性传染性,在商品鸡群中普遍存在,但在感染鸡中仅有一小部分表现出症状。此外,接种疫苗的鸡虽能得到保护不发生马立克氏病,但仍能感染MDV强毒。因此,是否感染MDV不能作为诊断马立克氏病的标准,必须根据疾病特异的流行病学、临诊症状、病理变化和肿瘤标记做出诊断,而血清学和病毒学方法主要用于鸡群感染情况的检测。本病的确诊必须采取病鸡的周围神经(如坐骨神经)做组织切片检查。

此外,如有条件,还可用琼脂扩散沉淀反应试验、荧光抗体试验和间接血球凝集试验等血清学方法诊断。

【鉴别诊断】

本病需注意与鸡淋巴细胞性白血病相区别,鉴别要点见表2-2。

表 2-2 马立克氏病与淋巴细胞性白血病鉴别要点

鉴别要点	马立克氏病	淋巴细胞性白血病
发病周龄	常发于 4～18 周龄的鸡	一般发生于 18 周龄以上的鸡
瘫痪或轻瘫	经常出现	无
神经肿大	经常出现	无
法氏囊	萎缩	结节状肿大
皮肤、肌肉肿瘤	可能有	无
消化道肿瘤	常有	无
性腺肿瘤	常有	很少
虹膜浑浊	经常出现	无
肝脾肿瘤	浸润性增生	一般呈结节状膨胀增生
出现肿瘤细胞的种类	主要是 T 淋巴细胞	主要是 B 淋巴细胞

【预防】

本病目前尚无有效疗法，可采取以下途径预防。

疫苗接种是防控本病的关键。用于制造疫苗的病毒有 3 种：人工致弱的 1 型 MDV（如 CVI988）、自然不致瘤的 2 型 MDV（如 SB1、Z4）和 3 型 MDV（HVT）（如 FC126）。多价疫苗主要由 2 型和 3 型或 1 型和 3 型病毒组成。1 型毒和 2 型毒只能制成细胞结合疫苗，需在液氮条件下保存。由超强毒株引起的 MD 暴发，常在用 HVT 疫苗免疫的鸡群中造成严重损失，用 1 型 CVI988 疫苗和 2、3 型毒组成的双价疫苗或 1、2、3 型毒组成的三价疫苗可以控制。2 型和 3 型毒之间存在显著的免疫协同作用，由它们组成的双价疫苗免疫效率比单价疫苗显著提高。由于双价苗是细胞结合疫苗，其免疫效果受母源抗体的影响很小。美国于 20 世纪 80 年代初开始使用 2＋3 型双价疫苗取代 HVT 疫苗，以对付当时出现的超强毒，但 80 年代末和 90 年代初又出现了双价疫苗也不能很好抵抗的所谓超强毒（vv＋MDV）。欧洲一些国家和地区在长期使用 CVI988/Riapens 1 型疫苗后，近年来也出现了特强毒株。

以防止出雏室和育雏室早期感染为中心的综合性防控措施对提高免疫效果和减少损失也起了重要作用。做好防疫卫生工作，加强检疫，发现病鸡立即隔离、淘汰；对育雏阶段的幼鸡（因易感性强），必须与成年鸡分开饲养；羽毛带毒多，注意处理；死鸡不能乱扔，鸡舍、孵化器和其他用具，要彻底清扫并用福尔马林熏蒸。

选育生产性能好的抗病品系鸡，是未来防控马立克氏病的一个重要举措。

十三、禽脑脊髓炎

禽脑脊髓炎（avian encephalomyelitis，AE），又称为流行性震颤，是禽脑脊髓炎病毒引起鸡的一种急性、高度接触性传染病。本病主要侵害雏鸡的中枢神经，典型症状是共济失调和头颈震颤，主要病变为非化脓性脑脊髓炎。成年鸡感染后可出现产蛋率和孵化率下降，并能通过垂直传播和水平传播使疫情不断蔓延。在特种珍禽养殖业本病主要发生于乌骨鸡、雉等。

【病原】

本病病原为禽脑脊髓炎病毒（avian encephalomyelitis virus，AEV），属于微 RNA 病毒科

震颤病毒属。病毒颗粒无囊膜，直径 27 nm，20 面体对称，外表光滑呈球形。本病毒只有 1 个血清型，但毒株毒力有较大差异。禽脑脊髓炎病毒各毒株大都为嗜肠性，但有些毒株是嗜神经性的，此种病毒株对鸡的致病性则较强。当家禽被感染后，病毒自粪便中排出，且可存活至少 4 周。通常野毒株可在易感鸡胚卵黄囊发育，但对鸡胚是非致死性。鹌鹑、火鸡及雉也能致脑脊髓炎，但比较温和。其他禽类可人工感染。本病毒可抵抗氯仿、酸、胰酶、胃蛋白酶和 DNA 酶。在二价镁离子保护下可抵抗热效应，56 ℃ 1 h 稳定。

【流行病学】

本病自然感染见于鸡、野鸡、鹌鹑和火鸡，各个日龄均可感染，但一般雏禽(以 1～4 周龄多发)才有明显症状。脑内接种途径在鸡复制禽脑脊髓炎最恒定。皮下、皮内、腹腔内、静脉内、肌肉内、口内和鼻内等接种途径也可建立感染。在传播方式上本病以垂直传播为主，也能通过接触进行水平传播。产蛋鸡感染后，一般无明显临诊症状，但在感染急性期可将病毒排入蛋中，这些蛋虽然大都能孵化出雏鸡，但雏鸡在出壳时或出生后数日内呈现症状。这些被感染的雏鸡其粪便中含有大量病毒，可通过接触感染其他雏鸡，造成重大经济损失。本病流行无明显的季节性，一年四季均可发生，以冬、春两季稍多。

【症状】

本病经胚感染的雏鸡潜伏期为 1～7 d，经接触或经口感染的小鸡，最短的潜伏期为 11 d。因此，一般认为出壳后 1～7 日龄出现症状者系病毒垂直感染所致，11～16 日龄表现症状者系水平传染所致。本病主要见于 4 周龄以内的雏鸡，极少数到 7 周龄左右才发病。一般的发病率是 40%～60%，死亡率平均为 25%，亦可超过 50%。

病雏初期表现为精神沉郁、反应迟钝，不愿走动而蹲坐，驱赶时可勉强走动，但摇摆不定或向前猛冲后倒下。病雏在早期仍能采食和饮水，随着病情的加重而站立不稳，双腿紧缩于腹下或向外叉开，头颈震颤(用手轻触病鸡头部时感觉更明显)，共济失调或完全瘫痪。有时病鸡还出现易惊、斜视，头颈偏向一侧。有些病雏发病后 2～6 d 死亡，有的可延续十几天。耐过病鸡常发生单侧或双侧眼的白内障。1 月龄以上的鸡群感染后，除出现血清学反应阳性外，一般无任何明显的临诊症状。但产蛋鸡感染时，除血清学反应阳性外，唯一可察觉的异常是 1～2 周内的产蛋率有轻度下降，下降幅度为 10%～20%。

【病理变化】

病死雏鸡剖检唯一可见的肉眼变化是肌胃有细小的灰白区，但必须细心观察才能发现。有一些病例的脑组织变软，有不同程度瘀血，或在大小脑表面有针尖大出血点。病理组织学变化主要位于中枢神经系统、腺胃、肌胃和胰腺等。周围神经一般不受侵害。中枢神经出现以胶质细胞增生为特征的弥漫性非化脓性脑脊髓炎和背根神经炎，尤其在大脑视叶、小脑、延脑、脊髓中易见到以淋巴细胞性管套为主的血管套。

【诊断】

根据疾病多发生于 4 周龄以下的雏鸡，无明显肉眼病理变化(偶见小脑水肿)，而以共济失调和头颈震颤为主要症状，药物防治无效，种鸡曾出现一过性产蛋下降等流行病学、临诊症状和病理变化资料，即可做出初步诊断。确诊需要进行实验室诊断。实验室诊断方法包括病毒分离与鉴定、病理组织学检查、中和试验、荧光抗体试验、ELISA 试验、琼脂扩散试验等。

(1)病毒的分离与鉴定　分离病毒的材料一般以刚出现症状的雏鸡脑组织为最佳。可将脑组织悬液通过脑内接种 1 日龄敏感雏鸡，在接种后 1～4 周内出现典型症状和病变。也可将脑组织悬液经卵黄囊途径接种 6 日龄 SPF 鸡胚，继续孵化至 18 日龄收毒，连续传几代至鸡胚出现明显病变。对分离到的病毒可进一步做理化特性和生物学特性鉴定。

(2)血清学试验　常用的方法有琼脂扩散试验和 ELISA，前者可利用已知 AEV 抗原检查血清中抗体，方法简便迅速、结果稳定、特异性强；后者可用于大批量血清抗体的检查，已有商品化试剂盒出售。此外，也可用荧光抗体染色进行组织病料的抗原检测。

【鉴别诊断】

禽脑脊髓炎在症状或组织学的变化上与新城疫、维生素 B_1 缺乏症、维生素 B_2 缺乏症、维生素 E 和微量元素硒缺乏症等相似，注意鉴别诊断。

(1)雏鸡新城疫　常有呼吸困难，呼吸啰音，剖检时见喉头、气管、肠道出血，这些均与禽脑脊髓炎不同。

(2)雏鸡维生素 B_1 缺乏症　主要表现为头颈扭曲，抬头望天的角弓反张症状，肌内注射维生素 B_1 后大多能康复。

(3)雏鸡维生素 B_2 缺乏症　主要表现为绒毛卷曲、肢爪向内侧屈曲、关节肿胀和跛行，在添加大剂量维生素 B_2 后，轻症病例可以恢复，大群中不再出现新的病例。

(4)维生素 E 和微量元素硒缺乏症　也有头颈扭曲、前冲、后退、转圈运动等神经症状，但发病多在 3～6 周龄，有时可发现胸腹部皮下有紫蓝色胶冻状液体。

【预防】

防止从疫区引进种蛋或雏鸡，种鸡被感染后 1 个月以内产的蛋不宜作种蛋孵化。种鸡群在生长期接种疫苗，保证其在性成熟后不被感染，以防止病毒通过蛋源传播，是防控禽脑脊髓炎的有效措施。母源抗体还可在关键的 2～3 周保护雏鸡不受禽脑脊髓炎接触感染。疫苗接种也可防止蛋鸡群感染禽脑脊髓炎所引起的暂时性产蛋下降。

目前用于免疫接种的疫苗有两类：一类是致弱的活病毒疫苗，应在 14～18 周龄经饮水或点眼滴鼻方式免疫，使母鸡在开产前便获得免疫力；另一类是灭活油乳剂疫苗，一般在开产前 1 个月经肌内注射接种。

第六节　其他传染病

一、家蚕核型多角体病

家蚕核型多角体病(*Bombyx mori* Nuclear Polyhedrosis)的病原为家蚕核型多角体病毒(*Bombyx mori* nucleopolyhedrovirus, BmNPV)，是由病毒寄生于家蚕血细胞和体腔内各组织，并在细胞核内复制增殖，形成多角体所致，又称血液型脓病。本病是蚕业生产上常见且危害最严重的一种蚕病，当前在全国各地蚕区均有不同程度发生且呈蔓延趋势。据报道，我国每年因本病导致产茧量减少 15%～20%，给桑蚕生产带来巨大的经济损失。

【病原】

家蚕核型多角体病毒属于杆状病毒科核型多角体病毒属。本病毒是一种双链、环状 DNA 病毒，基因组大小约为 128 kb。其病毒粒子(virion)呈杆状，大小约 330 nm×80 nm。病毒粒子由囊膜(envelope)和核衣壳(nucleocapsid)组成。囊膜是位于病毒粒子最外层的脂质双分子层膜，膜内可以包埋一个至多个核衣壳。核衣壳由衣壳和髓核构成，衣壳主要成分是蛋白质，内为髓核（core），髓核由 DNA 组成。

本病毒具有两种类型的病毒体，即芽型病毒（budded virus，BV）和包涵体衍生型病毒（occlusion－derived virus，ODV）。这两种病毒体的不同在于 NPV 的核衣壳在细胞核内形成后，以两种不同方式获得囊膜。BV 的囊膜来源于细胞质膜，这一类病毒通过细胞质膜芽殖释放到细胞间质中；ODV 的核衣壳在宿主细胞核中获得囊膜，这类病毒最后被包埋在包涵体中（图 2-1）。

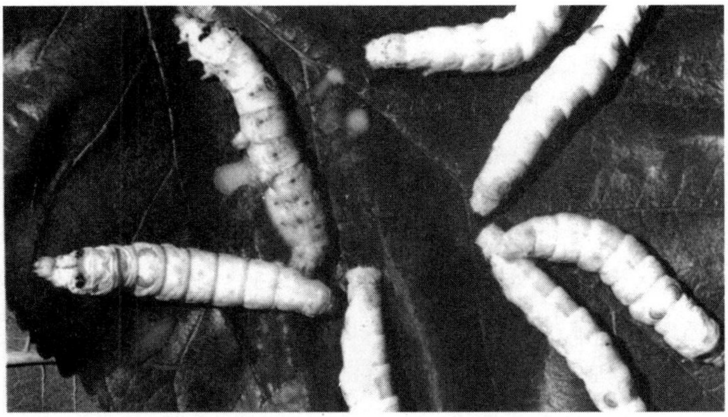

图 2-1　感染 BmNPV 的病蚕体表破损后流出白色脓汁（华德公，1996）

在自然界中，ODV 被包埋在由多角体蛋白所形成的包涵体（occlusion body，OB）中，这种包涵体抗逆性较强。当宿主食下 OB 时，在中肠的碱性环境下包涵体蛋白降解，释放出 ODV。ODV 通过膜融合进入中肠上皮细胞启动初始感染（也称经口感染）。进入中肠上皮细胞的病毒经过复制产生出新的病毒粒子 BV，BV 从中肠的基底层出芽进入气管及血腔从而启动昆虫体内其他组织的系统感染。ODV 仅能特异性地感染昆虫的中肠，而 BV 可以感染除中肠以外的昆虫其他组织。

【流行病学】

本病可经口感染，也可通过创伤感染。病毒 OB 被蚕食下后，在碱性肠液环境中溶解，释放出病毒粒子，病毒粒子由中肠开始感染宿主细胞。游离的病毒粒子也可通过家蚕表皮伤口感染蚕体细胞，并在细胞核中大量增殖，部分释放到血液中，随血流继续侵染其他组织细胞。本病在各龄蚕均可能发生，以 5 龄中期到老熟前后发生最多。小蚕感染后一般经 3～4 d、大蚕感染后经 4～6 d，即发病死亡。养蚕温度低，发病较慢；高温闷热则发病加快。病蚕是血液型脓病的主要传染源，病蚕的尸体、脓汁及被其污染的蚕沙（蚕粪）、蚕具、蚕茧等，带有大量的病毒，具有强烈的传染性。

【症状】本病在各龄蚕均可能发生，以 5 龄中期到老熟前后发生最多，病蚕后期主要表现为体色乳白，环节肿胀，狂躁爬行，体壁易破，流脓而死（图 2-1）。同时，本病不同时期的发病症状不同，眠前发病后成为体壁发亮的不眠蚕；起蚕发病后成为皮肤多皱的起缩蚕；4～5 龄盛食期发病后成为节间膜隆起的高节蚕；上簇前发病后成为环节中间肿胀的脓蚕（图 2-2）。

图 2-2　感染 BmNPV 的高节蚕（景晓玲　摄）

【病理变化】

NPV 在家蚕的不同组织中均可寄生并增殖。其中血液的病变最为明显，发病后血液变浑浊，呈牛奶状；脂肪体是 NPV 最易侵染的组织，病毒感染后细胞核内的核仁及染色体凝结，逐渐混淆不清，接着核内出现发亮的多角体颗粒，随着多角体的增大、增多，脂肪体细胞胀破。脂肪颗粒、多角体、细胞碎片混入血液中，这是血液浑浊的重要原因。

【诊断】

1. 病征观察

在蚕座中发现弱小蚕、迟眠蚕、高节蚕，是本病暴发的先兆。

2. 显微镜检查

取病蚕血液压片观察，根据显微镜下有无多角体的存在，即可诊断。镜检过程中常遇到多角体与脂肪颗粒混淆不清，可用苏丹Ⅲ染色或有机试剂(如乙醇)溶解脂肪颗粒以便于观察。

3. PCR 检测及血清学检测

从病蚕中提取总 DNA 后，根据病毒基因组设计的特异性引物，通过 PCR 进行体外扩增，扩增产物通过琼脂糖凝胶电泳检测有特异性扩增条带，则判定为本病。

另外，胶乳凝集反应等血清学检测方法也被应用于 NPV 感染的检测。

【防控】

(1)严格消毒，消灭病原　消毒是预防病毒病发生的主要技术措施，在养蚕之前，用含有1%有效氯的漂白粉溶液对整个蚕室、蚕具进行喷雾消毒，保证不留死角。在蚕期中，在蚕体及蚕座上撒防僵粉或新鲜石灰粉进行消毒，能够有效杀灭病毒。

(2)加强饲养管理，改善家蚕体质　在饲养过程中，应保证桑叶的质量，做到给桑均匀。并且应根据蚕的大小，合理安排给桑量。同时，应避免因操作动作过大而损伤蚕体的情况，在安排蚕座时，还应避免密度过大而造成家蚕之间的损伤，以减少病毒侵染的机会。

(3)及时淘汰病蚕，防止蚕病蔓延　在养殖过程中，若发现病蚕，应及时将其拣出，避免相互感染。

(4)消灭桑园害虫，防止交叉污染　发现桑树害虫，及时防治，避免患病的桑虫尸体及粪便污染桑叶，尽量不要摘用被污染的“虫口叶”。

(5)选择强抗病性品种　不同蚕品种对病毒病的抗性也不相同，应根据当地主要发生的病害和当地的养蚕条件，引进适应当地养殖的蚕品种。近年来由中国农业科学院蚕业研究所培育的“华康 2 号”等品种对 NPV 具有显著的抵抗性，已在我国部分蚕区推广应用。

二、家蚕质型多角体病

家蚕质型多角体病(*Bombyx mori* Cytoplasmic Polyhedrosis)的病原为家蚕质型多角体病毒(*Bombyx mori* cytoplasmic polyhedrosis virus，BmCPV)，本病是因病毒主要寄生于中肠圆筒状细胞中，在细胞质内形成多角体所致，又称中肠型脓病。本病多发于秋蚕期，是我国蚕业生产的主要病害之一。

【病原】

家蚕质型多角体病毒，属于呼肠孤病毒科(*Reoviridae*)质型多角体病毒属(*Cypovirus*)。本病毒是双链 RNA(dsRNA)病毒，其基因组由 10 个 dsRNA 片段组成。多角体常为六边形的二十面体，偶尔也有不规则的形态，多角体大小不一，一般在 0.5～10 μm，其大小与病毒在宿主中的感染增殖部位、潜伏期长短、营养状况等因素相关。

【流行病学】

本病的传播途径主要是经口感染。病蚕尸体或粪便中的多角体和游离病毒，可通过蚕座扩散，健康蚕食下污染病毒的桑叶后感染发病。本病的特点是病势慢、病程长，病蚕可以带病维持很长时间。小蚕微量感染时，一般老熟前才发病。本病多发生在秋蚕的4、5龄期，特别是5龄的第5天和第6天。潜伏期长短因蚕食下病毒量、感染时间和饲育条件不同，通常为7 d左右。

【症状】

本病发病初期症状不太明显，随着病程的进展，病蚕表现出食欲减退、发育迟缓、蚕体小等症状，发病后期蚕体失去光泽变黄，胸部半透明呈"空头"状，排泄珠状软粪或污液，病重时排白色粪便。起蚕发病时皮肤多皱、体色灰黄，解剖可见中肠部位呈乳白色脓肿。

【病理变化】

组织水平上，BmCPV只侵染中肠上皮细胞，本病最典型的病变就是中肠发白，出现许多乳白色的横皱。而病蚕的前肠、后肠及蚕体的其他组织均不发生肉眼可见的病变。发病初期只限于中肠后部出现组织病变，随着病势发展逐渐向前推移，后部逐渐糜烂，与均匀而透明的健蚕肠壁形成鲜明对比。病蚕可排出呈乳白色而略带微绿色的黏稠软粪，在显微镜下可看到大量大小不一的多角体。病蚕血液澄清，体壁有弹性，无异状，与核型多角体病有明显区别。

细胞水平上，进入家蚕中肠的质型多角体病毒，首先侵入中肠后部的圆筒状细胞，在细胞质内形成构造特别致密的蛋白质和RNA富集区，病毒随即在这一区域迅速增殖，多角体蛋白(polyhedrin)扩散到新形成的病毒粒子之间结晶，将质型多角体病毒粒子包埋在蛋白质晶体中，成为病毒多角体。未成熟多角体的直径不足0.5 μm，以后逐渐增大，数量不断增多，从细胞顶端向基部沿长轴排成线状，最后充满整个细胞，细胞逐渐破损、脱落，细胞碎片、多角体和游离病毒粒子散落在肠腔中，随粪便一同排出，成为本病在蚕座传染的重要传播媒介。

【诊断】

1. 病征观察

诊断本病的一个重要依据是中肠乳白色病变。另外可根据蚕的眠起状况、吐液、排粪等病症，做出初步诊断。

2. 显微镜检查

取病蚕中肠后部组织压片观察，显微镜下有多角体的存在，即可诊断。

3. 血清学检测

在家蚕病毒病的血清学诊断中，主要采用已知的抗体检测家蚕体内是否存在对应的抗原，从而判断是否被相应的病原感染。目前已用于家蚕质型多角体病毒病的血清学诊断方法有酶标抗体技术、荧光抗体技术、胶乳凝集反应等。

【防控】

(1)严格消毒，消灭病原　养蚕前须认真彻底地对蚕室、蚕具等进行消毒。

(2)加强饲养管理，改善家蚕体质　小蚕期调节好蚕室内温度、湿度，大蚕期做好室内的通风排湿工作，要确保家蚕饱食良桑。

(3)及时淘汰病蚕，防止蚕病蔓延　在养殖过程中，若发现病蚕，应及时将其拣出，避免相互感染。

(4)消灭桑园害虫，防止交叉污染　发现桑树害虫，及时防治，避免患病的桑虫尸体及粪便污染桑叶，尽量不要摘用被污染的“虫口叶”。

(5)选择强抗病性品种　不同蚕品种对本病的抗性不同，根据当地的养蚕条件，引进适应当地当季养殖的蚕品种。

三、家蚕浓核病

家蚕浓核病(*Bombyx mori* Densonucleosis)的病原为家蚕浓核病毒(*Bombyx mori* densovirus，BmDNV)，本病是由于病毒主要寄生于中肠圆筒状细胞的细胞核中所致(该病毒不形成多角体)，俗称“空头病”。

【病原】

到目前为止，在家蚕中共分离到DNV毒株10余株，根据其理化性状、血清学特性等将伊那株归为家蚕浓核病毒Ⅰ型(BmDNV-Ⅰ)，其他株归为家蚕浓核病毒Ⅱ型(BmDNV-Ⅱ)。BmDNV-Ⅰ属于细小病毒科(*Parvoviridae*)、细小病毒属(Iteravirus)、家蚕浓核病毒(*Bombyx mori* Densonucleosis virus)。BmDNV-Ⅰ病毒粒子直径约22 nm，为正二十面体，核酸为4 000～6 000 nt的线性、单链DNA(ssDNA)。BmDNV-Ⅱ目前最新归属于一个新设定的二分DNA病毒科(*Bidnaviridae*)、二分DNA病毒属(Bidensovirus)，命名为家蚕二分浓核病毒(Bombyx mori bidensovirus，BmBDV)。BmBDV病毒粒子直径约24 nm，具有二十面体结构。其病毒基因组包含两个ssDNA片段，大小分别为6 500 nt和6 000 nt，并由各自的衣壳包裹。

【流行病学】

本病主要经口感染。病蚕的粪便、消化液是蚕座内主要的传播媒介。用蚁蚕添食接种病原，二龄时期大都感染发病。发病至濒死的时间差异较大，急性发作的只需十余小时即死，慢性的可能经2～7 d渐渐死去。

【症状】

病蚕体瘦小，停止取食，肠腔前端已无桑叶，消化液变为黄褐色，内含大量细菌呈浑浊状，透视胸部呈半透明状，故称为空头蚕。死前会吐消化液，或排泄污粪，呈下痢之状。部分小蚕时期的病蚕，主要表现为精小。

【病理变化】

病蚕的中肠呈淡黄色、略透明，肠表面不呈乳白色，以别于质型多角体病毒病。DNV在家蚕体内增殖的场所主要是中肠圆筒状细胞的细胞核，被感染的细胞核肥大，充满病毒粒子。DNV主要寄生在家蚕第2体节、第3体节、第4体节、第7体节、第8体节、第9体节的中肠细胞，而第5和6体节中肠细胞基本不寄生。在发病之初，停食病蚕中肠前端已无桑叶，肠液色泽由青色变为褐色，内含大量病毒，呈浑浊状，皮肤表面呈光滑状。死后因细菌繁殖，尸体迅速腐烂。

【诊断】

1. 病征观察

本病病征非常复杂，表现亦各有不同，有精小蚕、空头蚕，胸部肠液透明状(俗称“亮头子”)，有下痢蚕排稀粪或褐色黏液。更因寄生菌种的不同，死后尸体在腐烂过程中表现不同的颜色，最多且常见的为黑色，亦有褐色及其他颜色。本病通过肉眼的病征观察只能作为参考，无法确诊。

2. 显微镜检查

取病蚕中肠组织镜检无多角体的存在，进一步切取中肠组织小块制成涂片，用卡诺氏固定液固定后用吡咯宁-甲基绿染色后镜检，本病的圆筒状细胞的细胞核比正常蚕的染色性显著降低，且细胞核显著膨大，据此即可诊断。

3. PCR 及血清学检测

抽提家蚕浓核病毒的 DNA 为模板，设计特异性引物进行 PCR 检测。本方法检测快速准确，适于少量样本操作。目前用于 BmDNV 的血清学诊断方法有酶标抗体技术、荧光抗体标记、胶乳凝集反应等。

【治疗】

尽管已有研究表明 5-氟尿嘧啶(5-fluorouracil)等尿嘧啶代谢类似物可作为抗病毒药剂，但在实际生产过程中尚无商品化的治疗药物。

【防控】

(1)严格消毒，消灭病原　消毒是预防病毒病发生的主要技术措施。

(2)加强饲养管理，改善家蚕体质　小蚕期调节好蚕室内温度、湿度，大蚕期做好室内的通风排湿工作，另外要确保家蚕饱食良桑。

(3)及时淘汰病蚕，防止蚕病蔓延　在养殖过程中，若发现病蚕，应及时将其拣出，避免互相感染。

(4)消灭桑园害虫，防止交叉污染　发现桑树害虫，及时防治，避免患病的桑虫尸体及粪便污染桑叶，尽量不要摘用被污染的“虫口叶”。

(5)选择强抗病性家蚕品种　不少品种对 DNV 有抗性。日本学者发现家蚕氨基酸转运蛋白 NSD-2 是 BmBDV 进入宿主细胞的受体，抗性品种中该基因约有 6 000 个碱基的缺失，从而导致家蚕对 BmBDV 不易感。

四、家蚕细菌性败血病

多种细菌可引起家蚕细菌性败血症(silkworm bacterial septicemia)，本病是由细菌侵入家蚕血液并大量繁殖，随血液循环扩散到全身而引起的败血性疾病。本病是家蚕最常见的疾病之一。根据细菌侵入血液的途径分为原发性败血病和继发性败血病两种，细菌直接由体壁创伤侵入血液寄生的是原发性败血病，细菌先经口食入肠道，再由肠道侵入血液，称为继发性败血病。

【病原】

败血病病原种类很多，以能产生卵磷脂酶的细菌为主，包括芽孢杆菌、肠杆菌、沙雷菌、气单胞菌、假单胞菌、链球菌和葡萄球菌等。

引起家蚕败血病的病原常见的有 3 种：黑胸败血芽孢杆菌、沙雷氏菌、青头败血病菌，这些细菌引起的败血病发病率高，危害严重。①黑胸败血芽孢杆菌(*Bacillus bombyseptieus*)为黑胸败血病的病原，为芽孢杆菌属的大杆菌，革兰氏染色反应呈阳性。大小为 3 μm×(1～1.5) μm，两端钝圆，周生鞭毛。营养体横裂繁殖，常 2 个或多个相连。②黏质沙雷氏菌(*Serratia marcescens*)是灵菌败血病的病原，为沙雷氏菌属的短杆菌，蚕业上通称为灵菌，革兰氏染色反应呈阴性，兼性厌氧。大小(0.6～1.0)μm×0.5 μm。周生鞭毛，其菌苔呈玫瑰色，似蜡状有光泽。③青头败血气单胞菌(*Aeromonas* sp.)是青头败血病的病原，为气单胞菌属的短杆菌，革兰氏染色反应呈阴性，兼性厌氧。大小为(1～1.5)μm×(0.5～0.7)μm，两端钝圆，有极生单鞭毛。菌苔呈白色或乳黄色。

此外，绿脓杆菌、变形杆菌、链球菌、葡萄球菌等也能造成家蚕细菌性败血病，但这些细菌引起的发病较少。

【流行病学】

引发败血病的细菌广泛分布在自然界和养蚕环境中，此类细菌既可经口感染，也可经创伤感染。本病在高温多湿的夏秋季发病较多，且大蚕期发病率最高。贮桑室管理不当、养蚕用具消毒不严时，可使附着其上的病原迅速繁殖，这些病原是引起败血病的重要媒介。创伤是败血病的主要传染途径。在养蚕过程中，蚕座过密，蚕体相互抓伤，养蚕操作粗放都会给蚕体造成创伤，增加病原的创伤感染的机会，导致患败血病病蚕明显增多。此外高温多湿的环境下细菌快速繁殖，促进了本病的发生、扩散。

【症状】

本病病势发展较快，感染初期并无明显症状，之后家蚕食欲逐渐减退直至停食，静伏不动，排软粪或链球粪，少量吐液，最后痉挛侧倒死亡。刚死的病蚕体色与正常蚕无差异，但不久后就会体壁松弛，头胸突出，胸部膨大，环节紧缩，体躯伸直，不久组织开始崩溃，蚕体逐渐软化变色。此时不同细菌引起的败血病会有不同的表现。黑胸败血病症状特点是先在胸腹之间出现墨绿色大块尸斑，之后很快扩散变黑，最后全身变黑腐烂，流出黑褐色污液，会出现黑死蛹；灵菌性败血病首先在体壁上出现黑褐色的小圆斑点，后全身变红，最后尸体腐烂，流红色液体，蛹期发病会出现红死蛹；青头败血病常在病蚕胸部出现浅绿色尸斑，常有小气泡出现，体液浑浊，尸斑逐渐变成淡褐色，尸体变成土灰色，流灰褐色污液。

【病理变化】

引起本病的细菌能分泌蛋白酶、卵磷脂酶等，分解蚕体血液中的成分，从中获得能量和营养，借此进行繁殖。病原体侵入蚕体后，先在血液中繁殖，消耗蚕体养分，破坏血细胞，产生大量的代谢产物并释放到血液中，改变血液的理化性质。部分败血细菌在繁殖过程中还能产生一些外毒素，刺激蚕的神经系统，致使蚕体组织功能失常，肌肉痉挛麻痹，迅速死亡。蚕死后细菌在尸体上营腐生生活，使蚕体组织器官腐败液化。病变过程所经历的时间因致病细菌种类、数量和环境温度高低而异。

【诊断】

1. 病征观察

根据初死时病蚕的体形、体色、吐液、排粪等可进行初步诊断。

2. 显微镜检查

取病蚕血液压片观察，显微镜下有大量细菌，并根据细菌的形态及革兰氏染色结果进一步区分。

3. 细菌学诊断

将濒死病蚕的血液接种在添加脱脂牛乳的琼脂培养基上培养，若长出的菌落周围有透明圈，则可说明该菌产生蛋白质分解酶，从而确诊该菌可引起败血病。若需鉴定菌种，还必须进一步对分离细菌进行生化或分子生物学鉴定。

【治疗】

用含 500～1 000 单位的氯霉素水溶液添食，对黑胸败血病和青头败血病有较好的预防和治疗效果。

【防控】

(1)严格消毒,消灭病原　消毒是预防病毒病发生的主要技术措施。

(2)加强饲养管理,改善家蚕体质　根据蚕的生理特点给予合理的环境条件,注意通风换气,防止闷热。尤其是春蚕大蚕期和早秋蚕期间,应防范高温或低温冲击。要确保家蚕饱食良桑。

(3)及时淘汰病蚕,防止蚕病蔓延　在养殖过程中,若发现病蚕,应及时将其拣出,避免相互感染。

(4)仔细操作,防止创伤感染　在养蚕过程中动作要轻细,防止蚕、蛹和蛾体受伤;熟蚕不要堆积,以免造成局部温度升高,导致细菌大量增殖;适时早采茧,减少败血蛹;种茧应适当延迟削茧和取蛹时间,以减少蛹体受伤。

五、家蚕猝倒病

家蚕猝倒病(silkworm sotto disease)的病原是苏云金芽孢杆菌,主要是由家蚕食下该菌及其产生的毒素而引起的个体急性中毒症,又称"细菌性中毒病"。本病在生产上时有发生,在蚕区使用苏云金芽孢杆菌及其毒素的生物农药时容易引起本病的大规模发生。

【病原】

本病原属于芽孢杆菌科(Bacilaceae)芽孢杆菌属(*Bacillus*)。本病病原菌以苏云金芽孢杆菌猝倒亚种(*Bacillus thuringensis* var. *sotto*)为代表,简称猝倒杆菌,革兰氏染色阳性,有营养菌体、孢子囊及芽孢多种形态。营养菌体呈杆状,周生鞭毛,鞭毛为特异抗原,可作为血清型分类的依据。在培养基上形成圆形菌落,边缘整齐,乳白色。营养菌体生长到一定时间受到营养或环境的影响能形成孢子囊。此时,菌体合成并分泌孢外酶(γ-外毒素),有助于菌体分解和吸收形成孢子囊所需的物质。随后,在孢子囊一端形成芽孢,另一端形成蛋白结晶,即伴孢晶体(δ-内毒素)。最后伴孢晶体和芽孢成熟后,孢子囊溶解将其释放。芽孢是菌体的休眠阶段,呈圆筒形或卵圆形,有折光性,能够抵抗不良环境,遇到适宜条件后发芽成为营养菌体。

苏云金芽孢杆菌在生长发育过程中能产生多种对昆虫有致病力的毒素,一类为内毒素,另一类为外毒素。内毒素是由菌体裂解后释出的毒素,又称之为"热原"。苏云金芽孢杆菌的内毒素是伴孢晶体(又称 δ-内毒素),δ-内毒素作为伴孢晶体亚单位存在时是无毒的,经溶解或蛋白酶水解才变成有毒的多肽。外毒素是菌体在其生长过程中分泌于菌体外对机体有害的毒性蛋白。目前已发现该菌分泌的外毒素主要有 α-外毒素(即磷脂酶 C)、β-外毒素(即苏云金素)、γ-外毒素等。

【流行病学】

家蚕猝倒病主要经口感染。本病原是兼性寄生菌,除可寄生活体外,还可在尸体及腐殖质上繁殖。本病的主要传播途径为桑园害虫排泄物及尸体污染桑叶而传染于蚕。一般病蚕排出的粪便中毒素很少,致病力弱,但在潮湿的蚕座上经一定时间后,可形成大量芽孢及毒素,致病力大大加强。高温多湿是本病发生的重要诱因,当被病原菌污染的桑叶、蚕座潮湿发热时,病原大量增殖,会导致本病的大量发生。

【症状】本病只在蚕期发生,以食桑量较大的壮蚕期发生较多,症状有急性和慢性两种。①急性症状。食下毒素经 10 min 至数小时中毒死亡,前期症状不易被察觉,表现为突然停止食桑,前半身抬起,胸部略膨胀,有痉挛性颤动并伴有吐液,全身麻痹,猝死(图 2-3)。初死时体色尚无变化，手触尸体有硬块，后部空虚，有轻度尸僵现象，头部缩入呈勾嘴状，多数第1～2腹节略伸长。②慢性症状。食下亚致死剂量毒素时，不出现急性中毒，在2～3 d逐渐表现症状而死亡。初期表现为食欲减退，体色较暗，中肠以下空虚，排不正形粪，有时排出红褐色污液，继而肌肉麻痹、松弛，匍匐于桑叶面上，手触蚕体柔软，倒卧而死，病蚕的症状与细菌性肠道病相似，其特点是“两头空”和腹部手触有硬块。尸体很快因菌体繁殖而在腹部前端背面首先变色腐烂。

图 2-3　家蚕猝倒病病蚕

（华德公，1996）

【病理变化】

光学显微镜观察中肠病变，病原感染后20 min肠道微绒毛开始脱落，圆筒状细胞端部膨胀突出于肠腔，甚至脱落，细胞核膨大，杯状细胞也开始拉长。感染后30 min，大量圆筒状细胞向肠腔脱落、崩坏，少数杯状细胞也开始脱落。基底膜上几乎仅残留杯状细胞，且杯腔膨大。感染后1 h，细胞脱落更严重，甚至出现整片细胞脱落，此时已开始出现死蚕。接种后100 min，初死蚕的中肠切片中，大量上皮细胞脱落、崩坏，但围食膜仍存在，而肌肉严重松弛，甚至离散。急性中毒死后12 h的中肠切片可以在松弛的肌肉层中观察到大量的营养菌体，苏云金芽孢杆菌已在死蚕内大量繁殖。

透射电镜观察中肠细胞接种后仅5 min便可发现微绒毛开始变形，排列不整齐，圆筒状细胞的核内异染色质凝聚；细胞质中的线粒体膨大，出现电子极度致密区。内瘠几乎消失，有的外膜也消失，粗面内质网膨大。经过50 min，微绒毛萎缩；圆筒状细胞的核内异染色质凝聚，有的还靠向核膜；线粒体成空泡状，粗面内质网膨大，很难发现基膜内褶。

【诊断】

1. 病征观察

本病前期症状不易被观察，仅表现为突然停止食桑，略吐水和痉挛，全身麻痹，死后尸体有硬块。

2. 显微镜检查

取病蚕消化道内容物制作压片，显微镜下可观察到大量杆菌及芽孢。

3. 动物实验

将病蚕放置一定时间后，加水研磨，取上清液添食小蚕，如有引起急性中毒即可确诊。

4. 细菌学诊断

将病蚕消化道内容物进行细菌的分离培养，进一步对该菌进行生化或分子生物学鉴定。

【防控】

（1）严格消毒，减少传染机会　消毒时针对芽孢杆菌抵抗力强的特点，选择合适的消毒药物和消毒方法，对蚕室、蚕具、周围环境进行彻底消毒。

（2）加强饲养管理，改善家蚕体质　在饲养过程中，应保证桑叶的质量，做到给桑均匀。并且应根据蚕的大小，合理安排给桑量。

（3）及时清理病蚕，防止蚕病蔓延　如发现病死蚕，应立即清理，捡出病死蚕，避免病蚕尸体污染蚕座，并对蚕座进行消毒，以防蔓延。

(4)防治桑树害虫,防止交叉感染　发现桑树害虫,及时防治,避免患病的桑虫尸体及粪便污染桑叶,尽量不要摘用被污染的“虫口叶”。

六、家蚕细菌性肠道病

家蚕细菌性肠道病(silkworm bacterial gastroenteric disease)的病原主要为肠球菌(*Enterococcus*),属于条件性致病菌。本病是由家蚕消化道中肠球菌大量繁殖所致,也称细菌性软化病,俗称空头病或起缩病。本病在蚕业生产上较为常见,但大多都是零星发生。

【病原】

肠球菌属于革兰氏阳性菌,兼性厌氧。在家蚕的发育过程中,肠球菌作为家蚕消化道中的正常菌群参与了宿主的生理代谢活动,是宿主肠道菌群的重要组成;同时它也是一种条件致病菌,当家蚕受到不良环境条件(高温、多湿等)和不良饲养管理、操作等应激影响下,会造成消化液中的抗肠球菌蛋白(anti-enterococcus Protein,AEP)的含量或抑菌活性的下降,进而导致肠球菌的大量增殖,引起家蚕发生细菌性肠道病。

【流行病学】

本病可通过食下感染和伤口感染,以食下感染为主,大多发生在4～5龄蚕期。本病的发生与养蚕操作、饲养温湿度、桑叶贮藏等关系十分密切。蚕室、蚕具及周围环境、病蚕、蚕沙中均可潜藏病菌,潜藏的病菌污染桑叶,贮藏不当会引起桑叶发热,使细菌在叶面上快速繁殖,最后通过食入桑叶上病菌引发此病。

【症状】

本病一般表现为食欲减退,运动不活泼,身体瘦小,生长缓慢,发育不齐等慢性症状。发病龄期的不同,表现的症状也存在差异,常见的病征有起缩、空头和下痢等。随着肠球菌紊乱时间的加长,蚕体不断地缩小,体壁皱缩,体色加深,爬附于蚕座边缘,软弱无力,停止食桑而渐渐死去,尸体软化,逐渐变黑。

【病理变化】

病蚕体质虚弱,肠球菌大量增殖的同时分泌有机酸(代谢产物),导致强碱性消化液pH降低和抑菌物质含量减少,从而使消化道内的细菌大量繁殖扰乱肠道稳态,最终导致蚕体死亡;肠球菌在消化道内大量增殖,菌体在围食膜上的附着和增殖,影响蚕体营养吸收,甚至造成围食膜溶解;同时也会造成病毒等其他致病微生物对家蚕的感染,致病作用和危害更加严重。

【诊断】

1.病情分析

在淘汰病蚕、改善饲育条件及添加抗生素后病情好转可初步诊断为本病。

2.显微镜检查

取病蚕的消化液压片,显微镜下可观察到大量球形细菌,可诊断为本病。

【治疗】

在本病发病初期时添食盐酸环丙沙星溶液;24 h后,如果发病仍比较严重,要及时淘汰病小蚕;集中处理发病不严重的小蚕,继续添食环丙沙星溶液直至蚕体逐渐恢复正常;正常蚕给食新鲜桑叶,注意观察,避免重复发病。

【防控】

(1)严格消毒　预防为主,综合防治。

(2)加强饲养管理,改善家蚕体质　加强桑叶贮藏管理,保证桑叶质量。规范饲养,重视小蚕良桑饱食,确保蚕体强健,以提高家蚕的抗病能力。

(3)及时淘汰病蚕,防止蚕病蔓延　在养殖过程中,若发现病蚕,应及时将其拣出,避免相互感染。

(4)消灭桑园害虫,防止交叉污染　发现桑树害虫要及时防治,避免病虫尸体及粪便污染桑叶,确保给桑质量。

(5)药物防治　在多湿雨季和桑叶质量较差的情况下,可适当添加抗生素预防细菌病的发生。

七、家蚕白僵病

家蚕白僵病(silkworm white muscardine)的病原是白僵菌属的白僵菌,本病的发生主要是由白僵菌经表皮侵入蚕体所致,蚕病死后被覆白色或类白色分生孢子,故称白僵病。本病多发生于高温、多湿的蚕区,目前由于在养蚕生产中大力推广应用防僵药剂,本病的危害已大为减轻。

【病原】

本病原属于子囊菌门(Ascomycota)粪壳菌纲(Sordariomycetes)肉座菌目(Hypocreales)虫草菌科(Cordycipitaceae)白僵菌属(*Beauveria*)。白僵菌是一种虫生真菌,其生长发育周期有3个阶段:分生孢子、营养菌丝、气生菌丝。分生孢子发芽后形成发芽管侵入寄主,产生营养菌丝;营养菌丝增殖过程中产生大量的芽生孢子和节孢子;寄主死亡后尸体表面形成气生菌丝,由气生菌丝分化为分生孢子梗,最后形成新的分生孢子,完成生长发育周期。危害家蚕的白僵菌主要是球孢白僵菌,其次是卵孢白僵菌。

【流行病学】

家蚕白僵病以蚕1～3龄发病较为普遍,且各龄都能感染,一般从感染到发病死亡时间,小蚕为2～4 d,大蚕为4～6 d。白僵病的传播途径主要是通过表皮接触传染,其次是创伤传染。病蚕和患病野外昆虫尸体上的分生孢子,附着到蚕体上,在适宜的温湿度条件下发芽侵入体内,分生孢子发芽的最适温度为24～28 ℃,最适空气相对湿度为75%以上。另外,有研究发现白僵菌亦可食下感染。

【症状】

发病初期无明显特征,只存在体色稍暗,反应迟钝,随着病势的进展,食桑减少,运动不活泼,继而口吐消化液,有时蚕体上出现淡色针状油浸样病斑或分散的黑褐色病斑(图2-4A,图2-4B)。初死蚕体柔软且有弹性,逐渐变硬。死后1～2 d,先在气门及节间膜处生出白色菌丝,不久,除头部几丁质外,全身均被气生菌丝覆盖,最后在菌丝上形成石灰状的白色分生孢子(图2-4D)。眠期发病,蚕体呈半蜕皮或不蜕皮状态,容易腐烂(图2-4C)。蛹期发病易形成僵蛹(图2-4E),死后不久,蛹胸部逐渐收缩凹陷,腹部环节皱缩套起以致完全干瘪变硬。部分病蛹能化蛾,但不能产卵,蛾死后尸体干瘪,足与翅膀易脱落。

A. 褐斑;B. 油浸状斑;C. 眠期发病;D. 白僵蚕;E. 僵蛹。

图 2-4 感染白僵菌的病蚕(华德公,1996)

【病理变化】

感染后白僵菌在体内大量增殖,尸体出现僵化。在白僵菌丝入侵体壁与血腔初期,寄主体壁真皮组织内侧血球堆积、表皮肥厚,出现暗色病斑,最终体壁的上皮组织、血液细胞出现崩解、空泡等变化。

【诊断】

1. 病征观察

若蚕体伸展,头胸突起,蚕体柔软略有弹性,体壁有油迹状病斑,病蚕尸体被覆白色或类白色分生孢子,则可诊断为本病。

2. 显微镜检查

取病蚕血液压片观察,显微镜下如有圆筒形或卵圆筒形芽生孢子则为此病。

3. 菌种鉴定

将病蚕血液进行菌体分离培养,进一步对该菌进行生化或分子生物学鉴定。

【治疗】

使用防僵剂(漂白粉、"防病 1 号"、"蚕座净")能有效防治僵病的发生与蔓延。另外,采用熏烟消毒也是行之有效的措施,对分生孢子的发芽有抑制作用。

【预防】

(1)严格消毒,消灭病原 在养蚕之前,用含有 1%有效氯的漂白粉溶液对整个蚕室、蚕具进行喷施消毒,保证不留死角。在蚕期中,用石灰粉等药剂对蚕体及蚕座进行喷洒消毒,能够有效杀灭病毒。

(2)加强饲养管理,改善家蚕体质 小蚕期调节好蚕室内温度、湿度,大蚕期做好室内的通风排湿工作。要确保家蚕饱食良桑。

(3)及时淘汰病蚕,防止蚕病蔓延　在养殖过程中,若发现病蚕,应及时将其拣出,避免相互感染。

(4)使用防僵剂　防僵剂是防治真菌病发生和蔓延的一项有效措施。

八、家蚕曲霉病

家蚕曲霉病(silkworm aspergillosis)的病原是曲霉属的曲霉菌,本病的发生是由曲霉菌对家蚕感染寄生所致,蚕病死后被覆分生孢子,多呈茶褐色,所以又称褐僵病。本病多发生于高温、多湿的蚕区,是一种常见的家蚕真菌疾病。

【病原】

本病原属于子囊菌门(Ascomycota)不整囊菌纲(Plectomycetes)曲霉目(Eurotiales)曲霉科(Eurotiaceae)曲霉属(*Aspergillus*)。对家蚕危害最严重的是黄曲霉和米曲霉,广泛分布于自然界,腐生性强,具有分生孢子、营养菌丝、气生菌丝三个发育阶段。分生孢子呈球形或卵圆形,表面光滑或粗糙,分生孢子萌发时芽管可以穿透体外表皮,主要寄生在体壁的真皮细胞层或皮下组织。营养菌丝具有隔膜,分枝多,无色或微黄色,不产芽生孢子。病蚕尸体上长出白色绒毛状气生菌丝,并在厚壁且膨大的菌丝上长出分生孢子梗,分生孢子梗顶端膨大生出1～2列小梗,进而形成分生孢子,完成生活周期。

【流行病学】

本病原在养蚕环境中普遍存在,高温多湿的环境易于发病。每年夏秋蚕期在高温多湿的环境下,往往爆发本病,造成经济损失。曲霉病可通过受污染的蚕具、桑叶接触蚕体传播。同时,饲养管理粗放,蚕体质虚弱或遭受创伤时也容易发生此病。曲霉菌最容易感染蚁蚕及1龄蚕,感染发病率逐龄降低,大蚕期很少发病。

【症状】

蚁蚕感病后进食减弱,行动呆滞,继而停止进食,病死后躯体紧张,约经1 d,尸体上即能长出菌丝以及分生孢子。在大蚕期发病时,蚕体会出现硬质病斑,食欲减弱,发育不齐,肛门部位或其他环节出现不规则的黑色小斑点,继而出现脱肛、粪结,伴随身体伸展、吐液等现象,死后病斑周围局部硬化;蛹期发病,蛹体呈黑褐色,丧失运动能力,逐渐硬化,接着长出菌丝,一定条件下可形成霉茧;蚕卵时期也可能感染,感染后的蚕卵卵壳表面凹陷干瘪。

【病理变化】

小蚕期接触性感染风险较高,体壁因菌丝寄生而呈缢入状;大蚕体表有褐色病斑,病斑质硬,病死蚕躯体紧张;大蚕则多在节间膜或肛门等表皮较薄的部位侵入,侵入蚕体的菌丝在附近组织寄生,不影响整个血液循环,且血液不会变浑浊,但病蚕会受菌丝产生的分泌蛋白酶及黄曲霉素的作用而造成中毒症状。

【诊断】

1.病征观察

本病小蚕发病居多,可依据其特征性病理变化而做出初诊。

2.显微镜检查

取病斑压片镜检,若观察到白色菌丝以及绒球状分生孢子梗及黄绿色或深绿色分生孢子可诊断为此病。

3. 菌种鉴定

将病蚕尸体进行菌体分离培养，进一步对该菌进行生化和分子生物学鉴定。

【防治】

本病的防治同白僵病。

九、家蚕绿僵病

家蚕绿僵病(silkworm green muscardine)的病原是莱氏绿僵菌(*Metarhizium rileyi*)，本病是由莱氏绿僵菌感染家蚕所致，因病蚕尸体僵化后表面覆盖绿色孢子粉被，故称为绿僵病。本菌在野外昆虫中分布广泛，常造成野外昆虫绿僵病的流行，并进一步危及养蚕业。

【病原】

本病原属于子囊菌门(Ascomycota)核菌纲(Pyrenomycetes)球壳菌目(Sphaeriales)麦角菌科(Clavicipitaceae)绿僵菌属(*Metarhizium*)。本病原之前被命名为莱氏野村菌(*Nomuraea rileyi*)，直到2014年，多基因系统发育分析表明，该菌应归于绿僵菌属，重命名为莱氏绿僵菌。绿僵菌和白僵菌一样，其发育阶段包括分生孢子、营养菌丝和气生菌丝三个阶段。营养菌丝增殖过程中可产生芽生孢子和节孢子。本病原分生孢子呈卵圆形，一端略尖，大小约为(3.0～4.0)μm×(2.5～3.0)μm，表面光滑，淡绿色。

【流行病学】

本病通过分生孢子，以空气、蚕具和桑叶为媒介感染家蚕。病程比白僵病迟缓，自感染起经约10 d发病，小蚕比大蚕稍快。4龄后期或5龄期感病的蚕都死于蔟中或蛹期，尸体变硬呈绿色。

【症状】

本病初期无明显病征，后期食欲减退，发育延迟。体壁上逐渐形成少数圆形或云纹状病斑，大小不一，数个相连形成的“集合斑”较大，病斑大多边缘色深，中间色淡，呈环状。此时病蚕血液白浊，显微镜检可见哑铃状或豆荚状的短菌丝，其大小一般为(3～4)μm×(8～10) μm。将眠病蚕，迟迟不能进入眠期，体色乳白，表皮紧张发亮，行动迟缓。病斑形成后，经1～2 d，停止食桑，不久死去，未见有“自然痊愈”现象。蚕初死体软、伸直，略有弹性。死后2～3 d，先在节间膜及气门处长出纤细的白色绒毛状气生菌丝，逐渐扩展，布满全身，并产生粉末状绿色分生孢子。死后4～5 d，尸体遂成绿色僵硬状态。以后孢子色泽转暗绿色，稍加震动，极易脱落飞散(图2-5)。

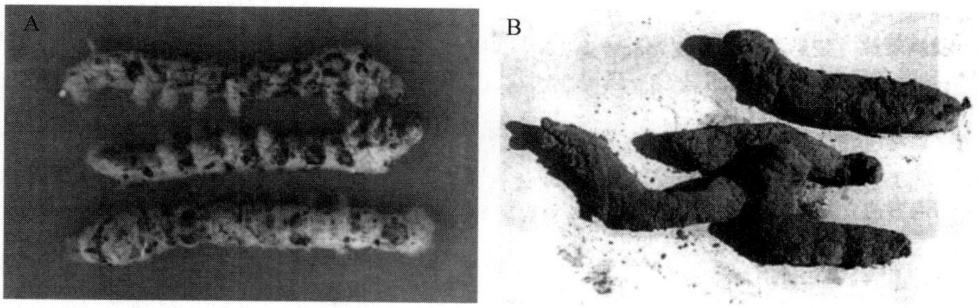

A. 绿僵病云纹斑；B. 长出菌丝及分生孢子的病蚕。

图 2-5　感染绿僵菌的家蚕(华德公,1996)

【病理变化】

绿僵菌的分生孢子很容易附着于寄主体表的节间处，当遇到适宜的温湿度，分生孢子即行萌发，产生芽管，并形成菌丝。菌丝可分泌几丁质酶，溶解家蚕体壁，进而侵入寄主表皮，然后逐步向内侵袭脂肪和肌肉组织，体壁可见黄褐色斑点。在绿僵菌毒素作用下，病蚕出现取食停止，对刺激反应降低等神经系统障碍，最终死亡。死亡后蚕体僵化，菌丝向体外伸延，很快被一层白色菌丝所包被，之后 1～2 d，菌丝形成分生孢子梗和分生孢子，则变为绿色或暗绿色。

【诊断】

1. 病征观察

病蚕初死时体色乳白，较有弹性，体壁有黑褐色轮状或云状病斑，血液乳白浑浊；尸体硬化后呈鲜绿色粉被，可据此做出初步诊断。

2. 显微镜检查

取病蚕血液压片镜检可观察到豆荚状分生孢子，即可确诊。

3. 菌种鉴定

将病蚕血液进行菌体分离培养，可采用分子生物学技术进一步对该菌进行分类学鉴定。

【防治】

本病的防治同白僵病。

十、蜜蜂囊状幼虫病

蜜蜂囊状幼虫病(sacbrood disease)又称为尖头病、囊雏病、囊状蜂子，是由蜜蜂囊状幼虫病毒(sacbrood virus，SBV)引起的疾病，对蜜蜂幼虫阶段和成年阶段均具有侵染力，但对幼虫尤为严重。患病幼虫主要表现为头部上翘，虫体颜色暗淡，幼虫死于封盖前后，患病后难以化蛹。

本病最早在美国发现，20 世纪 30 至 40 年代在西方蜜蜂中暴发流行并造成了很大的损失，是全世界分布最广泛的蜜蜂病毒性疾病之一。现在西方蜜蜂对蜜蜂囊状幼虫病具有较强的抗性，感染后常可自愈；而中华蜜蜂则表现出易感性，且不宜根除，较易暴发流行，成为危害中华蜜蜂的主要疾病。

【病原】

本病原属于滤过性单链 RNA 病毒，称为蜜蜂囊状幼虫病毒。病毒是无囊膜核衣壳为正二十面体对称球形，其直径仅有 28～30μm。本病毒对外界不良环境的抵抗力不强，在 59 ℃的热水中 30 min、在 70 ℃的蜂蜜里 10 min 即可杀灭。在室温条件下，干燥状态的病毒可存活 3 个月；在阳光直射下，干燥状态的病毒可存活 4～6 h；悬浮在蜂蜜里可存活 5～6 h。在夏季的室温条件下，悬浮在蜂蜜中的病毒可存活 1 个月。在腐败的过程中，可保存毒力达 10 d 左右。在 1%～2%的碳酸溶液里，可存活 3 星期。

【流行病学】

囊状幼虫病的发病具有明显的季节性，每年春季和秋季出现 2 个发病高峰期：通常南方多发于 2～4 月与 11～12 月，在北方则多发于 5～6 月，这与外界气候和蜜源条件有密切关系。巢内贮蜜足，蜂密集，发病轻，容易治愈，反之则重。囊状幼虫病具有反复发生的特点，隔几年会出现一次发病高峰期。被污染的蜜粉饲料是本病主要传染源，而带病毒的成年工蜂是此病的传播者。群间的传播是由于管理上的不当,乱调脾,分蜂或并群,发生盗蜂或蜜蜂迷巢所致。

【症状】

患囊状幼虫病的蜂群,通常是5～6日龄的大幼虫死亡。在急性暴发期,约有1/3病虫死于封盖前,2/3死于封盖后。发病初期封盖病虫房盖下陷、穿孔,少数病死幼虫被工蜂清理,蜂王又在其中产卵,造成同一巢脾上卵、幼虫和蛹错杂在一起出现"花子"现象。成年蜂也会被病毒感染,但症状表现不明显;多数被感染的工蜂不采集花粉,甚至丧失采集能力,寿命缩短,对寒冷敏感,低温下比健康蜂早结团。

【病理变化】

死亡幼虫体色由白色变成黄色,再逐渐变成褐色、黑褐色。病死幼虫头部上翘,白色,无臭味,用镊子夹出幼虫,则成"囊状"。病虫尸体干后呈棕黑色鳞片,贴于巢房的一边,头和尾部略上翘,形如"龙船状",无臭味,无黏性,易清除。

【诊断】

1.病征观察

本病主要根据典型的临床症状加以诊断,要与美洲幼虫腐臭病、欧洲幼虫腐臭病区别开来。

2.微生物学诊断

挑取尸体涂片镜检,如未发现有其他微生物群落,则可从结果认定为囊状幼虫病。有条件可直接用电子显微镜检查。

【防治】

囊状幼虫病是蜜蜂的恶性传染病,对药剂抵抗力较强,一般抗生素对这种病效果不显著。宜采取加强饲养管理,选育抗病品种,结合药物治疗等综合防治措施。

(1)选育抗病品种　从发病蜂场中选择抗病力强的蜂群培育蜂王,替换病群蜂王。

(2)加强饲养管理　在早春气温较低的情况下,应将弱群适当合并,做到蜂多于脾,以提高蜂群的清巢和保温能力。对患病蜂群换王或幽闭蜂王,断子10余日,以利工蜂拖弃病尸,清扫巢房,减少幼虫重复感染的机会。在发病季节里,应保持饲料充足,对饲料不足的蜂群,必须进行补助饲喂,特别是蛋白质饲料及多种维生素等的饲喂。

(3)药物治疗　多采用清热解毒的中草药治疗,可收到较好的治疗效果。常用的处方一:紫草50 g、金银花30 g、甘草5 g;处方二:五加皮40 g、金银花30 g、甘草5 g;处方三:华千金藤(海南金不换)30 g。以上药方,任选一配方,加适量水,煎煮后,去渣取液,按1∶2的比例加入白糖,配成药液糖浆喂蜂,每一剂量可喂10～15框蜂、隔日一次,3～4次为一个疗程。此外,每10框蜂每次用盐酸金刚烷胺片0.05 g喷雾或饲喂、隔日1次,连用5～7次为一个疗程,对病毒有一定的抑制作用。

十一、蜜蜂麻痹病

蜂麻痹病(honeybee paralysis)又称为蜜蜂瘫痪病、黑蜂病,由慢性麻痹病毒或急性麻痹病毒引起的一种成年蜜蜂传染病。1933年Burnsid首次指出本病是由病毒引起,但直到1963年Bailey才成功地把蜜蜂慢性麻痹病病毒分离出来。目前已分布在世界大多数养蜂国家。我国每年春末夏初或秋末冬初所发生的成年蜂病中,有相当一部分是属于麻痹病。

【病原】

引起蜜蜂麻痹病的病毒。目前发现有两种,即蜜蜂慢性麻痹病病毒和急性麻痹病病毒。蜜蜂慢性麻痹病病毒呈椭圆形,直径为 22 nm,长度有 30 nm、40 nm、55 nm 和 65 nm 共 4 种,沉降系数分别为 82S、100S、110S、126S,但在氯化铯溶液中的浮密度均为 1.33 g/mL。蜜蜂急性麻痹病病毒为直径 30 nm 的正二十面体等轴粒子,沉降系数为 160 S,浮密度为 1.37 g/mL。蜜蜂急性麻痹病病毒一般在 30 ℃左右时致病力最强,35 ℃活力较差,甚至丧失活力。而蜜蜂慢性麻痹病病毒则相反,在 35 ℃时致病力最强。病毒颗粒存在于蜂尸内,能保持活力达 2 年之久。当加热到 90 ℃,30 s 可被杀死。

【流行病学】

麻痹病病毒常存在于饲料和病蜂粪便中,因此麻痹病在蜂群内的传播,主要是通过蜜蜂接触、采食被污染饲料、盗蜂、迷巢蜂、合并蜂群以及利用病群育王等途径传播给健康蜂群的。连阴天、蜂箱内湿度过大,或久旱无雨、气候干燥,都会导致发生。

【症状】

患麻痹病损害蜜蜂神经细胞引起病蜂麻痹痉挛,通常有两种症状,即腹部膨大型和黑蜂型。春季出现的为腹部膨大型,行动迟缓,身体颤抖,失去飞行能力,翅和足伸开,虚弱地振翅,无力地爬行;秋季出现的多为黑蜂型,头尾发黑,身体瘦小,颤抖。由于受健康蜂的驱逐和抱咬,病蜂多集中在巢脾框梁上、蜂箱底部、巢脾的边缘处或被驱出巢门之外,到后期则体表发黑,绒毛脱光,腹部收缩,如油炸过的一样。

【诊断】

由于麻痹病是病毒所引起的病害,病原诊断手续比较麻烦。所以,一般都是根据症状来进行诊断。若根据症状尚不能最后确诊,则可进行内部解剖和显微镜检查。检查时,若未发现其他致病微生物类群,则可以从相反的结果中得到验证。

【防治】

对蜜蜂麻痹病应采取积极预防和药物治疗相结合的综合防治措施。

(1)换王和选育抗病蜂种　从外地引种培育蜂王繁殖蜂群、避免蜂群长期近亲繁殖,这是预防蜜蜂麻痹病的有效办法。另外,在发病严重的蜂场,从中选择发病较轻或未患病的蜂群,用来移虫培育蜂王,更换病群的蜂王。

(2)加强饲养管理,提高抗病力　平时应注意保温、避免蜂箱受潮,巢内保证有充足的优质饲料;定期用牛乳粉、玉米粉、黄豆粉等配合多种维生素喂病蜂群或健康群;一旦出现本病症状,就应立即隔离进行药物治疗,病群和健康群不能调脾、合并或互用蜂具。

(3)药物治疗　将升华硫均匀撒布于箱底、蜂路间或框梁上,4～5 g/群,每周 1～2 次,可起到驱杀病蜂的作用。也可用 4%的肽丁胺粉 12 g,溶于 1 L 50%的糖浆液中,混匀后喂蜂,每群喂 250 mL,隔日 1 次,连喂 3～5 次。或在 1 kg 糖浆内加入病毒灵 3～4 片(研成粉),搅拌均匀,每群喂 0.5 kg,连续喂 3～4 次,可收到较好的治疗效果,并对蜜蜂安全无影响。

十二、黑蜂王台病毒病

黑蜂王台病毒(black queen cell virus,BQCV)是引起蜂王幼虫及蛹感染的主要病原,本病原通过黑化蜂王幼虫并可导致巢房变黑,进而引发蜂王坏死于巢房内。大量研究发现,BQCV 的流行与蜜蜂卷翅病毒及蜜蜂微孢子虫 *Nosema ceranae* 等其他病原的发生具有很强的相关性。

【病原】

黑蜂王台病毒首次分离于蜂王的幼虫和蛹，在死亡的蜂蛹中依然可以检测到。黑蜂王台病毒属于微小核糖核酸病毒，是单链正义 RNA 病毒，2002 年 Mayo 首次将其归于双顺反子病毒科(Dicistroviridae)，蟋蟀麻痹病毒属(Cripavirus)。其病毒粒子直径约 30 nm，结构为正二十面体圆形，无囊膜。Leat 等在 2000 年首次完成全基因组序列测序，证实该序列包括 ORF1 和 ORF2 两个阅读框，ORF1 与 ORF2 之间存在一个非编码区，为内核糖体进入位点(IRES)，可启动 ORF2 的翻译，同样在 5′端 UTR 也含有一个内核糖体进入位点。

【流行病学】

黑蜂王台病毒在蜜蜂的各种产物(蜂蜜、花粉、蜂王浆)中均可检出，并能感染不同发育阶段的蜜蜂，卵、幼虫、蛹和成虫都是感染对象。研究表明，黑蜂王台病毒可通过水平和垂直途径传播，既可以在同一世代的不同个体间扩散，又可以通过交配感染受精卵进行垂直传播。同时，也存在潜在的载体传播。其中水平传播蜜蜂可以通过接触、喂食、排泄物和唾液分泌物等传播该病毒。潜在的载体传播黑蜂王台病毒主要引起蜂王幼虫死亡，影响蜂王的预蛹期和封盖期，蜂群黑蜂王台病毒的暴发可能与微孢子虫病有关，观察发现，感染该病毒的蜜蜂常伴有微孢子虫感染。并且黑蜂王台病毒可在患有微孢子虫病的成年蜜蜂上快速繁殖，春、夏两季微孢子虫病爆发率最高的时期，黑蜂王台病毒的感染率也较高。体内存在黑蜂王台病毒的蜜蜂幼虫或成年蜜蜂并不会表现相关症状，处于隐性感染阶段，但当微孢子虫侵染蜂群时，黑蜂王台病毒开始活跃，并表现明显的临床症状，春季和夏初是黑蜂王台病毒爆发的流行季节。

感染大量蜂螨的蜂群中均可以检测到黑蜂王台病毒，表明可能是瓦螨通过吮吸蜜蜂血淋巴来削弱成蜂和蛹的免疫力，进而加快黑蜂王台病毒的快速增殖。

【症状】

黑蜂王台病毒病集中发生在王台封盖阶段，发病早期蛹呈淡黄色或灰黄色，病蛹有一层类似蜜蜂囊状幼虫病的坚韧囊状外表皮，感染黑蜂王台病毒病的幼虫多在前蛹期或蛹期死亡，幼虫死亡后迅速变成黑色，最后王台房壁也从暗棕色变成黑色。

【诊断】

通常是基于蜜蜂患病症状、流行病学作为初步判断依据，再通过显微镜观察，得出黑蜂王台病毒的具体病源特征。黑蜂王台病毒主要危害蜂王的幼虫和蛹，夏季和秋季为发病高峰期，其典型病状为患病幼虫无法及时蜕皮并化蛹，蜕皮液逐渐累积在旧表皮当中，使得表皮逐渐变硬，并形成囊袋状结构。在这一过程中，幼虫的体色会逐渐由乳白色转变为浅黄色并进一步加深，直到变成黑色并干枯。通常情况下，黑蜂王台病毒为无病症隐性感染方式长期存在于被感染的幼虫当中。除此之外，当蜜蜂感染黑蜂王台病毒后，神经系统会逐渐受到损伤，迷失方向，记忆功能与学习能力也会逐渐退化。具体表现为采蜜能力下降或丧失，全身抽搐，无法正常飞行。黑蜂王台病毒的主要传播方式为通过蜜蜂口器互饲的行为传播，当黑蜂王台病毒与其他病毒共同存在时，会产生联合危害，并表现出极强的致病能力。

【防治】

通常情况下，受到黑蜂王台病毒感染的蜜蜂当发现感染时已经说明蜜蜂体内黑蜂王台病毒已经达到一定数量，各组织器官也已经受到了严重的损伤。因此，根据黑蜂王台病毒检测结果、病原、传播途径等特征进行分析，得出针对其病害防治措施主要包括两种：一种为物理防治措施,另一种为药物防治措施。其中物理防治措施主要针对蜂农而言,在蜜蜂养殖过程中通过对蜂场、蜂具以及饲料的卫生清洁和消毒,预防黑蜂王台病毒的产生,还可以通过选育抗黑蜂王台病毒蜂种进行预防。药物防治措施可通过使用抗病毒药物或中草药喂食蜜蜂的方式预防。在实际应用过程中,药物防治产生的药物残留会对蜜蜂健康及蜂产品造成不同程度污染。应根据具体情况选择对应的防治措施,从而将损失降到最低。

除此之外,还可采用 RNA 干扰技术对黑蜂王台病毒进行防治,通过检测的方式可对该病毒的基因进行定量和定性,通过 RNA 干扰技术对病毒进行针对性的沉默或下调某个基因结构的方式,降低病毒的表达水平,从分子结构上,削弱或消除黑蜂王台病毒的增殖能力。

十三、蜜蜂残翅病

蜜蜂残翅病病毒(deformed wing virus,DWV)是蜜蜂残翅病的病原体,能够侵染各个发育阶段的蜜蜂,严重时导致蜂蛹发育缓慢,成蜂翅膀畸形、体型萎缩、行动乏力,蜂群早衰;不严重的隐形感染也会缩短蜜蜂寿命。蜜蜂残翅病病毒借助于狄斯瓦螨(*Varroa destructor*)在全球广泛传播,并产生 DWV-B 和 DWV-C 等变异体,它们的共同作用促使蜂群群势急剧衰弱,是导致"越冬蜂群的消失(OCL)"和"蜂群崩溃失调症(CCD)"的主要病因之一。

【病原】

蜜蜂残翅病病毒属于小核糖核酸病毒目,传染性软化病毒科,传染性软腐病病毒属。蜜蜂残翅病病毒是单链正链 RNA 病毒,其基因组是单顺反子,总长度为 10 140 bp(不含 PolyA 长度时),仅有一个连续开放阅读框。基因组的 5′UTR 长 1 144 bp,3′UTR 长 338 bp,5′UTR 和 3′UTR 都参与了基因组的复制和翻译。N 端包括核糖体翻译起始位点和先导蛋白以及 4 个结构蛋白,VP1(44kDa)、VP2(32kDa)、VP3(28kDa)和 VP4。C 端包括 RNA 解旋酶、病毒基因组连接蛋白、3C-蛋白酶以及 RNA 聚合酶,其末端有多聚 A 尾巴。蜜蜂残翅病毒的 5′端与 Iflaviridae 属的其他病毒相比,具有高度的多样性。5′UTR 有一个类似四叶草形状的二级结构 IRES,与翻译的启动有关。IRES 的存在使得许多小核糖核酸病毒目病毒可以通过阻断帽子依赖的翻译起始,从而抑制宿主细胞蛋白的合成,但不影响病毒蛋白的合成,这有利于病毒应对宿主防御机制。Lp 具有多种功能,包括蛋白酶活性,在氨基酸水平高度可变。有研究发现蜜蜂残翅病病毒与其变异体 VDV-1 差异最大位置是 Lp,同源性最低只有 73.9%。VPg 不仅有稳定基因组的作用,还参与了复制和翻译等过程。3′UTR 区域高度保守,末端以共价的方式连接 PolyA,PolyA 的长度由遗传决定。

【流行病学】

蜜蜂残翅病病毒作为一种专性寄生性生物,其生存依赖于活体宿主细胞的生命机制。为了不断繁殖,蜜蜂残翅病病毒需要从一个寄主传播到另一个寄主。蜜蜂残翅病病毒的传播包括了水平传播与垂直传播。传播方式决定着蜜蜂残翅病病毒的存在水平以及增殖速度,进而影响着蜜蜂残翅病病毒的毒力大小以及流行情况,最终表现在对寄主危害程度和宿主范围大小的变化。

(1)水平传播　食物源一消化道传播是指蜜蜂残翅病毒寄主在食用受污染的食物或者通过消化道排出有病毒的粪便后,发生病毒传播和感染的现象。不管是蜜蜂的食物来源如蜂蜜、蜂王浆、花粉等,还是蜜蜂体内的胸腺、下咽腺、中肠等部位,以及蜜蜂排出的粪便,均检测到蜜蜂残翅病毒阳性,暗示着在蜜蜂取食、喂食、护理幼虫或者清理巢房时,会发生蜜蜂残翅病毒的水平传播。蜜蜂采集后的花粉检测到蜜蜂残翅病毒存在，说明蜜蜂残翅病毒的水平传播可以通过传粉昆虫的访花过程发生。

媒介传播蜜蜂残翅病毒的最初寄主是西方蜜蜂，在蜂群中致病力较弱，存在水平较低，呈隐性感染存在。而狄斯瓦螨最初寄主是东方蜜蜂，因其传播到西方蜜蜂蜂群，才改变了蜜蜂残翅病毒流行程度及其多样性，成为蜜蜂残翅病毒最主要的传播媒介。一方面，狄斯瓦螨本身的寄生行为，影响着蜜蜂的健康及生理状态；另外一方面，狄斯瓦螨的取食行为，使蜜蜂残翅病毒跨越体壁或围食膜等生理障碍，直接传播到蜜蜂的血淋巴，导致蜜蜂的蜜蜂残翅病毒水平上升。虽然蜜蜂残翅病毒能否在狄斯瓦螨体内复制尚存在争议，但因狄斯瓦螨寄生和取食的特性，直接导致了蜂群中蜜蜂残翅病毒的快速流行以及多样性的下降，并且通过蛋白组学，也证明狄斯瓦螨体内并没有进行蜜蜂残翅病毒的复制，所以蜜蜂残翅病毒的多样性主要取决于传播途径而不是是否在狄斯瓦螨体内增殖。蜜蜂残翅病毒还以狄斯瓦螨为媒介，实现跨物种水平传播。

此外，梅氏热厉螨是蜜蜂的另外一种寄生螨，也是携带和传播蜜蜂残翅病毒的媒介，梅氏热厉螨可能成为蜜蜂残翅病毒流行的新载体。

体表传播蜜蜂是一种会飞行的群居性昆虫，蜂巢内庞大的蜜蜂数量和个体间频繁的身体接触极易导致蜜蜂病毒的传播。

(2)垂直传播　垂直传播是由亲代传播到子代的一种传播方式。研究发现，尽管蜂王与雄蜂都表现为健康状态，但在蜂王卵巢和雄蜂精囊却检测到了蜜蜂残翅病毒，暗示蜜蜂残翅病毒垂直传播的可能。

【症状】

蜜蜂残翅病毒感染的典型症状包括成年蜜蜂翅膀皱缩、体型缩小和变色，蛹发育缓慢和幼蜂迅速死亡等。蜜蜂残翅病毒感染蜜蜂后，在蜜蜂大脑负责视觉和嗅觉等关键区域复制，最终导致蜜蜂行为异常。蜜蜂残翅病毒不仅感染蜜蜂的大脑，还感染分泌腺和脂肪体，而脂肪体对昆虫的新陈代谢、免疫和信息素的产生起着重要的作用。比较分析蜜蜂残翅病毒感染的症状蜜蜂与无症状蜜蜂，发现有症状的蜜蜂触角中含有大量的蜜蜂残翅病毒，病毒衣壳在蜜蜂触角上皮区域聚集，呈晶体状排布，而且感染的区域完整性也受到破坏，暗示着触角的功能受损，进而影响蜜蜂的交流。蜜蜂残翅病毒还损伤蜜蜂神经元，促使工蜂过早成熟，过早地从内勤蜂转变为采集蜂。蜜蜂残翅病毒的复制水平影响着蜜蜂的寿命，与蜜蜂越冬群体的损失有着很强相关性，有实验表明，冬季蜜蜂的蜜蜂残翅病毒载量增加，与参与细胞免疫的基因表达减少有关，导致了蜜蜂对蜜蜂残翅病毒的易感性，最终危及越冬蜜蜂群体。蜜蜂残翅病毒对蜂蛹表现出低毒性，感染了高水平蜜蜂残翅病毒的蜂蛹，仍然能正常发育，死亡率较低。

【诊断】

成年蜜蜂翅膀发育不全，体型缩小是本病典型的诊断标志。也可以通过荧光定量 PCR 的技术对患病个体继续测定，阳性则标明患病或携带病毒。

【防治】

蜜蜂残翅病毒的流行与爆发会给蜜蜂养殖产业以及背后的农业经济造成巨大损失，但目前还没有针对蜜蜂残翅病毒的特效药物。为了减少蜜蜂残翅病毒的传播与危害，可以从以下两个方面着手：一是切断蜜蜂残翅病毒的传播途径，特别是瓦螨寄生；二是应用 RNAi 技术来抑制蜂群中蜜蜂残翅病毒的繁殖。

十四、美洲蜜蜂幼虫腐臭病

美洲幼虫腐臭病(american foulbrood)又称为“烂子病”,是蜜蜂的一种顽固性传染病。本病由 White 于 1907 年首次发现,1929—1930 年由日本传入中国,目前广泛发生于温带与亚热带地区的几乎所有国家。我国饲养的西方蜜蜂时有发生此病,但至今尚未见中华蜜蜂患美洲幼虫腐臭病的报道。

【病原】

引起幼虫腐臭病的病原是幼虫芽孢杆菌(*Bacillus larvae*)。革兰氏阴性杆状菌体,长 2～5 μm宽 0.5～0.8 μm,具周生鞭毛,能运动。在条件不利时可形成芽器芽孢位于菌体一端或中间,呈椭圆形、游离状,大小为(1.2～1.8) μm×(0.6～0.8) μm。芽孢时外界不良环境的抵抗能力极强,在干枯尸体中可存活 7 年左右;在干枯培养基中低温可以存活 15 年;在 0.5%过氧乙酸溶液中存活 10 min;在 0.5%次氯酸钠中存活 30～60 min;在 4%醛液中存活 30 min。

【流行病学】

美洲幼虫腐臭病是一种顽固的恶性传染病,一旦感染很难根除。幼虫芽孢杆菌主要是通过幼虫的消化道感染。被幼虫芽孢杆菌污染的饲料和巢脾是病害的主要传染源。内勤蜂在清理巢房和病虫尸体过程中,将病菌带进蜜、粉房,再经过饲喂活动传给健康幼虫;群间传播,主要是在蜂群管理过程中,养蜂人员不注意卫生操作规程,将带病菌的蜜粉脾作为饲料,随意调换子脾、蜜粉脾和混用蜂具等。此外,盗蜂和迷巢蜂也可将病菌传给健康群。

【症状】

受感染的幼虫大都在封盖后死亡。患病幼虫的体色由正常的珍珠白渐变成淡黄色、淡褐色,直至黑褐色。病死幼虫的表皮很薄,一触即破。腐烂的幼虫尸体具有鱼腥臭气味,用镊子挑取,可拉成 2～3 cm 长的细丝。尸体干枯后,呈黑色鳞片状物,紧贴于巢房壁的斜下方,很难清除。病脾封盖房表面湿润、色暗、油光,房盖下陷,不少的房盖出现针头大的小孔,称为“穿孔子脾”。同时,封盖子脾上出现空巢房与卵房、幼虫房、封盖房交错在一起的“花子现象”。

【诊断】

1. 病征诊断

从可疑患病蜂群中,抽出一两张封盖子脾,若发现上述症状,即可初步诊断为美洲幼虫腐臭病。

2. 微生物学检验

挑取可疑为患美洲幼虫腐臭病的幼虫尸体少许、进行涂片检查,在 600～1 000 倍的显微镜下镜检,如发现有较多的单生或呈链状的杆菌以及芽孢时,则可进一步用芽孢染色的方法进行检查。若有许多呈椭圆形的游离芽孢时,即可诊断为美洲幼虫腐臭病。

3. 牛乳鉴别试验

取新鲜牛乳 5 滴,置载玻片上,挑取可疑患美洲幼虫腐臭病死亡的幼虫尸体少许于牛乳中。若为美洲幼虫腐臭病,在 40 s 内即可产生坚固的凝集块,而健康幼虫需要在 13 min 以后才产生凝集块。

4. 荧光鉴别试验

取干枯的虫尸于紫外灯下照射，若能发出强烈的荧光，即可诊断为美洲幼虫腐臭病。

5. 分子诊断

利用设计的引物对幼虫芽孢杆菌进行 PCR 扩增获得的特异性片段，用于鉴定从患病幼虫中提取的幼虫芽孢杆菌基因。

【防治】

(1)清除病原　对于个别蜂场发病初期的少数病群，可采取焚烧处理，以免传播后损失更大。当病群只有少数幼虫患病时，可用有钩的镊子从病房两侧的巢房插入房底，把病尸连茧衣一同拨出，再用 0.1%的新洁尔灭液清洗巢房 1～2 次。对患病幼虫占 20%～30%的病重群、应换箱换脾、清除病原。对换下来的箱、脾要进行严格的消毒处理。

(2)药物治疗　四环素是治疗美洲幼虫腐臭病的较好的药剂。治疗时在每千克糖水依度为 1∶1 的糖浆中加入四环素片剂或粉剂 10 万～20 万单位，调匀后喂蜂；也可以在每千克糖浆内加入红霉素 0.05～0.1 g，或土霉素片剂 10 万单位，调匀后喂蜂。以上每种药物糖浆、每框蜂每次喂 50～100 g，每隔 3～4 d 喂 1 次，可连续治疗 3～4 次。一个疗程后，再视病情喂药，直至临床症状完全消失为止。若需喷脾，可用 0.1%的新洁尔灭水溶液 250 mL、加入 100 万单位链霉素、用手提小喷雾器对准有卵、虫的巢房喷雾。上述药水可喷 50～100 张脾、3～4 d 1 次，连喷 3～4 次。

十五、欧洲蜜蜂幼虫腐臭病

欧洲幼虫腐臭病(european foulbrood)简称“欧洲幼虫病”。本病由 Cheshire 和 Cheyne 于 1885 年首次系统报道，目前广泛发生于世界几乎所有养蜂国家。我国饲养的中蜂和西方蜜蜂都会患欧洲幼虫腐臭病，但中蜂发病比西方蜜蜂严重很多。

【病原】

欧洲幼虫腐臭病的病原比较复杂，多数学者认为是多种致病细菌混合感染。主要的致病菌是蜂房蜜蜂球菌(*Melissococcus pluton*)。其次为蜂房芽孢杆菌、蜜蜂链球菌、蜂房杆菌等。蜂房蜜蜂球菌为革兰阳性菌，披针形，单个、成对或链状排列，大小为(0.5～0.7)μm×1.0 μm。不形成芽孢，不耐酸，不运动，厌氧或需微量氧。在室温条件下，菌体处于干燥状态时，可存活 17 个月；在巢脾和蜂蜜里可存活 1 年左右。在 40 ℃的温度下，每立方米空间含 50 mL 福尔马林气体，需经 3 h 才能将其杀死。

【流行病学】

蜂房蜜蜂球菌能在病虫尸体中存活数年，在蜜粉中能保持长久的活力。被病虫及其排泄物所污染的饲料和果脾是主要的传染源。群内传播主要是通过内勤蜂的清洁饲喂活动引起的。病、健群随意地调换巢脾、混用蜂具以及盗蜂、迷巢蜂等是此病群间传播的重要原因。

【症状】

患病幼虫大都在 2 日龄前被感染。4～5 日龄发病死亡。死亡幼虫初期呈白色、以后渐变成黄色、浅褐色，直至深褐色。虫尸软化、陷塌并于巢房底部腐烂、干枯。腐烂的虫尸无黏性，用镊子挑取时不能拉成细丝，有难闻的酸臭味，干户易清除。发病严重的蜂群，初期会出现明显的“花子”现象，后期则只见卵、虫不见封盖子。

【诊断】

主要根据症状进行诊断，提取3～5日龄未封盖幼虫认真观察，如幼虫扁平状。无光泽、无弹性，呈现黄斑或黄色。封盖前死亡呈褐色，尸体无黏性，尸体内溶解腐败，发出酸臭味，干枯尸体为黑褐色，脾面为“花子脾”等典型症状，即可做出初步诊断。为了进一步确诊病原，可先在一般酵母琼脂或马铃薯琼脂培养基上分离纯化后，再进行镜检。由于欧洲幼虫腐臭病的病原比较复杂，因此要着重对主要致病菌-蜂房蜜蜂球菌进行分离和纯化。

【防治】

(1)加强饲养管理，提高蜂群的抵抗能力　饲养强群，经常保持蜂群有充足的饲料贮备，繁殖期保持蜂多于脾。

(2)选育抗病品系，更换病群蜂王　抗病选种可提高蜂群对欧洲幼虫腐臭病的抵抗能力。在发病初期，及时更换病群蜂王，有利于内勤蜂清除病虫和打扫巢房，减少重复感染的机会。

(3)药物治疗　常用土霉素或四环素掺入饱和糖浆或花粉中饲喂蜂群。每10框蜂10万单位，重病群可连喂3～5次，轻病群每隔5～7 d 1次，至不见病虫为止。

十六、白垩病

蜜蜂白垩病(chalk brood)又称为蜜蜂石灰质病，是蜜蜂的一种幼虫病。本病由Messen于1913年德国第一次描述报道，目前主要分布在欧洲、北美洲、亚洲及新西兰等地区。20世纪80代，泰国、澳大利亚及我国台湾地区发生过。1991年我国南方各省发生本病，之后蔓延至全国各地，仅为西方蜜蜂患病，危害严重。

【病原】

白垩病是由蜜蜂子囊球菌(*Ascosphaera apis*)所引起的。其子实体呈球形、由许多子囊组成，每个子囊内有不多于8个子囊孢子。单个子囊孢子呈椭圆形，深墨绿，大小为(30～4.0)μm×(1.4～2.0)μm。子囊孢子的抗逆性很强，在自然界中保存15年以上仍有感染力。

【流行病学】

本病多发生于多雨潮湿、温度变化大的春季和初夏。群内主要通过子囊孢子传播。患病幼虫尸体以及被污染的饲料和巢脾是主要传染源。群间传播可通过飞扬的孢子、患病群和健康群互调巢脾等引起。此外，转地饲养、购买来自疫区的花粉作为饲料等是白垩病大范围爆发流行的主要原因。

【症状】

白垩病主要使老熟幼虫或封盖幼虫死亡。约4日龄的雄蜂幼虫最易感染。死亡幼虫失水干缩、变硬，初期体表被白色粉笔样物覆盖以后渐变成黑色。虫很容易从巢房内清除掉，患病严重的蜂群，可在巢门口附近看到大量的被蜜蜂拉出的白色和黑色的干虫尸。

【诊断】

本病根据典型症状进行初步诊断。也可以根据病原诊断，通过挑取少量病死幼虫尸体表面物于载玻片上，加1滴蒸馏水，在低倍显微镜下观察，若看到白色似棉纤维般的菌丝和含有孢子的孢子囊，且孢子呈椭圆形时，即可确诊为白垩病。

【防治】

(1)加强蜂的饲养管理　在春季繁殖期，应加强保温。保持蜂脾相称或蜂多于脾。不用来路不明的花粉饲喂蜂群。及时清除被蜜蜂拉出的病虫干尸。

(2)换箱换彻底并消毒　撤出病群中所有的病虫脾和发霉的蜜粉脾，换入干净的巢脾供蜂王产卵。换下的蜂箱和巢脾用二氧化硫(燃烧硫黄)密闭熏蒸 4 h 以上(硫黄的用量按每 10 张脾充分燃烧 3～5 g 计算)，或用 0.1%的新洁尔灭水溶液浸泡 12 h 以上进行消毒。

(3)药物治疗　每 10 框蜂每次用制霉菌素 10 万单位喷雾或饲喂，隔日 1 次，连用 5～7 次为一个疗程。也可用“白垩清”配制药物糖浆、含量 0.1%，每群每次喂 0.5～1 kg，2～3 d 1 次，直至病愈为止。

十七、蜜蜂螺原体病

蜜蜂螺原体病(honeybee spiroplasmosis disease)是一种由螺原体(*Spiroplasma*)引起的成年蜂传染病。

【病原】

螺原体是一种呈螺旋体状、无细胞壁的原核生物，菌体直径为 0.17 μm。螺原体属细菌由一类与昆虫宿主相关的无细胞壁的细菌组成，最初是从植物中发现的一种螺旋状，具有运动性原核生物。随后在不同的昆虫、扁虱及甲壳类动物中亦分离得到。在柔膜菌纲中，螺原体与动物致病性的支原体亲缘关系更近，但是在生态学上的地位螺原体却更接近植原体，因为此二者在涉及昆虫和植物宿主时都具有复杂的生活周期。螺原体和宿主的关系可分为互惠共生、共栖和寄生三种，其中多数为共栖关系。螺原体在系统发育分析上属于革兰氏阳性细菌，具有滤过性，能通过 0.22 μm 的滤器，可自我复制和独立生活。

【流行病学】

螺原体病的病原螺原体来自植物的花、蜂群内被污染的饲料和蜂具是本病的传染源，本病通过消化道侵入蜂体引起蜜蜂死亡，它主要危害青壮年蜂。常与蜜蜂麻痹病和蜜蜂孢子虫病并发。螺原体病通过内勤蜂的清巢、饲喂相互传播，蜂群间传播以盗蜂、迷巢蜂、所采水源和花源等途径传播。

【症状】

患病后病蜂出现呆滞、迟钝，7 d 后死亡。病蜂爬出巢门口外，在蜂箱周围地上爬行，行动迟缓，不能飞翔，三五成堆聚集在土凹和草丛中，呈“开小会”状。肠道肿胀苍白，后肠积水或积粪便，但病蜂不在地上旋转、翻滚，巢内秩序基本正常。死蜂双翅展开，吻吐出，似中毒状。急性型不仅青壮年蜂死亡，而且刚出房幼蜂也大量死亡，幼虫因缺少哺育和病原感染也大量死亡，蜂箱周围死蜂多，群势迅速下降；慢性型：蜂腹部膨大，足翅颤抖，不断有蜂爬出箱外，先爬行后死亡，群势上不去，即所谓见子不见蜂。本病常和其他病混合感染。

【诊断】

蜂场诊断可依据症状、发病季节诊断，出现死蜂吻吐出、翅展开但又区别于中毒的临床症状即可初步诊断为螺原体病。进一步确诊可取病蜂用 1%次氯酸钠消毒，再用无菌水冲洗后，置研钵内加入少量无菌水研磨，于 1 000 转离心 5 min，取上清液一滴滴于载玻片上，加盖玻片，放暗视野显微镜下放大 1 500 倍观察，看到有大量螺旋状、能运动的菌体即可确诊。

【防治】

对于螺原体病，应采取预防为主，药物治疗为辅的综合防治措施。

(1)综合防治　蜜蜂螺原体病宜以综合防治为主，越冬时选用优质饲料，早春要注意蜂群内通风降湿，结合饲喂抗生素进行防治。

(2)饲养管理　经常保持蜂群内有充足的饲料贮备,越冬饲料要求优质、量足,春季对蜂群保温并做到通气良好,秋季对巢脾和蜂具进行消毒。

(3)选育蜂种　淘汰抗病力差的蜂种,选育抗病力强的蜂群培育新蜂王,保持蜂群群势,增强抗病力,更换陈旧巢脾和老弱蜂王。

(4)药物防治　春季在对蜂群进行奖励饲喂时加入保蜂健、抗病毒一号和磺胺类药物预防,发病初期再根据病原种类应用相应的药物对症治疗。

第三章 寄生虫病

特种经济动物常见的体内、体外寄生虫病种类较多，但造成大批动物死亡的比较少见，所以往往被人们忽视。然而，饲养场一经污染，就难以根除，造成巨大的经济损失，应当引起足够的重视。

第一节 球 虫 病

球虫病是在高温多雨季节由于肠道感染一种或多种球虫引起动物小肠黏膜上皮细胞内发生的以肠炎为主要特征的一种原虫病。

【病原】

引起哺乳动物球虫病的主要病原有北美水貂艾美耳球虫(*Eimeria vison*)、黑足艾美耳球虫(*E. furonru*)、西北利卡艾美耳球虫(*E. sibirica*)、萨氏艾美耳球虫(*E. sabbi*)、河狸鼠艾美耳球虫(*E. nutriae*)、北极艾美耳球虫(*E. arctica*)、米伦斯艾美耳球虫(*E. muehlensi*)等。鹿、水貂、紫貂、银黑狐、水獭均易感。

患病及带虫动物排出的球虫卵囊经过外生性发育形成具有感染的孢子化卵囊，被动物吞食后进行内生性发育而引起球虫病。被球虫卵囊污染的笼舍、饲料、饮水、用具都可传播本病。

【生活史】

球虫只需一个宿主即可完成其生活史(4～7 d)，其生长发育需经历孢子生殖、裂殖生殖、配子生殖 3 个阶段。

(1)无性生殖阶段(裂殖生殖)　球虫在寄生的上皮细胞内进行裂殖生殖，产生许多新个体(裂殖子)，经过若干代裂殖生殖后，代之以有性生殖。

(2)有性生殖阶段(配子生殖)　在上皮细胞内形成大配子(雌性细胞)和小配子(雄性细胞)融合为合子，周围迅速形成一层被膜成为卵囊，随粪便排出体外。以上两个阶段都在宿主体内完成。

(3)孢子生殖阶段　卵囊在温度为 25～30 ℃、有充分湿度和通风的良好环境下，卵囊内形成孢子囊，每个孢子囊内又分裂形成子孢子。卵囊孢子化的时间随外界环境条件而异，通常为 3～4 d。孢子化卵囊具有感染性，当经口感染孢子化卵囊后，子孢子即在肠道内破囊而出，重新进入无性生殖阶段。

卵囊对消毒药有很强的抵抗力，在干燥空气中经数天即死亡。对热较敏感，55 ℃ 15 min 可杀死，在 80 ℃热水中 10 s、100 ℃热水中 5 s 即可死亡。

一、貂球虫病

水貂是重要的毛皮动物，水貂球虫病(mink coccidiosis)能引起貂场严重的经济损失。

【病原】

据国外文献记载，水貂球虫有12种，艾美尔属和等孢属各6种，其中常见的雷氏等孢球虫致病力最强，能引起水貂腹泻和死亡，卵囊的形态特征为卵圆形，无微孔，平均大小为34 μm×29 μm，孢子化卵囊内无外残体，有内残体，孢内囊椭圆形，平均大小为20.8 μm× 14.4 μm。

【流行病学】

本病广泛传播于水貂之间，幼龄貂更易感染，被球虫卵囊污染的笼子对本病的传播有重要作用。实验证明，笼子刮下物39%被污染，亦可经被污染饲料、饮水、用具和饲养人员而传播。其他动物也有可能成为球虫的传播者，特别是鼠类常偷吃毛皮动物饲料，而成为散布球虫的疫源。蝇类吞吃带球虫卵囊的食物，其卵囊可能在蝇肠管内存活很长时间，因而也可能成为传染的媒介。

【症状】

成年水貂球虫病症状不明显，病程为4～10周。幼龄貂用不全价和不合理的饲料时，本病表现症状剧烈。病貂食欲变化无常，出现腹泻，粪便稀薄，混有黏液，颜色为淡红、黄色、绿色或黑柏油样。被毛粗糙、无光泽、易脱落，进行性消瘦，幼貂停止发育易死亡。老年貂抵抗力很强，常为慢性经过，易并发其他疾病。

【病理变化】

水貂尸体通常高度衰竭和贫血，常发现腹水，胃空虚，小肠黏膜卡他性炎症，于球虫病灶处常覆以腐烂区，慢性经过在小肠黏膜层内发现白色结节(直径0.5～1.0 mm)，结节内充满球虫卵囊。水貂的肝性球虫临床上很少见，表现胆囊明显肿大，囊壁变厚变硬。

【诊断】

在粪便中发现球虫卵囊是诊断的主要依据，但必须结合临床症状和病理剖检变化来综合判断。

【治疗】

用氨丙啉、莫能菌素、磺胺喹噁啉等进行治疗都能取得良好的效果。磺胺嘧啶首次量为每千克体重0.14～0.2 g，以后每12 h按每千克体重0.11 g用药，至症状消失为止。

【预防】

水貂球虫病最合理有效的预防措施是将貂离地单笼饲养，并保持笼子和小室清洁干燥，经常更换垫草，笼具等定期洗刷，清除貂粪，进行生物热发酵后再做肥料。经常用2%～3%克辽林溶液和热水消毒笼具。合理饲养，全价饲料，增加抵抗力。

二、珍禽球虫病

各种禽类的球虫病是一种全球性的原虫病，是集约化养禽业最为多发、危害严重、防治困难的重要疾病之一。引起珍禽常见球虫病(special birds coccidiosis)的是一种或多种艾美尔属的球虫，且常常是混合感染，主要感染鹧鸪、鸽子、鹌鹑、珍珠鸡、火鸡、野鸡、贵妃鸡、鹦鹉、鹤、雁等。

(一)鹧鸪球虫病

【病原】

柔嫩艾美尔球虫(*Eimeria tenella*)和毒害艾美尔球虫(*E. necatrix*)。柔嫩艾美尔球虫的致病力最强,寄生在雏珍禽的盲肠黏膜内,一般称为盲肠球虫。毒害艾美尔球虫,主要寄生在小肠黏膜内,能引起青年珍禽和成年珍禽的小肠球虫病。在成年珍禽大多成为无症状的带虫者。带虫珍禽是传播球虫病的重要来源。艾美尔球虫病通常在气温 27~30 ℃和雨水较多的季节最容易流行,因为温暖潮湿的环境最有利于艾美尔球虫的发育,所以在每年春、夏季发生最多,这个时期也是孵化和育雏最旺季节,一旦发生之后,就会造成巨大的损失。

【流行特点】

每年 4~5 月份是鹧鸪的繁殖季节,其育雏和生长发育期正好处于我国部分地区高温多雨季节,这样就导致了鹧鸪极易感染球虫病。如果卫生防疫工作不到位,很容易引起球虫病在鹧鸪群中的蔓延甚至造成暴发性流行。但是,在人工繁育过程中,1 月龄内的幼雏处在育雏期内,在育雏室内进行饲养管理,从饲养环境、饲养管理到卫生防疫等方面管理比较完善,发病率较低。南方地区鹧鸪感染无明显季节性,四季均可发生,2~3 周龄鹧鸪感染率可达 100%,3~4 月龄的青年鹧鸪感染率为 41%,产蛋鹧鸪有较强的抵抗力。患病和隐性感染者是鹧鸪的主要传染源,一些昆虫、鸟类和饲养人员也可成为机械传播者,成年鹧鸪感染待症状消失后数月内仍有虫卵排出。

【临床症状】

发病鹧鸪表现精神沉郁,有时出现呼吸困难,羽毛松乱,严重者翅下垂,嗜睡,粪便呈糊状或水样、恶臭、褐色、间或可见血便。

【病理变化】

病变主要为十二指肠黏膜充血,有斑点状或不规则出血点,有的病例回肠充满糊状内容物,肠壁增厚。盲肠不同程度高度肿胀,比正常肿大 2~4 倍,肠壁变薄,内含大量血液及干酪样物质,浆膜层有针尖至米粒大小的灰白色糜烂点和紫色出血点;肝稍肿,有小米粒大小的黄色斑点状坏死灶。

【诊断】

根据发病日龄、临床症状、剖检变化等怀疑为球虫病时,应取粪便或剖检死、病鹧鸪取病变肠段黏膜镜检,见有多量球虫卵囊和裂殖体、裂殖子时,即可确诊。

【治疗】

采取如下措施。

①对患病和疑似患病鹧鸪进行隔离。

②对全部圈舍、地面和食具进行严格消毒,即先用火焰喷灯对圈舍和地面进行消毒,然后用百毒杀对圈舍、地面进行喷雾消毒,食具进行浸泡消毒。

③患病鹧鸪的饲料中添加盐酸氯苯胍,在饮水中加入球虫净,并对较严重的个体人工灌服球虫净,并且肌内注射青霉素。

④将球痢灵(硝苯酰胺)与磷酸钙配成 25%球痢灵混合物,以 250~300 mg/kg 饲料拌料,连服 3~5 d。

⑤莫能菌素按 100~120 mg/kg 饲料拌料,自 2 周龄起,连服 2 周。

【预防】

本病要以预防为主，雏鸪和成鸪要分养，采用笼养或网上平养，全进全出，搞好环境卫生，饲料中维生素 A 含量要充足。定期在饲料中加入适量预防球虫的药物，并注意轮换用药、穿梭用药或联合用药，防止产生耐药性。

(二)珍珠鸡球虫病

【流行特点】

珍珠鸡在雨季或潮湿的地方饲养易患球虫病。雏鸡和中雏鸡发生小肠球虫较多，特别是在没有明显血便的情况下容易疏忽，易造成大批死亡。

【症状】

珍珠鸡感染球虫后，全身衰弱，精神委顿，主要表现为下痢。

【治疗】

每千克饲料中用克球粉 0.5 g 拌料饲喂。

【预防】

搞好环境卫生，每 1～2 d 清除粪便一次，将粪便堆放于舍外或放入粪池内进行生物处理。保持舍内干燥。做好经常性消毒工作，用 20%生石灰可杀灭球虫卵囊。避免饲料、饮水被粪便污染。分群饲养，最好小群或单栏饲养。

(三)火鸡球虫

火鸡球虫病主要危害雏火鸡，以 3～6 周龄火鸡的死亡率最高，近年来本病有增加的趋势。

【临床症状】

病火鸡厌食，饮欲增加，精神不振，嗜睡，腹泻，运动失调，常突然死亡。母火鸡感染本病产蛋率下降，公火鸡感染本病则性欲降低，配种能力下降。

【病理变化】

常见肺、小肠、肝和脾肿大，有时虫体阻塞循环而造成死亡。

【诊断】

检查血片中的配子体和组织切片裂殖体进行诊断。

【治疗】

在饲料中掺入 0.02%～0.024%氨丙啉或 0.025%磺胺喹沙林或 0.03%磺胺氯吡嗪等对球虫病进行治疗均有效果。

【预防】

饲料中混入盐霉素、马杜拉霉素等对预防本病有良好效果。使用驱虫剂或用纱布等阻止昆虫进入火鸡舍，对预防本病的发生具有重要意义。

(四)雉鸡球虫病

【症状】

急性病雉鸡精神委顿，羽毛松乱，减食喜饮。拉稀粪，呈水样，内混有血丝，有时含大量血液。一般病程 2～3 周，短的 1 周内死亡。人工感染时死亡率可达 41%～85%。慢性病例则经常拉稀，生长发育停滞，一般死亡率不高，但可以从其粪便中排出大量的卵囊，污染环境、饲料和饮水等。

【病理变化】

剖检变化主要在肠道，盲肠壁增厚发炎，黏膜上常有较小的白色卵囊结节，十二指肠和小肠黏膜卡他性炎症，黏液增多，有时充满肠腔。急性死亡者可在肠腔内发现有多量的出血，内容物呈红色，肠壁出血性炎症。

【治疗】

一旦发病，应及时在饲料中添加抗球虫药物如磺胺类、氨丙啉等。

【预防】

可用复方氨丙啉、克球粉交替拌料喂服，同时在饲料中添加适量的多种维生素，并对育雏舍和运动场进行全面清扫消毒。在饲养过程中应特别注意，尤其是育雏期间由育雏舍转向地面散养时，或梅雨季节环境湿度较大时，须预先在饲料中添一些抗球虫药予以预防。发病后应及时治疗，并加强饲养管理，减少死亡损失。

第二节　组织滴虫病

组织滴虫病是由火鸡组织滴虫寄生于禽类的盲肠和肝脏引起的疾病，又名盲肠肝炎或黑头病，以排淡黄色、黄色或黄绿色粪便，肝坏死和盲肠溃疡为特征。是火鸡和雏鸡的一种原虫病，也发生于野鸡、珍珠鸡、孔雀和鹌鹑等鸟类。

【病原】

病原是火鸡组织滴虫（*Histomonas meleagridis*），为多形性虫体，大小不一，近圆形或变形虫形，伪足钝圆。盲肠腔中虫体的直径为 5～30 μm，长 1 根鞭毛；虫体内有一小盾和一个短的轴柱。在肠和肝组织中的虫体无鞭毛，初侵入者 8～17 μm，生长后可达 12～21 μm，陈旧病变中的虫体仅 4～11 μm，存在于吞噬细胞中。致病力受宿主的品种、年龄、营养状况、肠道菌群的组成等因素的影响。虽然禽类都可感染本病，但火鸡易感，不同品种的鸡对本病的敏感性存在差异，一般本地土鸡发病率低。

【流行病学】

组织滴虫的自然宿主很多，火鸡最易感，尤其是 3～12 周龄的雏火鸡，感染死亡率可达 100%。野鸡、鹌鹑、孔雀、珍珠鸡、锦鸡、鸵鸟等均可感染组织滴虫，但症状较轻。

火鸡组织滴虫感染禽类后，多与肠道细菌协同作用而致病，单一感染时，多不显致病性。死亡率常在感染后第 17 天达高峰，第 4 周末下降。火鸡饲养在高污染区的发病率较高，人工感染的死亡率可达 90%。鸡的死亡率较低，但鸡常常作为组织滴虫的隐性宿主，可以散播本病。

【症状】

组织滴虫病的潜伏期一般为 7～12 d。病火鸡精神委顿，食欲不振，缩头，羽毛松乱。病情发展下去，患病火鸡精神沉郁，单个呆立在角落处，站立时双翼下垂，眼闭，头缩进躯体，卷入翅膀下，行走如踩高跷步态。疾病末期，病禽鸡冠、肉髯因瘀血发黑，所以叫黑头病。最急性病例，常见粪便带血或完全血便；慢性病例，排淡黄色或淡绿色粪便，一般表现消瘦，火鸡体重减轻，鸡很少呈现临床症状。感染组织滴虫后，引起白细胞总数增加，主要是异嗜细胞增多，但在恢复期单核细胞和嗜酸性粒细胞显著增加，淋巴细胞、嗜碱性细胞和红细胞总数不变。

【病理变化】

病变主要在盲肠和肝脏。剖检可见盲肠的一侧或两侧肠壁增厚，表面覆盖有黄色或黄灰色渗出物，渗出物常发生干酪化充塞盲肠腔，呈多层的栓子样。严重时引起盲肠穿孔，继发腹膜炎。肝脏出现颜色各异、不整圆形稍有凹陷的溃疡灶，通常呈黄灰色，或是淡绿色。溃疡灶的大小不等，一般为1～2 cm的环形病灶，也可能相互融合成大片的溃疡区。

【诊断】

根据典型症状（排出淡黄色或淡绿色粪便），病理剖检和粪便检查进行诊断。刮去盲肠黏膜或肝脏组织，镜下发现虫体，即可确诊。

【防治】

由于组织滴虫的主要传播方式是通过盲肠体内的异刺线虫虫卵为媒介，因此减少和杀灭异刺线虫虫卵是有效预防组织滴虫病的措施。利用阳光照射和干燥可最大限度地杀灭异刺线虫卵。成禽应定期驱除异刺线虫。火鸡和鸡隔离饲养；成年禽和幼禽单独饲养。可选用痢特灵、甲硝唑和洛硝哒唑等药物治疗和预防。

第三节 绦虫病

一、毛皮动物绦虫病

绦虫病（taeniasis）也是毛皮动物（fur animal）常见的寄生虫病，绦虫成虫对毛皮动物的健康危害很大，它们的幼虫期，大多以其他动物或人为中间宿主，严重危害动物和人类健康。

【病原与流行病学】

寄生于毛皮动物体内的绦虫种类有很多，其中最为常见的为复孔绦虫（*Dipylidium caninum*）。

绦虫是背腹扁平、左右对称，呈白色或乳白色、不透明的带状虫体。大多分节，极少不分节，但其内部结构为纵列的多套生殖器官。

毛皮动物体内的各种绦虫，寄生寿命较长，可延续数年之久，同时其孕卵体节有自行爬出肛门的特性，以致极易散布虫卵，不但毛皮动物整群之间能互相污染，同时还污染环境；当人们逗玩毛皮动物时，即有可能感染绦虫蚴。未加注意而用感染绦虫蚴病的毛皮动物脏器、含绦虫蚴的鱼类等喂毛皮动物后，常造成毛皮动物绦虫病的流行。绦虫卵对外界环境的抵抗力较强，在潮湿的地方可生活很长时间，只有在日光直射或热的苛性钠、石炭酸等的作用下才能被杀死。

【症状】

毛皮动物绦虫寄生于毛皮动物的肠管内，以其小钩和吸盘损伤宿主的肠黏膜，引起炎症；虫体吸取营养，使宿主生长发育发生障碍；虫体聚集成团，可堵塞肠腔甚至引起肠破裂；虫体分泌毒素作用于血液和神经系统，引起强烈兴奋（假性狂犬病），呈癫痫样发作。轻度感染时，可不呈现临床症状；重症感染时，主要呈现呕吐，慢性肠卡他，食欲反常（贪食，异嗜），消瘦，容易激动或精神沉郁；患病毛皮动物自体内排出孕节时，孕节常附着在肛门周围，使肛门发痒，因而在地面上摩擦刺激肛门，使肛门发炎，疼痛；有的呈现假性狂犬病症状，或发生痉挛，或四肢麻痹。本病多呈慢性经过，死亡病例较少。剖检死亡病例，可见肠内有长短不一的绦虫。毛皮动物生产中，还见到过大量排出体外的虫体。

【诊断】

用饱和盐水浮集法检查粪便内的虫卵或卵囊（卵袋）；日常注意观察毛皮动物的体况，一般患绦虫病的毛皮动物在其肛门口常夹着尚未落地的绦虫孕节或在排粪时排出较短的链体。链体呈白色，最小的如米粒，最大的链体节片长达 9 mm 左右。找到虫卵或发现绦虫孕片即可确诊。此外，病死剖检，若在肠道内发现虫体，即可确诊。

【治疗】

可选用下列药物进行治疗。

(1)氯硝柳胺(贝螺杀、灭绦灵) 剂量为每千克体重 170～230 mg，一次口服。服药前禁食12 h。此药具有高效杀虫作用。

(2)吡喹酮 口服剂量为每千克体重 6～12 mg；亦可按每千克体重 3.0～7 mg 皮下注射。

(3)抗蠕敏 按每千克体重 25 mg 口服，具有高效杀虫作用。

(4)盐酸丁萘脒 按每千克体重 30～70 mg，一次口服。服药前禁食 12 h。服药后 3 h 方可喂食。本品为一种广谱抗绦虫药。

(5)氯硝柳胺哌嗪 按每千克体重 130 mg 口服。

(6)氢溴酸槟榔素 患病毛皮动物禁食 16～20 h 后，按每千克体重 1.8～2.5 mg 的剂量，夹在小块食物中喂服，为了防止呕吐，应预先(给药前 15～20 min)给予稀碘酊液(水 10 mL，碘酊 2 滴)10 mL，然后投药。具有呕吐症状的毛皮动物，为防止服药后呕吐出来，可将上述内服药改为直肠内灌入，剂量稍微增大一些，同样可达到驱虫目的。

(7)硫氯酚(别丁) 剂量为每千克体重 120 mL，口服，隔日 1 次，共服 10～15 次。此药药性缓和，但不能杀死头节，今已少用。

【预防】

对毛皮动物一年应进行 4 次预防性驱虫(每季度 1 次)。毛皮动物育种繁殖场，驱虫工作应在交配前 3～4 周内进行。不用肉类联合加工厂的废弃物，特别是未经无害处理(高温煮热)的非正常肉食品喂毛皮动物。在裂头绦虫病流行地区所捕捞的鱼虾不要给毛皮动物生食。应用倍硫磷药物杀灭毛皮动物笼舍和毛皮动物身体上的蚤和毛虱。大力防鼠灭鼠。严禁犬进出毛皮动物养殖场、饲料仓库、屠宰场及饲料加工场所。在驱虫时，一定要把毛皮动物关在一定范围内，以便收集排出的虫体和粪便，彻底销毁，防止散布病原。

二、珍禽绦虫病

珍禽绦虫病(special birds tapeworm disease)主要是赖利绦虫病和剑带绦虫病。

【病原】

赖利绦虫病(raillietinosis)是由赖利属(*Raillietina*)绦虫寄生于禽类的小肠内所引起的一种绦虫病。其主要致病种有：四角赖利绦虫(*R. tetragona*)，主要寄生于鸡、火鸡、珍珠鸡、孔雀、鹌鹑、鸽的小肠内，中间宿主为家蝇和蚂蚁；棘沟赖利绦虫(*R. echinobothrida*)，主要寄生于火鸡、野鸡、雉鸡及鸡的小肠内，中间宿主为蚂蚁；有轮赖利绦虫(*R. cesticillus*)，主要寄生于珍珠鸡、火鸡及鸡的小肠内，中间宿主为甲虫、食粪甲虫及家蝇；珍珠鸡赖利绦虫(*R. magninumida*)主要寄生于珍珠鸡、火鸡及鸡的小肠内，中间宿主为甲虫；乔治赖利绦虫(*R. georgiensis*)主要寄生于火鸡及野火鸡的小肠内，中间宿主为小褐色蚂蚁；兰氏赖利绦虫(*R. ransomi*)，主要寄生于鸡、火鸡、野火鸡、鸭的小肠内；威廉赖利绦虫(*R. williamsi*)，主要寄生于火鸡、野火鸡及鸟的小肠内。

剑带绦虫病是由膜壳科(Hymenolepididae)剑带绦虫属(*Drepanidotaenia*)的矛形剑带绦

虫(*D. lanceolata*)寄生于鹅、鸭小肠内所引起。本病分布于全球,多呈地方性流行,幼禽发病最严重。

【流行病学】

家禽绦虫生活史表明,完成其发育周期均需中间宿主参与。中间宿主通常为甲虫、蝇类、蛞蝓及甲壳纲的无脊椎动物。而中间宿主因禽鸟种类、栖息地、食物和生活习性等不同,所需中间宿主的种类也有差异。陆栖禽(如鸡、火鸡、珍珠鸡等)绦虫的中间宿主多属营陆生生活的无脊椎动物,如蚯蚓、家蝇、蚂蚁、蚱蜢和许多种类的甲虫及蜗牛和蛞蝓等软体动物。侵袭大雁、鸭和鹅之类水禽绦虫的中间宿主则多为水生无脊椎动物,如剑水蚤、镖水蚤和跳虾等甲壳类动物。

充当禽鸟类中间宿主的无脊椎动物吞食禽鸟排出的绦虫卵和含卵体节被感染。虫卵被中间宿主吞食后,在消化道里孵化出胚胎或幼虫,钻通肠壁,进入体腔,发育成前部膨大后部伸长成附属器的似囊尾蚴。似囊尾蚴是绦虫在无脊椎动物中间宿主体内的特殊发育形态,也是最原始的幼虫型。

禽鸟随食物和饮水吞食含似囊尾蚴的中间宿主遭受感染。包藏在中间宿主体内的似囊尾蚴在消化液的作用下逸出,翻转头节,吸附于肠壁上,而后从颈节开始生产新的体节,约经 3 周发育为成熟的绦虫。

【临床症状】

禽鸟类绦虫感染所引起的临床症状,主要取决于绦虫的感染量、饲料和宿主的年龄。轻度感染一般不呈现临床症状。严重感染时呈现的以消化道为主的症状。病禽初期表现食欲降低、精神不振,可视黏膜苍白,消化不良,拉稀,粪便稀薄呈绿色,后变淡灰色或灰白色,有臭味,便中混有白色长短不一的绦虫节片。水禽不愿下水,消瘦,生长发育受阻。后期病情加重,精神沉郁、不食、渴欲显著增加,翅下垂,羽毛松乱不洁,缩颈打瞌睡,贫血,走路摇晃、运动失调,有的突然倒地后站不起来,多次发作后即可死亡;有的头麻痹向后背、肢体强直痉挛抽搐,歪颈仰头,两脚做划水动作,向后坐或倒向一侧挣扎而亡。

【病理变化】

病禽贫血、肌肉发白,脏器黏膜出血,心肌瘫软无力,个别有白斑。肝脏略肿大,胆囊充盈,胆汁稀呈淡绿色。外观小肠有的凹凸不平,手摸内容物有硬感。剪开胃和肠管,肠腔内可发现虫体,虫体多时阻塞肠管;肠黏膜发炎、充血、出血,有米粒大结节状溃疡,有的肠壁变薄,肠膜脱落,有散在灰黄色结节,肠内容物稀臭。

【诊断】

根据当地家禽绦虫病的流行病学资料和已出现的临床症状做出初步诊断。确诊须在病禽的粪便检查虫卵或孕卵节片。而严重感染绦虫的病例有时难以查出虫卵和节片。此外,病理剖检在肠道内发现虫体也可确诊本病。

【治疗】

对珍禽绦虫病治疗效果比较好的药物如下。

(1)氢溴酸槟榔素　按每千克体重 3 mg,配成 0.1%水溶液口服。给药前宜绝食 16～20 h,一般于投药后 15～25 min 排出绦虫。

(2)槟榔、石榴皮合剂　槟榔与石榴皮各 100 g,加水至 1 000 mL,煮沸 1 h 至 800 mL。雏禽每只 2 mL。

(3)硫氯酚　按每千克体重 120～125 mg 内服。

(4)氯硝柳胺　按每千克体重 60～150 mg 内服。

(5)吡喹酮　按每千克体重 10 mg 内服。

(6)丙硫苯咪唑　按每千克体重 15 mg 内服。

【预防】

防止禽鸟类动物吞食各种类型的中间宿主是预防禽鸟绦虫病的措施之一。主要是对环境消毒,防止中间宿主昆虫、蜗牛、蛞蝓、甲壳类等无脊椎动物的存在。珍禽的粪便是中间宿主的感染源,经常清除和处理粪便是防止中间宿主吃到绦虫卵和绦虫节片的重要措施。可采用粪便自然发酵处理法。

第四节　线　虫　病

一、毛皮动物蛔虫病

蛔虫病(ascariasis)是毛皮动物生产中常见的寄生虫病。毛皮动物蛔虫病(fur animal ascariasis)是由犬蛔虫和狮蛔虫寄生于毛皮动物的小肠和胃内引起的,主要危害幼龄动物,影响幼龄动物的生长和发育,严重感染时也可导致患病动物死亡。1～3 个月的幼龄动物最易感染。

【病原与流行病学】

毛皮动物弓首蛔虫和猫弓首蛔虫同属于弓首科(Toxocaridae)弓首属(*Toxocara*),通称犬蛔虫和猫蛔虫。狮弓蛔虫属于蛔科(Ascaridae)的弓蛔属(*Toxascaris*),通称狮蛔虫。

毛皮动物弓首蛔虫(*Toxocara canis*)寄生于毛皮动物和犬科动物的小肠中,是毛皮动物最常见的一种寄生线虫。虫体浅黄色、头端有三片唇,缺口腔,食道简单,食道与肠管连接处有一个小胃,虫体有狭长的颈翼膜,皮肤向腹面弯曲。雄虫体长 50～100 mm,尾端弯曲,有尾翼膜,尾尖有圆锥状突起物,交合刺两根,长 0.75～0.95 mm、雌虫体长 90～180 mm,尾端直,阴门开口于虫体前半部。虫卵呈亚球形,卵壳厚,表面麻点状,大小为(68～85) μm×(64～72) μm。

毛皮动物蛔虫的虫卵随粪便排出体外,在适宜条件下,约经 5 d 发育为感染性虫卵。经口感染后至肠内孵出幼虫,幼虫进入肠壁血管而随血行到肺,沿支气管、气管而到口腔,再次被咽下到小肠内发育为成虫。有一部分幼虫移行到肺以后,经毛细血管而进入体循环,随血流被带到其他脏器和组织内形成包囊,并在其内生长,但不能发育至成熟期。如被其他肉食兽吞食,仍可发育成为成虫。毛皮动物蛔虫还可经胎盘感染给胎儿,幼虫存在于胎血内,当仔兽出生 2 d 后,幼虫经肠壁血管钻入肠腔内,并发育成为成虫。

蛔虫生活史简单,繁殖力强,虫卵对外界因素有很强的抵抗力,所以蛔虫病流行甚广。毛皮动物常因采食了被蛔虫卵污染的食物或饮水而得病。

【症状】

患病毛皮动物主要表现为消瘦、贫血、呕吐、异嗜,长期食欲不振,先下痢而后便秘,有的出现癫痫样痉挛。幼龄动物腹部膨大,发育缓慢。有时呕吐物中或粪便中带虫,有时蛔虫呈团状堵塞肠管或进入胆囊堵塞胆总管。

在感染早期有轻微咳嗽，食欲减退，感染严重时会出现呼吸困难。幼龄动物腹围膨大，发育不良，贫血，消瘦，被毛粗糙，皮肤松弛。有的表现异嗜症。

【诊断】

幼龄动物感染蛔虫严重时，其呕吐物和粪便中常排出蛔虫，即可确定本病。还可进行粪便虫卵检查确诊，常采用直接涂片法和饱和盐水浮集法。如感染强度大，用直接涂片法就可发现虫卵。

【治疗】

对毛皮动物蛔虫病可应用下列药物驱虫。

(1)倭瓜籽　倭瓜又叫南瓜、北瓜、方瓜等。带皮、整粒、生吃。一般的成年毛皮动物使用10～30 粒，幼龄动物 6～8 粒就可以了。

(2)驱蛔灵(枸橼酸哌哔嗪)　剂量为每千克体重 100 mg，口服，对成虫有效；而按每千克体重 200 mg 口服，则可驱除 1～2 周龄幼龄动物体内的未成熟虫体。

(3)左旋咪唑　剂量为每千克体重 10 mg，口服。

(4)噻苯咪唑　剂量为每千克体重 50 mg，口服。猫不用。

(5)丙硫苯咪唑(抗蠕敏)　剂量为每千克体重 10 mg，口服，每日 1 次，连服 3 d。

上述药品均一次投服，在投药前，一般应禁食 10～12 h，投药后不需再投服泻剂，在必要时可在 2 周后重复用药。

要注意交替用药，防止产生耐药性和抗药性。

【预防】

毛皮动物舍粪便应每天清扫，使用的笼具应经常用火焰(喷灯)或开水浇烫，以杀死虫卵。定期检查与驱虫，幼龄动物每个月检查 1 次。成年兽每 3 个月检查 1 次，一旦发现患病立即进行驱虫。

二、珍禽蛔虫病

珍禽蛔虫病的病原体是禽蛔科(Ascaridiidae)禽蛔属(*Ascaridia*)的鸡蛔虫(*Ascaridia galli*)，主要寄生于禽的小肠内。本病遍及全国各地，在鸽子、柴鸡、珍珠鸡、孔雀等珍禽均有报道，是一种常见寄生虫病。在地面大群饲养的情况下，常感染严重，影响雏鸡的生长发育，甚至引起大批死亡，造成严重损失。

【病原及流行病学】

鸡蛔虫是寄生于禽体内最大的一种线虫，呈黄白色，头端有 3 片唇、雄虫长 2.6～7 cm，尾端有明显的足翼和尾乳突。有一个具有厚的角质边缘的圆形或椭圆形的肛前吸盘；交合刺近于等长。雌虫长 6.5～11 cm，阴门开口于虫体中部。虫卵呈椭圆形，大小为(70～90) μm×(47～51) μm。壳厚而光滑，深灰色，新排出时内含单个胚细胞。

本病感染途径主要是食入蛔虫感染性虫卵污染的饲料、饮水。各龄期禽类均能感染。3～4 月龄以内的易受感染，病情也较重。1 岁以上珍禽常为带虫者，成为传染源。

饲养条件与感染程度有很大关系。饲喂全价饲料和富含维生素 A 和 B 族维生素饲料的珍禽发病较少。温度适宜，阴雨潮湿，鸡蛔虫病的发病率增高。鸡群管理粗放，卫生条件差，易发生本病，尤其是地面放养珍禽。

【临床症状】

幼禽患病表现为食欲减退，生长迟缓，呆立少动，消瘦虚弱，黏膜苍白、羽毛松乱，两翅下垂，胸骨突出，下痢和便秘交替，有时粪便中有带血的黏液，以后逐渐消瘦而死亡。成年鸡一般为轻度感染，严重感染的表现为下痢、日渐消瘦和贫血。

剖检病变部位主要在十二指肠，整个肠管均有病变，肠黏膜发炎出血，肠壁上有颗粒状化脓灶或结节形成。小肠中发现有线虫寄生，经观察似鸡蛔虫。

【诊断】

(1)虫卵检查　取病禽粪便直接涂片法或饱和盐水浮集法，检出鸡蛔虫卵可确诊。

(2)剖检　死亡的病例剖检时，在小肠中发现虫体和相应的病变即可确诊。

(3)治疗性诊断　用驱虫药进行驱虫诊断，如发现排出蛔虫即可确诊有蛔虫。

【治疗】

左旋咪唑片剂，内服，按每千克体重 38～48 mg。驱蛔灵，内服，按每千克体重 200～300 mg。

也可以中药治疗。

①烟草切碎，文火炒焦研碎，按 2%比例拌入饲料，2 次/d，连喂 3～7 d。

②槟榔籽 125 g，南瓜籽、石榴皮各 75 g，研成粉末，按 2%比例拌入饲料，用前病鸡停食空腹喂给，2 次/d，连用 2～3 d。

③鲜苦楝树根皮 25 g，水煎去渣，加红糖适量，按 2%比例拌入饲料，空腹喂给，1 次/d，连用2～3 d。

【预防】

做好禽舍内外的清洁卫生工作，经常清除粪及残余饲料，小面积地面可以用开水处理。料槽等用具经常清洗并且用开水消毒。

对流行区域养殖的珍禽，每年应 2 次定期驱虫，雏禽于孵化后 2 个月左右驱虫 1 次，当年秋末进行第 2 次驱虫；成年珍禽分别在春季和秋季驱虫。

驱虫后的粪要严格处理，集中烧毁或深埋。蛔虫卵在 50 ℃以上很快死亡，粪便经堆积发酵可以杀死虫卵，蛔虫卵在阴湿地方可以生存 6 个月。

第五节　弓 形 虫 病

弓形虫病(toxoplasmosis)是由龚地弓形虫(*Toxoplasma gondii*)引起的人兽共患寄生虫病。

【病原及流行病学】

龚地弓形虫(*Toxoplasma gondii*)流行于世界各地，但有株型的差异。弓形虫为细胞内寄生虫，因发育阶段不同而形态各异。猫是弓形虫的终末宿主(也是中间宿主)，已知有 200 余种动物，包括哺乳类、鸟类、爬行类、鱼类和人类都可以作为它的中间宿主。

弓形虫的卵囊和包囊有较强的抵抗力。卵囊在外界可存活 100 d，在潮湿土地上存活 1 年以上，但不耐高温，75 ℃即可杀死卵囊。包囊对低温有一定抵抗力，－14 ℃下 24 h 才能使之失活，在 50 ℃时 30 min 才可杀死。滋养体不耐低温，经过 1 次冻融即可使虫体失活。

弓形虫病广泛流行于世界各国的多种动物。水貂、银黑狐和北极狐等毛皮动物因吃了被猫粪便污染的食物，或含有弓形虫速殖子或包囊的中间宿主的肉、内脏、渗出物、分泌物和乳汁而被感染。速殖子还可以通过皮肤、黏膜而感染，也可通过胎盘感染胎儿。

本病没有严格的季节性，但以秋冬和早春发病率最高，可能与寒冷、妊娠等导致机体抵抗力下降有关。猫在7～12月份排出卵囊较多。此外温暖、潮湿地区感染率较高。水貂弓形虫阳性率为10%～50%，银黑狐和北极狐为10%～20%。我国近年来调查发现，各种动物对弓形虫的感染率有逐年上升的趋势。

弓形虫后天感染可侵害任何年龄和性别的毛皮动物。先天感染可通过母体胎盘，发生于妊娠的任何时期。当妊娠初期感染时，可导致胎儿吸收、流产和难产；当妊娠后期感染时，可产出体弱胎儿；在仔兽哺乳期发生急性弓形虫病。

【临床症状】

弓形虫病潜伏期一般7～10 d，也有的长达数月。急性经过的2～4周死亡；慢性经过的可持续数月转为带虫免疫状态。

(1)狐的症状　食欲减退或废绝，呼吸困难，由鼻孔及眼内流出黏液，腹泻带血，肢体麻痹或不全麻痹，骨骼肌痉挛，心律失常，体温高达41～42 ℃，呕吐，似犬瘟热；死前表现兴奋，在笼内转圈惨叫。妊娠狐可导致流产，胎儿被吸收，妊娠中断，死胎，难产等。公狐则不能正常配种，偶见恢复正常，但不久又呈现神经紊乱，最终死亡。

(2)水貂的症状　主要特征是中枢神经系统紊乱。急性期表现不安，眼球突出，急速奔跑，反复出入小室(产箱)，尾向背伸展，有的上下颌动作不协调，采食缓慢且困难，不在固定地点排便，发生结膜炎、鼻炎，常在抽搐中倒地。沉郁型表现精神不振，拒食，运动失调，呼吸困难，有的病貂呆立，用鼻子支在笼壁上，驱赶时转圈，搔扒笼具，失去方向感。

公兽患病不能正常发情，表现不能正常交配，偶然发现严重患病动物恢复完全健康状态，但不久又呈现神经混乱而死亡。母兽患病常产仔在笼壁上，而不产于小室内，产下的仔兽常出现体躯变形，多数头盖骨增大，在出生后4～5 d死亡。水貂患本病死亡率很高，尤其仔兽死亡率高达90%～100%。

【病理变化】

急性型外观消瘦贫血；肝脏肿胀质脆；肺脏呈间质性肺炎变化，肺泡隔增宽，细胞增生，肺泡腔中有数量不等的细胞；在巨噬细胞内有多量虫体；胃肠道黏膜充血、出血。

慢性型内脏器官贫血水肿，如肺脏肿胀水肿，肠贫血水肿，肾脏苍白水肿，脑膜下有轻度充血性变化。

【诊断】

根据临床症状、流行病学和非特异性病理变化只能初步怀疑本病，确诊必须依靠实验室检查。

(1)弓形虫的分离　由于弓形虫为专性细胞内寄生，用普通人工培养基是不能增殖的。为此必须接种于小鼠或鸡胚等进行组织培养分离。其中以小鼠接种最为适用，此法简单易行，便于推广应用。

操作方法：将病理材料(肺、淋巴结、肝、脾，或慢性经过的病例脑及肌肉组织)用1 mL含有1 000单位青霉素和0.5 mg链霉素的生理盐水做稀释，各以0.5 mL接种于5～10只小鼠的腹腔内。如接种材料有弓形虫存在时，则小鼠于接种后2周内发病，此时采取腹水或腹腔洗涤液1滴，滴于载玻片上，加盖片后，放显微镜下检查。

可发现典型弓形虫。若初代接种小鼠不发病，可于1个月后采血杀死，检查脑内有无包囊，包囊检查阴性，可在采血同时做血清学检查，只有血清学检查也呈阴性时，方可判定为阴性。

(2)弓形虫检查　将病理材料切成数毫米小块，用滤纸除去多余水分，放载玻片上，并使其均匀散开和迅速干燥。标本用甲醛固定10 min，以吉姆萨液染色40～60 min后干燥，镜检，可发现半月牙形的弓形虫。

(3)血清学检查　主要有色素试验、补体结合反应、血细胞凝集反应及荧光抗体法等。其中色素试验由于抗体出现早、持续时间长、特异性高，适合各种宿主检查，故采用较为广泛。其原理是当新鲜弓形虫在补体样因子(健康人血浆)作用下，使之与抗血清作用后，引起虫体细胞变性，导致虫体对碱性亚甲蓝不着色。如果被检血清中没有这种抗体，那么渗出液中的弓形虫就会被染色。

【鉴别诊断】

本病常与狐的犬瘟热相混同，也易与水貂的犬瘟热、病毒性肠炎、阿留申病、脑病和布鲁氏菌病混同。所以必须进行实验室检查加以鉴别。此外，本病常与犬瘟热、副伤寒、阿留申病混合感染。

【治疗】

目前对治疗毛皮动物弓形虫病尚缺乏经验。有资料介绍氯嘧啶(杀原生生物药)和磺胺二甲基嘧啶(每千克体重20 mg，肌内注射，2次/d，连用3～4 d)并用治疗本病效果显著。也可用磺胺苯砜(SDDS)，剂量为每日每千克体重5 mg。为了促进患病动物食欲，辅以B族维生素和维生素C。

在治疗发病动物个体的同时，必须对全场动物群体进行预防性投药，常用磺胺对甲氧嘧啶(SMD)20 g或磺胺间甲氧嘧啶(SMM)20 g，三甲氧苄啶(TMP)5 g，多维素10 g，维生素C 10 g，葡萄糖1 000 g，小苏打100 g，混合拌湿料50 kg，2次/d，连喂5～6 d。

【预防】

预防本病主要是不让猫进入养殖场，尽量防止猫粪对饲料和饮水的污染。饲喂毛皮动物的鱼、肉及动物内脏均应煮熟后饲喂。对患有弓形虫病及可疑的毛皮动物进行隔离和治疗。死亡尸体及被迫屠宰的尸体要烧毁或消毒后深埋。取皮、解剖、助产及捕捉用具要进行煮沸消毒，或以1.5%～2%氯亚明、5%来苏儿溶液消毒。

第六节　螨　　病

一、疥螨病

毛皮动物的疥螨病(sarcoptidosis)主要由疥螨科(Sarcoptidae)疥螨属(*Sarcoptes*)的犬疥螨(*S. scabiei canis*)和背肛螨属(*Notoedres*)的猫背肛螨(*N. cati*)寄生于毛皮动物皮肤内而引起的。本病是一种外寄生虫性皮肤病，俗称癞，是狐、貉的一种寄生性皮肤病，接触性传染，冬、春季节易多发。本病传染性很强，以接触感染为主，轻者使动物消瘦，重者造成死亡。

【病原】

疥螨(scabies)：呈圆形，微黄白色，背面稍隆起，腹面扁平。雌螨大小为(0.33～0.45) mm×

(0.25～0.35) mm。雄螨大小为(0.2～0.23) mm×(0.14～0.19) mm。寄生于毛皮动物的面部、鼻、耳、颈、爪、腹部以及其他部位，眼观不易认出。

痒螨(scab mite)：寄生于毛皮动物外耳道。黄白色或灰白色，长 0.5～0.8 mm，眼观如针尖大。

疥螨和痒螨全部发育过程都在动物体上完成。疥螨在宿主表皮挖凿隧道，以皮肤组织、细胞和淋巴液为食，并在皮内发育和繁殖。痒螨则寄生于皮肤表面，以吸吮皮肤渗出液为食。

【症状】

疥螨一般由嘴鼻周围及脚爪部发病，奇痒，患病动物不断用嘴啃咬脚部或用脚搔抓嘴、鼻等处，严重发痒时前后脚抓地，病变部出现灰白色糊块。眼圈、鼻梁、前脚底面和后脚底部出现皮屑和血痂，嘴唇肿胀，影响采食，患病动物迅速消瘦，直至死亡。

痒螨主要发生于外耳道内，可引起外耳道炎，渗出物干燥形成黄色痂皮，塞满耳道如纸卷样。患病动物耳下垂，不断摇头和用脚搔耳朵，还可能延至筛骨及脑部，患病动物表现歪头，最后抽搐而死亡。

【诊断】

虫体寄生部位有剧烈瘙痒，发病部位多从皮肤开始向身体其他部位蔓延。

采集病料查找虫体，方法如下：在患病皮肤与健康皮肤交界部位采取病料。先剪毛，用肥皂水洗擦干，然后取凸刃小刀，在酒精灯上消毒后，用手握刀，使刀刃与皮肤表面垂直，刮取皮屑，直至局部皮肤轻微出血，将皮屑刮至载玻片上进行检查。在野外采集病料时，可在刀刃上涂上一些水或抗生素软膏，被刮下的皮屑黏附在刀上，这样可避免被风吹散。

刮下的皮屑涂于载玻片上，加一滴煤油，再盖上一张载玻片，两片轻轻按压，使病料散开，再分开载玻片，置显微镜下观察。也可用 10%氢氧化钠溶液、液体石蜡或 50%甘油滴于病料上，虫体在这些溶液中短期内不死亡，在显微镜下可看到活的螨虫。

【治疗】

隔离患病毛皮动物，严禁患病动物与健康兽接触；患病动物污染的用具及环境，可用 3%敌百虫溶液喷洒或用喷灯烧，以杀死螨虫；从患病毛皮动物身上清除下来的一切污染的毛、痂皮都应全部收集销毁。

伊维菌素或阿维菌素，每千克体重 0.2 mg，肌内注射，5～7 d 注射 1 次，直至痊愈。各种杀螨药只能杀死虫体，不能杀死虫卵，根据螨的发育规律，本病非一次用药即可治愈，须持续用药 15 d 以上才可奏效。对于重症病例，可用 3%敌百虫药浴并配合伊维菌素进行治疗。对于并发细菌性感染的患病动物，在用杀螨药伊维菌素或阿维菌素的同时，还要选用广谱抗生素治疗，有条件的可先做药敏试验，选择有效抗生素治疗。

二、鹿蠕形螨病

蠕形螨病(demodicidosis)是蠕形螨科(Demodicidae)蠕形螨属(*Demodex*)的犬蠕形螨(*D. canis*)，寄生于毛皮动物的毛囊和淋巴结内而引起的一种疾病。蠕形螨也叫脂螨或毛囊螨。

【病原】

蠕形螨是一种小型的寄生螨。虫体细长，呈蠕虫状，体长为 0.25～0.3 mm，宽约 0.04 mm，外形上可以区分为前、中、后三个部分。口器位于前部，呈膜状突出，其中含一对三节组成的须肢，一对刺状的螯肢和一个口下板；中部有 4 对很短的脚，各脚由 5 节组成；后部细长,表面密布横纹。雄虫的生殖孔开口于背面,脚体部的中央即在第1与第2对脚之间后方的相对背面。雌虫的生殖孔则在腹面第4对脚之间。

【流行病学】

蠕形螨寄生于毛皮动物的毛囊和皮脂腺内,引起皮肤炎症。全部发育过程都在毛皮动物体上进行。雌虫产卵孵化为3对脚的幼虫,幼虫再蜕化变为4对脚的若虫,若虫蜕化变为成虫。

【症状】

发病初期病变在毛皮动物的皮肤、眼周围及四肢末端的皮肤部位,患部脱毛,皮肤肥厚、发红并有糠皮状鳞屑,随后皮肤变为红铜色。后期并发化脓菌感染,患部脱毛、皮肤病变处渗出或形成小的脓疱,破溃处流出恶臭的脓汁,流出的渗出液变干后形成痂皮,严重者因贫血及中毒而死亡。

【诊断】

切破皮肤上的结节或脓疮,取其内容物做涂片镜检,以发现病原体而确诊。

【治疗】

①苯甲酸苄酯33 mL,软肥皂16 g,95%酒精51 mL,混合,间隔1 h涂擦2次,每天涂擦1回,连用3 d。

②10%碘酊,外用,6~8次/d。

③白降汞5 g,硫黄10 g,石硫酸10 g,氧化锌20 g,淀粉15 g,凡士林加至100 g,局部涂擦,2次/d,连用3 d。

④1%伊维菌素或阿维菌素,按每千克体重0.2 mg剂量皮下注射,隔5~7 d注射1次,连续2~3次。

对重症患病动物除局部应用杀虫剂外,还应全身应用抗菌药物,防止细菌继发感染。为杀死淋巴内的虫体可静脉注射1%台盼蓝溶液,剂量为每千克体重0.5~1 mL,共注射2~3次,每次间隔6 d。

第七节 吸 虫 病

一、肝片吸虫病

肝片吸虫病(fascioliasis)是由片形科片形属的肝片形吸虫(*Fasciola hepatica*)和大片形吸虫(*Fasciola gigantica*)寄生于动物肝脏和胆管引起的疾病。以肝片吸虫较为常见,鹿、骆驼、牦牛和林麝等反刍动物均为易感动物。动物中牛、羊的发病率比较高,是人畜共患病。

【病原】

肝片形吸虫呈扁平片状,灰红褐色,大小为(20~41) mm×(5~14) mm,但大小与寄生数量和宿主的营养状况有关。前端有头锥,上有口吸盘,口吸盘稍后方为腹吸盘。肠管主干有许多内外侧分支。雄性生殖器官的两个睾丸前后排列于虫体中后部,呈树枝状。雌性生殖器官的卵巢位于腹吸盘后方一侧,呈鹿角状。曲折重叠的子宫内充满虫卵。卵黄腺由许多褐色颗粒组成,分布于虫体两侧。

虫卵呈长卵圆形,黄色或黄褐色,前端较窄,后端较钝,卵盖明显。卵内充满卵黄细胞和一个胚细胞，大小为(133～157) μm×(74～91) μm。

成虫在终末宿主的胆管内排出大量虫卵，卵随胆汁进入宿主消化道，由粪便排出体外，在适宜的条件下孵出毛蚴，进入水中，遇中间宿主——淡水螺蛳时，则钻入其体内，经无性繁殖发育为胞蚴、雷蚴和尾蚴。尾蚴自螺体逸出后，附着在水生植物上形成囊蚴。动物在吃草或饮水时吞食囊蚴即可被感染，幼虫从囊内出来后到寄生部位，经 2～4 个月发育为成虫。

【流行特点】

肝片形吸虫分布最广，全国各地都有；大片形吸虫主要见于我国南方一些省区。本病呈地方性流行，多发生于低洼、沼泽或有河流和湖泊的放牧地区。患病动物和带虫者不断地向外界排出大量虫卵，污染环境，成为本病的感染源。

温度、水和淡水螺是肝片形吸虫病流行的重要因素。虫卵的发育，毛蚴和尾蚴的游动以及淡水螺的存活与繁殖都与温度和水有直接的关系。因此，肝片形吸虫病的发生和流行及其季节变化与该地区的具体地理气候条件有密切关系。

在夏秋季多雨季节，虫卵孵出毛蚴；毛蚴在水中游动，遇到中间宿主椎实螺时便主动钻入螺体内；在螺体内经胞蚴、雷蚴，发育为尾蚴；尾蚴钻出螺体，游于水中，脱掉尾巴，黏附于水草茎叶上或游浮在水中，形成囊蚴。当动物采食具有感染力的囊蚴污染的水草或饮用污染的水时，便可发生片形吸虫病。从囊蚴发育为成虫仍需 2～4 个月，感染 3～4 个月，在其粪便中即可发现虫卵，成虫在动物体内成活数年。

【症状】

患病动物一般表现为营养障碍、贫血和消瘦。急性型病例(童虫移行期)多发于夏末、秋季及初冬季节，患病动物病势急，表现为体温升高，精神沉郁，食欲减退，衰弱，贫血迅速，肝区压痛明显，严重者几天内死亡。慢性型临诊多见，主要发生于冬末初春，特点是逐渐消瘦，贫血和低蛋白血症，眼睑、颌下和胸腹下部水肿，腹水。本病对幼龄动物危害较大，多呈急性经过。

【病理变化】

幼虫从囊蚴包囊中出来后在向肝胆管移行过程中，可机械性地损伤和破坏宿主肠壁、肝包膜、肝实质和微血管，导致急性肝炎、腹腔炎和内出血，这是动物患本病时急性死亡的重要原因。虫体进入胆管后，由于虫体长期的机械性刺激和代谢产物的毒性作用，可引起慢性胆管炎、肝硬化和贫血。

【诊断】

可根据本病急慢性病例的典型症状(黄疸、贫血)初步诊断，确诊须根据粪便虫卵检查、病理剖检及流行病学资料进行综合判定。虫卵检查可用沉淀法和锦纶筛集卵法。死后剖检急性病例可在腹腔和肝实质中发现幼虫；慢性病例可在胆管内检获成虫。

【治疗】

治疗肝片形吸虫病时，不仅要进行驱虫，而且应注意对症治疗，尤其对体弱的重症患病动物。药物介绍如下。

(1)三氯苯唑　商品名也叫肝蛭净。按每千克体重 5～10 mg，一次口服，对成虫和童虫均有效。对急性肝片形吸虫病的治疗，5 周后应重复用药一次。为了扩大抗虫谱，可与左旋咪唑、甲噻吩嘧啶联合应用。

(2)阿苯达唑　也叫丙硫咪唑、丙硫苯咪唑、抗蠕敏。按每千克体重 5～20 mg，一次口服。

该药为广谱驱虫药,也可用于驱除胃肠道线虫和肺线虫及绦虫,剂型一般有片剂、混悬液、瘤胃控释剂和大丸剂等。本药品有致畸作用,妊娠动物慎用。

(3)氯氰碘柳胺 按每千克体重 5~10 mg,一次口服。皮下或肌内注射时剂量减半。注射液对局部组织有一定的刺激性,应深层肌内注射;为防止中毒,不得同时使用其他含氯化合物。

(4)溴酚磷 商品名为蛭得净。除成虫外,本品还对移行于肝实质内的童虫有效,可用于治疗急性病例。按每千克体重 10~15 mg,一次口服;注意对重症和瘦弱动物,切不可过量应用本品;有中毒症状时,可用阿托品解救。

【预防】

预防措施主要是定期驱虫、防控中间宿主和加强饲养卫生管理。驱虫后的粪便应堆积发酵以杀灭虫卵。在放牧地区,尽可能选择干燥地区放牧。动物饮水最好用自来水、井水或流动的河水。

二、珍禽棘口吸虫病

【病原】

珍禽棘口吸虫病的病原为棘口科(Echinostomatidae)棘口属(*Echinostoma*)的吸虫。发生于禽类主要为卷棘口吸虫(*E. revolutum*)、宫川棘口吸虫(*E. miyagawai*)和似锥低颈吸虫(*H. conoideum*)等。

形态:虫体长形,体表有棘、口、腹吸盘相距甚近,口吸盘周围有环口圈或头冠,环口圈或头冠之上有 1 个或 2 圈头棘。睾丸 2 个,前后排列在虫体的后半部。卵巢位于睾丸之前。卵大,椭圆形,壳薄有卵盖。

【症状与病理变化】

少量寄生时危害并不严重,雏禽严重感染时可引起食欲不振,消化不良,下痢,粪便中混有黏液。禽体贫血,消瘦,发育停滞,最后因衰竭而死亡。剖检所见:肠壁点状出血,肠内容物充满黏液,肠黏膜上附有许多虫体。

【诊断】

尸体剖检发现虫体或生前粪便检查检获虫卵即可做出诊断。

【治疗】

(1)硫氯酚 剂量为每千克体重 150~200 mg,禽类可将粉剂拌在饲料中饲喂。

(2)氯硝柳胺 剂量为每千克体重 50~60 mg,拌在饲料中饲喂。

【预防】

①在流行区,对患禽应有计划地进行驱虫,驱出的虫体和排出的粪便应严加处理。

②从禽舍清扫出来的粪便应堆积发酵,杀灭虫卵。

③改良土壤,施用化学药物消灭中间宿主。

④勿以浮萍或水草等作饲料,因螺类经常夹杂在水草中。

⑤勿以生鱼或蝌蚪及贝类等饲喂畜禽,以防感染。

三、东方次睾吸虫病

东方次睾吸虫病(metorchis orientalis disease)的病原为东方次睾吸虫(*Metorchis orien-*

talis)，属后睾科(Opisthorchiidae)。寄生于禽类的肝脏胆管或胆囊内。主要分布于日本、俄罗斯的西伯利亚及中国，在我国的流行分布较广，家鸭的死亡率较高，在野生水禽中很常见，但多不发病。有报道称驯养的丹顶鹤患有此病，足月龄幼鹤症状较为明显。

【病原形态】

虫体呈叶状。大小为(2.4～4.7) mm×(0.5～1.2) mm。体表被有小棘。口吸盘位于虫体前端，腹吸盘位于虫体前 1/4 的中央。睾丸大，稍分叶，前后排列于虫体的后端。生殖孔位于腹吸盘的前方。卵巢椭圆形，位于睾丸的前方，受精囊位于前睾丸的前方，卵巢的右侧。卵黄腺分布于虫体两侧，始于肠分叉的稍后方，终止于前睾丸的前缘。子宫弯曲，在卵巢的前方，伸达腹吸盘上方，后端止于前睾丸的前线，内充满着虫卵。

虫卵呈浅黄色，椭圆形，大小为(28～31) μm×(12～15) μm，有卵盖，内含毛蚴。

【症状及病理变化】

肝脏肿大，脂肪变性或有坏死结节，胆管增生变粗。胆囊肿大，囊壁增厚，胆汁浑浊变性或消失，肉眼可见胆汁中鲜红色的舌状虫体蠕动。轻度感染时不表现临床症状，严重感染时不仅影响产蛋，而且死亡率也较高。患禽精神委顿，食欲不振，羽毛粗乱，两腿无力，消瘦，贫血，下痢，粪便呈水样，或黄褐色胶冻样粪便，多因衰竭而死亡。利用盐水漂浮法可检测粪便中虫卵。

【治疗】

吡喹酮，剂量为每千克体重 15 mg，口服；丙硫咪唑，剂量为每千克体重 75～100 mg，口服。疗效良好。

四、珍禽毛毕吸虫病

珍禽毛毕吸虫病的病原为分体科毛毕属(*Trichobilharzia*)的各种吸虫，寄生于家鸭和其他驯养水禽、野禽的门静脉和肠系膜静脉内。分布于世界各地，在我国的黑龙江、吉林、辽宁、江苏、上海、福建、江西、广东及四川等地均有报道。毛毕吸虫的尾蚴侵入人体皮肤时，不能发育为成虫，但能引起尾蚴性皮炎。

【病原】

我国各地家鸭体内发现的毛毕吸虫主要是包氏毛毕吸虫(*Trichobilharzia paoi*)。雄虫大小为(5.21～8.23) mm×(0.078～0.095) mm，具有口、腹吸盘，上有小刺。抱雌沟简单，沟的边缘有小刺。睾丸呈球形，有 70～90 个，单行纵列，始于抱雌沟之后，直到虫体后端。雄茎囊位于腹吸盘之后，居于抱雌沟与腹吸盘之间。雌虫较雄虫纤细，大小为(3.39～4.89) mm×(0.08～0.32) mm。卵巢位于腹吸盘后不远处，呈 3～4 个螺旋状扭曲。子宫极短，介于卵巢与腹吸盘之间，内仅含一个虫卵。卵黄腺呈颗粒状，布满虫体，从受精囊后面延至虫体后端。虫卵呈纺锤形，中部膨大，两端较长，其一端有一小钩，大小为(23.6～31.6) μm×(6.8～11.2) μm，内含毛蚴。

【症状】

虫体主要在终末宿主的门静脉和肠系膜静脉内寄生并产卵，肺脏和心脏中也可寄生，卵堆集在肠壁的微血管内，并以其一端伸向肠腔而穿过肠黏膜，引起肠黏膜发炎。严重感染时，肝、胰、肾、肠壁和肺均能发现虫体和虫卵。肠壁有虫卵小结节，影响肠的吸收功能，临床表现为消瘦、发育受阻等。

【诊断】

粪便检查时检获虫卵和尸体剖检发现大量虫体即可做出诊断。

【治疗】

吡喹酮，每天按每千克体重 30 mg，连服 3 d；也可以用硝硫氰胺每千克体重口服 60 mg。

【预防】

患禽粪便应堆积发酵无害化处理后，再作肥料；应结合农业生产施用农药或化肥，如用氨水、氯化铵和硫酸铵等杀灭淡水螺；在流行区，应避免到水沟或稻田放养鸭子，以防传播此病。

第八节 其他寄生虫病

一、家蚕微粒子病

家蚕微粒子病（*Pebrine*）的病原是家蚕微粒子虫（*Nosema bombycis*），本病主要是由家蚕微粒子虫感染家蚕所致，因病蚕体表有黑褐色胡椒状病斑，故又称“胡椒病”。本病在元代的《农桑辑要》中已有记载，19 世纪中叶本病在欧洲的流行重创了其养蚕业。时至今日，世界各养蚕国家仍常有家蚕微粒子病的发生。由于其既可水平传播又可垂直传播，是蚕业生产上的毁灭性病害，因此本病原是蚕业生产上唯一的法定检疫对象。

【病原】

本病原为家蚕微粒子虫，是专性胞内寄生的单细胞真核生物，其分类暂归于真菌界（Kingdom Fungi）微孢子虫门（Microsporidia）双单倍期纲（Dihaplophasea）离异双单倍期目（Dissociodihaplophasida）微孢子虫科（Nosematidae）微粒子虫属（*Nosema*）。

家蚕微粒子虫的孢子为椭圆形，长径 3.6～3.8 μm，短径 1.5～2.2 μm。在光学显微镜下有浅绿色折光。孢子主要由孢壁、极膜层、极丝、孢原质和后极泡等组成。其生活史包括感染期、裂殖增殖期和孢子形成期 3 个阶段。基因组约为 15.7 Mb，编码 4 400 多个基因。

【流行病学】

家蚕微粒子病是全身性感染的慢性蚕病，在不同的蚕期都有发生，病程较长。生产过程中防控失当会造成本病的发生和流行。

家蚕微粒子病的传染途径主要包括经口传染和胚种传染两种。

（1）经口传染　主要通过食入被微粒子虫孢子污染的桑叶或卵壳而染病。

（2）胚种传染　患病雌蚕体内的微粒子虫可感染卵巢组织，并可成功侵入蚕卵胚胎中，造成下一代幼虫发病，又称经卵传染。

【症状】

1. 蚕期

经卵传染的蚁蚕，收蚁后 3 d 仍不疏毛，体色深暗，体躯瘦小，发育迟缓，重者逐渐死亡；染病的大蚕体色暗（或淡）呈锈色，行动呆滞，食欲减退，发育迟缓，群体大小不齐，背部或气门线上下呈现黑褐色胡椒状病斑，重者成半蜕皮蚕而死；染病的熟蚕，轻症吐丝慢，多数结薄皮茧，重症不结茧。

2. 蛹期

病蛹体色暗、体表无光泽，腹部松弛，反应迟钝，病情较轻者可以羽化成蛾，重者大多成为死笼。

3. 蛾期

病蛾翅薄而脆，鳞毛稀少，易脱落，展翅不良，易成卷翅蛾，交配能力差，产卵异常。

4. 卵期

重病蛾所产的卵，卵形不整，大小不一，排列不整齐，有重叠卵，产附差，易脱落，未受精卵和死卵多，蚕卵孵化不齐。

【病理变化】

除了外表皮、气管螺旋丝、前后消化管内壁及口器以外，其他组织都能被家蚕微粒子虫侵染。消化管是最早出现病变的部位，微粒子虫可在中肠上皮细胞中大量增殖，然后进入血液，感染全身组织；被感染的丝腺中可见乳白色脓泡状的环形病斑，这是微粒子病的典型病变；此外，微粒子虫可感染颗粒细胞、原白细胞以及浆细胞等，被感染的血细胞主要表现为细胞膨大；马氏管被感染后呈乳白色或淡黄色，伴有许多点状小凸起；被感染的脂肪体会出现膨大和变形，组织间联络松弛甚至崩溃；肌肉组织被感染后，组织内的肌质大部分被溶解形成空洞，仅剩一些离散的肌核和肌鞘；体壁真皮细胞感染后会出现细胞空洞、膨胀以及破裂等病变。此外，血细胞会对病变细胞进行包围和氧化，病变细胞形成黑褐色囊状物同时被挤出真皮层，在外表皮留下黑褐色的斑点(胡椒斑)。

【诊断】

1. 病征观察

本病的一个典型的特征是感染较为严重时会出现胡椒蚕，解剖后丝腺有乳白色脓包状病变。另外，病蚕也表现为食欲减退、发育不良、眠起不齐、半蜕皮蚕、不结茧蚕和裸蛹等病征。但一般因发病个体数少、发病较轻或其他蚕病也有类似症状而较难发现，所以，肉眼诊断只能作为初步诊断而不能确诊。

2. 显微镜检查

病蚕样本磨碎后，显微镜下可观察到卵圆形、呈淡绿色折光的孢子，这是确诊本病的可靠方法。在蚕的整个发育过程中，蛾最容易检出，卵最难检出。

3. 分子诊断方法

目前已用于家蚕微粒子病的分子诊断方法有酶标抗体技术、荧光抗体技术、荧光定量PCR检测等。

【防治】

家蚕微粒子虫既能水平传播，也能通过胚种垂直传播，导致家蚕微粒子病防控难度极大。尽管研究人员使用多种化学药物(例如咪唑类、烟曲霉素、多菌灵、防微灵等)防治家蚕微粒子病并取得了一定的效果，但在实际应用时还需要进一步完善。

目前家蚕微粒子病的防控仍然以预防为主，在蚕业生产中需要做到以下 4 点。①严格执行良种繁育规程，加强母蛾检查，杜绝经卵胚种传染。②做好蚕室蚕具消毒。③加强桑园治虫，切断外来传染源。④对迟眠蚕、弱小蚕进行显微镜预知检查。

二、家蚕蝇蛆病

蝇蛆病(silkworm myiasis)是由多化性蚕蛆蝇将卵产于蚕体表面(图 3-1A)，孵化后的幼虫(蛆)钻入蚕体内寄生而引起的病害。本病常发生于家蚕 3 龄到 5 龄上簇时期。

【病因】

由蚕蛆蝇幼虫(蛆)钻入蚕体内寄生所致。

【症状与病理变化】

最明显的病症是在寄生部位形成“黑褐色喇叭状的病斑”,其形成过程是:蚕蛆蝇的蛆体钻入蚕体,于蛆体的周围形成喇叭状鞘套,鞘套透过皮肤即可显现为上述喇叭状病斑。病斑起初较小、褐色,随着蛆体的增大而增大,逐渐变为黑褐色(图 3-1B)。因此,可通过病斑的大小及数量来判断本病的危害程度。最初,病斑上会附带蚕蛆蝇的卵壳,当卵壳脱落后,可见一孔,是蛆体呼吸的孔道,被堵塞时会导致蛆体向蚕体的其他部位转移。蚕体会由于蛆体的迅速长大而肿胀或向一侧扭曲。患病蚕的体液有时会因氧化而导致体色变为紫色。3～4 龄期被寄生的蚕多死在眠中,5 龄期被寄生的蚕,一般有早熟现象,因而在始熟蚕中寄生率较高。5 龄后期被寄生的蚕可上簇结茧或化蛹,若结茧后蛆体始行蜕出,蛹体则死亡,成为死笼茧、薄皮茧或蛆孔茧(图 3-1C)。

【诊断】

肉眼鉴定。肉眼观察蚕体表面有无蝇卵和本病特有的黑褐色喇叭状病斑,早期病斑处尚附着有蛆蝇的卵壳。若解剖病斑处,发现体壁下存在黑褐色鞘套和淡黄色蛆体,即可确诊。

A. 蚕蛆蝇在蚕体表面产卵;B. 病蚕表面病斑;C. 蛆体从蛹体蜕出。

图 3-1　家蚕蝇蛆病(华德公,1996)

【鉴别诊断】

应注意与家蚕败血病相区别。家蚕患蝇蛆病时,体液有时因被氧化而导致体色变为紫色,易被误判为家蚕败血病,此时应观察蚕体表面是否存在黑褐色喇叭状病斑,以此与家蚕败血病相鉴别诊断。

【治疗】

应用“灭蚕蝇”药剂防治蝇蛆病,多年来应用效果良好,基本控制了蝇蛆病。施用时期非常关键,应力求做到将蝇卵在孵化之前予以杀灭,在 5 龄起蚕后 36 h 内第 1 次施药,之后可在 5 龄的第 2、4、5 或 6 天各施 1 次。在蝇害严重的季节应提早在 4 龄的第 2～3 天增加施用 1 次“灭蚕蝇”。

【预防】

蚕室设置门帐、纱窗等隔离防护。患蝇蛆病的早熟蚕要与正常蚕分开上簇,结茧后应及时收、烘蚕茧以杀灭茧内蝇蛆,以防止出蛆破坏茧质。蚕茧收购站是蝇蛆聚集场所,收购后应及早烘茧。

三、家蚕虱螨病

家蚕虱螨病(silkworm Acariasis)又称壁虱病、蒲螨病，是球腹蒲螨(*Pyemotes ventricosus*)寄生于家蚕幼虫、蛹、蛾的体表吸食血液，同时注入毒素而引起的一种急性寄生虫病，产棉蚕区尤为严重，产粮蚕区时有发生。其中，球腹蒲螨对1～2龄蚕、眠蚕和嫩蛹寄生危害较严重。病蚕食欲减退、行动不活泼、吐液、胸部膨大并左右摆动，排粪困难，有时粪便呈念珠状，病蚕体表常伴有粗糙、凹凸不平的黑斑。眠中被寄生时，多成半蜕皮蚕而死，尸体一般不易腐烂。以上病理变化会由于蚕的发育阶段不同而略有差异。

【病因】

家蚕虱螨病主要由球腹蒲螨(图3-2A)寄生家蚕时将毒素注入蚕的体腔所致，其毒素毒性强，且相对于蛇毒、蜘蛛毒、蜂毒、贝类毒具有较强的耐热性。

【症状与病理变化】

1. 幼虫症状

1～2龄蚕受害时，病势急，立即停止食桑，痉挛、吐液。有时蚕体弯曲呈假死状，头部突出、胸部膨大、静伏不动，经数小时至十余小时便会死亡(图3-2B)。3龄蚕受害时，蚕发育不齐，体色灰黄，体躯缩小。盛食期的病蚕，第10环节以后出现红肿，透视尾部呈红色，伴有红褐色黏液流出、污染肛门，腹足失去把握力，倒卧而死。大蚕受害则比较少见，病势与小蚕相比缓慢，常出现起缩、缩小、脱肛等症状。尾部被黑褐色或红褐色黏液污染。胸腹部褶皱处及腹面常有黑斑。眠蚕受害时，头胸部左右摆动、吐液，尾部常有红褐色黏液污染，蚕体腹面及胸腹部褶皱处出现明显黑斑，常不蜕皮或半蜕皮而死(图3-2C)。

2. 蛹的症状

蛹体腹面、节间膜等处常见雌螨寄生，呈现肉眼可见的黄色、珠状的大肚雌螨。病蛹伴有较多黑斑，常无法羽化而死，尸体黑褐色、腹面凹陷、干瘪不腐(图3-2D)。

3. 蛾的症状

蚕蛾受害时，病征不明显。雌螨多寄生于蛾体的环节处，蛾体腹部的弹性减弱。雄蛾发病后狂躁，雌蛾则产卵极少，不受精卵和死卵增多。

【诊断】

根据蚕、蛹、蛾各期病征进行初诊。此外，可将蚕连同蚕沙(即蚕粪)或蚕蛹、蛾等置于深色的光面纸上，轻轻抖动数次，观察是否有淡黄色、针尖大小的螨在爬动，并结合清水固定、放大镜观察，若能看到雌成螨，即可确诊。

【治疗】

(1)“毒消散”熏杀　按照4 g/m³的药量熏烟2 h杀螨，开放门窗排烟30 min。

(2)“杀虱灵”(1,1－二氯二奈基甲醇)熏杀　按2～3 g/m³的药量使用杀虱灵，熏烟20～30 min后敞开门窗排烟，烟散后经15 min再给桑喂蚕，通常每隔2～3 d熏烟1次，反复熏烟2～3次即可消除蒲螨。或用200～300倍杀虱灵石灰粉均匀撒布蚕座杀螨。

(3)甲酚皂(煤酚皂)杀螨　1～2龄及眠蚕采用200倍甲酚皂液与10倍量的焦糠混合后均匀撒布蚕座杀螨；3～5龄蚕可直接用200倍甲酚皂液于给桑前喷洒蚕体，以雾状为度，然后除去蚕沙。

(4)“灭蚕蝇”驱螨　1龄蚕用1 000倍，2龄蚕用500倍，3龄蚕以后用300倍稀释液喷布

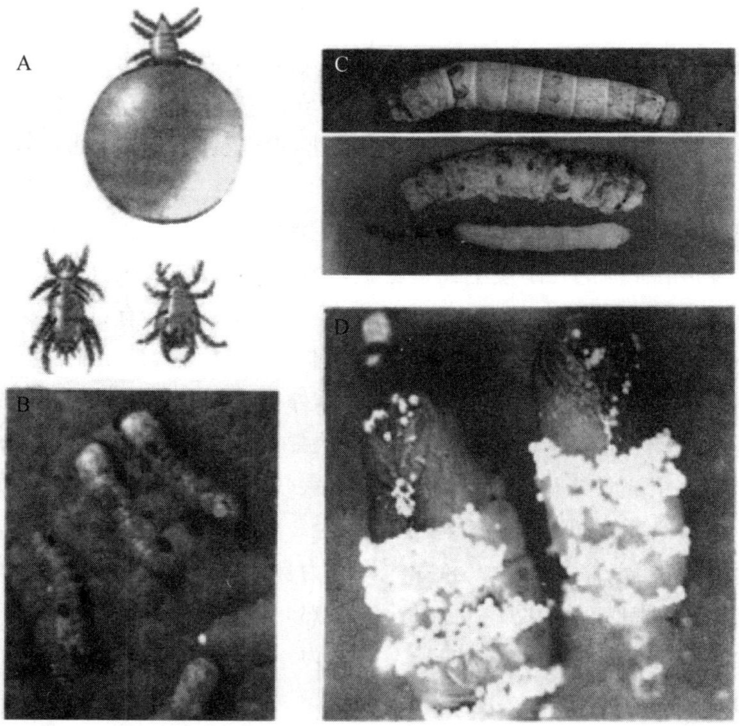

A. 大肚母螨和成螨；B. 1 龄眠病蚕；C. 大蚕期病蚕；D. 病蛹。

图 3-2 家蚕虱螨病(华德公,1996)

蚕体,以喷湿为宜,喷药后立即除去蚕沙驱除蒲螨。

(5)三氯杀螨醇杀螨 用 500 倍三氯杀螨醇稀释液均匀喷洒蚕室、蚕具杀螨。

【预防】

1. 严防棉红铃虫等寄主昆虫进入蚕室

球腹蒲螨最喜好的寄主是棉红铃虫。因此,蚕室及其周边不能储藏、堆放棉花、稻草、麦秆及谷物等,曾堆放过的,必须在养蚕前进行严格的消毒和杀螨。

2. 养蚕前蚕室、蚕具的消毒与杀螨

用 75 ℃以上的水冲淋蚕具数分钟,或浸泡水中 2～3 d 后取出,充分洗刷暴晒或进行蒸汽杀螨,然后置于蚕架上,用毒消散、杀虱灵熏烟或者用三氯杀螨醇喷洒杀螨。蚕室内外墙壁缝隙、门窗、屋顶进行擦、刮、塞、堵彻底打扫清洁,杀死潜藏的雌螨。

四、狄斯瓦螨病(大蜂螨)

狄斯瓦螨(*Varroa destructor*)又称大蜂螨,是分布最广、危害西方蜜蜂最严重的蜜蜂体外寄生螨。大蜂螨不但吸食蜜蜂的血淋巴、造成幼虫和蛹发育不良,成蜂体质衰弱、寿命缩短、生产力下降,甚至全群覆灭,而且还是多种病原体的携带者和传播者。东方蜜蜂由于对蜂螨具有有效的自洁和移除行为,使得其具有较强的抗螨性。

【病原】

大蜂螨的发育经历卵、若螨和成螨 3 个阶段。

卵呈卵圆形,乳白色,长 0.60 mm,宽 0.43 mm。卵膜薄而透明,产下时即可见 4 对肢芽,形如握紧的拳头。

若螨分为前期和后期若螨两种。前期若螨乳白色，体着生有稀疏的刚毛，具有 4 对粗壮的附肢，体型由最初的卵圆形渐变成近圆形。长 0.74 mm，宽 0.69 mm。后期若螨初是心脏形，长 0.87 mm，宽 1.00 mm，此后随着横向生长的加速，虫体变为横椭圆、圆形，体育出现褐色斑纹，体长增至 1.10 mm，宽至 1.40 mm。

雌成螨棕褐色，身体扁平、宽大于体长。横椭圆形。背面凸、腹面凹。长 1.17 mm，宽 1.77 mm。体背为光滑而薄的几丁质甲壳所覆盖，表面有网状花纹和密生刚毛，腹部有 4 对足，足粗短面弯曲，足末端有吸盘，能分泌黏液，吸附物体、爬行快。前方有口器，发达而尖锐，体末端下方有生殖孔。雄成螨比雌成螨小。体呈卵圆形。流棕色，体长 0.85 mm，宽 0.72 mm。

大蜂螨的生活周期，可分为 2 个不同的时期：体外寄生期和蜂房繁殖期。在集房外的蜂体上，雄成螨靠吸取成蜂的血淋巴生活，当巢内幼虫快要封盖时，便潜入幼虫房内。在蜜蜂幼虫房封盖后。转移到幼虫或预蛹体上，用口器刺穿其表皮，吸血淋巴，之后便开始产卵。一只雄螨每次可产布 1～3 粒，产卵可持续 1～2 d。卵约经 1 d 后可孵化成若螨。若螨就在封盖幼虫房和时盖蛹房内生长发育、靠吸吮幼虫和嫌的体液为食，最后发育为成螨。雌螨若虫期 7.5 d，雄螨若虫期仅 5.5 d。雌成螨羽化后 1 d 即达性成热，与雄成螨交配后随蜂一起出房，又重新寄生在成蜂体上。在蜂群繁殖期，此螨的平均寿命为 43.5 d，越冬期长达 6 个月以上。

【传播途径】

大蜂螨成为世界各养蜂地广泛分布的蜜寄生性病害，主要是由于商业性引种及大规模的转地放蜂，而又缺乏严格的检疫措施引起的。盗蜂、迷巢蜂，有螨工蜂与无螨工蜂采集同一蜜粉源，人为地调换子脾、合并蜂群、混用蜂具等起大蜂螨在蜂群间传播的主要途轻。

【症状】

大蜂螨严重危害的蜂群巢门前常会出现翅膀残缺。体小色浅的幼蜂在地面上爬行打开蜂箱，提出子脾观察，可见巢房封盖不整齐，封盖破裂。死蝇头部伸出；虫尸变形、腐烂、发臭、但无黏性，容易清除，被寄生的成年蜂表现为烦躁不安。体质衰弱。

【诊断】

在日常的饲养管理中，要注意观察巢门口和蜂箱底部有无落螨，蜂体和巢脾上有无螨寄生。由于大蜂螨特别喜欢在雄蜂房内寄生、用镊子打开雄蜂封盖房，夹出虫、蛹、观察有无寄生，即可得出正确的判断，受大蜂螨严重危害的蜂群，可通过巢门前出现的幼蜂的形态和行为特征及子脾脾面上的状况进行判断即可。

【防治】

人为引种、购买蜂群、转地饲养是大蜂螨大范围传播蔓延的主要途径。因此，对少数日前尚未发现大蜂螨的国家和地区、加强蜜蜂检疫是最有效的防御措施；东方蜜蜂是蜂螨的原寄主，但其对大蜂螨有效的自洁和移除行为，使其并不针对东方蜜蜂造成危害。将东方蜜蜂的抗螨基因转移至西方蜜蜂中，培育出具有抗蜂螨的西方蜜蜂新品种，也许是在可预见未来能够得以实现的。此外，西方蜜蜂中的某些亚种，加卡尼鄂拉蜂和突尼斯蜂，也表现为没有明显有效的自洁和移除行为，即使是同一品种不同蜂群间也存在抗螨性能差异。因此，通过品种间杂交及系统选育方法是完全可能培育出具有抗螨性的新蜂种，由于大蜂螨在蜜蜂幼虫、尤其是在雄蜂的幼虫房内产卵繁殖，因此在雄蜂幼虫封后，用刀将房盖割开、清除掉蛹体及蜂螨，可降低大蜂螨的寄生率。

(1)药的类型及常见种类 蜂螨防治的药物按其作用的方式可分为烟熏杀螨剂、熏蒸杀螨剂、触杀剂和内吸性杀螨剂4种类型。

烟熏杀螨剂是利用固体药剂(单种或多种药物配制)燃烧所产生的有毒烟雾,通过蜂螨的呼吸系统进入螨体,使之中毒死亡。常见的有硫黄、灭螨A烟雾剂、杀蜗剂2号等。

熏蒸杀螨剂是药剂由固体或液体化为气体,以气体状态经蜂螨的呼吸系统进入螨体内、达到杀灭目的。目前使用最多的是升华硫和甲酸。

触杀剂是将药剂配制成水溶液后,直接喷雾在蜂体上,或将药剂吸附于特质薄片状的载体上,挂于群内蜂路间,当蜂螨与药剂接触后,药剂透过蜂螨的体壁或气门进入其体内,使之中毒而死亡。常见的有杀螨剂一号、螨扑等。

内吸性杀螨剂是药剂被蜜蜂吞食,经由消化系统进入蜜蜂的血淋巴,在蜂螨吮吸蜜蜂的血淋巴后引起中毒而死亡。目前这种内吸性杀螨剂仅见Apitol和Pertain剂型。

(2)断子期药物防治 由于大蜂螨的繁殖均在封盖的子脾内进行的,当巢内缺乏子脾时,大蜂螨即暴露在蜂体或巢脾上,此时采用药物防治效果最佳。

在蜂群有明显越冬的地区,可在秋季培育的越冬蜂全部出房后,或早春蜂群开始活动,但群内尚未有封盖子脾时利用高效杀螨剂连续治疗2～3次,能有效降低蜂螨的繁殖基数,起到事半功倍的效果。同样,可利用南方炎热的夏季。蜂群越夏期间蜂王停产这一有利时机,抓紧用药治螨。

此外,根据不同的饲养方式、各地蜜粉源状况以及生产实际需要,可通过更换新王、强行幽王等方式,人为地使蜂群形成一段无子期,进行药物治疗。

实践证明,一年中若能进行2次断子期治螨,即可保证蜂群终年远离蜂螨的危害。

(3)药物防治 群繁殖期出现螨害,可采用分巢治螨的方法。具体做法是:将蜂群中的封盖子脾和大幼虫脾带蜂提出,组成新蜂群,并诱入一王台。蜂王、卵脾和小幼虫脾留在原群,待蜂安定后,用高效杀螨剂喷治1～2次、新蜂群先用药物治疗1次,待新蜂全部出房群内无子后,再治疗2次。

五、热厉螨病(小蜂螨)

小蜂螨病(*Tropilaelaps clareae* disease)是1961年首次在菲律宾的东方蜜蜂死蜂标本上发现。小蜂螨病分布范围比大蜂螨病小,除亚洲一些国家外,非洲、欧洲、美洲和大洋洲都未见报道。

【病原】

小蜂螨的发育同样经历了卵、若螨和成螨3个阶段。卵呈近圆形,卵膜透明,腹部膨大,中间稍凹陷,似紧握的拳头,长0.66 mm,宽0.54 mm。前期若螨呈椭圆形,乳白色,体背有细小刚毛,长0.54 mm,宽0.38 mm。后期若螨呈卵圆形,长0.90 mm,宽0.61 mm。雌成螨为卵圆形,前端小,后端钝圆,淡黄褐色,长1.06 mm,宽0.59 mm。雄成螨为卵形,浅棕色,体长0.98 mm,宽0.59 mm。小蜂螨从卵发育至成螨约需6 d。除蜂群越冬期转移至成蜂体上越冬外,小蜂螨很少寄生在蜂体上,主要寄生在封盖房里。雌成螨从封盖房中爬出后,迅速转移到即将封盖的幼虫房内、幼虫封盖后1 d开始产卵。每只雌螨可产4粒卵。

【流行病学】

由于小蜂螨的生活主要是在子脾上度过的,因此蜂群饲养管理不当是造成蜂群间传播的主要途径，如有螨群与无螨群随意地合并、调脾、混用蜂具等。购买蜂群、互引蜂王等也可造成蜂场间的传播。

【症状】

由于小蜂螨主要在子脾上的幼虫房内产卵繁殖，以吮吸蜜蜂幼虫的血淋巴为生，很少寄生在蜂体上，因此，受小蜂螨严重危害的蜂群，幼虫和蛹大批死亡、腐烂，新羽化的幼蜂肢体残缺不全，群势迅速衰弱，甚至全群覆灭。

【诊断】

诊断蜂群内是否有小蜂螨寄生，可打开蜂箱，提出封盖的子脾，抖落其上附着的蜜蜂，将脾面朝向阳光，仔细观察脾面上有无快速窜动的小蜂螨；或用镊子挑开封盖子的封盖，观察是否有小蜂螨从巢房内爬出。

【防治】

同大蜂螨病。

六、蜜蜂微孢子虫病

蜜蜂孢子虫病（*Nosema apis* disease）又称为“蜜蜂微粒子病”。1909 年 Zender 首次在成蜂消化道上皮细胞中发现微孢子，并证实由微孢子引起蜜蜂孢子虫病。目前已分布在世界大多数养蜂国家。蜜蜂孢子虫病在我国也有发生，以东北等蜂群越冬期较长的地区发病较普遍。

【病原】

为原生动物的蜜蜂微孢子虫（*Noserma apis*）。孢子长椭圆形，长 5.0～6.0μm，宽 2.2～3.0μm。孢子外壳为几丁质，折光性强不易染色。内有双核、液泡和极丝。极丝长 160μm，以螺旋形式蜷曲在液泡里。孢子被蜜蜂摄入体内，在消化液的作用下放出极丝。其营养体进入中肠上皮细胞，进行无性裂殖和孢子生殖。在 30～31 ℃下，经 2～3 d 完成一个生活周期。微孢子虫孢子对外界不良环境的抵抗能力很强，能耐受冷冻、冻干和微波。在蜂蜜和蜂房可以活 1 年:在蜜蜂的干粪里活 2 年；在蜜蜂尸体里可存活 5 年；在水中可活 100 多 d。孢子致死温度，在蜂蜜中 60 ℃15 min；在 58 ℃的水中 10 min；在 100 ℃的水中 1 min；使用 4%的福尔马林溶液、可以在 1 h 内被杀死；在 10%的漂白粉溶液里，经 10～20 h 被杀死。

【流行病学】

蜜蜂孢子虫病传染的唯一途径，是通过消化道而感染。所以，蜂群内被病蜂粪便所污染的饲料和巢脾，是病害传播的主要来源。此外，孢子虫还可在饮水池或蜂箱周围的土壤中存在。这些孢子都可能成为孢子虫病的传染来源。孢子虫在蜂群内的传播、主要是通过内勤蜂清理巢房和相互间的饲料传递。至于病害在蜂群间的传播，则主要是通过盗蜂，而将孢子虫带进健康的蜂群里。此外，蜜蜂从污水池边采集不清洁的饮水，也会将孢子虫带入蜂箱里，从而造成污染。在自然条件下，从 3 月份开始，孢子虫病的病情指数急剧上升，到 5、6 月份达到最高峰，7、8 月份又急剧下降，到秋、冬寒冷季节，孢子虫的病情指数则降到最低。

【症状】

患病蜜蜂最初无明显的症状表现活动正常。病情发展到后期，孢子虫的寄生使蜜蜂的消化排泄机能受到破坏，从而使蜜蜂变得虚弱，个体瘦小，尾尖发黑，体色呈棕色。患病蜜蜂常被健康蜂追咬，爬到框梁上或巢门外，不久即死亡。特别是当蜜蜂经过一段时间的幽闭（如阴雨、低温等)后,这种现象尤为明显。

【诊断】

(1)症状诊断　当可疑蜜蜂患孢子虫病时,可取新鲜病蜂数只,取出消化道进行仔细观察。若发现蜜蜂中肠膨大,呈乳白色,环纹不清,失去弹性和光泽,即可初步确定为孢子虫病。健康蜜蜂的中肠呈赤褐色,环纹明显,并且具有弹性和光泽。

(2)病原诊断　取壮年病蜂 20～30 只,放在研钵内研碎后,加蒸馏水 10 mL,制成悬浮液,置于载玻片上,盖上载玻片。在 400～600 倍显微镜下进行检查。若发现有较多的呈椭圆形并有蓝色折光的孢子,即可确定为孢子虫病。

【防治】

对蜜蜂孢子虫病主要采取综合防治方法,具体如下。

(1)加强管理　保持强群是有效的预防措施,同时做好蜂箱、蜂具以及蜂场的消毒工作。

(2)药物治疗　将 50 mg(40 万单位)烟曲霉素溶解在 5 mL 无水酒精内,再加 1 kg 糖浆拌匀喂蜂,1 群 1 次喂完,连续喂 4 次,治疗效果较好。或每 1 000 mL 糖浆中加入 4 mL 食醋制成酸饲料,每 10 框蜂每次喂 250 mL,隔日 1 次,连喂 4～5 次为一疗程;也可在每千克酸饲料中加入 20 万单位的土霉素混匀,每群每次喂 0.5 kg,隔天 1 次,连喂 4 次,对此病有良好的治疗作用。

七、蜡螟病(巢虫病)

巢虫又称为“绵虫”,是蜡螟的幼虫、属鳞翅目(epidoptern)螟娘科(Pyralidae)。常见的有大蜡螟(*Galleria matlonalta*)和小蜡螟(*Achroia srisetia*)。大蜡螟几乎遍及全世界各养蜂地区、尤其是东南亚热带和亚热带地区、它不仅是蜂产品最重要的害虫,而且还危害蜂群中的时盖子脾以及未保存好的果脾。小蜡螟零星分布于温和热带地区,主要危害未加保存好的集脾,偶尔也上脾蛀食蜡质。

【病原】

本病由蜡螟幼虫引起。蜡螟有大、小两种,大、小蜡螟均属完全变态类昆虫,对蜜蜂造成危害的是其幼虫。大蜡螟蛹呈纺锤形,长 12～14mm,黄褐色,腹部末端有 1 对刺勾,背板有两个排成一排的齿状突起,复眼暗褐色,有明显的头盖缝,第 8 腹节有生殖孔;小蜡螟蛹亦为纺锤形,长 8～10mm,黄褐色,腹部末端有 8 根刺锯,排列成环状,复眼呈棕色。蜡螟 1 年可以繁殖 3 代,大蜡螟平均每只可产卵 1135～1352 粒,小蜡螟平均每只可产卵 658～700 粒。大蜡螟幼虫 1 日龄时灰白色,2～4d 时潜入蜜蜂巢房,后变为乳白色,前胸背板呈棕褐色,4 日龄后为灰色;小蜡螟幼虫体色乳白,前胸、背板呈棕黄色,头部呈棕色。

【流行病学】

蜡螟的活动期为 3—10 月份,最迟的可到 11 月份,白天隐藏,晚上活动。雌蜡螟和雄蜡螟在夜间交尾后,潜入蜂箱里,产卵于巢脾上或箱底缝隙的蜡屑中,孵化成幼虫。幼虫以蜡质为食生长发育,它们爬上巢脾蛀食蜡质,穿成隧道,吐丝作茧,不但毁掉巢脾,而且伤害幼虫和蛹,引起所谓的“白头蛹”,严重时还会引起蜂群飞逃,尤以中蜂危害严重。在外界温度为 25～35 ℃的条件下,它们完成一个世代,需 6～7 周。

【防治】

对巢虫的防治主要采取综合防治措施,即把预防措施和药物熏杀结合起来。饲养强群,保持蜂多于脾或蜂脾相称；蜂箱要保证结构完整、严密；定期清扫蜂箱，保持箱内清洁；多造新脾，更换陈旧巢脾。当蜂群内出现巢虫时，应及时清除或抖掉巢脾上的蜜蜂，将其放在阳光下曝晒，使巢虫爬出，立即杀死。贮藏的巢脾要严密保存，并定期用药剂（如升华硫等）熏蒸。

第四章　普　通　病

第一节　呼吸系统疾病

一、感冒

感冒(common cold)是发热和上呼吸道黏膜炎症为主的急性全身性疾病。各种特种经济动物均可发病，常见于仔兽，早春、晚秋天候剧变时和寒冷的冬季多发。

【病因】

(1)饲养管理不当　饲养条件差，仔兽床、小室内污秽不洁，空气质量差，垫草过少或过于潮湿，保暖防寒措施跟不上，通风不良等。

(2)寒冷袭击　在季节交替的春初、秋末或寒冷的冬季，或气候骤变，或突然遭受暴风雪、贼风和冷雨浇淋等侵袭。

(3)机体的抵抗力减弱　如长途运输、营养不良和其他疾病时，可促发本病。

【症状】

突然发病，病鹿、狐、貉、貂体温升高 1～2 ℃，精神沉郁，头低耳耷，食欲减退、羞明流泪。结膜充血，脉搏增数，呼吸加快，肺泡音粗厉，心音增强，心跳加快。开始流水样鼻液，以后变稠，喷嚏或咳嗽。如治疗不及时，可继发支气管炎和肺炎等。

【诊断】

根据临床症状以及病史，本病不难诊断。

【治疗】

治疗用复方氨基比林注射液或 30%安乃近注射液，仔鹿 1～2 mL，狐、貉 0.5～1 mL，貂 0.5 mL。联用抗菌药物以防继发感染，可用青霉素或氨苄青霉素、磺胺药物，肌内注射。必要时，配合使用健胃、助消化、祛痰止咳药等进行对症治疗。

【预防】

加强饲养管理，减少应激，增强机体的抵抗力，改善圈笼卫生，定期消毒，防止潮湿，防寒保暖，尤其避免风雪袭击和寒夜露宿等。发病时加强护理，注意保暖，多饮温热水，并保证饮水清洁，饲喂易消化食物。

二、卡他性鼻炎

卡他性鼻炎(rhinitis)是由于多种原因所致的鼻腔黏膜的急性表层炎症，临床上以鼻黏膜充血、肿胀，吸气性呼吸困难，流鼻液，打喷嚏为特征。本病多发生在秋末、冬季和春初，尤其幼弱的动物易发，可分为原发性和继发性两种。

【病因】

原发性卡他性鼻炎主要是鼻黏膜受寒冷、化学性因素、机械性因素刺激而引起。

(1)寒冷刺激　由气候剧变，冷空气刺激鼻黏膜而引起，为主要发病原因。

(2)化学因素　主要由于有害气体、化学毒气(如氨气、甲醛、硫化氢、二氧化硫、氯化氢)、烟熏以及某些环境污染物等直接刺激鼻黏膜。

(3)机械因素　粗暴的鼻腔检查，吸入粉尘、植物芒刺、昆虫、花粉及霉菌孢子等直接刺激鼻黏膜。

继发性卡他性鼻炎，常伴随其他疾病而发生，如犬瘟热、副流感、感冒、鼻疽等。

【症状】

发病初期，鼻黏膜充血、干燥。数天以后发生水肿，带有光泽，流出浆液性或脓性鼻液，频发喷嚏，摆头，并以前肢摩擦鼻端。病程一般 1～7 d，症状逐渐减轻，最后完全自愈。

【诊断】

根据病因，结合临床症状等可做出诊断。

【治疗】

一般不用治疗，除掉病因即可自愈，重症则需要治疗。通常采用局部吸入疗法，用水蒸气、1%～2%碳酸氢钠溶液、2%～3%硼酸溶液或 1%石炭酸溶液等蒸气或雾化吸入，或用收敛药溶液清洗鼻腔。也可用青霉素 80 万～160 万单位，用生理盐水 30～40 mL 稀释后，加入 2%普鲁卡因 10 mL，混匀后两侧鼻腔均匀喷射。对慢性细菌性或霉菌性鼻炎，可刮取鼻腔分泌物，根据微生物培养和鉴定及药敏试验结果，用有效的抗生素治疗。

【预防】

防止受寒感冒和刺激因素刺激是预防原发性卡他性鼻炎的关键。

三、肺充血

肺充血(pulmonary congestion)是肺毛细血管内血液过度充满，分为主动性充血和被动性充血。前者是流入肺内的血流量增多，流出量亦增多或正常，导致肺毛细血管过度充满。后者则因血液流入量正常或增加，而流出量减少，引起肺的瘀血性充血。本病主要发生在高温炎热的季节。在长时间肺充血的基础上，由于肺内血液量的异常增多，致使血液中的浆液性成分渗漏至肺泡、细支气管及肺间质内，会引起肺水肿。

【病因】

经济动物的主动性肺充血主要见于长时间运输，因过度拥挤和闷热发病。由于饲养管理不良，夏季动物舍通风不良，过度闷热，吸入大量热空气，也可导致本病的发生。同时吸入烟雾或刺激性气体发生过敏反应时，均可使血管迟缓，导致血液流入量增多，从而发生本病。

被动性肺充血主要发生于代偿机能减退期的心脏疾病，如心肌炎、心脏扩张及传染病和各种中毒性疾病引起的心脏衰竭。此外，心包炎时，心包内大量的渗出液影响了心脏的舒张，引起肺静脉回流受阻；胃肠臌气时，胸腔内负压减低和大静脉管受压迫，肺内血液流出发生困难，均能引起瘀血性肺充血。

【症状】

动物突然发病，惊恐不安，呈进行性呼吸困难。初期呼吸加快而迫促，很快出现明显的呼吸困难，头颈伸直，鼻孔高度开张，甚至张口呼吸，胸部和腹部表现明显的起伏动作。严重的病兽，两前肢叉开站立，肘突外展，头下垂。呼吸频率超过正常的4～5倍，听诊肺泡呼吸音粗厉。眼球突出，可视黏膜潮红或发绀，静脉怒张。脉搏加快，听诊第二心音增强，体温升高。病兽可因窒息而突然死亡。如果疾病未能及时控制，发展到后期，出现肺水肿时，两侧鼻孔流出多量浅黄色或白色甚至粉红色的细小泡沫状鼻液。

X线检查，肺野阴影普遍加重，但无病灶性阴影，肺门血管纹理显著。

【诊断】

根据过度劳累、吸入烟尘或刺激性气体的病史，结合呼吸困难、鼻孔流泡沫状鼻液及X线检查结果，即可诊断。

【治疗】

保持患病动物安静，减轻心脏负荷，制止液体渗出，缓解呼吸困难。

首先将病兽安置在清洁、干燥和凉爽的环境中，避免运动和外界因素的刺激。对极度呼吸困难的患病动物，可颈静脉放血进行急救；若及时输氧，可缓解呼吸困难，效果更好。

制止渗出，可静脉注射10%氯化钙溶液，鹿50～100 mL，狐狸、貂、貉10～25 mL，每日2次，病况较严重时，可以结合应用糖皮质激素。

对症治疗，对患有心脏疾病的，应用强心剂（如安钠咖）加强心脏机能，对不安的病兽选用镇静剂（如氯丙嗪）。

【预防】

加强饲养管理，保持环境清洁卫生，避免刺激性气体和其他不良因素的影响，在炎热的季节注意防暑。长途运输的动物，应避免过度拥挤，并注意通风，供给充足的清洁饮水。对卧地不起的动物，应多垫褥草，并注意每日多次翻身。

四、小叶性肺炎

小叶性肺炎（lobular pneumonia），又称支气管肺炎（broncho pneumonia）或卡他性肺炎（catarrhal pneumonia），是非特异病原微生物感染引起的细支气管及肺泡浆液渗出和上皮细胞脱落，继而蔓延到个别肺小叶或几个肺小叶的炎症。其病理学特征为肺泡内充满了由上皮细胞、血浆和白细胞组成的卡他性炎性渗出物，病变从支气管炎或细支气管炎开始，而后蔓延到邻近的肺泡。临床上以出现弛张热型、咳嗽、呼吸次数增多、叩诊有散在的局灶性浊音区、听诊有啰音和捻发音等为特征。

【病因】

引起支气管肺炎的病因很多，主要有以下几方面。

（1）由感冒或支气管炎继发　小叶性肺炎通常是感冒或支气管炎进一步发展而成。因此，凡能引起感冒、支气管炎的致病因素都可诱发小叶性肺炎。如受寒感冒，饲养管理不当，某些营养物质缺乏，长途运输，物理、化学因素，过度劳役等。这些因素使机体抵抗力降低，特别是呼吸道的防御机能减弱，引起呼吸道黏膜上的常在菌大量繁殖及外源性病原微生物入侵并成为致病菌，进而导致炎症。

（2）血源感染　主要是病原微生物经血流至肺脏，先引起间质的炎症，而后波及支气管壁，进入支气管腔，即经由支气管周围炎、支气管炎，最后发展为支气管肺炎。血源性感染也可先引起肺泡间隔的炎症，然后侵入肺泡腔，再通过肺泡管、细支气管和肺泡孔发展为支气管肺炎。

常见于一些化脓性疾病，如子宫内膜炎、乳腺炎等。

(3)由传染性疾病继发　小叶性肺炎可继发或并发于许多传染病和寄生虫病的过程中，如流行性感冒、传染性支气管炎、结核病、犬瘟热、副伤寒、肺线虫病等。

【症状】

病初呈急性支气管炎症状，表现干而短的痛咳，逐渐变为湿而长的咳嗽，疼痛减轻或消失，并有分泌物被咳出。体温升高 1.5～2 ℃，呈弛张热型。脉搏频率随体温升高而增加，呼吸频率增加，严重者出现呼吸困难。流少量浆液性、黏液性或脓性鼻液。精神沉郁，食欲减退或废绝，可视黏膜潮红或发绀。

(1)胸部叩诊　当病灶位于肺的表面时，可发现一个或多个局灶性的小浊音区，小叶炎症融合后，形成融合性支气管肺炎，则肺泡及细支气管内充满渗出物时，出现大片浊音区；病灶较深时，则浊音不明显。听诊病灶部，肺泡呼吸音减弱或消失，出现捻发音和支气管呼吸音，并可听到干啰音或湿啰音；病灶周围的健康肺组织，肺泡呼吸音增强。各小叶炎症融合后，肺泡呼吸音消失，有时出现支气管呼吸音。

(2)血液学检查　白细胞总数增多，嗜中性粒细胞比例增大，核左移。

(3)X 线检查　表现斑片状或斑点状的渗出性阴影，大小和形状不规则，密度不均匀，边缘模糊不清，可沿肺纹理分布，肺纹理增粗。

【病理变化】

支气管肺炎主要发生于尖叶、心叶和膈叶前下部，病变为一侧性或两侧性。发炎的肺小叶肿大呈灰红色或灰黄色，切面出现许多散在的实质病灶，大小不一，多数直径在 1 cm 左右(相当于肺小叶范围)，形状不规则，支气管内能挤压出黏液性或黏液脓性渗出物，支气管黏膜充血、肿胀。严重者病灶互相融合，可波及整个大叶，形成融合性支气管肺炎。病变区细支气管黏膜上皮坏死、脱落、崩解，管腔内充满浆液、中性粒细胞、脓细胞以及脱落、崩解的黏膜上皮细胞。管壁充血，有多量中性粒细胞弥漫性浸润。

【诊断】

根据咳嗽、弛张热型、叩诊浊音、听诊捻发音和啰音等典型症状，结合 X 线检查和血液学核左移的变化，即可诊断。本病与细支气管炎和大叶性肺炎有相似之处，应注意鉴别。

【治疗】

治疗原则为加强护理、抗菌消炎、祛痰止咳、制止渗出和促进渗出物吸收及对症治疗。

应将病兽置于光线充足、空气清新、通风良好且温暖的畜舍内，供给营养丰富、易消化的饲草料和清洁饮水。

(1)抗菌消炎　临床上主要应用抗生素和磺胺类药物进行治疗，用药途径及剂量视病情轻重及有无并发症而定。常用的抗生素为青霉素、链霉素，对青霉素过敏者，可用红霉素、林可霉素。也可选用四环素等广谱抗生素。有条件的可在治疗前取鼻分泌物做细菌的药敏试验，以便对症用药。肺炎链球菌、链球菌对青霉素敏感，一般青霉素和链霉素联合应用效果更好。诺氟沙星对大肠埃希菌、绿脓杆菌、巴氏杆菌及嗜血杆菌等有效。对支气管炎症状明显的病兽，可将青霉素、链霉素 1%～2%的普鲁卡因溶液，气管注射，连用 2～4 次，效果较好。病情严重者可用第一代或第二代头孢菌素，如头孢噻吩钠、头孢唑啉钠等，肌内或静脉注射。抗菌药物疗程一般为 5～7 d，或在退热后 3 d 停药。

(2)祛痰止咳　咳嗽频繁，分泌物黏稠时，可选用溶解性祛痰剂。剧烈频繁的咳嗽，无痰干咳时，可选用镇痛止咳剂。

(3)制止渗出　可静脉注射10%氯化钙溶液，剂量为鹿50～100 mL，每日1次。促进渗出物吸收可用10%安钠咖溶液10～20 mL，10%水杨酸钠溶液100～150 mL和40%乌洛托品溶液30～50 mL，鹿一次静脉注射。

(4)对症疗法　体温过高时，可用解热药，常用复方氨基比林或安痛定注射液，剂量为鹿2～4 mL，狐、貉0.5～1 mL，貂0.5 mL。肌内或皮下注射。呼吸困难严重者，有条件的可吸入氧气。对体温过高、出汗过多引起脱水者，应适当补液，纠正水、电解质和酸碱平衡紊乱。输液量不宜过多，速度不宜过快，以免发生心力衰竭和肺水肿。对病情危重、全身毒血症严重的病兽，可短期(3～5 d)静脉注射氢化可的松或地塞米松等糖皮质激素。

【预防】

加强饲养管理，避免淋雨受寒、过度劳役等诱发因素。供给全价日粮，健全完善的免疫接种制度，减少应激因素的刺激，增强机体的抗病能力。

五、大叶性肺炎

大叶性肺炎(lobar pneumonia)是以支气管和肺泡内纤维蛋白渗出为特征的急性炎症，又称纤维素性肺炎(fibrinous pneumonia)或格鲁布性肺炎(croupous pneumonia)。病变起始于局部肺泡，并迅速波及整个肺叶，甚至多个肺叶。临床上以稽留热型、铁锈色鼻液、定型经过和肺部出现广泛性浊音区为特征。

【病因】

本病主要由病原微生物引起，但真正的病因仍不十分清楚。传染性因素和非传染性因素都可引起发病。研究表明，人和动物的大叶性肺炎主要由肺炎链球菌、巴氏杆菌引起，鹿、水貂、狐狸和貉均可发病。此外，肺炎杆菌、金黄色葡萄球菌、绿脓杆菌、大肠埃希菌、坏死杆菌、沙门菌、霉形体属、Ⅲ型副流感病毒、溶血性链球菌等在本病的发生中也起重要作用。

受寒感冒、饲养管理不当、长途运输、吸入刺激性气体、自体感染、变态反应、使用免疫抑制剂等均可导致呼吸道黏膜的防御机能降低，成为本病的诱因。

【发病机制】

当机体抵抗力降低时，病原微生物侵入后，首先引起肺间质与肺泡壁迅速充血，浆液渗出，细菌大量繁殖，并通过肺泡间孔和细支气管向邻近肺组织蔓延，形成整个或多个肺大叶的病变。

【症状】

发生持续性高热，体温迅速升高，呈稽留热型，6～9 d后渐退或骤退至常温。脉搏加快，一般初期体温升高1 ℃，随后继续升高2～3 ℃。呼吸迫促，频率增加，严重时呈混合性呼吸困难，鼻孔开张，呼出气体温度较高。结膜初期潮红、后期发绀。初期出现短而干的痛咳，溶解期则变为湿咳。疾病初期，有浆液性、黏液性或黏液脓性鼻液，在肝变期鼻孔中流出铁锈色或黄红色的鼻液，主要是渗出物中的红细胞被巨噬细胞吞噬，崩解后形成含铁血黄素混入鼻液。病兽精神沉郁，食欲减退或废绝，反刍停止，泌乳下降，病兽因呼吸困难而采取站立姿势，并发出呻吟或磨牙。

(1)胸部叩诊　随着病程出现规律性的叩诊音：充血渗出期，因肺脏毛细血管充血，叩诊呈半浊音；肝变期，细支气管和肺泡内充满炎性渗出物，肺泡内空气逐渐减少，叩诊呈大片半浊音或浊音，可持续 3～5 d；溶解期，凝固的渗出物逐渐被溶解、吸收和排除，重新呈半浊音；随着疾病的痊愈，叩诊音恢复正常。

鹿的浊音区，常在肩前叩诊区。大叶性肺炎继发肺气肿时，叩诊边缘呈过清音，肺界向后下方扩大。

(2)肺部听诊　因疾病发展过程中病变的不同而有一定差异。充血渗出期，由于支气管黏膜充血肿胀，肺泡呼吸音增强，并出现干啰音；以后随肺泡腔内浆液渗出，听诊可闻湿啰音或捻发音，肺泡呼吸音减弱；当肺泡内充满渗出物时，肺泡呼吸音消失。肝变期，肺组织实变，出现支气管呼吸音。溶解期，渗出物逐渐溶解，液化和排除，支气管呼吸音逐渐消失，出现湿啰音或捻发音。最后随疾病的痊愈，呼吸音恢复正常。

(3)血液学检查　白细胞总数显著增加，中性粒细胞比例增加，呈核左移，淋巴细胞比例减少，酸性粒细胞和单核细胞缺乏。重症病例，白细胞减少。

(4)X 线检查　充血期仅见肺纹理增重，肝变期发现肺脏有大片均匀的浓密阴影，溶解期表现散在不均匀的片状阴影。2～3 周后，阴影完全消散。

【病理变化】

大叶性肺炎一般只侵害单侧肺脏，有时可能是两侧性的，多见于左肺尖叶、心叶和膈叶。在未使用抗生素治疗的情况下，病变常表现典型的自然发病过程，一般分为以下 4 个时期。

(1)充血水肿期　炎症早期，发病后 1～2 d。肺毛细血管扩张充血，肺泡和支气管内积有大量的白细胞和红细胞。剖检可见病变肺叶肿大，重量增加，呈暗红色，挤压时有淡红色泡沫状液体流出，切面平滑。

(2)红色肝变期　发病后 3～4 d。随着炎性渗出，大量红细胞、纤维蛋白及脱落的上皮细胞，充满于肺泡及细支气管，并自行凝结。肺质地坚实如肝样，称为红色肝变期。剖检可见肺叶肿大，呈暗红色，病变肺叶质实，切面稍干燥，呈粗糙颗粒状，近似肝脏，故有“红色肝变”之称。

(3)灰色肝变期　发病后 5～6 d。由于充血程度减轻，白细胞渗入，聚积在肺泡内的纤维蛋白性渗出物开始脂肪变性，加之肺的不同部位病变发生不同步，因此肺叶切面为斑纹状呈大理石外观。剖检发现肺叶仍肿胀，质实，切面干燥、颗粒状，由于充血消退，红细胞大量溶解消失，实变区颜色由暗红色逐渐变为灰白色，投入水中可完全下沉。

在肝变期，由于大量的毒素和炎性分解产物被吸收，呈现高热稽留。由于渗出的红细胞被巨噬细胞吞噬，将血红蛋白分解并转变为含铁血红素，出现铁锈色鼻液。

(4)溶解吸收期　发病后 1 周左右。当疾病得到合理及时的治疗，或机体抵抗力逐渐增强时，肺泡内积存的纤维蛋白可经嗜中性粒细胞崩解后释放出来的蛋白溶解酶液化，分解为可溶性的蛋白质和更简单的分解产物，而被吸收或排除。

【诊断】

根据稽留热型、铁锈色鼻液、不同时期肺部叩诊和听诊的变化，即可诊断。X 线检查肺部有大片浓密阴影，有助于诊断。本病应与小叶性肺炎和胸膜炎相鉴别：小叶性肺炎多为弛张热型，肺部叩诊出现大小不等的浊音区，X 线检查表现斑片状或斑点状的渗出性阴影。胸膜炎热型不定，听诊有胸膜摩擦音。当有大量渗出液时，叩诊呈水平浊音，听诊呼吸音和心音均减弱，胸腔穿刺有大量液体流出。传染性胸膜肺炎有高度传染性。

【治疗】

治疗原则为抗菌消炎，控制继发感染，制止渗出和促进炎性产物吸收。

首先应将病兽置于通风良好，清洁卫生的环境中，供给优质易消化的饲草料。

(1)抗菌消炎　选用土霉素或四环素，剂量为每日每千克体重 10～20 mg，溶于 5％葡萄糖溶液 250～500 mL，分 2 次静脉注射，效果显著。也可静脉注射氢化可的松或地塞米松，降低机体对各种刺激的反应性，控制炎症发展。大叶性肺炎并发脓毒血症时，可用 10％磺胺嘧啶钠溶液 50～100 mL，40％乌洛托品溶液 30 mL，5％葡萄糖溶液，混合后给患鹿一次静脉注射(貂、狐狸酌减)，每日 1 次。

(2)制止渗出　可静脉注射 10％氯化钙或葡萄糖酸钙溶液。

(3)促进吸收　可用 10％安钠咖溶液 10～20 mL，10％水杨酸钠溶液 100～150 mL 和 40％乌洛托品溶液 30～50 mL，鹿一次静脉注射。

(4)对症治疗　体温过高可用解热镇痛药，如复方氨基比林、安痛定注射液等。剧烈咳嗽时，可选用祛痰止咳药。严重呼吸困难可吸氧。心力衰竭时用强心剂。

六、坏疽性肺炎

坏疽性肺炎(gangrenous pneumonia)是由于误咽异物(水、饲料、呕吐物、药物)或腐败细菌侵入肺所引起的肺组织坏死和分解形成，又称吸入性肺炎或异物性肺炎。本病的特征为呼吸极度困难，鼻孔流出脓性、腐败性、恶臭的鼻液和肺部出现明显啰音。各种动物均可发生，经济动物多发生于成年公鹿和麝。

【病因】

引起坏疽性肺炎的原因主要有以下几种。

(1)动物抢食　特别是大群饲养时因抢食误咽至呼吸道，或随饲料吃下异物造成瘤胃穿孔，并损伤心包及肺，使肺继发感染，遂引起化脓性肺炎或肺坏疽。再如鹿配种期，公鹿由于激烈角斗导致机体大出汗，极度口渴，这时如果仓促大量饮水，可能误咽而引发本病。

(2)动物灌药方法不当　灌药时速度太快、动物头位过高、舌头伸出、动物咳嗽及挣扎鸣叫等，均可使动物不能及时吞咽，而将药物吸入呼吸道而发病。偶见于因胃管误插入气管，将药液直接灌入肺脏而发病。

(3)继发于其他疾病　常见于各种肺炎、肺结核、肺脓肿及坏死杆菌病等。

【症状】

体温升高到 40 ℃以上，且呈弛张热型，脉搏加快；鼻镜干燥，精神沉郁，两耳下垂，漠视外围事物，食欲减退或废绝，嗳气，反刍停止。呼吸频率增加，呼气和吸气时全身震动，如果肺脏的坏疽病灶与呼吸道相通，呼出气有腐败恶臭味。鼻孔流出脓性、腐败性恶臭的鼻液，呈灰红色或淡绿色。在咳嗽或低头时，常常大量流出，偶尔在鼻液或咳出物中见到吸入的异物，如食物残渣等。取流出物加少量 10％氢氧化钾溶液煮沸，离心取沉淀物镜检，可见由肺组织分解的弹力纤维。

(1)胸部叩诊　初期肺的浸润面积较大时，呈半浊音或浊音。形成空洞时呈鼓音。

(2)胸部听诊　初期肺浸润时有支气管呼吸音和水泡音。若空洞与支气管沟通，有空瓮性呼吸音。

(3)X 线检查　因吸入异物的性质差异和病程长短不同而有一定区别。一般情况下可见到浸润部的阴影。初期吸入的异物沿支气管扩散，在肺门区呈现沿肺纹理分布的小叶性渗出性阴影。随着病变的发展，在肺野下部小片状模糊阴影发生融合，呈团块状或弥漫性阴影，密度不均匀。当肺组织腐败崩解，形成空洞，可看到呈蜂窝状或多发性虫蚀状阴影，较大的空洞可呈现环带状的空壁。

【病理变化】

疾病初期，肺脏充血，小叶间水肿，支气管充血，充满泡沫。肺炎通常位于肺的前腹侧部，可以是单侧性的，也可以是双侧性的。肺炎区呈锥形，基部朝向胸膜。随后可见肺脏化脓和坏死，病灶变软、液化，呈红棕色，具有明显的恶臭味。胸腔常常伴发急性纤维素性胸膜炎，并有大量渗出物。

【诊断】

根据病史，结合呼出气有臭味，鼻孔流出脓性腐败恶臭鼻液并含有小块肺组织和弹力纤维，叩诊和听诊音的性质以及病理变化，同时依据 X 线检查即可诊断。

【治疗】

治疗原则：迅速排出异物，抗菌消炎，制止肺组织腐败分解并进行对症治疗。

保持动物安静，保持前低后高位置，头部放低，横卧则把后躯垫高，便于异物向外咳出。可用 2%盐酸毛果芸香碱皮下或肌内注射，使气管分泌物增加；同时反复注射兴奋呼吸中枢药物（如樟脑制剂），促使异物迅速排出。

抗菌消炎，一旦确定动物吸入异物，应立即用抗菌药物治疗。常用的有青霉素、链霉素、氨苄青霉素、四环素、10%磺胺嘧啶钠溶液等，严重者可用第一代或第二代头孢霉素。

制止肺组织腐败分解，防止自体中毒，可静脉注射樟脑酒精葡萄糖液（含 0.4%樟脑、5%葡萄糖、30%酒精、0.7%氯化钠溶液），鹿、麝每次 40～50 mL，每日 1 次。

对症治疗包括解热镇痛、强心补液、调节酸碱和电解质平衡、补充能量、吸入氧气等。

【预防】

本病病情发展很快，死亡率较高，因此本病的预防非常重要。加强饲养管理，注意饲料清洁，防止异物损伤内脏继发感染。配种期运动场水槽要加盖，防止公鹿角斗后立即大量饮水。经常实行鹿圈、饲槽、水槽及用具的清洁和消毒。麻醉后没有完全苏醒及吞咽机能有障碍的鹿、麝，不要经口强制性投药。对原发病应及时治疗，防止继发坏疽性肺炎。

第二节　消化系统疾病

一、胃肠炎

胃肠炎（gastroenteritis）是胃肠表层黏膜及其深层组织的重剧性炎症。临床上很多胃炎和肠炎往往相伴发生，故合称为胃肠炎。鹿（幼鹿较成年鹿易发）、麝、狐、貉、貂等多种经济动物均可发生本病。

【病因】

饲养管理不当，饲喂腐败饲料或不洁的饮水，饲料调制与饲喂方法不当；兽舍阴暗潮湿，卫生条件差，气候骤变，车船运输，过度紧张，动物机体处于应激状态，容易受到致病因素侵害，导致胃肠炎的发生。

也可继发于急性胃肠卡他、肠便秘、肠变位、幼畜消化不良、瘤胃积食、瘤胃臌胀、化脓性子宫炎、鹿巴氏杆菌病、炭疽、毛皮动物犬瘟热、副伤寒、传染性肠毒血症等疾病。

【症状】

鹿胃肠炎病程较短，临床上突然发病。表现食欲废绝，精神沉郁，离群呆立，垂耳，被毛逆立粗乱，皮肤弹性降低，鼻镜干燥，体温 40 ℃以上，反刍停止。有不同程度的腹痛和肌肉震颤，腹部蜷缩；触诊敏感，听诊胃肠音初期增强，后期减弱，可视黏膜潮红充血或发绀。

病初便秘，粪便干硬、色深暗，并混有多量灰白色黏液，甚至粪球全被黏液包住，成团排出。随后尚见有血液、伪膜及坏死组织并有恶臭。后期转为下痢，排出稠状恶臭污秽的粪便，完全拒食，饮欲增加，精神极度疲惫，眼窝凹陷，常回顾腹部。如病程稍长，炎症蔓延到直肠，可出现里急后重病症，排便时弓背、举尾，最后体温下降，多因衰弱、脱水而死。

毛皮动物胃肠炎发生猛烈，并伴有大量的腹泻。粪便混有血液和黏液，呈煤焦油状，后期恶臭。病兽全身症状明显，精神极度萎靡，喜卧于小室内，不到笼外运动，强行运动则步态不稳，体躯摇摆。体温升高，鼻镜干燥，眼球塌陷，被毛粗乱，拒食。后期腹痛剧烈，后躯麻痹，出现神经症状，惊厥，痉挛，抽搐，昏睡，贫血或可视黏膜发绀，渴欲增强，体温降至常温以下，昏迷而死。

【诊断】

根据饲养及饲料特点以及全身症状可进行诊断。进行流行病学调查，血、粪、尿的化验，可对单纯性胃肠炎和传染病、寄生虫病的继发性胃肠炎等进行鉴别诊断。怀疑中毒时，应检查饲料和其他可疑物质。

【治疗】

本病的治疗原则为去除病因，抗菌消炎，清理胃肠，防腐止酵，保护胃肠黏膜，维护心脏机能，解除中毒，预防脱水，加强护理，增强动物抵抗力和对症治疗。

(1)抗菌消炎　可给予患鹿灌服 0.1%的高锰酸钾溶液1 000 mL。内服诺氟沙星(每千克体重 10 mg)或呋喃唑酮(每千克体重 8～12 mg)、磺胺脒(10～15 g)等药物，也可肌内注射庆大霉素(每千克体重 1 500～3 000 国际单位)或环丙沙星(每千克体重 2～5 mg)等抗菌药物，每日 2 次。对于毛皮动物，可用新霉素 0.01～0.1 g、呋喃唑酮每千克体重 30 mg 或土霉素 0.05～0.1 g，加复合维生素 B 0.1 g，每日 2 次内服，也可内服诺氟沙星等药物。也可庆大霉素 2 万～4 万国际单位肌内注射，每日 2 次，或氯霉素类抗生素肌内注射，每日 2 次。

(2)清理胃肠　在肠音弱，粪干、色暗或排粪迟缓，有大量黏液，气味腥臭者，为促进胃肠内容物排出，减轻自体中毒，应采取缓泻。常用液体石蜡(或植物油)250～500 mL，鱼石脂 10～30 g，酒精 50 mL，内服。也可以用硫酸钠(或人工盐 150～400 g)100～300 g，鱼石脂 10～30 g，酒精 50 mL，常水适量，内服。在用泻剂时，要注意防止剧泻。

当病兽粪稀如水，频泻不止，腥臭气不大，不带黏液时，应止泻。可用药用炭加适量常水，内服；或者用鞣酸蛋白、碳酸氢钠，加水适量，内服。

(3)扩充血容量，纠正酸中毒　对于病鹿，常用 5%的葡萄糖氯化钠液，或复方氯化钠静脉输液，一次静脉滴注 250～500 mL，也可配合葡萄糖酸钙、维生素 C 等。对于酸中毒者，可用 5%碳酸氢钠水溶液 100～200 mL，或用 40%的乌洛托品 100～150 mL。对于毛皮动物，一般可皮下多点注射 20%的葡萄糖溶液 10～20 mL，樟脑油 0.5～1 mL，生理盐水 10～80 mL，每日 1～2 次。

对肠道出血者，应用止血敏、维生素 K 肌内注射。

中兽医称肠炎为肠黄，治以清热解毒、消黄止痛、活血化瘀为主。宜用郁金散(郁金 36 g，黄芩 15 g,栀子、柯子、黄连、白芍、黄柏各 18 g)或白头翁汤(白头翁 72 g,黄连、大黄、黄柏、秦皮各 36 g)。

(4)加强护理　保持兽舍整洁;当病兽食欲较差,可灌炒面糊或小米汤、麸皮大米粥。开始采食时,应给予易消化的饲草、饲料和清洁饮水,然后逐渐转为正常饲养。

【预防】

注意饲料与饮水的质量和清洁卫生,不用霉败饲料喂动物,不让动物采食有毒物质和有刺激、腐蚀的化学物质;防止各种应激因素的刺激;改进饲养方法,建立和健全合理的饲养管理制度,建立专门的饲料调配室和兽医卫生检查室,加强饲养管理人员的科学饲养管理水平,提高饲养管理人员的专业水平,以搞好饲养管理工作。

二、仔兽消化不良

仔兽消化不良(dyspepsia of young animal)是哺乳期仔兽胃肠消化机能障碍的统称。其特征主要是明显的消化机能障碍和不同程度的腹泻,也称幼兽腹泻(diarrhea of young animals)。

根据临床症状和疾病经过,仔兽消化不良可分为单纯性消化不良(食饵性消化不良)和中毒性消化不良两种。单纯性消化不良(食饵性消化不良),主要表现为消化与营养的急性障碍和轻微的全身症状;中毒性消化不良,主要呈现严重的消化障碍、明显的自体中毒和重剧的全身症状。本病一般不具有传染性,但具有群发性的特点。

【病因】

本病的病因很多,但对妊娠母兽饲养管理不当以及对仔兽饲养管理不当为主要病因。

1.母兽饲养管理不当

母兽饲养管理不当,特别是妊娠期母兽营养不全价,造成初乳品质不良是发生本病的主要原因。

妊娠母兽的营养不良,特别是在妊娠后期,饲料中营养物质不足,尤其是蛋白质、矿物质和维生素缺乏,可使母兽的营养代谢过程紊乱,继而影响胎儿的正常发育,使出生的胎儿体质弱小、抵抗力低下,极易罹患本病。哺乳母兽饲养不良,母兽初乳中蛋白质(白蛋白、球蛋白)、脂肪含量低,维生素、溶菌酶以及其他物质缺少。产仔后经数小时才开始分泌初乳,并经 1~2 d 后即停止分泌。这样新生幼兽只能吃到量少、质差的初乳,从初乳中得不到足够的免疫球蛋白以及促进胃肠蠕动的营养物质(如 B 族维生素和维生素 C),则易引起消化不良。当饲料中营养物质不足以及管理不当时,导致母兽患乳腺炎和其他慢性疾病,母乳中通常含有各种病理产物和病原微生物,幼兽食后,极易发生消化不良。

2.仔兽饲养管理不当

仔兽饲养管理不当,特别是护理不当,也是本病发生的重要因素。

仔兽舍条件差、环境卫生不良、通风不良、阴暗潮湿、保温不好,加上乳头、乳具等均能成为仔兽消化不良的诱因。

当护理疏忽,新生仔兽不能及时吃到初乳或哺食的量不够,不仅使仔兽没有获得足够的免疫球蛋白,而且会造成仔兽因饥饿而舔食污物,致使肠道内乳酸菌的活动受到限制,乳酸缺乏,结果肠内腐败菌大量繁殖,从而破坏对乳汁的正常消化和吸收。人工哺乳的不定时、不定量、乳温过高或过低、使用配制不当的代乳品以及哺乳期仔兽补饲不当,均可妨碍消化腺的正常机能活动，抑制或兴奋胃肠分泌和蠕动机能，而引起消化机能紊乱。

中毒性消化不良的病因，多半是由于对单纯性消化不良的治疗不当或治疗不及时，导致肠内容物发酵、腐败，所产生的有毒物质被肠黏膜吸收或微生物及其毒素作用，引起自体中毒。

【症状】

(1)单纯性消化不良　仔兽精神不振，喜卧，食欲减退或废绝，体温一般正常或偏低。幼鹿或幼麝表现精神不振，食欲减退，吃食较少，咀嚼缓慢。排粪迟滞，出现便秘或腹泻，粪便中常有未消化的饲料，有刺鼻的臭味。口臭，舌红苔黄。肠音高朗，并有轻度臌气，有的肚腹胀满，重者腹痛不安。心音增强，心率加快，呼吸加快。当腹泻不止时，皮肤干皱、弹性降低，被毛蓬乱、失去光泽，眼窝凹陷。严重时，站立不稳，全身战栗。

幼小毛皮动物则表现为发育滞后，被毛蓬松、失去光泽；头大体瘦，肋骨裸露，腹部膨胀，叫声异常。粪便为液状，灰黄色或灰褐色，含有气泡，肛门污染稀便。口腔恶臭，舌苔灰色，口腔黏膜色泽变淡。

(2)中毒性消化不良　仔兽精神沉郁，目光痴呆，食欲废绝，全身无力，躺卧于地。体温升高，对刺激反应减弱，全身震颤，有时出现短时间的痉挛。腹泻，频排水样稀粪，粪内含有大量黏液和血液，并呈恶臭或腐败臭气味。持续腹泻时，肛门松弛，排粪失禁。皮肤弹性降低，眼窝凹陷。心音减弱，心率加快，呼吸浅快。病至后期，体温多突然下降，四肢及耳尖、鼻端厥冷，终至昏迷而死亡。

(3)粪便中有机酸及氨含量变化　单纯性消化不良时，粪便内由于含有大量低级脂肪酸，故呈酸性反应。中毒性消化不良时，由于肠道内腐败菌的作用致使腐败过程加剧，粪便内氨的含量显著增加，呈碱性。

【诊断】

根据病史和临床症状及肠道微生物检查，必要时进行粪便和血液的实验室诊断，可以确诊。仔兽消化不良，通常不具有传染性，但具有群发性的特点。临床上，幼畜消化不良应与由特异性病原体引起的腹泻进行鉴别。幼鹿消化不良，应与仔鹿下痢相鉴别，毛皮动物应与细小病毒、犬瘟热和传染性肠炎相鉴别。

【治疗】

以去除病因、清肠止酵、调整胃肠机能、抑菌消炎、加强护理为主要原则。

首先改善仔兽舍卫生环境，保证仔兽生活在干燥、清洁、通风良好的仔兽舍内。同时加强母兽的饲养管理，给予全价饲料，特别是保证饲料中的蛋白质、维生素和矿物质含量，同时保证乳房的卫生。

为缓解胃肠道的刺激作用，可施行饥饿疗法。绝食(禁乳)8～12 h，但供应充足的温水或盐酸水溶液(氯化钠 5 g，33%的盐酸 1 mL，凉开水 1 000 mL)，幼鹿 100 mL，每日 3 次，毛皮兽酌减。

消除胃肠内容物，对腹泻不甚严重的仔兽进行缓泻，可应用油类或盐类泻剂。

为促进消化可给予人工胃液(胃蛋白酶 10 g，稀盐酸 1 mL，加适量的维生素 B 或维生素 C，常水 1 000 mL)或胃蛋白酶。

抑菌消炎可选用庆大霉素、新霉素、诺氟沙星等抗生素，或选用磺胺类药物或呋喃类药物。

为制止肠内发酵、腐败，可选用乳酸、鱼石脂、克辽林等防腐止酵药物。

当腹泻不止时，可选用明矾、鞣酸蛋白、次硝酸铋、蒙脱石散等药物。此外，注意补充水和电解质，调整酸碱平衡。

也可以应用白苦汤、白龙散、黄金汤等中药制剂。

【预防】

主要是加强对母兽的饲养管理，改善营养条件，特别是妊娠后期。加强对仔兽的护理工作，同时注意卫生。

(1)加强对母兽的饲养管理　首先保证母兽获得充足的营养物质，特别是在妊娠后期，应增喂富含蛋白质、脂肪、矿物质及维生素的优质饲料。其次改善母兽的卫生条件，对哺乳母兽应保持乳房的清洁，并进行适当的舍外运动。

(2)加强对仔兽的护理　首先保证新生仔兽能尽早地吃到初乳，最好能在生后 1 h 内吃到初乳，其量应在生后 6 h 内吃到不低于 5%体重重量的高质初乳。对体质孱弱的仔兽，初乳应采取少量多次人工饮喂的方式供给。母兽乳汁不足或质量不佳时，可采取人工哺乳，人工哺乳应定时、定量，且应保持适宜的温度。幼畜的饲具，必须经常洗刷干净，定期消毒。

(3)加强母兽、仔兽的疾病防治工作　定期进行防疫、检疫及驱虫工作，对于疾病做到早发现、早治疗，保证母兽、仔兽的健康。

三、瘤胃积食

瘤胃积食(impaction of rumen)又称急性瘤胃扩张，是由于鹿或麝突然大量采食了难以消化的粗纤维饲料或容易膨胀的草料引起瘤胃扩张，导致瘤胃的容积急剧增大、内容物停滞和阻塞、瘤胃运动和消化机能障碍，形成脱水和毒血症的一种严重疾病。

【病因】

主要见于贪食大量的青草，或因饥饿采食了大量的豆秸、花生秧、地瓜秧等，且饮水不足，难以消化；也有因过食玉米、大豆、大麦等谷物类精料后，又大量饮水，饲料膨胀所致。长期圈养鹿或麝，运动不足、突然更换适口性好的饲料、采食过多以及放牧转为舍饲均易发生本病。饲养管理不当和卫生条件不好，鹿或麝受到各种不利因素的刺激，产生应激反应，也能引起瘤胃积食。长途运输，机体抵抗力降低，患有前胃弛缓，瓣胃阻塞及胃肠道疾病时，均可继发或诱发鹿或麝瘤胃积食。

【症状】

常在饱食后数小时内发病。患鹿或麝的腹围明显增大，食欲下降或拒食，精神沉郁，嗳气，反刍减少，频频弓背、举尾，起卧不安，回顾腹部或后肢踢腹，鼻镜干燥，呼吸浅表，可视黏膜发绀，排粪量减少，粪块干硬呈饼样。左肷部触诊，瘤胃内容物坚硬或呈生面团状，按压留痕，恢复较慢。叩诊瘤胃区呈浊音。听诊瘤胃蠕动音减弱至消失。瘤胃积食严重时，腹压升高，膈向前移，可压迫肺，使胸腔容积缩小与肺活量不断下降，影响呼吸和血液循环，造成呼吸困难，窒息而死亡。

【诊断】

根据采食大量饲料后发病的病史和典型的临床症状(腹部增大、瘤胃蠕动音减弱、叩诊呈浊音、触诊瘤胃内容物坚实或呈生面团状等)，不难确诊。但须与前胃弛缓、急性瘤胃臌胀、创伤性网胃炎、皱胃阻塞、皱胃变位、肠套叠等疾病进行鉴别。

【治疗】

治疗原则是增强瘤胃蠕动能力，清理胃肠，消食化积，防止脱水和自体中毒，以及对症治疗。

病程较轻时，采用饥饿疗法，配合瘤胃按摩，每次 5～10 min，每隔 30 min 一次，可促进恢复。可用硫酸镁（或硫酸钠）100～200 g，液体石蜡（或植物油）200～500 mL，鱼石脂 10～15 g，酒精 30～50 mL，水 3 000～5 000 mL，灌服。应用泻剂后，可用毛果芸香碱、新斯的明等皮下注射，以兴奋瘤胃。也可用 10%的氯化钠溶液 100 mL 静脉注射，配合 10%氯化钙100 mL、10%安钠咖 10～30 mL，混合静脉注射，以改善中枢神经系统调节功能，增强心脏活动，促进胃肠蠕动和反刍。对于病程较长的病例，用 5%葡萄糖生理盐水注射液 1 000～1 500 mL，10%安钠咖注射液 10～30 mL，维生素 C 注射液 10～15 mL，静脉注射，每日 2 次，这样可达到强心补液，维护肝脏功能，促进新陈代谢，防止脱水的目的。

病情严重者，可先行洗胃，用胃导管将胃内容物导出，用 1%的食盐水冲洗瘤胃。药物治疗无效时，应及时实施瘤胃切开术取出内容物，并采取健康鹿或麝的瘤胃液 3～6 L 进行接种。

【预防】

加强日常饲养管理，防止偷食大量精料，防止突然变换饲料或过食，并尽量避免外界不良因素的影响和刺激，养成有规律的饲养习惯。

四、瘤胃臌气

瘤胃臌气（ruminal tympany）是由于患鹿采食了大量易发酵产气的饲料，在瘤胃微生物的作用下，产生大量气体，引起瘤胃急剧扩大所造成的消化机能障碍和呼吸异常。

成年鹿和仔鹿均可发生，其中仔鹿发病更急，病死率更高。

【病因】

原发性瘤胃臌胀，多发生于水草旺盛的夏季。多由饲料的突然改换，如较长时间的饲喂干草，突然喂给青草，或由舍饲转为放牧。鹿一次过多采食了易发酵产气的饲草，如浸泡过久的黄豆、豆饼、豆腐渣等。鹿饲喂了经霜打、冰冻、霉败或饲料处理不当（如谷物类饲料研磨过细）而引起气体产生过多。同时矿物质不足，钙磷比例失调等，都可成为本病的致病因素。

继发性瘤胃臌气，多由于食道阻塞、前胃弛缓、瓣胃阻塞、瘤胃异物等疾病致使胃内气体产生过多而不能正常排出。

根据瘤胃臌胀中气体的种类，可分为泡沫性瘤胃臌气和非泡沫性瘤胃臌气。

泡沫性瘤胃臌气（frothy bloat）主要是由于鹿采食了大量含蛋白质、皂苷、果胶等物质的豆科牧草，生成稳定的泡沫所致。

非泡沫性瘤胃臌气又称游离气体性瘤胃臌气（free gas bloat），主要是采食了易产生一般性气体的牧草，或采食堆积发热的青草、霉败饲草、品质不良的青贮饲料，或者储存不当的饲料等而引起。

【症状】

患鹿采食后数小时，腹围突然增大，尤以左腹为甚。采食、反刍、嗳气完全停止。患鹿起卧不安，弓背、举尾。左肷窝部瘤胃严重臌胀，严重者突起或高出脊背。触诊腹壁紧张并有弹性，以拳压迫不留痕迹。叩诊时瘤胃呈高朗的鼓音或金属音。听诊瘤胃蠕动音病初增强，后逐渐减弱或消失。呼吸频率随病情恶化而不断增加，可达 60～100 次/min，常张口伸舌，呈气喘状态。心跳增速，120～150 次/min。体表静脉怒张，可视黏膜发绀，眼球突出。体温一般正常或稍高。常于几个小时内窒息死亡。

慢性瘤胃臌气常为继发性，病程发展缓慢，常为间歇性反复发作，瘤胃中度臌胀，前胃机能降低，食欲、反刍减退，饮水、采食慢而少，逐渐消瘦，生产性能降低，哺乳鹿泌乳量显著减少。

【诊断】

依据采食大量易发酵饲料后发病的病史和腹部臌胀，左肷窝凸出，血液循环障碍，呼吸极度困难等临床症状，较易诊断。

【治疗】

本病发生较快，抢救贵在及时，治疗原则着重于排除气体，防止酵解，理气消胀，健胃消导，强心补液，恢复瘤胃正常蠕动机能等。

瘤胃臌气的初期，将病兽立于斜坡上，保持前高后低姿势，不断牵引其舌或在木棒上涂煤油或菜油后给病兽衔在口内，同时按摩瘤胃，促进气体排出。同时应用松节油 20～30 mL、鱼石脂 10～20 g、酒精 30～50 mL 等水溶液灌服，或者内服 8%氧化镁溶液或生石灰水，具有止酵消胀作用。泡沫性臌气，以灭沫消胀为目的，宜内服表面活性药物，如二甲基硅油（鹿 2～3 g）、消胀片（每片含二甲基硅油 25 mg、氢氧化铝 40 mg；鹿 100 片/次）。依据临床经验，无论哪种臌气，首先灌服液状石蜡 800～1 000 mL，可收到良好效果。

当臌气严重，呼吸困难，有窒息危险时，应立即用套管针进行瘤胃穿刺放气。放气时宜间断放气，以免腹压急剧下降而致脑贫血。放气后用 0.25%的普鲁卡因 50～100 mL、酒精 30～50 mL 或青霉素 200 万～500 万单位，注入瘤胃，效果更好。在治疗过程中，还可皮下注射毛果芸香碱或新斯的明，以促进瘤胃蠕动。同时，增强全身机能状态，及时强心补液。

对于药物治疗效果不显著时，应立即实施瘤胃切开术，取出其内容物后，采集健康鹿的瘤胃液 3～6 L 进行接种。

【预防】

本病的预防要着重搞好饲养管理。注意饲料的保存与调制，防止饲料霉败；谷物饲料不宜粉碎过细；由舍饲转为放牧或改喂青绿饲料时，要有适应期，并且要限制放牧时间及采食量，防止一次过量采食；不可饥饱无常，更不宜骤然改变饲料；避免饲喂发酵、发霉的饲料，夏天浸泡豆饼不要泡得过早；粉渣、酒糟、甘薯、胡萝卜等更不宜突然多喂，饲喂后也不能立即饮水；不到雨后或有露水、下霜的草地上放牧。

第三节　心血管系统疾病

一、创伤性心包炎

创伤性心包炎（traumatic pericarditis）是由坚硬而锐利的金属异物穿透心包而引起的一种急性、亚急性或慢性化脓性、腐败性炎症过程，包括心包壁层和脏层的炎症，常伴发横膈膜炎、胸膜炎及腹膜炎，有时伤及肝脏、脾脏、肺脏及心脏。多种经济动物都能发生，但鹿最为常见。

【病因】

创伤性心包炎主要是由网胃内的细长金属异物刺伤心包引起，常常是创伤性网胃-腹膜炎的主要并发症。鹿误食混入饲料中的各种金属丝、铁钉、缝针、别针、发针以及其他尖锐异物，异物随同饲料进入瘤胃。由于瘤胃体积很大，不易损伤瘤胃壁，但进入网胃后，因网胃的体积小，肌肉收缩力强，可能刺伤或穿透网胃壁，进而刺入包裹心脏的心包膜。附着在金属异物上的细菌侵入心包，引起心包膜及心外膜的化脓性炎症。本病多在妊娠末期和分娩期发病，原因在于随着胎儿的迅速发育，由于妊娠子宫的膨大或因阵痛而使腹压升高，将整个胃推向前方（横膈膜方向）所致。

【症状】

创伤性心包炎的症状分为 2 个阶段，第 1 阶段为网胃-腹膜炎症状，第 2 阶段为心包炎症状。病初表现典型的前胃弛缓症状，精神沉郁，食欲减退或消失，反刍缓慢或停止，鼻镜干燥，磨牙呻吟，瘤胃蠕动减少或消失，内容物黏硬或松软，病程缠绵，久治不愈。随着病情发展，病鹿行动姿势出现异常，站立时肘头外展，喜站在前高后低的地方，不愿卧地，卧地时表现小心异常，且以后腿先着地，起立时则前肢先起来，有的病鹿在起卧时还发出呻吟声；运步时，步态僵硬，喜走软路不愿走硬路，愿上坡不愿下坡。网胃触诊检查，疼痛不安，呻吟，眼神惊慌，体温初期多升高至 40～41 ℃，后降至正常；心跳快，听诊心音低沉，病初出现摩擦音，后期心音遥远，出现心包拍水音；叩诊时心浊音区明显扩大，上界可达肩端水平线；最后颈静脉怒张，胸前、颌下出现水肿。

【病理变化】

病鹿胸前、颌下部皮下呈胶冻样水肿，胸腔内积有多量茶褐色液体。心包、膈和胸膜有不同程度的粘连。心包腔增大，内有腐臭的、含有纤维蛋白块的灰色液体。在心包浆膜表面心和心外膜上附着纤维素样物质。慢性病例，心包明显增厚，呈絮状、菜花状。腹腔内含有茶褐色腹水。网胃与膈肌由结缔组织增生而粘连，有的甚至在网胃、膈肌与心包之间形成瘘管，瘘管内有污灰色的腐臭脓液。

【诊断】

根据临床症状和发病史可做出初步诊断，血液检查可见白细胞总数和嗜中性白细胞数均增多，必要时可进行 X 线检查。

【鉴别诊断】

本病与创伤性网胃炎有相似之处，特别是初期阶段，更难区别，故应注意鉴别。创伤性网胃炎是创伤性心包炎的前驱阶段，创伤性心包炎是创伤性网胃炎的继续发展和恶化。其区别在于创伤性网胃炎尚未侵害到心包，故临床上无心脏的摩擦音、拍水音，也无颈静脉的怒张和颌下、胸前的皮下水肿。

【治疗】

早期进行手术，摘除异物。但对创伤性网胃心包炎，由心包取出异物，效果不够理想，一般采取保守疗法，即让病鹿保持前高后低的站立姿势，全身应用抗生素和磺胺类制剂，控制炎症发展。可采用消毒防腐液（如 0.1％雷夫奴尔溶液）进行心包穿刺冲洗，冲洗后心包腔注入 0.25％普鲁卡因青霉素溶液。另外，可根据病鹿不同症状灌服缓泻剂、止酵剂、强心健胃剂等。

【预防】

必须严格防止饲料中混有金属异物；建立清洁的饲料供应基地；饲养鹿只的地区，应控制铁丝和铁钉的使用，对铁丝断端要随时清理；如果能给 18 月龄左右的鹿投放磁棒，使其在网胃中吸附金属，可取得良好的效果。

二、心肌炎

心肌炎（myocarditis）是伴发心肌兴奋性增强，收缩力减弱，心脏肌肉发生炎症的一种疾病。本病较少单独发生，多继发于各种传染病、寄生虫病、脓毒败血症、中毒病、风湿症、贫血等疾病的经过中。本病临床上按炎症性质分为化脓性和非化脓性；按侵害部位分为实质性和间质性；按病程分为急性和慢性；按病因又可分为原发性和继发性。

【病因】

急性心肌炎通常继发或并发于某些传染病、寄生虫病、脓毒败血症和中毒病，如传染性胸膜肺炎、口蹄疫、布鲁氏菌病、结核病，毛皮动物还见于细小病毒病、犬瘟热、流感等。此外，风湿病经过中，往往并发心肌炎。某些药物，如磺胺类药物及青霉素的变态反应，也可诱发本病。

【症状】

病初大多数病兽表现发热，精神沉郁，食欲减退或废绝，脉搏紧张、充实，随着病情发展，心跳与脉搏很不相称，心跳强盛而脉搏甚微。病情严重时，心脏出现明显期前收缩，心律不齐。病兽稍微活动，即可使心搏动明显加快，即使活动停止，仍可持续较长时间。这种心机能反应现象，往往是确诊本病的依据之一。当心力衰竭时，表现为脉搏增速和交替脉。在心代偿能力丧失时，表现黏膜发绀，呼吸高度困难，体表静脉怒张，颌下、胸前皮下和四肢末端水肿等症状。重症病兽，精神高度沉郁，食欲废绝，全身虚弱无力，战栗，运步踉跄，终因心力衰竭而死亡。

由感染或中毒引起的，则出现体温升高和相应的血液学变化，并有传染病和中毒典型症状。

【诊断】

根据病史和临床症状进行综合分析可做出初步诊断。临床特征为心肌收缩次数增加、心动过速，出现血液循环障碍。心功能试验也是诊断本病的一种方法：在安静状态下测定病兽脉搏次数，随后令其步行运动 5 min 再数其脉搏次数，在心肌炎时，虽停止运动后，甚至 2～3 min 以后，脉搏仍可继续加快，需经较长时间才能恢复至原来的脉搏次数。心肌炎后期，心脏扩张而出现缩期性杂音，节律不齐，血压降低和心率过速，出现血液循环障碍的症状，以上均可作为本病的诊断依据。

【鉴别诊断】

应注意急性心肌炎与心包炎和心内膜炎的区别，心包炎多伴发心包拍水音和摩擦音，心内膜炎多呈现各种心内杂音。

【治疗】

主要治疗原则是减少心脏负担，增加心肌营养，提高心肌收缩机能和治疗原发病等。

首先对病兽进行良好的护理，保持其安静，避免过度兴奋，安排合理的休息，避免过度的运动。多次少量地饲喂易消化而富有营养和维生素的饲料，并限制过多饮水。

同时注意对原发病的治疗，可用磺胺类药物、抗生素和血清及疫苗等特异性疗法。药物治疗宜在正确判断病情的基础上进行。急性心肌炎初期，不宜用强心剂，以免心脏神经感受器过度兴奋，导致心脏迅速陷于衰弱。早期可在心区施行冷敷。病程发展至心力衰竭阶段时，为维持心脏活动和改善血液循环，可用 20%安钠咖溶液 3～5 mL 进行皮下注射，每 6 h 重复1 次；也可在用 0.3%硝酸士的宁注射液（鹿、麝 2～5 mL，皮下注射）基础上，用 0.1%肾上腺素注射液 1～2 mL，皮下注射或混于 100～200 mL 的 5%～20%葡萄糖液缓慢静脉注射，效果更好。忌用洋地黄类强心剂，因其可以延缓传导性和增强心肌兴奋性，导致心力过早衰竭而死亡。同时可静脉注射 ATP 5～10 mg、辅酶 A 15～25 单位、细胞色素 C 15～30 mg，以增强心肌代谢。

当黏膜发绀和高度呼吸困难时，可进行吸氧，剂量为 15～25 L，吸入速度为 0.5～

1 L/min。对尿少而水肿明显的病兽，以利尿消肿为目的，可内服利尿素 1～2 g 或用 10%汞撒利注射液 3～5 mL，静脉注射。为了增强心肌营养，还可静脉注射 25%葡萄糖溶液，视病兽具体情况而决定注射次数和疗程。

【预防】

平时要加强对动物饲养管理和运动，给予足够的关心和注意，增强抵抗力，防止发病并根治其原发病。当动物基本痊愈后，仍要加强护理，慎重地逐渐使患病动物运动，以防复发或突然死亡。

三、心内膜炎

心内膜炎(endocarditis)是指心为膜及其瓣膜的炎症，临床上以血液循环障碍、发热和心内器质性杂音为特征。按病理特征分疣状心内膜炎和溃疡性心内膜炎两种，按其病因分为原发性和继发性，按其病程分为急性和慢性两种。发生于各种动物。

【病因】

原发性心内膜炎多数是由于各种致病性细菌(化脓杆菌、链球菌、葡萄球菌、巴氏杆菌、大肠埃希菌和结核杆菌)及其毒素侵入血液而引起的感染。各种致病性细菌沿着血液转移到心内膜毛细血管，发生炎性变化，心内膜炎过程及其增殖性病变的程度，应视细菌的种类、致病性和性质而定。

急性心内膜炎通常多继发或并发于流感、鹿创伤性网胃腹膜炎、传染性胸膜肺炎、口蹄疫、咽炎、脓毒败血症、化脓性子宫内膜炎和脐带炎等。也可由心肌炎、心包炎等蔓延而引起发病。

此外，新陈代谢异常、维生素缺乏、感冒、过劳也易诱发本病。

【症状】

病兽精神沉郁或嗜睡，表现为持续或间歇性发热，眼半闭，头下垂，虚弱无力，易于疲劳，步履蹒跚，食欲大减。重症心内膜炎体温达 40.5～41 ℃。心搏动亢进，可达 80～110 次/min，节律不齐。听诊后期第一心音微弱、浑浊，第二心音几乎消失，有时第一心音和第二心音融合为一个心音。疣状心内膜炎的病兽听诊时可听到伴随一、二心音发出的心内器质性杂音。溃疡性心内膜炎，心内膜杂音不固定，脉数增多，脉搏微弱，甚至不感于手，脉律不齐，发生缺脉现象。主动脉瓣被侵害，往往呈现跳脉。病变严重时，心机能障碍严重，血液循环障碍，可视黏膜发绀，静脉高度瘀血，颈静脉搏动，呼吸困难及胸腹皮下水肿。由于溃疡性心内膜炎往往因栓子转移而感染其他组织器官，除可视黏膜出血现象外，肝、肺及其他器官发生转移病灶，引起化脓性肺炎、化脓性关节炎、脑膜脑炎及血尿等现象。

血液检查中性粒细胞增多和核左移，患病动物血液培养能分离出病原菌，血清球蛋白升高。

【诊断】

根据病史和血液循环障碍、心动过速、发热和心内器质性杂音等可以做出初步诊断。疣状心内膜炎时心杂音较稳定，多与风湿症有关。溃疡性心内膜炎杂音出现快，变化多。由于本病与急性心肌炎、心包炎、败血症、脑膜脑炎等症状相近容易误诊，临床上应注意鉴别。

【治疗】

防止病兽兴奋或过度运动，给予富有营养、易消化的优质饲料，饮水量不宜过多。

在积极治疗原发病的同时，疾病初期宜用大剂量抗生素和磺胺类药物。体温过高时，可用解热药。为维持心脏机能，可用强心剂，如洋地黄、毒毛旋花子苷 K 等。必要时可用 25%葡萄糖溶液 100 mL 或 10%氯化钠溶液 50～60 mL 静脉注射，每日 1～2 次。心区冷敷可抑制心活动加剧和预防栓塞发生。

第四节　泌尿生殖系统疾病

一、水貂湿腹症

湿腹症(mink wet abdomen disease)又称尿湿症(urinary wet disease)，是指腹部被毛被尿液浸湿、皮肤发炎甚至糜烂、被毛脱落的一种疾病，其临床特征为频频排尿，阴茎尿道肿胀、敏感，尿道口红肿。水貂、貉、狐等毛皮动物多发，其他动物很少发生。在我国，湿腹症主要在 40～60日龄的幼貂群多发，公貂发病率可达 40%，常呈窝发。

【病因】

湿腹症的发生主要与以下 3 方面因素有关：一是感染性因素，主要见于链球菌、葡萄球菌、绿脓杆菌、变形杆菌等，或邻近器官组织炎症的蔓延至尿道而发病。二是饲养管理不当，日粮中脂肪含量过高的动物性饲料，尤其含糖量较低，脂肪氧化不全，分解的中间产物过多导致本病发生；饲料腐败或氧化变质，日粮中维生素 A、维生素 E、胆碱等物质的缺乏或不足，可能促发本病；饲料中磷和钾的比例失调，钾与脂肪形成不易溶解的皂剂，并在随尿液排出体外的过程中覆盖在皮肤上浸湿皮肤而发炎，导致被毛变成黄色甚至脱落。三是遗传和环境因素，某些品系和彩色貂对本病有高度易感性，且动物的年龄、性别及周围的环境卫生也与本病有关。四是脊髓损伤的动物会引起排尿失禁，导致湿腹症发生。

【症状】

发病初期，患病貂小便失禁，常表现频频排尿，会阴部及两后肢内侧被毛浸湿，使得被毛粘连成片；后期逐渐呈现营养不良、可视黏膜苍白，随意排尿，淋漓尿，有时尿液发黏，有很浓的腥臭味；尿道口周围的被毛缠结，或仅局部被毛。浸润 2～5 d 后，被毛逐渐变得干燥，尿液透明；病程较长时，皮肤会表现红肿、脓疱、溃疡甚至糜烂，被毛脱落甚至皮肤变厚；后肢站立不稳、战栗、瘫痪等。继发于黄脂肪病的患貂可出现贫血，食欲减退，精神沉郁。

临床上，公兽比母兽发病率高，常常表现包皮炎，包皮高度水肿，排尿口闭锁，尿液潴留在包皮囊内，患病动物表现疼痛性尿淋漓，尿液断续状排出。重症病貂可见黏液性或脓性分泌物不断从尿道口流出，全身被毛黏湿，小室内潮湿有腥味；尿液浑浊，其中含有黏液、血液或脓液，镜检可见大量的血液有形成分，膀胱上皮细胞及球菌、杆菌，最终可能继发化脓性腹膜炎而死亡。触诊可见阴茎肿胀、敏感，导尿管不易插入。

【病理变化】

尿湿的局部和泌尿器官的组织学变化是主要的病变部位。患貂会阴部被毛湿润黏结硬固，多处被毛脱落，脱毛部的皮肤肥厚、变硬，或出现坏死、溃疡。肾脏肿大，肾包膜肥厚苍白，常与皮质层粘连不易剥离，表面可能出现斑点和出血，肾盂扩张且含有污秽脓汁及血样液体；输尿管肥厚，常伴发化脓性膀胱炎。

其他脏器在临床上也表现不同程度的病理变化：肺脏不同程度的出血和肺炎病灶；肝脏质脆呈土黄色；脾脏轻度肿胀，偶见坏死灶；肠系膜淋巴结肿胀，表面有出血点；胃肠黏膜脱落，肠壁变薄，胃内容物似小豆粥；心肌变性如煮肉状。

【诊断】

根据病史，结合患貂尿频，不随意性排尿的临床表现，可做出初步诊断；实验室检查可采集新鲜的尿液、脓疱和坏死性溃疡物等进行细菌的接种培养，或采集死亡貂的肾脏、肝脏、脾脏、心血管和膀胱等组织进行直接涂片，或于蛋白胨肉汤培养后做细菌学检查，可确诊本病。多数病例的病料分离培养中，可分离到部分球菌、大肠埃希菌和绿脓杆菌等，或出现不同时期的不同的微生物区系。

【鉴别诊断】

湿腹症在临床上应与尿石症相鉴别，具体可见表 4-1。

表 4-1 湿腹症与尿石症的鉴别诊断表

类别	发病年龄	发病貂性别	尿液酸碱性	膀胱 X 线检查	被毛皮肤变化
湿腹症	40～60 日龄幼貂	公貂	酸性	无明显异常	黏湿，皮肤红肿
尿石症	成年貂	成年貂和母貂	碱性	可见结石样物	有结石结晶

【治疗】

临床上以防止病因、对症治疗为原则。

大群动物发病时，需要立即更换饲料，日粮中增加乳、蛋、酵母和鱼肝油的供应；严重病例，可用过氧化氢或高锰酸钾溶液清洁尿湿部位，投给乌洛托品或氯化铵解毒利尿。采用 0.05% 高锰酸钾溶液、0.02% 呋喃西林溶液、1%～3% 硼酸溶液或 0.5% 鞣酸溶液等进行尿道冲洗，每日 2 次；或选用抗生素青霉素 G 钠每千克体重 3 万～5 万国际单位，或链霉素 10 万～20 万国际单位，1～2 mL 维生素 B_1；或土霉素 10 万国际单位，维生素 E 3～5 mL，分别肌内注射，连用 2～3 d。尿液碱性时，改用樟脑酸乌洛托品，每次 0.5 g 内服，每日 2 次。

【预防】

积极改善饲养管理，给予患貂容易消化、富含维生素的日粮饲料，增加饲料中糖的含量，减少脂肪的摄入量，并给予清洁、充足的饮水。同时，可在日粮中添加毛皮动物专用生物酸化剂，能有效地防止尿湿症的发生。

二、水貂尿结石

尿结石(urinary calculus)又称尿石症，是指矿物质代谢障碍导致尿路中盐类结晶的凝聚物形成结石，引起尿路完全阻塞或不完全阻塞的疾病。临床上表现为排尿困难，尿频，尿淋漓。毛皮动物中，水貂多发，多见于断奶后的公幼貂。成貂偶发，其他经济动物较少发病。

【病因及发病机理】

尿石症是一种伴有泌尿器官疾病的全身矿物质代谢紊乱性疾病。临床上，引起尿石症的因素主要有营养因素和泌尿器官疾病。营养因素是最常见的病因：长期给水貂饲喂含矿物质过多尤其是富含钙质的饮水和饲料，钙磷比例失调；饲料中维生素 A 缺乏或不足，维生素 D 过多；机体内体液的理化状态被破坏，水貂长期饮水不足，尿液浓缩，致使尿路中盐浓度过高，均可促使尿石症的形成。尿液长期或周期性潴留，导致尿液中尿素分解形成氨，使尿液碱化，结合尿液中有机物质增加，形成尿结石。

肾和尿路发生感染时，尿中细菌和炎性产物积聚，可成为盐类结晶的核心，尤其是肾脏的炎症，使尿中晶体和胶体的正常溶解与平衡状态破坏，导致盐类晶体易于沉淀而形成结石。结石于阻塞部位刺激黏膜，引起黏膜损伤、炎症和出血发生，局部敏感性增高，致使尿路平滑肌发生痉挛性收缩，引起腹痛。尿路不完全阻塞时，可见少量尿液呈点滴状排出；完全阻塞时，膀胱内尿液潴留，后期可导致膀胱破裂。

【症状】

水貂尿结石多发生于炎热潮湿的6～8月，营养良好的幼貂突然发病，尤其是公貂。病貂表现精神不安，后肢叉开行走，尿液呈点滴状流出，有时可见血尿；尿道口及腹部被毛湿润，腹部增大。触摸耻骨前缘可摸到胀满的膀胱，压之敏感，可感触到细碎结石颗粒；膀胱破裂时，可触摸到空虚的膀胱，冲击式触诊有拍水音，腹腔穿刺可见大量淡黄色或红色的液体流出，有尿臭味，往往混有沙粒样物质，后期可因腹膜炎或尿毒症而死亡。慢性病例仅见患病动物步态不稳，后肢麻痹。

【病理变化】

剖检时，可见肾脏肿大，被膜下有斑点状出血，肾盂扩张，充满黏稠的尿液并有出血现象。肾脏以及公貂的膀胱增大至鸡蛋样，浆膜紫红色且有出血现象，里面充满浑浊的黏液和血样尿液。尿道内有大小不等的结石或结晶颗粒，结石周围组织常有炎症变化或出血、溃疡灶。

【诊断】

临床上可根据病貂的排尿姿势和排尿量的异常做出初步诊断，同时可实验室检查尿液结晶成分的含量和尿液的化学反应，并结合X线摄片对膀胱和尿道结石的显影可进一步确诊结石的形态和部位。完全性尿道阻塞时，根据患病动物排尿障碍、触诊膀胱内有尿石或结晶物以及后期膀胱破裂，腹腔液增加，必要时实施尿道探诊来确诊本病。

【治疗】

临床上治疗本病，可在早期应用乌洛托品0.2 g、氨苯磺胺0.1～0.2 g、萨罗0.2～0.3 g、碳酸氢钠0.2～0.3 g，内服，对较小的尿结石和尿结晶有效。严重时，可使用利尿剂双氢克尿噻或速尿，将尿液进行稀释，并冲淡尿液晶体的浓度；对于完全阻塞性尿结石或急性病例，可实施尿道切开术、膀胱切开术，将尿结石直接取出，并彻底冲洗膀胱和尿道。

中药疗法：海金沙10 g、金钱草30 g、鸡内金30 g、石苇10 g、海浮石10 g、滑石5 g，粉碎后适量内服；或采用芒硝25 g、鸡内金20 g、萝卜150 g，共煎汁，适量内服。

【预防】

加强饲养管理，日粮中减少富含钙质的原料，将饲料调制成pH为6.0的酸性饲料，水貂4月龄始可按饲料日粮的0.8%来加喂75%的磷酸，或分窝后投服20%的氯化铵溶液，1～2 mL/(d·只)，连喂3～5 d，停药3～5 d，如此反复投药1个月，可防止草酸盐和磷酸盐形成过多。饲料中可试着混饲食醋，增加日粮中肉类、脂肪、牛奶和蔬菜的比例，避免饲料中钙、磷过量，并注意保证有足够的维生素A[2 000国际单位/(d·只)]和充足的饮水。对圈养动物，应适当补充食盐，或在日粮中添加氯化铵或磷酸盐制剂；同时，应慎重使用磺胺类药物，避免对肾脏造成损伤，导致结石形成。

三、乳腺炎

乳腺炎(mastitis)是指一个或多个乳腺由于外伤或受细菌感染或乳汁滞留引起的乳腺组织和乳头炎症变化的一种急性、慢性炎症，临床上以乳房肿痛、有硬结，拒绝哺乳为特征。各种动物均可发病，经济动物中兔和毛皮动物较多发生，是哺乳期母貂的常见病。临床上急性乳腺炎也称为败血性乳腺炎，多发生在泌乳期；慢性乳腺炎则多发生在断奶后。

【病因】

引起乳腺炎的原因较为复杂，主要包括母兽本身、仔兽咬伤以及环境因素等。妊娠后期母兽过肥，乳腺被大量脂肪包围，乳汁分泌受阻瘀滞；仔兽咬伤乳头后引起细菌感染或血源性感染；母兽生产时仔兽死亡，由于乳汁不能及时排出、母兽乳汁分泌旺盛，导致乳汁堆积于乳腺中发酵酸败；此外，外界环境卫生不良，细菌侵入等均可引起乳腺炎的发生。

【症状】

临床上，根据炎症的病程不同可分为急性和慢性乳腺炎两种。急性乳腺炎常表现为，乳头及乳腺周围红肿，触摸有热感和硬块。患病母貂徘徊不安，不愿进入笼舍，乳头破溃后拒绝给仔貂哺乳，甚至将仔貂叼出笼舍外。随病情发展，患病母貂食欲减退或废绝。仔细检查乳头，可见乳头被咬伤或是被刺伤，并有感染化脓；乳腺破溃可流出黄红色脓汁；有的病貂，所有乳腺均肿胀，触之硬固敏感，且无乳汁流出。

慢性乳腺炎发生时，临床上常伴有多个脓肿或乳房坏疽，其乳汁中含有絮状物或干酪块，乳汁稀薄。病貂食欲降低，逐渐消瘦，乳汁分泌减少且乳汁质量降低，患病动物精神沉郁，脉搏与呼吸增数，体温升高；仔兽腹泻，或咬伤母兽乳头而转为急性乳腺炎。

【诊断】

根据病例资料分析可能存在的病因，临床上根据母兽骚动不安、仔兽尖叫或被母兽叼出，结合检查乳腺组织的红肿和敏感，并将乳汁进行实验室检查等可提供确诊乳腺炎的依据。乳汁的检查内容主要包括：pH、血色素和氯化物含量、酶活性和溶菌酶效价、细胞数、细菌数和乳电阻等。

【治疗】

母兽在产前或产后，必要时可注射催乳素（垂体后叶素）；对患病动物初期实行冷敷，后期结合乳房按摩和热敷疗法能取得较好的治疗效果。乳腺炎初期，应尽量挤出乳汁，患部用湿毛巾冷敷，并涂以鱼石脂软膏或氧化锌软膏；乳腺局部化脓时，可使用0.1%雷夫奴尔清洗，乳房基部使用普鲁卡因和链霉素进行封闭，或肌内注射青霉素；已经形成脓肿的乳腺，必须实行外科手术切开，然后用药液进行彻底冲洗。

对于食欲废绝的患病动物，可静脉注射5%葡萄糖溶液100～200 mL，配合维生素C 1.0～2.0 mL治疗。

【预防】

加强水貂运动和休憩场地的卫生管理，及时清除场内尖锐异物。产前、产后适当减少精料和多汁饲料，尤其妊娠期要遵循营养水平前低后高、母乳期更高的原则，防止母兽过肥或偏瘦，乳汁过多或过稠。产仔后，应认真检查仔貂的数目和哺乳情况，仔貂数量过多或母貂泌乳量过少时，可将部分仔貂由其他母貂代养，以防多仔貂争抢时损伤乳头。

四、难产

难产（dystocia）是指怀孕母兽本身或胎儿异常，羊水流出后，长时间胎儿不能顺利通过产道产出体外的疾病。各种经济动物均可发生，其中圈舍饲养的动物发病较高。

【病因】

引起难产的原因很多,常见有以下几种。

①饲养管理不当,对妊娠母兽饲喂过多营养丰富的饲料,导致胎儿发育过大、过快;母貂体况过肥,导致产力不足而发生难产。

②母貂提前过早进行配种,影响了动物正常的性成熟和体成熟,导致子宫颈、骨盆腔狭窄而难产。

③分娩力不足,常见的病因有阵缩及努责微弱,努责过强及破水过早等。在分娩前期,由于孕兽内分泌平衡失调,如雌激素、前列腺素或垂体后叶催产素的分泌不足,或孕酮量过多及子宫肌对上述激素的反应减弱;妊娠期间营养不良、体质乏弱、老龄、运动不足、肥胖、全身性疾病、布鲁氏菌病、子宫内膜炎等引起的肌纤维变性、胎儿过大或胎水过多使子宫肌纤维过度伸张、腹壁疝、腹膜炎以及子宫和周围脏器粘连愈着等,都可以使产力减弱而发生难产。

④生殖器官疾病,常见于子宫颈狭窄、骨盆变形、软产道肿瘤、子宫扭转、阴门狭窄等。

⑤胎儿异常,多指胎势、胎位、胎向的异常。正常的胎势是两前腿伸直,头颈也伸直,并且放在两前腿的上面;倒生时两后腿伸直;常见的胎势异常有一肢或两肢弯曲,头颈弯曲。正常的胎位是胎儿伏卧在子宫内,背部在上,靠近母体的背部和荐部,称为背荐位(上位)。常见的胎位异常有背耻位(或下位)和背髂位(或侧位)。正常的胎向是胎儿纵轴与母体纵轴互相平行,称为纵向;常见的胎向异常有横向和纵向。胎儿移位的难产在临床上更为多见。

⑥应激因素。由于经济动物驯化程度较低,对外界刺激非常敏感,在分娩过程中,一旦受到惊扰、噪声,甚至是饲养人员服装颜色的改变以及陌生人参观等,都可能导致产程紊乱,使胎势、胎位发生改变而发生难产。

【症状】

难产在临床上的表现多种多样,但是多数难产母兽均已超过预产期,而胎儿不能产出母体外,母兽早期极度不安,后期高度抑郁,是各种难产的共同临床症状。

(1)母兽子宫颈及骨盆狭窄　可见阵缩、努责强烈,但不见胎儿排出。产道检查时,子宫颈口开张不充分,甚至触及不到胎儿;骨盆狭窄时,胎儿个体并不过大,只是盆腔狭小或骨盆变形、骨赘突出于骨盆腔。

(2)子宫扭转　可见母兽临产前或分娩时剧烈跳跃,精神兴奋,频频努责但不见胎儿排出,阴道检查可触到胎膜而不见胎儿。妊娠后期子宫扭转时,可见母兽腹痛不安,拒食,呼吸和心跳加快;阴道检查可见阴道腔呈漏斗状,越往前越狭窄,其前部黏膜形成粗大皱褶。同时,根据阴道皱褶方向及子宫阔韧带状态,可判定子宫扭转方向。

(3)胎儿过大　通常其胎势、胎向、胎位及母兽的软、硬产道均无异常,只是胎儿个体发育较一般个体大。分娩时,母兽阵缩及努责强烈,但胎儿仅仅充塞于产道之间而不能顺利排出。这种难产多发生于单胎妊娠动物,多胎的毛皮动物中会因个别胎儿发育较大而出现难产。

(4)母兽双胎或多胎妊娠　两个胎儿身体的某一部分同时挤入产道而导致难产,通常一个是正生一个是倒生。多见于一胎的头及其两前肢和另一胎的两后肢,或一胎的头及其一前肢和另一胎的两后肢,或一胎头和另一胎的两后肢等。诊断时需排除胎儿畸形和胎向异常等情况。

(5)胎儿头颈侧转　其特征为从阴门伸出一长一短的两前肢,胎头转向伸出较短肢的一侧。产道内检查胎儿时,向前可触及侧转的颈部。鹿颈部较长,侧转程度严重时不易摸到胎儿头；侧转较轻者，偶可摸到胎头。头颈下弯时，在阴门外仅能看到两前肢，胎头于两前肢间弯于胸前或胸上，由于下弯程度不同，可摸到颈部、枕部或额部。头颈后仰时，触诊胎儿可摸到气管轮。

(6)肢蹄姿势异常　两前肢姿势异常时，一侧腕关节前置时，从产道内伸出一前肢；而两侧腕关节前置时，产道内不见两前肢。触诊时可在产道或骨盆腔入口处摸到一个或两个屈曲的腕关节及正常的胎头。后肢姿势异常时，一侧跗关节前置时，从产道内伸出一蹄底朝上的后肢，触诊可摸到充塞与产道内的胎儿后躯、尾、肛门和一屈曲的附关节。两侧附关节前置时，阴门外不见胎儿后肢伸出，触诊时容易摸到充塞于骨盆入口处的胎儿臀部及两个屈曲的附关节。胎向异常：横向时，产道内检查可发现胎儿横卧于子宫内。竖向时，胎儿呈犬坐姿势于子宫内。

(7)娩力不足　原发性阵缩和努责微弱时，分娩预兆不明显，持续时间短，分娩期较长。大型动物经产道检查，可发现其子宫颈黏液塞已软化，但子宫颈扩张不充分，也可摸到胎囊及胎儿，有时胎囊、胎儿已进入产道，可是长时间不见胎儿排出。继发性阵缩和努责微弱，可见刚进入产出期时，阵缩和努责正常，经产道检查可发现胎儿异常，胎儿过大，或产道狭窄。

【诊断】

病史调查，要了解难产病例的产期、年龄和胎次，了解母兽出现不安和努责开始的时间、频率及强弱；了解胎儿是否已经排出，胎膜及胎儿是否露出以及露出部分的情况如何。对于多胎动物，了解两胎儿娩出相隔时间的长短、努责的强弱，已经产出胎儿的数量和胎衣排出的情况。临床症状观察，可了解母兽的精神状态，乳房是否胀满以及能否挤出初乳，阴道是否松软、润滑程度，子宫颈的松软以及扩张程度，骨盆腔的大小及软硬产道有无异常等。结合母兽在产下1～2只幼龄动物后，仍狂躁不安地努责，但未能再产下幼龄动物，以及阴道直肠检查，可确定难产。

【治疗】

难产助产原则应为救活仔兽、保全母兽并保持其再繁殖能力为原则。鉴别胎儿是否成活，一般先保定母兽，触诊胎儿，若胎儿能在母体内动，有时触及口腔时，胎儿还有吸奶动作，触及肛门时，胎儿肛门括约肌能收缩，说明胎儿成活。此时，应在胎儿送回子宫内前，充分排除子宫内残留的羊水，以防胎儿窒息；或将母体前躯垫高，使残留在子宫内的羊水流出后进行助产准备，对母兽采取镇静、局麻或全身麻醉措施进行保定(母鹿多采取驻立保定法，或横卧保定法；小动物多采取药物镇静)。临床用于解救难产的助产方法主要有牵引术、矫正术、截胎术、剖宫产术和剖腹助产术等。要根据具体情况选择适宜的助产方法。

(1)胎儿过大　要先充分润滑母兽产道，正生时可用两条助产绳分别拴在胎儿两前肢的球节上方，然后术者用手或助产绳拉下颌的同时，助手配合交替拉两前肢，使胎儿最宽阔的部分——左、右肩胛和髋结节呈斜向通过母兽的骨盆腔狭窄部。倒生时则需交替拉两后肢。胎儿已经死亡时，则可用锐钩钩住下颌骨体分叉处、眼眶或坐骨弓，协助拉出，如确有困难，可采取截胎术或剖腹取胎术。

(2)双胎难产　要先将胎儿两前肢系部拴上助产绳，再沿着其颈基部向前尽可能摸到胎头，用手握住嘴巴或掐住口角或扣住眼窝，将胎儿拉入骨盆腔内。如果拉入有困难时，可把两前肢推入子宫内，随母兽努责时再将胎头拉入骨盆腔，同时由助手配合协同拉出前肢。胎头是胎儿身体中最粗的部分，胎头一旦进入骨盆腔，助产就较易成功，此时需要用手保护母兽会阴部，防止会阴撕裂。当胎头拉出外阴后，可稍停留片刻，除去胎儿口鼻内的黏液，胎儿臀部通过骨盆腔时，术者应握住胎儿两前肢，切不可牵拉胎儿颈部或胸腰部，防止造成其肝、肾等脏器的损伤。

(3)前肢姿势异常　可用手推胎儿肩颈部，使其退回子宫，然后手握异常肢，全力高举并推入，手趁势下滑转握蹄底高举并后拉，常可拉直该肢。对于体型较大的母兽，也可用产科梃抵住异常肢肩颈部之间，由助手向前推动胎儿，同时，术者手握掌部全力高举并推进，然后将手移至蹄底，高举后拉，有望拉直。也可用产科绳系于异常肢前部，术者手握掌部向上向前推举的同时，助手拉绳即可拉正。必要时，可用产科线锯锯断屈曲的腕关节部，去除断肢下部，再将胎儿拉出。

(4)后肢姿势异常　侧位正生者两前肢分别系以助产绳，在充分润滑产道，术者手拉下颌，两助手分别牵拉两条绳子，拉上侧肢者向胎儿腹侧拉，多用力；拉下侧肢者向胎儿背侧拉，少用力，使胎儿通过产道扭转上位而拉出。下位时，先用助产绳拴好胎儿头部及两前肢，再将胎儿推入子宫，以手将胎儿向右侧翻转，与此同时，助手向右后方用力牵拉左前肢，使胎儿翻转成侧胎位，再按侧胎位助产。

(5)胎向异常　横向胎向一般拉胎头和前肢，使其先成为侧位，然后再按侧位胎儿进行矫正、拉出。竖向胎向则需将臀部和后肢推回耻骨前缘下，送入子宫内，然后按正生顺产拉头及两前肢，或下胎位进行矫正后拉出。必要时，可采取胎儿截断术分别取出。

(6)母体娩力不足　胎儿无异常，且子宫颈口已开张，只是娩力不足则可肌内或皮下注射催产素，水貂 0.5 mL，狐和貉 1 mL，鹿 2 mL，也可使用垂体后叶素。鹿等大型动物可采取牵引术。因难产而继发的阵缩及努责微弱者，按难产进行助产时一般不用药物催产。子宫扭转一经确诊，应立即进行剖腹手术，并使子宫复位。子宫无水肿、坏死时，可经产道取出胎儿；已坏死的，应切除坏死的子宫角，或与胎儿一起除去整个子宫。

(7)子宫颈及骨盆狭窄　母兽阵缩、努责较强烈，但胎囊仍未露出阴门口，可肌内注射己烯雌酚。或用手轻微地反复刺激子宫颈口或涂芦荟软膏，或灌注 30 ℃的肥皂液，效果较好；或试行牵引术。上述方法无效时，应立即施行剖腹取胎术。对骨盆变形或有骨赘的母兽，应予以淘汰。

助产后胎儿的抢救护理：难产时，或难产助产时，胎儿可能会出现羊水灌入鼻腔和口腔的现象，因此，助产出的胎儿必须抓着两后肢使胎儿悬空，同时用干布、纱布或毛巾及时清理鼻腔和口腔流出的黏液，同时，有节律地压与松配合对胸部进行相似的人工呼吸，使灌入的呼吸道羊水几乎全部排出。然后对胎儿进行保暖，母兽哺乳或人工哺乳。

【预防】

加强母兽妊娠期的饲养管理，生产前后要给予容易消化且营养丰富的适口性饲料，做好防暑和防冻工作。母兽分娩前后要尽可能保持其生活环境安静，减少应激因素。

适时配种，在母兽体成熟后避免与大体型动物进行交配，且要保证母兽怀孕前后体质增强。母鹿的适宜配种年龄是 28 月龄以上，最佳的育种年龄是 4～7 岁。过早配种易造成受孕后母鹿生殖系统发育不全，致产道狭窄而发生难产的可能。

适当运动，在怀孕后期要进行适当的运动，在提高母鹿高效地利用营养物质的同时，更能够利于胎儿在娩出时调整和矫正自身的胎势，避免难产。

五、流产

流产(abortion)是指母兽妊娠期间排出未发育成熟的胚胎，或妊娠中断以及胚胎在母兽子宫体内腐败而排出的病理现象。流产可发生在妊娠期的各个阶段，但以妊娠早期流产最为常见，表现为妊娠完全或部分消散，被母体吸收，这种流产也称为隐性流产；妊娠中期的流产，表现为从生殖器官内流出死亡的或各系统形成不健全的胎儿；妊娠末期（即临产前）的流产，其预兆及过程与分娩相似，产出不足月（日）的胎儿，又称为早产。各种动物均可发生，其中毛皮动物较为多见。

【病因】

饲养管理不当是导致流产发生的主要病因：长期饲喂营养不良的饲料；饲料发生霉败变质；动物性饲料冷藏过久；钙、钴、铁、锰等矿物质不足，胎儿的发育受到影响，出生时活力降低；维生素 A 缺乏时，子宫黏膜的上皮细胞发生退行性变质（角质化），失去分泌作用，胎盘机能发生障碍，胎儿不能发育下去。生殖系统疾病也能引起流产，如子宫内膜炎、子宫扭转、卵巢机能障碍等。传染性流产，主要见于沙门菌病、布鲁氏菌病、阴道加德纳氏杆菌病等。寄生虫性流产，常见于毛滴虫病、弓形虫病、血吸虫病。医源性流产，主要见于全身麻醉，大量放血、手术，服用大量泻药或驱虫剂、利尿剂，注射某些可以引起子宫收缩的药物以及注射疫苗等。肝、肾脂肪变性等慢性疾病，也可引起流产。机械性因素，主要见于粗暴的捕捉、不合理地做妊娠检查。应激性因素，多见于突然惊扰、噪声及机动车的轰鸣声等。

【症状】

由于流产的发生时期、原因及母兽体质的不同，流产的病理过程及其所引起的胎儿变化和临床症状也有不同，归纳起来主要有以下几种。

（1）早期流产　早期流产临床上多称为隐性流产，毛皮动物多发。有的母兽体内全部胎儿死亡或被吸收；有的部分被吸收，而其余胎儿仍可正常发育并产出，表现为母兽产仔数下降。母兽发生早期流产时，仅见数天内食欲减退或废绝，母兽阴户外及其四周体表皮毛沾有血液或血水，兽舍内有血液凝固或血迹；或母兽排出油亮黑色的异物。个别母兽，若没有将流产的胚胎吃掉，则可见到产出的小胚胎。

（2）妊娠后期排出不足月胎儿　母兽有疼痛表现，流产后见到胎儿才发现母兽异常。早产胎儿距分娩时间很近，有吮乳反射且能救活者，必须设法保暖，进行人工哺乳和精心护理。鹿可能出现此类流产而引发难产。

（3）妊娠末期排出死胎　这是流产中较为常见的一种，临床上常伴发难产，鹿多见。流产胎儿尚未排出时，可根据乳腺增大、能挤出初乳，看不到胎动引起的腹壁颤动，阴道检查发现子宫颈口稍微开张，子宫颈黏液塞发生溶解等症状进行综合判定。多胎妊娠的动物，常在正常分娩的胎儿中夹有死胎；单胎动物，可见子宫内有死亡胎儿的骨骼组织以及乳白色脓液。毛皮动物妊娠晚期流产，发现有早产胎儿，母兽阴道排出多量脓性分泌物。银黑狐或北极狐发生不全隐性流产时，触诊子宫可摸到比相应胚胎小得多的硬固、无波动的死亡胚胎。

（4）死胎停滞　胎儿死亡后，由于子宫阵缩微弱或多胎妊娠部分胎儿死亡后，子宫颈口未开张，致使胎儿长期滞留于子宫内，亦称延期流产。临床上主要有以下几种情况。

①胎儿干尸化。指胎儿死亡后，未排出体外，由于其组织中的水分被吸收，或胎水（指单胎妊娠时）被吸收，胎儿呈棕黑色如干尸状。这是由于子宫颈口未开张，细菌未侵入胎儿体内，也未经血液循环进入子宫，胎儿不发生腐败分解。单胎妊娠时，一般是怀孕期满后数周，才将胎儿排出体外；银黑狐和北极狐发生不全隐性流产时，触诊子宫可摸到比相应的胎儿小得多的干尸胎儿（表现为硬固、无波动），这种干尸化胎儿，到妊娠末期，随正常发育的胎儿一同娩出。

②胎儿浸溶。指妊娠中断后，死亡的软组织被分解，变为液体流出，而骨骼留在子宫内。此时患病动物往往表现出败血症或腹膜炎症状，病程迁延时，则消瘦，常努责排出褐色黏稠液

体，或混有碎骨片，最后排出脓液。对胎儿浸溶的预后判定必须谨慎，患病动物常因全身感染中毒而死亡。即使能保全性命的，也常因慢性脓性子宫炎、子宫与周围组织粘连而导致不孕。

③胎儿腐败分解。指胎儿死亡后未能排出，腐败菌侵入胎儿使其迅速腐败分解，产生硫化氢、氨、二氧化碳等分解产物，使胎儿皮下、肌间、胸腹腔积聚大量气体，特别是炎热季节，这种病理过程发展更为迅速。由于胎儿体积胀大，轮廓异常，也称之为气肿胎儿。如能触诊胎儿，可发觉被毛脱落，皮下有捻发音。直肠检查可感知子宫壁紧张，胎儿膨胀。母兽精神高度沉郁，多有腹痛症状，容易发生毒血症和败血症。

【诊断】

根据妊娠母兽腹围变化、直肠检查，结合腹部触诊可做出初步诊断，必要时可实施超声波检查。母兽阴户和后躯部有污秽不洁的恶露、笼舍内有凝固的血块或血迹，以及发育程度不同的死亡胚胎等，均可作为流产确诊的依据。

【治疗】

对于一般性早期流产，临床上可采取保胎措施：一次肌内注射1%黄体酮0.3～0.5 mL，维生素E注射液1～3 mL，每天1次，连用2 d。

如果胎儿已经死亡且未能排出子宫外，应及时采取相应的助产方法。首先要松弛肌肉、扩张子宫颈，排除子宫内死亡的胎儿和炎性分泌物；胎儿干尸化、母兽子宫颈已经开张时，可向子宫内灌入大量微温的0.1%高锰酸钾溶液，然后试行拉出干尸化胎儿；子宫颈尚未开张时，可肌内注射己烯雌酚5～10 mL（鹿等大动物），然后再进行人工诱导进行分娩；小动物发生的部分干尸无须处理，可随分娩排出。

对于习惯性流产的母兽，在预测流产日期前，可肌内注射1%的黄体酮，水貂0.1～0.2 mL，狐0.3～0.5 mL，鹿2.0～3.0 mL，在妊娠期日粮中加入适量的复合维生素；必要时，毛皮动物可使用氯丙嗪等镇静剂4～10 mg，内服。

【预防】

预防流产的发生，应根据具体情况，做好妊娠母兽的饲养管理工作。保持养殖场的安静，防止意外惊动引起的应激反应；消毒母兽的外阴部及笼舍，在整个妊娠期饲料要保持恒定，新鲜全价、营养丰富、易消化。

六、胎衣不下

胎衣不下（retained placentas）是指母兽产出胎儿后，胎衣在正常时间内不能排出体外的疾病，亦称胎衣滞留。不同动物产后胎衣排出的时间各异，一般不超过：羊4 h，牛12 h，猪1 h，马1～1.5 h。临床上，鹿等草食动物和毛皮兽分娩后8～12 h内仍不能排出胎衣时，即为胎衣不下。

【病因】

引起产后胎衣不下的原因很多，主要和产后子宫阵缩无力、胎盘炎症及胎盘构造有关。

(1)产后子宫收缩无力　饲料单纯、钙盐缺乏、维生素不足，体况消瘦或过肥，运动不足等均可导致子宫弛缓，胎儿过大或胎儿过多，单胎动物怀双胎、胎水过多，均可使子宫过度扩张，继发产后阵缩微弱，容易发生胎衣不下。难产、流产、子宫扭转均能在产出或取出胎儿以后因子宫收缩力不够而引起胎衣不下。难产与子宫肌疲劳、收缩无力有关；流产引发的胎衣不下常与胎盘上未及时发生变性及雌激素不足、孕酮含量高有直接关系。

(2)胎盘炎症　妊娠期间子宫被感染如李氏杆菌、沙门菌、胎儿弧菌、生殖道支原体、霉菌、毛滴虫、弓形虫或病毒等，发生子宫内膜炎及胎盘炎，由于结缔组织增生，使胎儿胎盘和母体胎盘发生粘连，产后胎衣不易脱离。鹿患布鲁氏菌病时，流产或正常分娩后，常发生胎衣不下，有的滞留可长达 20 d 之久。

(3)胎盘的特殊组织构造 鹿、羊胎盘属于上皮绒毛膜与结缔组织绒毛膜混合型，胎儿胎盘与母体胎盘结合比较紧密，临床常发生胎儿胎盘与母体胎盘发生粘连的情况。解剖学上，犬、貂、狐、貉等为上皮绒毛膜胎盘动物，临床上较少发生胎衣不下。

【症状】

鹿胎衣不下时，经阴门垂下带状或束状胎衣，有的可达膝关节或跗关节，时间较长者，呈污秽暗褐色，表面常附有沙土、粪便，脱垂胎衣很快腐败，散发腐臭气味。胎衣已经腐败的，常从阴门流出污秽的暗红色液体，母鹿精神高度沉郁，鼻镜干燥，体温升高，食欲减退甚至废绝，反刍无力甚至停止，泌乳量降低，有的母鹿不愿给仔鹿授乳。严重的病鹿，可见弓背，腹壁紧缩，不断努责，由产道流出大量的化脓性渗出物和腐败物。个别病例可导致子宫脱出。

毛皮动物胎衣不下时，患病动物拒食，委靡不振，不愿与仔兽栖住一起。常从阴道内流出污秽恶臭的排泄物，腹壁触诊，子宫肥厚、缺乏张力，如松弛的条索状。病程延长时，可能发生脓毒败血症。

【诊断】

根据产后母兽排出胎衣碎片组织，有异臭味等，较易诊断。当鹿发生胎衣不下时，应注意查明是否与布鲁氏菌病有关。

【鉴别诊断】

胎衣不下常并发子宫内膜炎或同时发生子宫颈炎、阴道炎等疾病，临床上应注意鉴别。

【治疗】

毛皮动物在发病初期，可施行腹壁按摩和注射促进子宫收缩的药物进行治疗，如皮下注射垂体后叶激素或催产素，狐、貉 1 mL，水貂 0.5 mL；也可肌内注射麦角，狐 0.5 mL，貂 0.1～0.2 mL；或静脉注射葡萄糖酸钙。如胎衣腐烂，可进行子宫冲洗，最后向子宫内投入金霉素或四环素胶囊；也可向子宫内注入多黏菌素或温的高锰酸钾(或雷夫奴尔)溶液。

鹿胎衣不下初期时(指胎衣未发生腐烂)，可实施手术剥离胎衣，但是应注意以下几方面。①使用药物无效，子宫颈口尚能通过手臂时可试行剥离。②剥离时容易剥的就坚持剥，否则不可强剥，以免损伤母体子叶引起感染。③体温升高者，不宜采取剥离，说明子宫已有炎症，剥离可使炎症扩散而使病情加重。④胎衣尽可能全部剥尽，否则后果不良。剥离后可用 0.1%高锰酸钾液冲洗子宫，最后再投入金霉素或四环素 0.5 g。实践中，子宫不经冲洗，直接投入金霉素胶囊，效果也很好。

另外，也可皮下注射催产素，鹿 2～3 mL；静脉注射 10%氯化钠溶液 150～200 mL；在胎盘和子宫内膜间注入适量的浓盐水，均有利于胎衣的排出。对胎衣已经发生腐烂的，主要采取子宫冲洗法。

对全身症状重的病例，应采取抗菌消炎和对症疗法。

【预防】

应适当增加适口性好、营养较为丰富的饲料，增强机体抵抗力。

七、子宫脱

子宫脱(prolapse of the uterus)是指子宫的一部分或全部翻转脱出于阴门外。各种动物均可发生,多发生在分娩之后,或产后数小时内。

【病因】

胎儿过大,助产时拉力过猛;分娩后母兽腹痛,长时间用力努责;双胎母鹿、胎水过多等使子宫过度扩张而弛缓;妊娠期饲养不良,运动不足,瘦弱或经产老龄母鹿,子宫弛缓无力;胎衣不下时强行剥离等均可导致本病的发生。母鹿直肠炎,有时可继发子宫脱出。

【症状】

阴门外可见到堆积鲜红色肉状物,一般是子宫角脱出。若两侧子宫角全部脱出时,可看到大小两个囊状物,其末端凹陷。子宫黏膜表面上有母体胎盘,时间较久者,脱出的子宫易发生瘀血、水肿,表面出血、损伤,甚至感染、坏死,并附有异物。母兽多表现不安,频频努责,精神沉郁,食欲减退甚至废绝,最终因继发大出血和败血症而死亡。

【诊断】

根据动物子宫脱出的典型临床表现,结合直肠检查即可做出准确诊断。

【鉴别诊断】

临床上需要与直肠脱进行鉴别诊断,子宫黏膜呈现典型的紫红色,且表面有很多横褶,且是从阴门脱出者为子宫脱。

【治疗】

对此病例,应立即进行整复和固定。

(1)整复方法　将患病动物采取横卧或站立保定姿势(小动物可倒立),必要时可实施镇静。先用大块创布或干净的塑料布将脱出的子宫托起,用0.1%高锰酸钾等防腐消毒液清洗除去各种污物及附着的胎膜。如有出血、创口,应首先进行彻底止血,并除去坏死组织,缝合伤口。整复时,使脱出的子宫与阴门口保持同高度或稍高于阴门口,术者以手掌或拳头顶住子宫凹陷处,趁母兽不努责时,小心向阴道内推送,使之复位;也可向子宫内灌注适量的生理盐水,借助水的压力使子宫复原。另外,整复也可以从子宫体或子宫基部开始,用两手从阴门两侧交替向阴道内推送,助手随时压住已推入部分,脱出子宫送入阴道后,再按上述方法将其推入腹腔,使之复位。

(2)固定方法　为防止整复的子宫再次脱出,对阴门口应施行荷包缝合或结节缝合。在临床上,可见到子宫脱的多次复发病例。

【预防】

为防止母兽子宫脱出,应注意消除能引起腹内压增高、腹肌过度紧张的各种因素。对母兽直肠炎要认真防治,妊娠期切忌饲喂酸败饲料。难产助产时,不得用力过猛,注意润滑产道。

八、子宫内膜炎

子宫内膜炎(endometritis)是指子宫黏膜急性或慢性的炎症。急性子宫内膜炎多发于生产后,患病动物全身症状明显;慢性子宫内膜炎多发生在空怀期,不表现全身症状,是引起临床不孕的主要原因之一。鹿、犬、狐、貉多发。

【病因】

主要病因有以下3个方面：一是交配过程中，由阴道或子宫带进异物或感染物而发病。二是母兽外阴不洁，助产时消毒不严密，人工授精时器械消毒不彻底，使子宫受感染而发病。常见的病原微生物有大肠埃希菌、链球菌、葡萄球菌、棒状杆菌、变形杆菌、布鲁氏菌、支原体、滴虫及胎儿弧菌等。三是患病动物发生难产、胎衣不下、子宫脱、子宫复旧不全、流产或死胎停滞时，均能导致子宫黏膜受到损伤，被病菌感染或胎儿腐败产生有毒物质而发生炎症。四是圈舍卫生不良，产箱内粪和尿不能及时清理，母兽卧地时阴道被感染，导致子宫内膜炎发生。

【症状】

按炎症性质不同，子宫内膜炎可分为黏液性、黏液脓性及化脓性子宫内膜炎。按炎症的过程，子宫内膜炎又可分为急性和慢性子宫内膜炎。疾病初期，母兽并未表现明显临床症状。

(1)急性子宫内膜炎　通常发生在母鹿流产后或产后胎衣不下，多为黏液性或黏液脓性。患病动物精神不振，食欲减退甚至废绝。种狐交配后7～15 d，体温升高，脉搏增数，弓腰努责，做排尿姿势，从生殖道内常排出灰黄或灰绿色、浑浊，且含有絮状物的分泌物或脓性分泌物或略带粉红色的分泌物，卧地时增多；严重时，阴道内流出大量带有脓血的黄褐色分泌物，并污染整个外阴部周围的被毛。阴道检查时，可见子宫颈外口充血、肿胀，稍开张，沾有分泌物。鹿直肠检查时，子宫角增大，敏感，呈面团样，有时有波动感，子宫收缩减弱或消失。毛皮动物于产后2～4 d出现拒食，精神极度不安，鼻镜干燥，哺乳的仔兽虚弱，发育落后，常发生腹泻。腹壁触诊时，可感知子宫粗大、敏感，呈捏粉状，常从阴道内排出黏液性或黏液脓性分泌物，有时混有血液；严重病例，可见死亡胎儿的碎组织和脓液，常并发脓毒败血症而引起动物死亡。

(2)慢性子宫内膜炎　临床上，慢性子宫内膜炎主要表现为母兽发情周期不正常，或发情周期正常而屡配不孕，趴卧或发情时从生殖道内流出较多量浑浊的带状絮状物的黏液，子宫颈外口肿胀、充血；直肠检查或腹壁触诊时，一侧或两侧子宫角粗大，子宫壁增厚，有时可感到局部的软硬、厚薄不均匀，脓性子宫内膜炎则表现为母兽发情无规律，持续发情，或不发情；母鹿趴卧时，排出较多量污秽的脓性分泌物，或黄白色、灰白色脓汁；阴道检查时子宫颈外口充血、肿胀，有时有溃疡；直肠检查时，子宫角增大，出现柔软、硬固和波动，子宫收缩反应减弱或消失，当脓性分泌物积聚于子宫内不能排出时，称为子宫积脓；患鹿常有精神不振，食欲减退并日渐消瘦，体温有时增高，或伴发瘤胃弛缓。

【诊断】

根据病史、临床表现、直肠检查或腹壁触诊时，母兽外阴部排出胎儿或胎衣等腐败碎片组织和脓液等可做出初步诊断。早期炎症可通过子宫外流出的分泌物进行确诊。急性子宫内膜炎在临床上常随病程延长而多转变为慢性子宫内膜炎。

【治疗】

临床上以增强机体抵抗力，净化子宫、恢复子宫机能和抗菌消炎为治疗原则。给予全价饲料，并保证有充足的蛋白质和维生素供应；增强机体抵抗力，鹿可施行放牧，或增加运动。

(1)子宫内的局部处理　鹿等大型动物，常可先徒手扩张子宫颈后取出残留的胎衣或胎儿，再进行消毒液冲洗子宫。

(2)子宫冲洗法　为了排出子宫内的炎性渗出物，常用0.1%高锰酸钾溶液、0.02%新洁尔灭溶液、0.1%雷夫奴尔溶液或生理盐水等冲洗子宫；冲洗时，应注入小剂量反复冲洗，直至冲洗液透明为止；在充分排出冲洗液之后，应向子宫内投入抗生素类药物。如果母兽全身症状较为明显，则不宜冲洗子宫，以免感染扩散，只能用抗生素药物注入法，再配合全身治疗。此方法适用于慢性子宫内膜炎，每次注入冲洗液，鹿 50 mL、毛皮动物 5～10 mL 为宜，过多则会继发子宫弛缓。配种前冲洗时，应选用生理盐水或 1%～2%碳酸氢钠生理盐水，在排出冲洗液之后，注入适量抗生素水溶液，此法可在配种后 24 h 应用。

(3)药液注入法　此法是在冲洗子宫后或不冲洗子宫，向子宫内注入抗菌消炎剂。

①水剂。青霉素 80 万国际单位、链霉素 100 万国际单位，加蒸馏水 20～40 mL，每日或隔日 1 次。

②呋喃唑酮 0.2 g、尿素(化学纯)12 g，注射用水 20～30 mL，混合注入子宫内，隔日 1 次，连用 3 次。

(4)激素疗法　给患病动物注射雌激素制剂，诱导发情，使子宫颈开张，不仅有利于渗出物的排出，而且可引起子宫充血、腺体分泌增加，改善生殖器官机能，消除子宫内膜炎。催产素，鹿 10～20 国际单位，犬 10 国际单位，每日 3～4 次，连用 2～3 d。每 3 d 注射雌二醇 8～10 mg，对有渗出物蓄积的病例，注射后 4～6 h 再注射催产素 10～20 单位。另外，前列腺素 $F_{2\alpha}$($PGF_{2\alpha}$)及其类似物对产后子宫内膜炎也有较好的疗效。

(5)全身疗法　鹿可肌内注射青霉素 160 万单位、链霉素 100 万单位，每日 2 次，连用数日。久病体弱者，可考虑静脉注射钙制剂 100～150 mL，以促进子宫收缩。毛皮动物，可皮下或静脉注射 10%～20%葡萄糖液 20～30 mL，或葡萄糖酸钙 1～3 mL；也可采用静脉注射广谱抗生素的方法。

【预防】

加强养殖场的卫生管理，保持圈舍卫生，定期消毒。配种前和助产时要对笼舍用喷灯火焰消毒；助产时对产前母兽加强观察和护理，一旦确诊为死胎者要及时进行助产。助产后要对母兽及时注射抗生素，以控制感染。

第五节　神经性疾病

一、中暑

中暑(heat stroke)是在温度高、湿度大以及无风的环境条件下，以体温调节中枢功能障碍、汗腺功能衰竭和水电解质丧失为临床特征的疾病。根据发病机制和临床表现不同，通常将中暑分为热痉挛、热衰竭、热射病和日射病。热痉挛是指动物在干热环境条件，排汗过度，随汗液排出大量氯化钠而发生肌肉痉挛的现象；热衰竭是指在高气温或强热辐射环境下，由于热引起外周血管扩张和大量失水造成循环血量减少，引起颅内暂时性供血不足而发生昏厥的疾病，亦称热晕厥或热虚脱；热射病是指在潮湿闷热环境中，动物新陈代谢旺盛，产热多，散热少，体内积热，引起严重的中枢神经系统功能紊乱的疾病；日射病是指在炎热季节，日光直接照射动物头部，引起脑膜充血和脑实质急性病变，导致中枢神经系统机能严重障碍的现象。本病常发生在炎热的夏季，水貂、狐等毛皮动物多发，犬也可发生，病情发展迅速，严重时可引起动物死亡。

【病因】

盛夏炎热，阳光直射头部，气温高，湿度高。气压低，通风差，机体吸热过多或散热减少，是中暑发生的外因；使役过重，奔跑过快，活动剧烈，代谢旺盛，产热过多，散热不足，是中暑发生的内因；体质肥胖、幼龄和老年动物对热的耐受能力低，缺乏耐热锻炼，饮水不足，食盐摄入不足，卫生不良是中暑发生的诱因。

【症状】

毛皮动物通常发病迅速，可导致动物的突然死亡。

(1)热痉挛　一般病兽体温升高并不明显，神志清醒，全身出汗，饮欲增强；四肢肌肉群游走性痉挛/肌肉痉挛时疼痛感明显。

(2)热衰竭　早期时呼吸窘迫，肺换气过度，呼吸加快，心跳过速，黏膜充血，排汗增加，血压降低，皮肤湿冷，身体极度虚弱。严重期时可视黏膜苍白，呼吸变弱甚至暂停，陷入昏迷。

(3)热射病　常突然发病，体温急剧上升，可达到 43 ℃，甚至更高。皮温增高，直肠内温度灼手，大汗淋漓。动物在潮湿闷热的环境中使役或运动，突然站立不动或倒地张口喘气，口鼻喷出粉红色泡沫。前期心跳加快，脉搏疾速，眼结膜充血，瞳孔放大或缩小；后期病兽意识丧失，呈昏迷状态，呼吸变浅加快，脉搏弱不感手，第一心音微弱，第二心音消失，结膜发绀，血液黏稠，口吐白沫；濒死前，体温下降，最终因呼吸麻痹而死亡。

(4)日射病　常突然发病，病初病兽精神沉郁，四肢无力，步态不稳，共济失调，突然倒地，四肢做游泳样划动。随着病情的进一步发展，体温略有升高，呼吸中枢，血管运动中枢机能紊乱，甚至出现麻痹症状。心力衰竭，静脉怒张，脉搏微弱，呼吸加快并节律不齐，结膜发绀，瞳孔放大，皮肤干燥。皮肤、角膜、肛门反射减退或消失，腱反射亢进，常发生剧烈的痉挛或抽搐而迅速死亡，或因呼吸麻痹而死亡。

水貂表现精神沉郁，步态摇摆及晕厥状态，有的发生呕吐，头部震颤，呼吸困难，全身痉挛尖叫，最后在昏迷状态下死亡。狐和貉发生日射病症状和水貂基本相似。麝鼠发生中暑时体温可升高到 40 ℃，腹围膨大，随机休克死亡。病鼠表现身体过热，脑部充血，呼吸循环系统发生障碍。口腔、鼻腔和眼结膜充血，呼吸急促，心跳加快，停食。病情严重者，黏膜发绀，呼吸困难，从鼻和口中流出带血色液体，伸腿俯卧，四肢呈现间歇性震颤或抽搐，有时突然倒地，发生全身性痉挛甚至死亡。妊娠后期的母鼠对本病最易感。

【病理变化】

中暑的病理变化是脑及脑膜血管高度充血，甚至出血；脑脊液增多，脑组织水肿；肺出血和肺水肿；胸膜、心包膜以及肠黏膜都具有瘀血斑和浆液性炎症，血液暗红色且凝固不良，肝脏、肾脏、心脏和骨骼肌发生变性。尸僵及尸体腐败迅速。

【诊断】

炎热的夏季，动物有长时间的暴晒史，或环境通风不畅，湿度大，温度高等暴露史。

结合临床症状，体温高，一般伴随脑炎症状，呼吸和循环衰竭，大量出汗或皮肤干热，静脉怒张。

采取紧急治疗措施，病情轻微者可较快恢复健康。

【鉴别诊断】

注意本病与急性心力衰竭、肺充血及水肿、脑充血等疾病相区别。

急性心力衰竭的特征为可视黏膜发绀、体表静脉怒张和心搏动亢进，体温不高。

肺充血和水肿表现为高度呼吸困难、黏膜发绀、流泡沫状鼻液，具有中枢神经系统症状。

脑充血与本病的症状非常相似，但不具有高温、高湿的环境因素和大量出汗的表现，体表静脉也不明显。

【治疗】

本病的治疗原则是加强护理、消除病因；降低体温、防止脑水肿和对症治疗。可以采取以下措施。

1. 加强护理、消除病因

迅速将病兽安置在温度低、阳光少、通风好的地方；减少应激，保持安静，注意补充饮水(最好是0.9%氯化钠溶液)。

2. 降低体温

降温是本病关键的治疗措施，依照就近的原则采取一切可行的降温措施。体温恢复正常时应停止降温，以免动物虚脱。

(1)物理降温法

①冷水浴。用干净的水对动物进行全身淋浴，尤其是头部，达到快速降温的目的；然后可用乙醇对动物全身进行擦洗，乙醇挥发时会带走部分热量，促进散热，并且可促进水分迅速挥发，既能快速的降温，又能有效地防止风湿病的发生。

②冰袋降温。在病兽的头颈部放置冰袋以达到快速降温的目的。

③冷水灌肠。可采用1%的冰冷的盐水对动物进行灌肠，可以达到迅速降低体内温度的目的，依照动物的体态控制水量和冰温。

(2)药物降温法　可肌内注射氯丙嗪进行降温，也可混在生理盐水中进行静脉注射。氯丙嗪可抑制丘脑下部体温调节中枢，解除保温作用；扩张外周血管，加强散热作用；降低代谢和耗氧量，减轻乏氧性损害，缓解肌肉痉挛。但氯丙嗪会引起血压下降，使心率加快，昏迷病兽慎用。

3. 防止脑水肿

发生中暑时，由于脑血管充血，很容易继发脑水肿，因此应注意防止脑水肿，控制神经功能障碍。

①颈静脉放血或耳尖放血。在发病初期，对卧地不起，呼吸急促但神志清醒的动物可进行颈静脉放血，后期由于大量出汗，水分丧失严重，血液浓度变大，循环血量不足，不宜进行。放血量视动物而定，放血后补以等量的生理盐水或复方盐水、糖盐水。

②静脉注射较凉的液体，在补充体液的同时还可以降低体温，补液的量根据脱水的情况而定，可使用生理盐水、复方盐水或糖盐水。

③使用钙制剂。使用氯化钙或葡萄糖酸钙，可增加毛细血管的致密性，减少渗出，以控制脑水肿。5%氯化钙注射液，静脉注射。使用钙制剂时应严防露出血管外。

④血容量扩充剂。通过提高血液胶体渗透压，扩充血液容量，同时具有改善微循环、防止弥漫性血管内凝血和抗血栓形以及利尿作用。应用10%低分子右旋糖酐注射液。

4. 对症治疗

①对狂暴不安的患病动物，可使用水合氯醛灌肠，亦可用安溴注射液、氯丙嗪等。

②当动物心功能较差时，要进行强心，可使用20%苯甲酸钠咖啡因(安钠咖)，静脉、肌内或皮下注射。

③当动物出现急性心力衰竭、循环虚脱时，可使用0.1%肾上腺素溶液，静脉注射，以增加血压，改善循环，用于急救。

④当动物出现高度呼吸困难时，可使用25%尼可刹米溶液，皮下或静脉注射；5%硫酸苯

异丙肪溶液，皮下注射，以兴奋呼吸中枢。

⑤防止酸中毒，可使用5%碳酸氢钠溶液，静脉注射，以中和体内糖酵解的中间产物乳酸。

【预防】

①改善饲养环境，降低动物舍内温度，保持适当密度，供应充足饮水并补喂食盐。

②注意动物舍内通风、保持空气清新和凉爽，防止潮湿闷热。

③动物应避免中午阳光直射，放牧动物应早晚放牧，并注意观察动物群体，多补充饮水，防止动物群体中暑。

④夏季运输群体动物，应在早晚进行，并做好通风工作，沿途应供应充足的饮水，有条件的可在饮水中加入1%食盐或抗应激维生素。

二、脑膜炎

脑膜炎(meningitis)是软脑膜及脑实质发生炎症，并伴有严重神经机能障碍的疾病。本病主要受到传染性或中毒性因素引起，病初软脑膜及整个蛛网膜下腔发生炎性病变，继而通过血液和淋巴途径侵害到脑，引起脑实质的炎症；或者脑膜与脑实质同时发生炎症。本病以高热、脑膜刺激症状、一般脑症状及局灶性脑症为特征。狐、貂时有发生。

【病因】

动物脑膜炎的发生主要由传染性因素和中毒性因素引起，同时也与邻近器官炎症的蔓延和自体抵抗能力密切相关。

(1)传染性因素　包括各种引起脑膜炎的传染性疾病，如狂犬病、新城疫、犬瘟热、结核、乙型脑炎、李氏杆菌、传染性脑脊髓炎、疱疹病毒感染、慢病毒感染、链球菌感染、葡萄球菌病、沙门菌病、巴氏杆菌病、大肠埃希氏菌病、化脓性棒状杆菌病等，这些疾病往往发生脑膜和脑实质的感染，引发脑膜炎。

(2)中毒性因素　主要见于重金属毒物(如铅)、类金属毒物(如砷)、生物毒素(如黄曲霉毒素)、化学物质(如食盐中毒)，还有自体中毒时也可导致脑膜炎的发生。

(3)寄生虫性因素　在脑组织受到一些寄生虫的侵袭，如马蝇蛆，牛、羊脑包虫，普通圆线虫病，脑脊髓丝虫病，也可导致脑膜炎的发生。

(4)邻近器官炎症的蔓延　如颅骨外伤、角坏死、中耳炎、化脓性鼻炎、额窦炎、腮腺炎、龋齿、鼻窦炎、中耳炎、踢伤、额窦圆锯术等发生感染性炎症时经蔓延或转移至脑部而发生脑膜炎。

(5)诱发性因素　当饲养管理不当、受寒、感冒、过劳、卫生条件差、中暑、脑震荡、长途运输、饲料霉变、使役过当时，动物的机体抵抗力降低或脑组织局部抵抗力降低，诱发条件性致病菌的感染，是本病的诱因。

【症状】

脑膜炎的临床症状因炎症的部位、性质、程度的不同，以及颅内压增高的情况等，表现得极为错综复杂，大体上可分为脑膜刺激症状、一般脑症状和灶性脑症状。

(1)脑膜刺激症状　是以脑膜炎为主的脑膜炎，常伴发前数段脊髓膜炎症，背神经受到刺激，颈、背部敏感。轻微刺激或触摸该处，则有强烈的疼痛反应，肌肉强制痉挛。

(2)一般脑症状　神经兴奋、烦躁不安、惊恐。有的意识障碍，捕捉时咬人，无目的地奔走，冲撞障碍物。有的以沉郁为主，头下垂，眼半闭、反应迟钝，肌肉无力，甚至嗜睡。

(3)灶性脑症状　与炎性病变在脑组织中的位置有密切的关系。大脑受损时表现行为和性情的改变，步态不稳，转圈，甚至口吐白沫，癫痫样痉挛；脑干受损时，表现精神沉郁，头颈偏斜，共济失调，四肢无力，眼球震颤；炎症侵害小脑时，出现共济失调，肌肉颤抖，眼球震颤，姿势异常。炎症波及呼吸中枢时，出现呼吸困难。

水貂、狐狸、兔、犬、猫等经济动物脑膜炎症状相似，下面以兔为例，来说明经济动物的脑膜炎。

急性脑膜炎患兔的表现是：精神萎靡、目光无神、神志不清、易受惊扰、嗜睡；此外，还常有兴奋，甚至癫狂的症状，多继发以昏睡和反常的体态，还常继以强制运动；兴奋发作时，呼吸、脉搏加快，昏睡时则变慢；食欲不振，常有呕吐。

弥漫性脑膜炎则出现脑脊髓液和颅内压增高（视乳头充血）。脑底脑膜炎时，则表现眼肌痉挛、斜眼、视觉扰乱，两侧瞳孔大小不等，对兴奋反射迟缓或丧失，嚼肌痉挛，面神经范围内的肌肉痉挛，间或舌麻痹或喉头麻痹。大脑穹隆部的脑膜炎则表现神志不清，兴奋或痉挛。脊髓膜炎时，由于背侧神经根受到刺激，皮肤感觉增高；对皮肤的任何轻微抚摸都会引起疼痛，最后，四肢麻痹，腱反射消失。

急性脑室膜炎引起颅内压升高，表现为严重的昏迷，运动失调和体态反常。慢性病例多伴有脑积水和反应迟钝。

化脓性和细菌性脑膜炎多在 2～3 d 表现症状，也有突然高度兴奋，继之昏迷，于 12 h 内死亡。

病毒所致的脑膜炎多于短时间内继发脑炎或脊髓炎，或被脑症状掩盖其他症状。

家兔、幼兔感染发病后，体温升高到 40 ℃以上，不吃食，精神差，流黏液性鼻液。头颈偏向一侧，呈弯曲状态，做转圈运动，最后倒地头后仰，发病后 3 d 内死亡。怀孕母兔感染发病后，食欲减退，精神沉郁，阴道流出红色或暗红色液体，引发流产。有的病兔还表现斜颈和运动失调等神经症状。

【病理变化】

本病的主要病理变化表现为：软脑膜小血管充血、瘀血，软脑膜轻度的水肿，部分具有小出血点。蛛网膜下隙和脑室内的脑脊液增多，浑浊，含有蛋白质絮状物。脉络丛充血，脑灰质与白质充血，并散在小出血点。

(1)病毒性和中毒性脑膜炎　脑组织与脑膜的血管周围有淋巴细胞浸润的现象。结核性脑膜脑炎，子脑底和脑膜又有胶样或化脓性浸润。

(2)慢性脑膜炎　软脑膜肥厚，呈乳白色，并与大脑皮质紧密连接，脑实质软化灶周围有星状胶质细胞浸润。

【诊断】

根据症状和病史可做出初步诊断。脑脊液检验对确诊本病意义重大。由于颅内压升高，脊髓穿刺时脑脊液浑浊，容易流出。细菌性脑膜炎时，脑脊液中蛋白质含量和白细胞数目显著增加。粒细胞性脑膜炎时，脑脊液中蛋白质含量、白细胞数目增加，并见大量的单核细胞。化脓性脑膜炎时，脑脊液中除中性粒细胞增多外，还可见到病原微生物。

【鉴别诊断】

根据意识障碍迅速发展，兴奋沉郁交替发生，明显的运动和感觉机能障碍，一般不难诊断，但应与以下疾病鉴别。

(1)中暑　中暑多发生在炎热的天气，可能由于重度使役，通风不良，运输不当造成，仅呈一般脑炎症状，缺乏局部脑炎症状，体温显著升高，脉搏快速，呼吸急促，体表静脉怒张，治疗迅速得当，能迅速恢复。

（2）脑挫伤及脑震荡　主要由于颅部遭受暴力作用引起，并伴随不同程度的昏迷状态，罕见兴奋症状，常伴发一定的局部脑炎症状。

【治疗】

治疗原则为加强护理、降低颅内压、抗菌消炎、对症治疗。首先将患病动物置于黑暗、安静的环境中，尽可能减少刺激。给予易于消化、营养丰富的流质或半流质食物；为降低颅内压、防止脑水肿，可静脉注射20％葡萄糖、20％甘露醇或25％山梨醇。对细菌性感染者，应早期选用易通过血脑屏障的抗菌药物，如头孢菌素、磺胺、嘧啶、氨苄青霉素等。对病毒性感染没有直接有效的药物。对免疫引起的脑膜炎，皮质类固醇类药物有较好的疗效。颗粒性脑膜炎可使用皮质类固醇药物和放疗药物合并治疗。病兽高度兴奋、狂躁不安时，可使用镇静剂，如苯巴比妥或氯丙嗪，按每千克体重1 mg，肌内注射；当心脏衰弱时，可用樟脑、安钠咖等强心剂。

【预防】

注意防疫卫生，防止传染性与中毒性因素的侵害；定期驱虫，防止寄生虫引起的感染；注意饲料的保存，避免霉变的发生。对于有可能诱发脑膜炎的一些传染病和中毒病，要采取隔离消毒措施，隔离观察和治疗，避免传播。

第六节　外 科 疾 病

一、脓肿

脓肿(abscess)是急性感染过程中，机体组织或器官内形成的外有脓肿膜包裹，内有脓汁潴留的局限性脓腔。在脓腔四周是完整的脓壁，其内部积聚有脓液。它是致病菌感染后所引起的局限性炎症。如果脓汁潴留发生在解剖腔内(胸膜腔、喉囊、关节腔、鼻窦)则称之为蓄脓，如胸膜腔蓄脓、关节蓄脓、上颌窦蓄脓等。本病在各种经济动物体上均可发生。

【病因】

脓肿多由感染引起，主要分为三类。

第一类是由致病菌引发的感染。一些致病菌如葡萄球菌、化脓性链球菌、大肠埃希菌、绿脓杆菌和腐败菌，当这些致病菌侵入受损伤的皮肤或黏膜时将会引发感染。需要注意的是，由于动物种类不同，对于同一致病菌的感受性也会有所差异。

第二类是在静脉注射的过程中引发的感染。在注射水合氯醛、氯化钙、高渗盐水及砷制剂的过程中若发生误注或漏注的情况可诱发脓肿；若不严格遵守无菌操作规程也可造成注射部位产生脓肿，此时发生的脓肿通常为局限型。

第三类是当致病菌由原发病灶经血液或淋巴转移至某一新的组织或器官时可形成转移性脓肿。

【症状】

脓肿分为浅在性脓肿与深在性脓肿。

（1）浅在性脓肿　该脓肿以红、肿、热、痛及波动感为特征。初期局部肿胀无明显界限，触诊坚实有疼痛反应。随着病情发展，脓肿界限逐渐清晰成局限性，最后形成坚实的分界线。中央形成局限性球形肿块，逐渐软化，有波动感，肿块破溃后可流出大量脓汁。

(2)深在性脓肿　由于所处部位较深，加之被覆有较厚的组织，局部增温不易触及，临床上通常不表现出明显症状。常出现皮肤及皮下结缔组织炎性水肿，触诊时有疼痛反应并常有指压痕，动物通常表现轻度发热、食欲不佳等症状。如较大的深在性脓肿未能及时治疗，脓肿膜可发生坏死，最后在脓液的压力下可穿破皮肤自行破溃，也可向深部发展，压迫或侵入邻近的组织或器官，引起感染扩散而呈现较明显的全身症状，严重时还可能引起败血症。

鹿脓肿：常见于四肢、腹部、颈部、面部等处，大小不一。浅在性脓肿发生于皮下、筋膜下及表层肌肉组织内。浅在性热脓肿初期局部肿胀无明显界限，触诊坚实，热痛明显。以后肿胀的界限逐渐清晰，并由于炎性细胞死亡，组织坏死、溶解、液化而形成脓汁，肿胀部位中央逐渐软化并出现波动，自溃排出脓汁。浅表性寒性脓肿有明显的局限性肿胀和波动感，但无热无痛；深在性脓肿发生于深层肌肉，肌间、骨膜及内脏器官。因部位较深，局部肿胀界限不明显，常于肿胀部位皮下出现炎性水肿，触诊时有疼痛反应，按压留痕。

【病理变化】

感染初期，首先在炎性病灶的局部呈现酸度增高、血管壁扩张、血管壁的渗透性增高等反应；而后伴有以中性粒细胞为主的炎性细胞经血管壁大量渗出。由于病灶体液循环障碍及炎性细胞浸润，使局部组织代谢紊乱，导致细胞大量坏死和有毒产物及毒素积聚，后者又加重细胞的坏死。中性粒细胞分泌蛋白分解酶以促进坏死组织细胞溶解，随后在炎症病灶的中央形成充满脓汁的腔洞。腔洞的周围有肉芽组织构成的脓肿膜，随着脓肿膜的形成，脓肿逐步成熟。

脓肿内的脓液由脓清、脓球和坏死分解的组织细胞组成。脓清一般不含纤维素，因此不易凝固。脓球的组成在脓肿形成的不同阶段有明显的不同，一般是由多种细胞组成，以分叶核白细胞为最多，其核和原生质呈现各种变性变化；其次是淋巴细胞、嗜酸性粒细胞、嗜碱性粒细胞、单核细胞及巨噬细胞，有的还含有少量红细胞。组织分解产物包括组织细胞的分解碎片、坏死组织碎片、骨碎粒、软骨碎片等。病灶的周围形成的脓肿膜是脓肿与健康组织的分界线，它具有限制脓肿扩散和减少动物机体从脓肿病灶吸收有毒产物的作用。脓肿膜由两层细胞组成，内层为坏死的组织细胞，外层是具有吞噬能力的间叶细胞，当脓液排出后脓肿膜就成为肉芽组织，最后逐渐成为瘢痕组织而使脓肿治愈。

【诊断】

发生于体表的脓肿、诊断较为容易，仅从红、肿、热、痛等症状就可做出初步诊断；对于体表深层脓肿的诊断则需要借助诊断穿刺和超声波等技术进行检查。运用这些手段在确诊脓肿是否存在的同时也可确定脓肿的部位和大小。要想进一步确定引起脓肿的病原菌种属，则需要根据脓汁的性状并结合细菌学检查方可做出准确的诊断。

【治疗】

对于体表初期脓肿的治疗主要从以下几点考虑：消炎、止痛以及促进炎症产物消散吸收。

当局部肿胀正处于急性炎性细胞浸润阶段可局部涂擦樟脑软膏，或用冷疗法(如复方醋酸铅溶液冷敷，鱼石脂酒精、栀子酒精冷敷)，以抑制炎症渗出和具有止痛的作用。当炎性渗出停止后，可用温热疗法、短波透热疗法、超短波疗法以促进炎症产物的消散吸收。局部治疗的同时，可根据病兽的情况配合应用抗生素、磺胺类药物并采用对症疗法。

当局部炎症产物已无消散吸收的可能时，局部可用鱼石脂软膏、鱼石脂樟脑软膏、超短波疗法、温热疗法等以促进脓肿的成熟。待局部出现明显的波动时，应立即进行手术治疗。手术切口应选择在脓肿的下部，有利于脓汁的流出。手术的过程中切忌破坏对侧的脓肿膜，以免扩大感染，脓汁排出要彻底，但不能用力挤压脓肿壁。然后用3%的过氧化氢溶液或0.1%的高锰酸钾溶液、生理盐水反复清洗脓腔，最后使用纱布吸出里面的残留液体。缝合过程按常规手术进行。

【预防】

预防此类疾病的发生首先要做好牧场的设施管理及消毒工作，避免动物的体表受伤，保持其皮肤光洁，发现伤口及时处理，做到早观察、早发现、早治疗。如何及时采取积极措施疾病很快便会好转且不会影响以后的生长发育。

二、脱臼

脱臼(dislocation)是指关节骨间关节面因受外力作用失去正常的对合关系，也称为关节脱位。脱臼常是突然发生，有的间歇发生，多因外伤所致，也见于某些先天性关节疾病所致的脱臼。本病多发于动物的膝关节，肩关节、肘关节、指(趾)关节也可发生。按病因可将关节脱位分为先天性脱位、外伤性脱位、病理性脱位、习惯性脱位，按程度可分为完全脱位、不全脱位、单纯脱位、复杂脱位。

【病因】

外力作用是造成脱臼的主要原因，包括直接外力和间接外力，其中以间接外力作用为主，如蹬空、关节强烈伸曲、肌肉不协调的收缩等，直接外力是第二位的因素，使关节活动处于超生理范围的状态下，关节韧带和关节囊受到破坏，使关节脱位，严重时引发关节骨或软骨的损伤。

少数情况是先天性因素引起的，由于胚胎异常或者胎内某关节的负荷关系，引起关节囊扩大，多数情况下不发生破裂的情况，但易造成关节囊内脱位，导致轻度的运动障碍。

另外，一些病理性原因也可造成脱臼的发生，在病理因素的作用下关节与附属器官出现病理性异常，加上外力作用引发脱臼。

【症状】

脱臼的共同症状包括：关节变形、异常固定、关节肿胀、肢势改变和机能障碍。

(1)关节变形　正常的解剖学结构发生改变，关节部出现隆起与凹陷。

(2)异常固定　因关节错位，致使与此关节有关的肌肉和韧带受异常牵拉，最后被固定在异常位置。

(3)关节肿胀　严重的外伤使得关节发生异常变化，关节周围组织受到破坏，继发的出血、血肿及比较剧烈的局部急性炎症反应引起关节肿胀。

(4)肢势改变　脱位关节下方肢势改变，如内收、外展、屈伸或伸展等。

(5)机能障碍　由于关节骨端变位和疼痛，导致运动时患肢发生程度不同的运动障碍，甚至不能运动。

【诊断】

关节全脱位者，根据临床症状和X线检查可做出诊断，但不完全脱位的诊断较困难。后者最好通过拍摄不同状态(如负重、刺激负重或屈伸关节)X线摄片加以诊断。

【治疗】

脱臼的治疗分为保守疗法与手术疗法两种，二者的原则均为整复、固定与功能锻炼等。

整复是使关节的骨端回到正常的位置，整复越早越好，久拖的病例若出现炎症反应会影响整复效果。为了减少肌肉、韧带的张力和疼痛，整复应当在麻醉状态下实施，此法复位效果较好。

整复的方法有按、揣、揉、拉和抬。在大动物关节脱位的整复时，常用绳子将患肢拉开，然后按照正常解剖学位置使脱位的关节骨端复位；当复位时会有一种声响，此后，患关节恢复正常形态。

为了防止复发，固定是必要的。整复后，下肢关节可用石膏或者夹板绷带固定，经过3～4周后去掉绷带，牵遛运动让病兽恢复。在固定期间用热疗法效果更好。由于上肢关节不便用绷带固定，可以采用5%的灭菌盐水或者自家血向脱位关节的皮下做数点注射(总量不超过20 mL)，引发周围组织炎症性肿胀，因组织紧张而起到生物绷带的作用。

在实施整复时，一只手应当按在被整复的关节处，可以较好地掌握关节骨的位置和用力的方向。整复后应拍X线摄片检查。对于一般整复措施整复无效的病例，可以进行手术治疗。根据不同的关节脱位，使用不同的手术径路。根据脱位的性质，选择髓内针、钢针和钢丝等进行内固定，如有韧带断裂的情况应将其缝合固定。常配合外固定以加强内固定。

【预防】

防止本病的发生首先是减少动物出现过多的剧烈运动，其次是防止关节疾病的发生，饲养者应善于观察，对于动物的异常运动状态及时做出正确判断，这有利于脱臼的早期治疗。

三、骨折

骨折(fractures)是由于外力的作用，使骨骼的完整性(不完全骨折)及连续性(完全骨折)受到破坏，同时周围的软组织受到不同程度的损伤，一般以血肿为主。各种动物均可发生骨折。

【病因】

骨折分为外伤性骨折与病理性骨折。

外伤性骨折：主要是受到强烈外力作用而使骨发生不同程度的损伤，包括直接暴力、间接暴力、肌肉牵拉力、持续劳损力等。直接暴力如打击伤、枪伤、压伤等；间接暴力则可使骨折发生在远离外来暴力作用的部位；肌肉牵拉力引发的多为撕脱性、螺旋性或横断性骨折。

病理性骨折：多见于骨质疾病的骨折，如骨髓炎、佝偻病、软骨症、衰老、缺钙疾病及氟中毒等，这些处于病理状态下的骨骼，疏松脆弱，应力抵抗降低，有时在较小外力的作用下也可发生骨折。

【症状】

主要表现有肢体变形，患肢呈弯曲、缩短、延长等姿势；异常活动，改变正常活动姿势；骨折两断端相互触碰，可听到骨摩擦音，但有时听不到；重者断端可任意摆动。由于血管的破裂及炎性水肿而发生局部肿胀、增粗；疼痛，患病动物不安，避让，患肢悬空，不愿活动，功能障碍。

轻度骨折一般全身症状不明显。严重的骨折伴有内出血、肢体肿胀或者内脏损伤时，可并发急性大失血和休克等一系列综合症状；闭合性骨折于损伤2～3 d后，因组织破坏后分解产物和血肿的吸收，可引起轻度体温上升。骨折部若继发细菌感染时，体温升高、局部疼痛加剧、食欲减退。

骨折时的合并症状有：皮肤损伤、肌肉损伤、血管破裂、神经损伤、感染、脂肪栓塞、皮下气肿、发热等。

麝鼠骨折：在长骨骨折时，如果是开放性骨折，可发现骨的断端暴露，创伤内含有血块、碎骨片、异物等，可见皮肤、肌肉和软组织发生损伤。如果皮肤保持完好，软组织损伤较轻，只有一定程度的肿胀，是属于闭锁性骨折。在脊椎骨折时，由于脊髓受到机械性损伤，常造成后躯麻痹，皮肤感觉消失。如骨髓完全断裂，那么肛门和膀胱机能都失去控制，麝鼠不能控制排粪排尿，致使会阴部被粪尿污染。膀胱充满尿液，发生尿毒症。此时病鼠在圈舍内躺卧不起。如果骨髓轻度损伤，各种机能还可以恢复。

【诊断】

根据临床症状和发病史，一般不难诊断。通过临床表现，一般可对骨折做出初步诊断，必要时可进行 X 线检查、直肠检查、骨折传导音的检查等。

【治疗】

依据骨折损伤程度及动物的价值，决定治疗方法或放弃治疗。必要时可采取外固定或内固定治疗。外固定包括夹板固定、石膏固定和牵引固定。常用的夹板固定是将动物躺卧保定，患肢在上，先将断端整复，对齐固定住，再用绷带缠绕几道，外垫少许棉花，在左右前后用 2～4 块夹板固定，外用绷带或铁丝固定紧，约 1 个月，即可拆除。大部分都能恢复原有功能。对价值较大的经济动物，如种兽的完全性骨折可实施内固定手术如髓内针固定等。皮肤损伤应进行外科处理，并配合使用消炎、止痛、止血等药物。若为病理性骨折，应积极治疗原发病，注意饲料的成分配比，加强饲养管理。

【预防】

每日应使动物进行适当的运动，适度的运动一方面可以强化骨骼强度，另一方面也可以保持肌肉与韧带的张力。但坚决防止剧烈运动的发生，这可能会加大发生骨折的可能性。

四、包皮炎

包皮炎(posthitis)是包皮的炎症，通常和龟头炎伴发，形成龟头包皮炎。各种雄性动物都能发病。

【病因】

急性包皮炎主要因包皮或龟头部遭受机械性损伤而引起。损伤多发生在交配、采精过程中，或在包皮口进入异物后。管理条件或卫生条件较差的情况下，腹下壁、包皮口常被粪尿、垫草、泥沙等沾污，一旦遭受损伤，包皮内已积留的尿液和包皮垢以及原来隐伏于包皮腔内的假单胞菌属、棒状杆菌属细菌、葡萄球菌、链球菌等，就可侵入而发生急性感染。

慢性包皮炎常因尿液和包皮垢的分解产物长期刺激黏膜而引起，或由附近炎症蔓延而来。此外，某些传染性病原体也可引起包皮、阴茎黏膜的炎症。对于患有包茎的动物，更容易发生本病。

【症状】

病初没有明显症状，不易发觉。随病情发展，即出现排尿频繁，局部温度升高等症状。触诊时有痛感，可见包皮内黏膜发炎、溃疡、肿胀。若不及时治疗，病情便会恶化，出现化脓与坏死。约在伤后 3 周可逐渐形成包皮内脓肿，大小不定，呈球形，触诊柔软有波动。脓肿破溃后从包皮口向外流出具有腐败气味的脓液。排尿时常呈点滴淋漓状，有时可见有血液和脓样分泌物流出，有的则因包皮组织增生，形成肿瘤。在病程后期，患病动物精神沉郁，食欲减退，排尿和运动困难，最后导致尿道化脓性栓塞，尿毒症或尿道破裂而死亡。

鹿包皮炎：包皮前端呈现轻度的热痛性肿胀，包皮口处逐渐下坠，越长越大，呈游离状，龟头体积增大，出现溃疡，糜烂，流大量黏性脓性分泌物，随着病程延长，下垂的包皮增生增大，龟头端粗大，呈倒置手电筒状。病鹿排尿痛苦、困难，尿流变细或呈滴状流出。

【诊断】

结合临床症状与实验室诊断可对本病做出正确判断。

【治疗】

一般采用局部治疗。以 0.1%高锰酸钾溶液或过氧化氢洗涤患部，彻底除去坏死组织或异物，涂布磺胺软膏，2～3 d 治疗 1 次。患部洗涤处置后，也可涂上注射用青霉素 G 钠 80 万国际单位，然后按每千克体重 2 000～4 000 国际单位肌内注射青霉素，每 2～3 d 注射 1 次。

对于局部肿胀严重的病例，为了改善局部血液循环，宜配合温敷、红外线照射等温热疗法。包皮内脓肿在穿刺确诊后，应及时拉出阴茎，通过内包皮黏膜切开排脓，不宜通过皮肤切口排脓，否则容易引起继发感染。由于龟头包皮部比较敏感，在治疗中禁用刺激性的药物和疗法，否则将会加重炎症的发展，若是用温热疗法，也应严格控制温度。若出现全身症状且食欲减退，除上述治疗外，还应在精料中增加健胃剂等综合疗法。

【预防】

首先要做好厩舍的清洁工作，定期清扫舍内粪便，防止积水和泥泞，保持动物体表的清洁。特别是配种期要注意清洁卫生，避免生殖器官的污染与创伤。

五、脐带炎

脐带炎(omphalitis)指新生仔兽脐血管及周围组织的炎症。

【病因】

人工助产断脐时，所留脐带断端过长，消毒不严格，致使新生仔兽在活动过程中造成了脐带下垂和感染。

【症状】

发病初期仅见新生仔兽食欲减退，腹泻，消化不良。随病程延长，患病动物精神沉郁，体温升高至 40～41 ℃，常不愿行走。脐带肿胀，触诊敏感，质地坚硬。脐带端湿润，呈污红色，炎症扩展周围组织，引起蜂窝织炎和脓肿。挤压脐带排出灰白色脓汁，具有恶臭味。因断端封闭而挤不出脓汁时，可见脐孔周围形成脓肿，病灶周围界限清楚。

【诊断】

脐带与组织肿胀，触诊质地坚实，患病动物有疼痛反应。脐带断端湿润，用手挤压可挤出污秽脓汁，恶臭，有的因脐带断端封闭而挤不出脓汁，但见脐孔周围形成脓肿。

【治疗】

(1)局部治疗　清除坏死组织，并涂以碘酊，分点或环状青霉素普鲁卡因封闭。如有化脓或局部坏死的情况，先用 3%过氧化氢冲洗，再用 0.2%～0.5%雷夫奴尔液反复冲洗，最后涂上抗菌药。局部形成脓肿涂以鱼石脂，成熟后切开排脓冲洗。

(2)全身治疗　为防止炎症扩散或已有全身感染症状，应全身给予抗生素和对症处理。

【预防】

接产时脐带断端宜短些，一般不做脐带结扎，要用碘酊经常消毒，促进干燥脱落。若发现脐带、脐孔处潮湿应及早处理。加强断脐后新生仔兽的护理工作，保持良好的卫生环境，运动场所和圈舍清扫干净，定期消毒，保持空气的干燥、清新。

六、风湿病

风湿病(rheumatism)是动物在风、寒、湿等侵袭下，肌肉、肌腱、关节等部位表现疼痛的一种疾病，病理变化以胶原纤维发生纤维素样变性为特征。本病具有突然发作、反复出现，并呈转移性疼痛的特点。通常认为风湿病是一种全身变态反应性疾病，常侵害肌肉、关节等部位。

【病因】

风湿病的病因至今尚不明确。目前一般认为与溶血性链球菌感染有关。溶血性链球菌感染所引起的病理过程有两种：一种为化脓性感染，另一种为感染后的变态反应性疾病。变态反应性疾病是引起风湿病的主要原因。机体被溶血性链球菌感染后便会形成相应的抗体。溶血性链球菌可以侵入抵抗力较低的机体而发生再感染，抗原与抗体在结缔组织中结合导致了无菌性炎症的发生。

【症状】

风湿病可按病程分为急性型和慢性型两种。急性风湿病常出现比较明显的全身症状，一般经过数日即可好转，但再次受冷时，又可复发，病变部位有时有转移性，触诊患部肌肉有疼痛感，紧张而坚实。慢性风湿病病程较长，患病的组织或器官缺乏急性经过的典型症状，热痛不明显。由于运动量减少，患部肌肉可发生萎缩，皮肤活动性降低。

按发生组织不同又可将风湿病分为肌肉风湿病与关节风湿病。肌肉风湿病常发生于活动性较大的肌群，急性经过时可出现浆液性或纤维素性炎症，且炎性渗出物积聚于肌肉结缔组织中。慢性经过时则出现慢性间质性肌炎。因肌肉疼痛，动物常出现非正常的运动姿势。关节风湿病通常发生于活动性较大的关节。其特征为急性期出现风湿性关节炎的症状，关节囊及周围组织水肿，滑液中有时出现纤维蛋白及颗粒细胞。患兽关节外形粗大，触诊温热、疼痛、肿胀。运步时出现跛行且跛行可随运动量的增加而减轻或消失。患兽精神沉郁、食欲减退、体温升高，呼吸及脉搏数均有所增加。有时可听到心内杂音；当转为慢性经过时则呈慢性关节炎，关节滑膜及周围组织增生、肥厚，关节肿大且轮廓不清，动物的活动范围大大减少。

另外，心脏风湿病主要表现为心内膜炎，听诊第一心音及第二心音增强，有时出现期外收缩性杂音。

鹿肌肉风湿：常因肌肉疼痛，病鹿表现共济失调、四肢强硬、举步发直、无力，行走摇摆、步态强拘。站立时弓背，严重时站立困难，长期卧地不起。强迫行走时走几步突然跌倒。多数肌群发生急性风湿性肌炎时可出现全身症状，病鹿精神沉郁，食欲减退，体温升高，脉搏和呼吸增数。当转为慢性经过时，全身症状不明显。

【诊断】

到目前为止风湿病尚缺乏特异性诊断方法，临床上主要根据病史和临床表现加以诊断。另外，还可通过对血清中溶血性链球菌的各种抗体与血清非特异性生化成分的测定进行诊断。

【治疗】

风湿病的治疗要点是：消除病因、加强护理、祛风除湿、解热阵痛、消除炎症。改善饲养管理方式以增强患病动物的抗病能力。

【预防】

在风湿病多发的冬、春季，经常保持动物体及饲养场所的清洁卫生，尤其是冬季厩舍内不应有粪尿堆积。另外，要做好防寒工作，避免动物受寒感冒。对溶血性链球菌引起的急性上呼吸道感染，如急性咽炎、喉炎、扁桃体炎、鼻卡他等疾病应及时治疗。饲料搭配要合理，饲料中要含有足够的蛋白质、矿物质、微量元素和维生素。

七、角膜炎

角膜炎(keratitis)是指角膜因受微生物、外伤、化学及物理性因素影响而发生的炎症。某些全身免疫反应、中毒、营养不良、邻近组织的病变亦可引起角膜炎。角膜炎可分为外伤性、表层性、深层性(实质性)及化脓性数种。

【病因】

角膜炎多由外力(如鞭梢的打击、笼头的压迫、尖锐物体的刺激)或异物误入眼内(如碎玻璃、碎铁片等)而引起；角膜暴露、细菌感染、营养障碍、邻近组织病变的蔓延等均可诱发本病；某些传染病(如腺疫、犬传染性肺炎)和浑睛虫病能并发角膜炎。

【症状】

角膜炎的共同症状是羞明、流泪、疼痛、眼睑闭合、角膜浑浊、角膜缺损或溃疡。轻度的角膜炎常不容易直接发现，只有在阳光斜照下可见到角膜表面粗糙不平。

外伤性角膜炎常可找到伤痕，透明的表面变为淡蓝色或蓝褐色。由于致伤物体的种类和力量不同，外伤性角膜炎可出现角膜浅创、深创或贯通创。角膜内如有铁片存留时，于其周围可见带铁锈色的晕环。

由化学物质所引起的热伤，轻度的仅见角膜上皮被破坏，形成银灰色浑浊。深层受伤时则出现溃疡；重剧时发生坏疽，呈明显的灰白色。

角膜面上形成不透明的白色瘢痕时称为角膜浑浊或角膜翳。角膜浑浊是角膜水肿和细胞浸润的结果(如多形核白细胞、单核细胞和浆细胞等)，角膜表层或深层变暗而浑浊。浑浊可能为局限性或弥散性，也有呈点状或线状的。角膜浑浊一般呈乳白色或橙黄色。

【诊断】

结合临床症状及眼科检查即可做出相应诊断。

【治疗】

为了促进角膜浑浊的吸收，可向患眼吹入等份的甘汞和乳糖(白糖也可以)，用40%葡萄糖溶液或自家血点眼，也可用自家血眼睑皮下注射或用1%～2%黄降汞眼膏涂于患眼内。每日静脉注射5%碘化钾溶液20～40 mL或每日内服碘化钾5～10 g，连用5～7 d；疼痛剧烈时，可用10%颠茄软膏或5%狄奥宁软膏涂于患眼内。

角膜穿孔时，应严密消毒防止感染。对新发的虹膜脱出病例，可将虹膜还纳展平；脱出久的病例，可用灭菌的虹膜剪剪去脱出部分，涂黄降汞软膏，装眼绷带。若不能控制感染，就应行眼球摘除术。

1%三七液煮沸灭菌待冷却后点眼，对角膜后创伤愈合起促进作用，且能使角膜浑浊减退。青霉素、普鲁卡因、氢化可的松或地塞米松球结膜下或患眼上、下眼睑皮下注射，对小动物外伤性角膜炎引起的角膜翳效果良好。中成药如拨云散、光明子散、明目散等对慢性角膜炎有一定疗效。

症候性、传染病性角膜炎，应注意治疗原发病。另外，自家血疗法对本病也有一定治疗效果。

【预防】

本病的预防要尽量避免阳光直射动物的眼睛，避免灰尘、蝇的侵袭。做好动物饲养场所的清洁工作，定期对动物眼部进行检查。

八、结膜炎

结膜炎(conjunctivitis)是指眼结膜受外界刺激和感染而引起的炎症，是最常见的一种眼病，有卡他性、化脓性、滤泡性、伪膜性及水泡性结膜炎等型。各种动物都可发生。

【病因】

结膜对各种刺激非常敏感，常由于外来的或内在的轻微刺激而引起炎症。常见的有下列原因。

(1)机械性因素　结膜外伤，各种异物(如灰尘、谷物芒刺、干草碎末、植物种子、花粉、烟灰、被毛、昆虫等)落入结膜囊内或粘在结膜面上、牛泪管吸吮线虫出现于结膜囊或第三眼睑内(不但呈机械性刺激，而且还呈化学作用)、眼睑位置改变(如内翻、外翻、睫毛倒生等)以及笼头不合适等。

(2)化学性因素　如石灰粉、熏烟、厩舍空气内有大量氨以及各种化学药品(包括已分解或过期的眼科药)或农药误入眼内。

(3)温热性因素　如热伤。

(4)光学性因素　眼睛未加保护，遭受夏季日光的长期直射、紫外线或X线照射等。

(5)传染性因素　多种微生物经常潜伏在结膜囊内，正常情况下，由于结膜面无损伤、泪液溶菌酶的作用以及泪液的冲洗作用，对眼结膜影响不大。但当结膜的完整性遭到破坏时易引起感染而发病。

(6)免疫介导性因素　如过敏、嗜酸细胞性结膜炎等。

(7)继发性因素　继发于邻近组织的疾病(如上颌窦炎、泪囊炎、角膜炎等)、重剧消化器官疾病及多种传染病(如流行性感冒、犬瘟热等)常并发所谓症候性结膜炎。

【症状】

结膜炎的共同症状是羞明、流泪、结膜充血、结膜浮肿、眼睑痉挛、渗出及白细胞浸润。

(1)卡他性结膜炎　是临床上最常见的病型，结膜潮红、肿胀、充血、流浆液、黏液或黏液脓性分泌物。卡他性结膜炎可分为急性和慢性两种。

①急性型。轻度时结膜及穹隆部稍肿胀，呈鲜红色，分泌物少，初似水，继而变为黏液性。重度时，眼睑肿胀、热痛、羞明、充血明显，甚至见出血斑。炎症可波及球结膜。分泌物量多，初稀薄，渐次变为黏液脓性，并积蓄在结膜囊内或附于内眼角。有时角膜面也见轻微的浑浊。若炎症侵及结膜下时，则结膜高度肿胀，疼痛剧烈。

②慢性型。常由急性转来，症状往往不明显，羞明很轻或见不到。充血轻微，结膜呈暗赤色、黄红色或黄色。经久病例，结膜变厚呈丝绒状，有少量分泌物。

(2)化脓性结膜炎　因感染化脓菌或在某种传染病(特别是犬瘟热)经过中发生，也可以是卡他性结膜炎的并发症。一般症状都较重，常由眼内流出多量脓性分泌物，时间越久则越浓，因而上、下眼睑常被粘在一起。化脓性结膜炎常波及角膜而形成溃疡，且常带传染性。

兔结膜炎：病兔的一眼或双眼均可患病，初期眼结膜充血、肿胀、流泪，2～3 d 后，角膜发生不同程度的浑浊，分泌物增加，引起眼睑闭合，继而双眼糜烂、溃疡、眼球化脓。

【诊断】

结合临床症状及眼科检查即可做出相应诊断。

【治疗】

(1)除去病因　应设法将病因除去。若是症候性结膜炎，则应以治疗原发病为主。若环境不良，应设法改善环境。

(2)遮断光线　将患病动物放在暗厩内或装眼绷带。当分泌物量多时，以不装眼绷带为宜。

(3)清洗患眼　用 3%硼酸溶液清洗。

(4)对症治疗　急性卡他性结膜炎：充血显著时，初期冷敷；分泌物变为黏液时，则改为温敷，再用 0.5%～1%硝酸银溶液点眼(每日 1～2 次)。用药后经 30 min，就可将结膜表层的细菌杀灭，同时还能在结膜表面上形成一层很薄的膜，从而对结膜面呈现保护作用。但用过本品后 10 min 要用生理盐水冲洗，避免过剩的硝酸银分解刺激，且可预防银沉着。若分泌物已见减少或将趋于吸收过程时，可用收敛药，其中以 0.5%～2%硫酸锌溶液(每日 2～3 次)较好。此外，还可用 2%～5%蛋白银溶液、0.5%～1%明矾溶液或 2%黄降汞软膏。也可用 10%～30%板蓝根溶液点眼。

球结膜内注射青霉素和氢化可的松：用 0.5%盐酸普鲁卡因液 2～3 mL 溶解青霉素(5×10^4)～(10×10^4)国际单位，再加入氢化可的松 2 mL(10 mg)，球结膜内注射，每日或隔日 1 次；或以 0.5%盐酸普鲁卡因液 2～4 mL 溶解氨苄青霉素 10×10^4 国际单位，再加入地塞米松磷酸钠注射液1 mL(5 mg)上下眼睑皮下各注射 0.5～1 mL。

慢性结膜炎的治疗以刺激温敷为主。局部可用较浓的硫酸锌或硝酸银溶液，或用硫酸铜棒轻擦上下眼睑，擦后立即用硼酸水冲洗，然后再进行温敷。也可用 2%黄降汞软膏涂于结膜囊内。中药川连 1.5 g、枯矾 6 g、防风 9 g，煎后过滤，洗眼效果良好。

病毒性结膜炎可用 0.1%无环鸟苷、0.1%碘苷(疱疹净)或 4%吗啉胍等眼药水，1 h 滴眼 1 次，病情较轻者可自愈；为防止混合感染，可加用抗生素眼药水。

自家血疗法对本病有一定治疗效果。

某些病例可能与机体的营养概况或维生素缺乏有关，因此改善病兽的营养并给以维生素有较好的疗效。

【预防】

保持厩舍和运动场的清洁卫生；注意通风换气与光线，防止风尘的侵袭；严禁在厩舍里调制饲料和刷拭兽体；治疗眼病时，要特别注意药品的浓度和有无变质情况。

九、血肿

血肿(hematoma)是由于各种外力作用，导致血管破裂，溢出的血液分离周围组织，形成充满血液的腔洞。

【病因】

软组织若发生非开放性损伤容易诱发血肿，除此之外，骨折、刺创、火器创也可形成血肿。血肿常发生于动物的耳部、颈部、胸前和腹部等的皮下、筋膜下、肌间、骨膜下及浆膜下。根据损伤的血管不同，血肿分为动脉性血肿、静脉性血肿和混合性血肿。

【症状】

发生血肿后，组织会迅速肿胀膨大，肿胀部位有明显的波动感，触之饱满有弹性。4～5 d后肿胀周围坚实，并有捻发音，中央部有波动，局部增温。穿刺时，可排出血液。有时可见局部淋巴结肿大和体温升高等全身症状。血肿感染可形成脓肿，需特别注意。

【病理变化】

血肿形成的速度较快，其大小决定于受伤血管的种类、粗细和周围组织的性状，一般均呈局限性肿胀，且能自然止血。较大的动脉断裂时，血液沿筋膜下或肌间浸润，形成弥散性血肿。较小的血肿，由于血液凝固而缩小，其血清部分被组织吸收，凝血块在蛋白分解酶的作用下软化、溶解和被组织逐渐吸收。其后由于周围肉芽组织的新生，使血肿腔结缔组织化。较大的血肿周围，可形成较厚的结缔组织囊壁，其中央仍储存未凝的血液，时间较久则变为褐色甚至无色。

【诊断】

通常根据临床症状如肿胀、触诊有弹性等特点结合穿刺检验内容物即可对本病做出正确诊断。

【治疗】

治疗重点应从制止溢血、防止感染和排除积血着手。可于患部涂碘酊，装压迫绷带。经4～5 d后，可穿刺或切开血肿，排除积血或血凝块和挫灭组织。如发现继续出血，可行结扎止血，清理创腔后再行缝合创口或开放疗法。

【预防】

预防此类疾病首先是要做好消毒清洁工作，避免动物的体表受伤，保持其皮肤光洁，发现伤口及时处理，防止病症进一步恶化。

十、疝

疝(hernia)是腹部的内脏从异常扩大的自然孔道或病理性破裂孔脱至皮下或其他解剖腔的一种常见病。各种动物均可发生。

【病因】

本病的发生有的是遗传因素造成，有的是动物之间相互撕咬或外力作用导致腹壁异常收缩，引起腹肌和腹膜破裂，内脏通过受损的股肌和股膜进入皮下，引起隆起的结果。另外，某些解剖孔扩大、膈肌发育不全、机械性外伤、腹压增大、阉割不当等也易引发本病。

【症状】

先天性外疝，如脐疝、腹股沟疝、会阴疝等的发病都有其固定的解剖部位。可复性疝一般不引起动物全身性症状，而只是在局部突然呈现一处或多处隆起，隆起物呈圆形或半圆形，球状或半球状，触诊柔软。当改变动物体位或用力挤压时隆起部可能消失，可触摸到疝孔。当病兽强烈努责或腹腔内压增高或吼叫挣扎时，隆起会变得更大，表明疝内容物随时有增减的变化。外伤性腹壁疝随着腹壁组织受伤的程度而异，在破裂口的四周往往有不同程度的炎性渗出和肿胀，严重的逐步向下向前蔓延，压之有水肿指痕，很容易发展形成粘连疝。嵌闭性疝则突然出现剧烈的疝痛，局部肿胀增大、变硬、紧张，排粪、排尿受到影响，严重的二便不通或发生继发性臌气。

(1)脐疝　出现大小不等的局限性球形突起，触摸柔软，无热、无痛。犬、猫的脐疝大多偏小，疝孔直径一般不超过 2～3 cm，疝内容物多为镰刀韧带，有时是网膜或小肠。较大的脐疝，也可有部分肝、脾脱入疝囊。脐疝多具可复性，将动物直立或仰卧保定后压挤疝囊，容易将疝内容物还纳入腹腔，此时即可触及扩大的脐孔。患有脐疝的动物一般无其他临床症状，精神、食欲、排便均正常。

（2）腹股沟阴囊疝　常为一侧发生，临床表现患侧阴囊明显增大，皮肤紧张，触之柔软有弹性，无热无痛。提起动物两后肢并压挤增大的阴囊，疝内容物容易进入腹腔，阴囊随即缩小，但患侧阴囊皮肤与健侧相比，显得十分松弛。病程较久时，因肠壁或肠系膜等与阴囊总鞘膜发生粘连，即呈不复性阴囊疝，但一般并无全身症状。嵌闭性腹股沟阴囊疝发生较少，一旦发生肠管嵌闭，局部显著肿胀，皮肤紧张，疼痛剧烈，动物迅即出现食欲废绝，体温升高等全身反应。如不及时修复，很快因嵌闭肠管发生坏死，动物中毒性休克而死亡。

（3）外伤性腹壁疝　腹壁外伤造成腹肌、腹膜破裂而导致腹腔内脏器脱至腹壁皮下，称为外伤性腹壁疝。常在腹侧壁或腹底壁出现一个局限性柔软的扁平或半球形突起，突起部皮肤上常有擦伤或挫伤痕迹。在疝发生早期，局部出现炎性肿胀，触之温热疼痛，用力压迫突起部，疝内容物可还纳入腹腔，同时可摸到皮下的破裂孔。随着炎性肿胀消退和病程延长，触诊突起部无热、无痛，疝囊柔软有弹性，疝孔光滑，疝内容物大多可复，但常与疝孔周围腹膜、腹肌或皮下纤维组织发生粘连。很少有嵌闭现象。

（4）会阴疝　临床特征是在肛门侧方或下侧方出现局限性圆形或椭圆形突起，大多数患犬的疝内容物是直肠，触摸突起部柔软有弹性、无热无痛。用手指做直肠检查时发现，直肠扩张且积有多量粪便，并呈向外侧偏移状。当疝内容物为膀胱或前列腺时，触摸手感质地稍硬，按压时患犬有疼痛反应。若用力向前推压疝囊见动物排尿，或于突起部穿刺见多量淡黄色透明液体流出，表明疝内容物是膀胱。少数患犬的疝内容物为腹膜后脂肪组织，其疝一般较小，触之柔软。

（5）膈疝　与进入胸腔内腹腔内容物的多少及其在膈裂孔处有无嵌闭有密切关系。若进入胸腔的腹腔脏器少，且对心肺压迫影响不大，或在膈裂孔处不发生嵌闭，一般不表现明显症状。许多先天性膈疝与小的外伤性膈疝即是如此。若进入胸腔内的腹腔脏器较多，便对心、肺产生压迫，动物呼吸极度困难，头颈伸直，张口呼吸，可视黏膜发绀，常因缺氧窒息而死亡。若进入胸腔的腹腔脏器在膈裂孔处发生嵌闭，即可引起明显的腹痛反应，动物头颈伸展，腹部蜷缩，不愿卧地，行走谨慎或保持犬坐姿势，同时精神沉郁，食欲废绝。当嵌闭的脏器因血液循环障碍发生坏死后，动物即发生中毒性休克或死亡。

【诊断】

（1）脐疝　很容易诊断。当脐部出现局限性突起，压挤突起部明显缩小，并触摸到脐孔，即可确诊。但若疝内容物与脐孔缘发生粘连，难以压回腹腔时，应注意与脐部脓肿鉴别。脐部脓肿也表现为局限性肿胀，触之热痛、坚实或有波动感，一般不表现精神、食欲、排便等异常变化，脐部穿刺排出脓液，与脐疝显然不同。

（2）可复性腹股沟阴囊疝　容易诊断。倒提动物两后肢并压挤增大的一侧阴囊，体积随之缩小；恢复正常体位后，患侧阴囊再次增大，即可确诊。本病应注意与睾丸炎、睾丸肿瘤进行鉴别，睾丸炎或睾丸肿瘤均表现为阴囊一侧或两侧增大，但触诊患侧阴囊为睾丸自身肿大，阴囊内无其他实质性内容物，而且急性睾丸炎有热痛表现，与阴囊疝不难区别。

（3）腹壁疝诊断　依据病史与腹壁出现局限性柔软突起，结合触诊摸到疝孔，即可确诊。

当疝孔小，且疝内容物与疝孔缘及皮下结缔组织发生粘连而不可复时，往往难以摸到疝孔，此时应注意与腹壁脓肿、血肿或淋巴外渗等进行鉴别。腹壁疝无论其内容物可复或不可复，触诊疝囊大多柔软有弹性，此外，听诊可能听到肠蠕动音，而脓肿早期触诊有坚实感，局部热痛反应强烈。触诊成熟的脓肿、血肿与淋巴外渗均呈含有液体的波动感，穿刺后分别排出脓液、血液或淋巴液，肿胀随之缩小或消失，并不存在疝孔，与腹壁疝性质完全不同。

(4)会阴疝　本病患部相对固定，触摸突起部大多柔软可复、无炎性反应，动物排粪或排尿困难，依据这些特点即可做出初步诊断。结合直肠指检或对突起部进行穿刺等检查结果，容易确诊本病。

(5)膈疝　依据动物有外伤病史并表现明显的呼吸困难，而体温正常且无肺炎特点，听诊心音低沉、肺界缩小或胸部有肠音等，即可做出初步诊断。X 线摄片可显示膈疝的典型影响：心膈角消失，膈线中断，心膈区内出现胃或肠段充气的影像，心脏轮廓部分或完全消失。

【治疗】

治疗方法分为保守疗法与手术疗法。

保守疗法即利用纱布绷带或复绷带、强刺激等促使局部炎性增生闭合疝口。目前认为最佳的保守疗法是皮下包埋锁口缝合法。此法简单、易行、可靠。方法是缝针带缝线绕疝孔皮下一周，还纳内容物，然后拉紧缝线闭合疝孔打结。

较为严重的适用于手术疗法，术前禁食，按常规无菌技术进行手术。全身麻醉或局部浸润麻醉，仰卧或半仰卧保定，切口在疝囊底部。仔细切开疝囊壁，以防伤及疝囊内的脏器。认真检查疝内容物有无粘连和坏死。有粘连者仔细剥离粘连的肠管，若有肠管坏死，需行肠部分切除术。若无粘连和坏死，可将疝内容物直接还纳腹腔内，然后缝合疝轮。

【预防】

避免动物发生剧烈运动，保持其腹内压及胸内压处于正常状态；对于机械性外伤要及时处理，准确做出判断，避免疝的形成。

十一、直肠脱

直肠脱(rectal prolapse)是指直肠末端黏膜或部分直肠由肛门向外翻转脱出，而不能自行缩回的一种病理状态。严重的病例可在发生直肠脱的同时并发肠套叠或直肠疝。各种动物均易发生本病，幼龄动物发病率高于成年动物。

【病因】

直肠脱可看成是全身性疾病的局部表现，它的发生多是由于各种综合因素联合作用的结果，直接原因是直肠韧带松弛，直肠黏膜下层组织和肛门括约肌松弛与机能不全。若动物营养失调、劳役过度以及发育不良均可导致直肠脱的发生。经产的动物由于直肠周围组织松弛，对直肠的支持固定功能不全，发生直肠脱的可能性大大增加。饲料搭配不当加之饮水不足所导致的便秘可继发直肠脱垂。慢性咳嗽、阴道脱垂、不麻醉进行去势易引起强烈努责使腹内压持续增加诱发本病；另外，灌肠所使用的刺激性药物若造成直肠炎症，也可使动物出现直肠脱垂的情况。

【症状】

直肠脱根据其脱出程度可分为两类：直肠黏膜性脱垂和直肠壁全层脱垂。直肠在病兽卧地或排粪后部分脱出，即直肠部分性或黏膜性脱垂，习惯上称为脱肛。若脱出时间较长，则黏膜发炎，黏膜下层水肿，失去自行复原的能力，在肛门处可见淡红或暗红色的圆球形肿胀。病兽排便障碍，水肿更加严重；同时因受外界的污染，表面污秽不洁，沾有泥土和草屑等，甚至发生黏膜出血、糜烂、坏死和继发性损伤。此时，病兽常伴有体温升高、食欲减退、精神沉郁等全身症状。

【诊断】

依据临床症状易做出诊断。但注意判断是否并发肠套叠。单纯性直肠脱，圆筒状肿胀脱出向下弯曲下垂。伴有肠套叠脱出时，脱出的肠管由于后肠系膜的牵引，而使脱出的圆筒状肿胀向上弯曲，坚硬。腹部触诊可触及一段坚实、无弹性的香肠状肠管。另外，消化道钡餐 X 线造影，有助于对肠套叠确诊。

【治疗】

应尽早整复、固定，控制引起腹压增大或努责的因素。

(1)整复　整复方法取决于组织脱垂的程度以及是否有水肿和撕裂伤等。如组织脱垂时间不长，且为不完全脱垂，可用 0.25%温热的高锰酸钾溶液或 1%明矾溶液清洗患部，然后用清洁纱布包裹并将其逐渐送入肛门。对于直肠脱出时间过长、因肠壁瘀血和水肿严重而整复困难的病例，可在针刺肠壁后再用消毒纱布兜住肠管，撒上适量明矾粉末揉擦，挤出水肿液，使肠管皱缩，用温生理盐水冲洗后，涂以抗生素软膏，然后从肠腔口开始，小心地将脱出的肠管向内翻入肛门内。为了保证顺利的整复，对小动物可将两后肢提起，大动物可使后躯稍高，并对病兽施行荐尾硬膜外腔麻醉或后海穴阴部神经与直肠后神经传导麻醉，以减轻疼痛和挣扎。整复后在肛门外进行温敷，以防止肠管再脱出。

(2)固定　确认直肠完全复位后，可选择粗细适宜的缝线，距肛门孔 1～3 cm 处，做一肛门周围的荷包缝合，收紧缝合线保留 1～2 指(小动物)或 2～3 指(大动物)，打成活结，并根据具体情况调整肛门口的大小，经 7～10 d 病兽不再努责时，拆除缝合线。对于反复发生的单纯性直肠脱，在整复后可注射药物诱导直肠周围结缔组织增生，借以固定直肠。其方法是在距肛门孔 2～3 cm 处，肛门上方和左、右两侧直肠旁组织内分点注射 95%酒精 2～5 mL(犬)或 10%明矾溶液 5～10 mL，另加 2%盐酸普鲁卡因溶液 2～5 mL。注射针头沿直肠侧直前方刺入 3～10 cm。为了使进针方向与直肠平行，避免针头远离直肠或刺破直肠，在进针时应将食指插入直肠内引导进针，操作时边进针边用食指触知针尖位置并随时纠正角度。若效果仍不理想，可打开腹腔进行直肠骨盆腔侧壁固定术。

对于肠套叠引起的直肠脱，在整复脱出肠管后，再打开腹腔进行肠套叠整复术。

(3)直肠部分截除术　对于肠管脱出过多、整复困难、脱出的直肠发生坏死、穿孔或有肠套叠而不能复位的病例，需采取直肠部分截除术。采用荐尾间隙硬膜外腔麻醉或局部浸润麻醉。

①直肠部分切除术。在充分清洗消毒脱出肠管的基础上，用两根灭菌的大号兽用新针或细编织针，紧贴肛门外交叉刺穿脱出的肠管将其固定，在固定针后方约 2 cm 处，将直肠环形横切。充分止血后(注意位于肠管背侧痔动脉的止血)，用细丝线对肠管两层断端的浆膜和肌层分别做结节缝合，内外两层黏膜层采用单纯连续缝合法。最后用 0.25%高锰酸钾或 3%～4%硼酸溶液冲洗，涂抗生素软膏。

②黏膜下层切除术。适用于单纯性直肠脱。在距肛门周缘 1 cm 处，环形切开并达黏膜下层，向下剥离，翻转黏膜层，将其剪除，然后对顶端黏膜边缘与肛门周缘黏膜边缘用肠线做结节缝合。还纳脱出直肠，肛门口周围做荷包缝合。

(4)护理 饲喂柔软饲料，多饮温水，根据病情给予镇痛、消炎等对症疗法，普鲁卡因溶液盆腔器官封闭，有助于整复后直肠功能的恢复。

【预防】

应第一时间消除病因，如积极治疗便秘、下痢、咳嗽，改善饲养管理，合理配料，防止过度饱食，以及消除其他可导致便秘或增高腹内压的因素，都是预防发病和提高治愈率的重要措施。

十二、肿瘤

肿瘤(tumour)是动物机体中正常组织细胞，在不同的始动与促进因素长期作用下，产生的细胞增生与异常分化而形成的病理性新生物。它与受累组织的生理需要无关，无规律生长，丧失正常细胞功能，破坏原器官结构，有的转移到其他部位，危及生命。肿瘤组织还具有特殊的代谢过程，比正常的组织增殖快，耗损动物体大量的营养，同时还产生有害物质、损害机体，特别是恶性肿瘤对机体影响很大，后期多数导致恶病质。肿瘤是机体整体性疾病的一种局部表现。它的生长有赖于机体的血液供应，并且受机体的营养和神经状态的影响。

【病因】

肿瘤的病因迄今尚未完全清楚，根据大量实验研究和临床观察初步认为与外界环境因素有关，其中主要是化学因素，其次是病毒和放射线。另外，免疫状态、内分泌系统、遗传因子等也会影响肿瘤的发生。

【症状】

症状决定于肿瘤的性质、发生组织、部位和发展程度。肿瘤早期多无明显临床症状。但如果发生在特定的组织器官上，可能有明显症状。

(1)局部症状

①肿块(瘤体)。发生于体表或浅在的肿瘤，肿胀是主要症状，常伴有相关静脉扩张、增粗。肿块的硬度、可动性和有无包膜则因肿瘤种类而不同。位于深在或内脏器官时，不易触及，但可表现功能异常。肿瘤块的生长速度，一般良性的慢，恶性的快且可发生相应的转移灶。

②疼痛。肿块的膨胀生长、损伤、破溃感染时，使神经受刺激或压迫，可有不同程度的疼痛。

③溃疡。体表、消化道的肿瘤，若生长过快，引起供血不足继发坏死或因感染常导致溃疡。恶性肿瘤呈菜花状，肿块表面常有溃疡，并有恶臭和血性分泌物。

④出血。表在肿瘤易损伤，破溃，出血。消化道肿瘤，可能呕血或便血；泌尿系统肿瘤，可能出现血尿。

⑤功能障碍。肠道肿瘤可致肠梗阻，引起肠管运动机能和分泌机能紊乱等；如乳头状瘤发生于上部食管，可引起吞咽困难。

(2)全身症状 良性和早期恶性肿瘤，常有贫血、低热、消瘦、无力等非特异性全身症状。如肿瘤影响营养摄入或并发出血与感染时，可出现明显的全身症状。恶病质是恶性肿瘤晚期全身衰竭的主要表现，肿瘤发生部位不同则恶病质出现迟早各异。有些部位的肿瘤可能出现相应的功能亢进或低下，继发全身性改变。如颅内肿瘤可引起颅内压增高和定位症状等。

【诊断】

首先要对患病动物的病史进行调查，有无渐进性消瘦或其他全身性症状，全身检查要注意全身症状，局部检查必须注意肿瘤发生的部位、范围，分析肿瘤组织的来源和性质。同时要结合影像学检查确定肿瘤具体位置及为诊断有无肿瘤及其性质提供依据。

【鉴别诊断】

病理组织学检查对于鉴别真性肿瘤和瘤样变、肿瘤的良性和恶性，确定肿瘤的组织学类型与分化程度，以及恶性肿瘤的扩散与转移等起着决定性的作用；并可为临床制订治疗方案和判断预后等提供重要依据。另外，还可通过细胞学检查法等做出进一步诊断。

【治疗】

良性肿瘤的治疗原则是手术切除。但手术时间的选择，应根据肿瘤的种类、大小、位置、症状和有无并发症而有所不同。恶性肿瘤的治疗如能及早发现与诊断则可望获得临床治愈。治疗的过程中可结合放射、激光、化学免疫等疗法。

【预防】

①施行科学的饲养管理，保证动物获得丰富的营养物质（尤其是蛋白质与各种维生素）和卫生条件良好的生活环境，以增强体质和调动机体的内外屏障机能，抗御肿瘤的侵害。

②对已知的各种致癌因素，应尽可能加以消除，避免动物与之频繁接触。

③避免兽群误食亚硝胺类化合物。

④及时隔离和处理患有肿瘤的动物，也是一种必要的抗肿瘤措施。

⑤广泛利用抗肿瘤品种培育健康兽群是一项具有长远意义预防肿瘤的措施。

第七节　营养代谢病

一、维生素 A 缺乏症

维生素 A 缺乏症（vitamin A deficiency）是由维生素 A 或其前体——胡萝卜素缺乏或不足所引起的一种营养代谢性疾病。临床上以生长缓慢、上皮角化、夜盲症、繁殖机能障碍以及机体免疫力低下等为特征。

【病因】

导致维生素 A 缺乏症的原因较多，概括起来主要有以下 3 个方面。

（1）原发性因素　原发性因素是指饲料中维生素 A 或胡萝卜素长期缺乏或不足，例如动物性饲料贮存不当发生脂肪酸败，能使维生素 A 破坏 40％以上；过度日晒发白的干草，胡萝卜素遭受破坏，含量极低；猫、貂等动物不能或很难利用饲料中的胡萝卜素，发病率较高。

（2）继发性因素　继发性因素是指动物机体对维生素 A 或胡萝卜素的吸收、转化、贮存、利用发生障碍，动物罹患胃肠道或肝脏疾病致维生素的吸收障碍，胡萝卜素的转化受阻，储存能力下降。饲料中缺乏脂肪，会影响维生素 A 或胡萝卜素在肠中的溶解和吸收。蛋白质缺乏，会使肠黏膜的酶类失去活性，影响运输维生素 A 的载体蛋白形成。此外，矿物质（无机磷）、维生素（维生素 C、维生素 E）、微量元素（钴、锰）缺乏或不足，都能影响体内胡萝卜素的转化和维生素 A 的储存。

（3）饲养管理因素　饲养管理条件不良，兽舍污秽不洁、寒冷、潮湿、通风不良，过度拥挤，缺乏运动以及阳光照射不足等因素都可诱导发病。

【症状】

各种经济动物都能发生，但临床表现不尽相同。通常在维生素 A 缺乏或不足 1～2 月后表现症状。

(1)鹿　人工哺乳仔鹿表现体质虚弱，发育停滞，抵抗力降低，易发生消化道和呼吸道疾病。成鹿表现羞明流泪，角膜浑浊，眼球缩小、无反射，严重的失明。

(2)狐　病早期表现抽搐，头向后仰，步态蹒跚。继而对刺激敏感，转圈，或倒地。仔狐则发生腹泻和呼吸道症状。

(3)貂　除表现神经症状外，还发生眼干燥症。同时出现消化道、泌尿道和呼吸道黏膜上皮角化后的机能紊乱症状，如腹泻、尿结石和肺病。母貂表现性周期紊乱，发情延缓，孕貂胚胎吸收、死胎或产下弱仔，公貂性欲降低，睾丸萎缩，精子生成障碍。

【病理变化】

主要病变在肝脏，或肿大，呈土黄色，有坏死斑，或严重出血肿大，占据整个腹腔，切面出血。有的仔畜胆囊肿大，充满黄色黏稠胆汁。小肠浆膜和黏膜严重出血，外观呈红色，大肠变化不明显。胎儿可见皮肤、黏膜苍白，眼粘连。肺间质增宽，肺水肿。

【诊断】

根据特征性症状和饲料情况可以做出初步诊断。如果结合血液、肝脏和饲料内维生素 A 测定，就可做出确诊。在做出初步诊断的基础上，给予新鲜鱼肝油进行治疗性诊断也是确诊的手段。

【鉴别诊断】

肝脏病变应与硒或维生素 E 缺乏症(肝坏死)相区别，死胎或产下弱仔应与伪狂犬病(呕吐、拉稀、运动失调、间歇性抽搐四肢呈划水样等)相区别。

【治疗】

对患维生素 A 缺乏症的动物，首先应查明病因，积极治疗原发病，同时改善饲养管理条件，加强护理。其次要调整日粮组成，增补富含维生素 A 的饲料，必要时在饲料中补充维生素 A，也可补给鱼肝油，而且治疗量应为预防量的 5～10 倍。同时，必须保证日粮内有足够量的中性脂肪。治疗时狐每天口服维生素 A 15 000 国际单位，貂每日口服 3 000～5 000 国际单位。

【预防】

首先，保证饲料新鲜(特别是防止动物性饲料发生脂肪酸败)、品质较好和全价营养，同时根据不同生长阶段、饲料状况补加鱼肝油或维生素 A 浓缩剂，这对于肉食性经济动物更为重要。通常按每天每千克体重补给 250 国际单位以上，为了增强效果，可以同时补充维生素 C、维生素 E 等抗氧化剂。其次，加强饲养管理，保证兽舍清洁、通风良好，密度适中，适量运动以及阳光照射。

二、维生素 D 缺乏症

维生素 D 缺乏症(vitamin D deficiency)又称为佝偻病(rachitis)，是仔兽在生长发育期，因维生素 D 不足及钙、磷缺乏或饲料中钙、磷比例失调而引起的一种骨变形的疾病。特征是生长骨的钙化作用不足，并伴有持久性软骨肥大与骨骺增大。临床特征是消化紊乱，异嗜癖，跛行及骨骼变形。毛皮动物在磷和钙的需要上，比其他动物高，这显然与其生长有关。幼龄动物及妊娠母兽对矿物质的缺乏最敏感。佝偻病多见于 1.5～4 个月龄的银黑狐、北极狐、貂以及幼鹿。

【病因】

佝偻病的病因主要有以下几方面因素。

(1)钙、磷摄入不足及吸收障碍　饲料中钙、磷缺乏引起摄入量不足,或动物处于生长发育、妊娠、泌乳时期,由于需要量增加而摄入量相对不足,可引起钙磷的负平衡;钙磷比例不协调导致钙、磷代谢障碍;同时,由于钙、磷必须以溶解状态被小肠吸收,因此任何妨碍钙、磷溶解的因素,均可引起本病。

(2)维生素 D 缺乏　摄取维生素 D 绝对量减少或继发于其他因素,如胡萝卜素的过量摄入。

(3)缺乏阳光照射　太阳晒干的干草含有麦角固醇,此外皮肤内的 7-脱氢胆固醇,它们在阳光紫外线照射下,可转变为维生素 D_2 和维生素 D_3。

(4)其他因素　包括年龄、机体的健康状况等因素。

【症状】

早期呈现食欲减退,消化不良,精神沉郁,然后出现异嗜癖。本病最明显的特征是肢体变形。首先前肢骨,接着后肢骨和躯干骨变形,两前肢肘部向外呈"O"形。有时发现小腿骨、肩胛骨及股骨弯曲。在肋骨和肋软骨结合处变形,形成串珠状。仔兽佝偻病形态特征是头容积变大,腿变短而弯曲,腹部增大下垂,有的仔兽不能用脚掌行走和站立,而用肘关节移行,由于肌肉松弛而步法失调,呈现跛行,定期发生腹泻,有的患病动物还表现呼吸困难。患佝偻病的动物对传染病、感冒及其他疾病的抵抗力降低。母兽发病由于髋关节发育不正常,容易发生难产和仔兽死亡数增加。

患佝偻病的毛皮动物,发育落后,体型矮小,不及时治疗,以后可转成纤维性骨营养不良。5～9 日龄的病仔兽往往表现出牙期延长,齿形不规则,齿质钙化不足(凸凹不平,有沟,有色素),常排列不整齐,齿面易磨损,不平整,上腭增大,头部畸形,患病动物常呈半开口坐姿,口腔不能闭合。骨软化,容易发生骨折,鼻和腭因变形而采食不便,逐渐消瘦。

【病理变化】

特征性的病理变化是肋骨和脊椎连接处呈珠球状,肋骨后弯。在胫骨或股骨的骨骺端可见钙化不良。腿骨组织切片呈现缺钙和骨样组织增生现象。胫骨用硝酸银染色,显示骨骺的未钙化区。

【诊断】

依据本病的临床表现和病理变化,结合 X 光检查可做出诊断。

【治疗】

有效的治疗药物是维生素 D 制剂,如鱼肝油、浓缩维生素 D 油等,银黑狐和北极狐每天剂量为 1 500～2 000 国际单位,水貂和紫貂为 500～1 000 国际单位,持续 2 周,以后转入预防量。同时在日粮内投给鲜碎骨。也可肌内注射维丁胶性钙,饲料中也可以加入钙片,增加光照。如果并发消化不良,则给予易消化的饲料。

【预防】

平时应在日粮内加入维生素 D,剂量按每千克体重 100 国际单位。特别是毛皮动物饲养于遮光的笼子或棚舍内,以及日粮内骨很少,或以干燥的鱼肉制品为主要饲料的,补加维生素 D 更显得十分重要。

日粮中钙和磷的比例必须合理,一般应是 1.2∶1 或 2∶1。毛皮动物饲料内骨含量不足可添加骨粉(狐每天为 10 g,貂为 3 g)。母兽在妊娠和哺乳期,维生素 D 最低供应剂量每千克体重为 100 国际单位,必要时可以补加其他制剂。同时注意饲喂富含磷和钙的饲料(牛奶、带骨鱼、生的青菜),在冬季要给予鱼肝油。食盐是毛皮动物日粮的必需组成部分,狐、貉每日每只为 1.5～2 g,貂为 0.5～1.0 g。

对于幼鹿多喂青绿多汁饲料、青贮饲料、上等干草等,补给骨粉、蛋壳粉、磷酸钙。尤其要使饲料多样化,防止饲料过于单一。冬季幼鹿阳光照射必须充分,运动一定要充足。鹿舍必须宽敞、光亮和通风良好,以满足其生理上的需求。

三、硒-维生素 E 缺乏症

硒-维生素 E 缺乏症(selenium-vitamin E deficiency)又称白肌病(white muscle disease),是动物的一种肌肉变性疾病,或称肌炎、肌营养不良。以骨骼肌、心肌和肝脏组织变性、坏死为特征。本病发生于各种动物,在世界多数国家和地区均有发生。我国有一条从东北经华北至西南的缺硒带。青海高原、宁夏、甘肃、山东、江苏及川西北牧区等地均属贫硒地区。

【病因】

白肌病的病因与维生素 E、硒的缺乏密切相关。

(1)硒缺乏　当饲料硒含量低于 0.05 mg/kg,就认为硒缺乏,饲料中的硒来源于土壤硒,当土壤硒低于 0.5 mg/kg 时即认为是贫硒土壤。土壤低硒是硒缺乏症的根本原因,低硒饲料是致病的直接原因,水土食物链则是基本途径。用含硒低于 0.04 mg/kg 的饲料喂动物即可引起发病和死亡。同时土壤或体内的锌、银、铜、铝、锡、汞、铅,砷、铁等都是硒的拮抗元素,日粮中添加过量也可诱发本病。

(2)维生素 E 缺乏　青绿饲料和各种植物的胚乳中含有丰富的维生素 E,但若收割、加工、贮存不当(如暴晒、烘烤、霉变、水浸等),可遭受大量破坏。如果饲料中含有大量酸败脂肪,可引起脂质过氧化反应,促进维生素 E 氧化,导致饲料中维生素 E 大量消耗。维生素 E 也是抗氧化剂,具有保护细胞膜免受过氧化物的损害,其作用是抑制过氧化物的产生。

(3)含硫氨基酸缺乏　含硫氨基酸是合成谷胱甘肽过氧化物酶的组分,缺乏时可导致谷胱甘肽过氧化物酶的活性降低。

【症状】

白肌病多发生于育成动物,仔鹿、幼兔、幼猫、幼犬、育成貉、貂和狐等都可发生。

(1)鹿　先天型病例,常侵害心肌,出生后 3～4 d 多发生死亡。后发型的仔鹿表现运动不灵活,弓背,喜卧,呼吸困难,严重心肌损害者,可突然死亡。慢性病例有时出现顽固性腹泻。

(2)貉　多发生于育成期。急性型病例发病急、病程短、病死率高(5%～8%),且多突然死亡,或在驱赶、奔跑、蹦跳中死亡。少数仅表现拒食、共济失调、后肢强拘等前驱症状。

非急性型病貉,病初食欲减退,行走时跄踉或跛行。继而卧地不动,起立时有痛苦感,站立不稳,严重时表现爬行,心率增加、有杂音和节律不齐,有的出现呼吸困难。病程 2～4 周不等,如能及时治疗,可减少死亡。母兽可出现配种期拖延、不孕和空怀数增加,严重时能够引起流产。公兽精子数量减少、活力下降,利用率降低。

(3)貂　除表现黄脂病的症状外,尚出现步态强拘,血浆谷丙转氨酶活力显著增高,以及繁殖机能障碍。

(4)狐　突然死亡,口腔黏膜苍白,似严重贫血状,鼻镜湿润,被毛蓬松缺乏光泽,身体潮湿,似泼水样。

白肌病患病动物血清的碱性磷酸酶活力降低,乳酸脱氢酶、谷草转氨酶、肌酸磷酸激酶活力增高,有的病例肌红蛋白含量增高,通常将肌酸尿和肌红蛋白尿作为肌肉损害的指征。

【病理变化】

以渗出性素质、肌组织的变质性病变(变性、坏死、出血)、肝营养不良、胰腺体积小及外分泌部分的变性坏死、淋巴器官发育受阻及淋巴组织变性、坏死为基本特征。患病骨骼肌色淡,呈鱼肉状或煮肉状;心肌扩张、变薄,呈虎斑心;肝脏肿大,呈现槟榔肝状。

【诊断】

根据流行病学(幼龄,群发性)、临床症状(运动障碍,心脏衰竭)及特征性病理变化(骨骼肌、心肌、肝脏、胃肠道、生殖器官见有典型的营养不良病变),可以确诊。必要时进行维生素 E 和硒的检测。

【治疗】

首先要改善饲养管理,补充维生素 E 和硒,并防止继发感染。给患病动物肌内注射 0.1% 亚硒酸钠液 1～2 mL 和维生素 E 注射液 2 mL,间隔 3 d,持续 5 次,能获得良好的疗效。

【预防】

在缺硒地区,日粮中应补给定量硒制剂(亚硒酸钠),硒的添加剂量为每千克体重 0.1～0.3 mg。在日粮中应有足量的青绿饲料,北方的冬季可补给优质青干草、麦芽等,以满足动物对维生素 E 的需要。同时,应根据需要使用微量元素添加剂,以避免生物拮抗作用。

四、维生素 C 缺乏症

维生素 C 亦称抗坏血酸(ascorbic acid),维生素 C 缺乏症(vitamin C deficiency)又称红爪病,主要是由于体内维生素 C 缺乏或不足所引起的一种以皮肤、内脏器官出血,贫血,齿龈溃疡,坏死和关节肿胀为主要特征的营养代谢病。维生素 C 对经济动物来说是必需的,多数动物能在体内合成维生素 C 而很少发生缺乏,然而在少数毛皮动物时有发生,特别是新生仔兽表现出特殊的症状,称为“红爪病”。

【病因】

日粮中维生素 C 含量不足或加工、保存不当导致维生素 C 破坏;母兽乳汁中维生素 C 含量不足,加上仔兽合成维生素 C 的能力很低,所以很容易引起仔兽发病;罹患胃肠道、肝脏疾病,使维生素 C 合成、吸收、利用受阻,或罹患肺炎、慢性传染病或中毒病,体内维生素大量消耗,引起相对缺乏。

【症状】

本病多发生在动物初生阶段,且多为群体发病。发病初期,仔兽四肢水肿,关节变粗,趾垫肿胀。随后,病兽脚趾部出现疱疹状病灶,潮红水肿,甚至蔓延至腹部、臀部、肩胛部,继而破溃成糜烂的溃疡面,严重时烂掉趾爪、尾尖。病兽发育不良,贫血,不能吸吮母乳,发育缓慢,不时发出尖锐的叫声,不间断地向前乱爬,头向后仰,呈打呵欠状。母兽因乳房膨胀,乳腺硬结,情绪不安,常在笼内拖拉仔兽,甚至将仔兽咬死。机体抵抗力低下,易继发感染肺炎、胃肠炎和一些传染病。

患病母兽乳内维生素 C 含量由正常的 7.0～8.7 mg/L 降低到 1.0～4.8 mg/L,病仔兽器官内维生素 C 含量明显降低。

【病理变化】

胸、腹和肩胛部有水肿和黄疸。皮肤、黏膜、肌肉、内脏器官出血，齿龈出血、肿胀、溃疡、坏死。

【诊断】

本病一般可根据饲养管理情况、临床症状（出血性素质）、病理解剖学变化（皮肤、黏膜、肌肉、内脏器官出血，齿龈肿胀、溃疡、坏死）以及实验室化验（血、尿、乳中维生素 C 含量低下）结果，进行综合分析，建立诊断。

【鉴别诊断】

（1）肢体肿痛　应与蜂窝组织炎、深部脓肿、化脓性关节炎、骨髓炎等鉴别；维生素 C 缺乏时骨膜下血肿需与肿瘤鉴别。

（2）肋串珠状　维生素 C 缺乏仔兽的肋软骨串珠呈尖刺状，而佝偻病的肋串珠呈圆钝形。

（3）出血症状　应与其他出血性疾病，如过敏性紫癜、血小板减少性紫癜、白血病、败血型传染病等鉴别。

【治疗】

动物发病时应查出病因，加强饲养管理，并调整日粮组成，同时口服 3%～5%维生素 C 溶液，每次 1 mL，1 日 2 次，持续到水肿消失。应当注意维生素 C 溶液当天用完。同时对病母兽用维生素 C 治疗。

【预防】

必须保证毛皮动物母兽的全价营养，日粮内的青绿饲料是不可缺少的，特别注意维生素 A、维生素 B_1、维生素 B_2、生物素和维生素 C 的供应。产仔期的最初阶段，如发现有本病发生，应对尚未分娩的母兽采取紧急补救措施，在其日粮中增加维生素 C 的含量。饲喂冻存 3 个月以上的动物性饲料时，维生素 C 的补加量应适当增加。

五、维生素 B_1 缺乏症

维生素 B_1 又称硫胺素，维生素 B_1 缺乏症（vitamin B_1 deficiency）是由于体内硫胺素缺乏或不足所引起的一种以神经机能障碍为主要特征的营养代谢病，多见于貂、狐、猫、犬、貉等经济动物。其特征是食欲消失、被毛粗乱、弓背、共济失调、痉挛和麻痹。

【病因】

（1）原发性缺乏　主要由于长期饲喂缺乏维生素 B_1 的饲料，如长期日粮配比或调制不合理、谷物类饲料不足以及饲料蒸煮时间过长等。

（2）条件性缺乏　体内存有妨碍或破坏硫胺素合成、阻碍其吸收和利用的因素。生鱼（特别是生的淡水鱼）和软体动物含有的硫胺素酶能破坏饲料中的硫胺素，长期饲喂时可破坏饲料中的维生素 B_1；饲料不新鲜、腐败变质或含有较多的不饱和脂肪酸，破坏饲料中的维生素 B_1；动物罹患慢性胃肠病、长期腹泻或患有高热等消耗性疾病时，维生素 B_1 吸收减少而消耗增多；长期大量应用能抑制体内细菌合成维生素 B_1 的药物，如抗生素等。

【症状】

动物缺乏维生素 B_1 时一般经过 20～40 d 方能表现出症状，最初动物食欲减退、消失，随后表现步态不稳、抽搐、在数天内衰竭死亡。血液和尿液中硫胺素含量明显降低，血液中丙酮酸含量增高。

(1)幼鹿　脑神经损伤明显，主要表现为无目的奔跑，圆圈运动，共济失调，站立不稳，倒地抽搐。严重时呈强直性痉挛，最终昏迷死亡。

(2)貂　食欲和体重下降，弓背，被毛粗乱，步态失调，濒死前痉挛和麻痹。母貂发生胎儿吸收，死胎，产仔率下降40%～50%，妊娠后期死亡率明显增高。

(3)貉　引起多发性神经炎，表现厌食乃至食欲消失，被毛松乱，步态蹒跚，卷缩，有的下痢。继而出现痉挛、角弓反张、后躯麻痹等神经症状。妊娠貉胚胎吸收，死胎，产后母貉缺乳，仔貉生活力弱、病死率增加。

(4)狐　多发性神经炎，表现厌食乃至食欲消失，被毛粗乱，步态失调，心脏机能障碍。妊娠后期的母狐死亡率增高，可达20%～30%。

【病理变化】

新生仔兽脑出血水肿。妊娠母兽常发现木乃伊化胚胎。肝脏脂肪变性，呈土黄色，质脆。心脏扩张，心肌弛缓，表面有出血点。脑膜有散在的对称性出血点。肌肉萎缩。

【诊断】

根据大批动物食欲丧失，运动时共济失调及其他神经症状和病理解剖学变化可做出初步诊断，确诊需进行血液和尿液检查，即维生素 B_1 缺乏时血液中丙酮酸和乳酸含量增高，尿液和血液中维生素 B_1 含量降低。

【鉴别诊断】

多发性神经炎出现的共济失调、抽搐等症状要与伪狂犬病、乙型脑炎、脊髓灰质炎等相鉴别。

【治疗】

治疗一般用维生素 B_1 制剂，貂每日口服1～2 mg，狐2～3 mg，貉5～10 mg，持续10～15 d。重症病例可肌内注射维生素 B_1，貂肌内注射0.25 mg，狐0.5 mg，同时配合应用其他B族维生素可增强疗效。为了控制继发感染，也可考虑应用抗菌药物进行辅助治疗。

【预防】

首先应保持饲料新鲜、质优、价全，禁喂腐败变质、长期贮存的饲料；调制要科学，避免长时间蒸煮、烘烤，食肉类动物应有一定比例的谷物类和青绿类饲料，应按不同生物学时期的生理需要制订饲料配方，力求满足维生素 B_1 的需要量；淡水鱼和软体动物应煮熟后饲喂，并添加维生素 B_1，貂每天0.2 mg，狐0.4 mg。啤酒酵母是食肉类经济动物维生素 B_1 的主要来源，应经常补给。

六、维生素 B_2 缺乏症

维生素 B_2 缺乏症(vitamin B_2 deficiency)亦称核黄素缺乏症，是由于体内核黄素缺乏或不足所引起的一种以生长缓慢、皮炎、被毛脱色、胃肠及眼的损害为主要特征的营养代谢病。维生素 B_2 为食肉类经济动物维持健康的必需维生素之一。

【病因】

通常发生于长期饲喂维生素 B_2 贫乏的日粮，如谷物饲料；饲料配合不当或加工保存不当(过度煮熟以及用碱处理、动物性饲料发生酸败等)也是造成维生素 B_2 缺乏病的主要原因；仔兽饲喂核黄素含量不足的母乳也易发病；此外，动物患胃肠、肝、胰疾病，维生素 B_2 的吸收、转化、利用发生障碍；长期、大量地使用抗生素或其他抑菌药物，造成维生素 B_2 内源性生物合成受阻；妊娠或哺乳母兽，体内代谢过于旺盛或幼龄动物生长发育过于快速，维生素 B_2 的消耗增多，需要量增加；高脂肪和低蛋白质饲料以及环境温度过低可增加维生素 B_2 的消耗量等也可诱发维生素 B_2 缺乏症。

【症状】

患病动物初期一般呈现精神不振、食欲减退、仔兽生长发育缓慢、体重低下。皮肤发痒、脱屑、发炎，被毛粗糙，局部脱毛乃至秃毛，被毛脱色。眼睛流泪，结膜、角膜发炎，严重时出现晶状体浑浊，口唇发炎。随后出现神经机能障碍，表现步态不稳、痉挛、后肢不全，麻痹甚至昏迷，消化不良、呕吐、腹泻、心脏衰弱，最后死亡。母兽性周期紊乱，空怀，或产畸形胎儿。

【诊断】

主要是根据饲养管理情况、临床症状（皮肤病变，角膜炎、晶状体浑浊，神经症状）进行诊断。同时治疗性试验可验证诊断。

【鉴别诊断】

应与湿疹、神经性皮炎、剥脱性唇炎及脂溢性皮炎鉴别。维生素 B_2 缺乏症临床以阴囊炎、舌炎、唇炎、口角炎及脂溢性皮炎样损害为特征。

【治疗】

动物发病时，在改善饲养管理的基础上用维生素 B_2 制剂予以治疗，每只貂每天肌内注射维生素 B_2 注射液 0.5～1.0 mg，每只狐每天肌内注射维生素 B_2 注射液 1.5～2.0 mg，连用 7～10 d。

【预防】

为预防本病，平时应注意日粮营养成分的全价性，供给富含维生素 B_2 的饲料，必要时可补给复合维生素 B 饲料添加剂。要注意饲料的加工和保存方法，饲料不能用碱处理、过度蒸煮，防止饲料腐败。应按不同生物学时期的生理需要制订饲料配方，力求满足维生素 B_2 的需要量，对妊娠和哺乳母兽每 100 kcal（1 kcal＝4.184 kJ）日粮中补给维生素 B_2 2.5 mg 才能满足需要。

七、维生素 B_6 缺乏症

维生素 B_6 缺乏症（vitamin B_6 deficiency）是由于缺乏维生素 B_6 时常伴有其他水溶性维生素（尤其是 B 族维生素）的缺乏，以皮炎、舌炎、唇炎和口腔炎、食欲下降、骨短粗和神经症状为特征的营养代谢病。维生素 B_6 又称吡哆醇，是特种珍禽体内的重要辅酶，禽类自身不能合成，必须从饲料中摄取。

【病因】

维生素 B_6 是多种酶所必需的，尤其是参与氨基酸的转氨作用和脱羧作用的酶类，色氨酸的代谢中的关键酶需要维生素 B_6 作为辅助因子，维生素 B_6 缺乏时则使整个代谢途径受到限制。维生素 B_6 在生物组织内以吡哆醇、吡哆醛和吡哆胺 3 种形式存在，在体内吡哆醛与吡哆胺可互相转化，鹿、貂、貉、狐等动物肠道内细菌可合成一部分维生素 B_6，所以一般不会发生维生素 B_6 缺乏。引起缺乏的原因有需要量增加、生物利用或代谢受干扰，如怀孕、高温环境等。本病多在狐繁殖期发生，当维生素 B_6 不足时，公狐出现无精子，而母狐引起空怀或胎儿死亡，仔狐生长发育迟缓。据报道，禽类饲喂高水平蛋白质（31％）可导致维生素 B_6 缺乏；而健康公狐尿结石与维生素 B_6 缺乏有关。

【症状】

（1）珍禽　维生素 B_6 缺乏的雏禽表现为食欲下降、生长发育不良、骨短粗和特征性的神经症状，行走时趾部呈现急反射运动，患禽痉挛，还经常有痉挛性抽搐，直到死亡为止。雏禽抽搐时会无目的乱跑，拍打翅膀并侧身倒地或完全仰翻在地，同时腿和头快速抽搐。成年珍禽，缺乏维生素 B_6 能使产蛋率显著下降，孵化率降低，耗料量减少，体重减轻，乃至死亡。

(2)狐　患狐食欲减退，上皮细胞角化，发生棘皮症者后肢出现麻痹，小细胞性低色素性贫血。妊娠母狐空怀率增高，产出的仔狐死亡率增高。公狐性机能消失，无性行为或性反射，无精子。公狐睾丸明显缩小，睾丸内变性，检查无精子。仔狐表现生长发育迟缓。

(3)犬　幼犬眼睑、鼻、口唇周围、耳根后部、面部等易发生瘙痒性红斑样皮炎或脂溢性皮炎，有的口腔、舌和口角发炎。痉挛发作、消瘦、贫血。

【诊断】

根据病史、临床症状可初步诊断。实验室检查血浆、血红细胞或尿中维生素 B_6 水平及其代谢产物(4-吡哆酸)可确诊。

【鉴别诊断】

珍禽发生维生素 B_6 缺乏症，与脑软化症(维生素 E 缺乏)的区别在于患病雏禽发作时运动更为激烈，并且常导致完全衰竭而死亡。

【治疗】

及时用维生素 B_6 制剂进行治疗。珍禽饲料中补充维生素 B_6，按每千克饲料 10～20 mg，即可治愈。仔狐发情期用 1.2 mg，每日 1 次，被毛生长周期用 0.9 mg 可拌在饲料中给予。对于痉挛严重的犬，可肌内注射盐酸吡哆醇 10～30 mg，之后每日口服 2～3 次，每次 1～5 mg，连用 10 d。

【预防】

珍禽在饲喂高蛋白质饲粮时，应注意添加维生素 B_6。仔狐日粮中维生素 B_6 的量 100 g 干物质中不少于 0.9 mg，或每 418 kJ 饲料中 0.25 g。

八、维生素 B_{12} 缺乏症

维生素 B_{12} 缺乏症(vitamin B_{12} deficiency)是一种由于维生素 B_{12} 摄入不足或者吸收障碍引起的以巨幼细胞性贫血和神经损伤为主的营养代谢病。本病起病隐匿，但严重情况下可导致中枢神经系统不可逆性损伤。维生素 B_{12} 是唯一含有金属元素钴的维生素，所以又称为钴胺素。它是动物体内代谢的必需营养物质，缺乏后则引起营养代谢紊乱、贫血等病症。

【病因】

维生素 B_{12} 参与机体蛋白质代谢活动，调节造血功能，保护肝脏。其摄入不足时蛋白质积累不足，生长受阻。骨髓中造血的正常过程被破坏，发生贫血。肝功能和消化功能障碍。维生素 B_{12} 主要存在于肉、蛋、奶类食品中，食用酵母中含量尤为丰富。仔兽缺乏动物性饲料，可造成缺乏症发生。饲料中缺乏维生素 B_{12}，成年狐经 36 周，幼狐经 15 周便出现缺乏症。除供给量不足可引起维生素 B_{12} 缺乏症外，在某些缺钴地区，植物中缺乏维生素 B_{12}，胃肠道微生物也因缺钴而不能合成维生素 B_{12}；患有胃炎，胃幽门部形成的氨基多肽酶分泌不足，未能促使维生素 B_{12} 进入黏膜的细胞以被吸收；由于维生素 B_{12} 仅在回肠中被吸收，当局限性回肠炎、肠炎时，也可造成维生素 B_{12} 吸收不良。

饲料中过量的蛋白质能增加机体对维生素 B_{12} 的需要量，还需看饲料中胆碱、蛋氨酸、泛酸和叶酸水平以及体内维生素 C 的代谢作用而定。

维生素 B_{12}参与碳基酶的代谢，是生物合成核酸和蛋白质的必需因素，它促进红细胞的发育和成熟。这与叶酸的作用是互相关联的。当体内维生素 B_{12}缺乏时，引起脱氧核糖核酸合成异常，从而出现巨幼红细胞性贫血；动物离体和活体试验都证明，维生素 B_{12}有促进蛋白质合成的能力。当动物缺乏维生素 B_{12}时，血浆蛋白含量下降，肝脏中的脱氢酶、细胞色素氧化酶、转甲基酶、核糖核酸酶等酶的活性也减弱。维生素 B_{12}又是胆碱合成中不可缺少的，而胆碱是磷脂构成成分，磷脂在肝脏参与脂蛋白的生成和脂肪的运出中起重要作用。维生素 B_{12}还是甲基丙二酰辅酶 A 异构酶的辅酶，在糖和丙酸代谢中起重要作用。

【症状】

各种动物均可出现维生素 B_{12}缺乏症，临床易表现为食欲不振、消化不良，唇、舌及牙龈发白，牙龈出血，恶性贫血，舌、口腔及消化道黏膜发炎，仔兽嗜睡。

（1）珍禽　发育缓慢、贫血，成禽产蛋量下降等。若同时饲料中缺少作为甲基来源的胆碱、蛋氨酸则可能出现骨短粗病。这时增加维生素 B_{12}可预防骨短粗病，因为维生素 B_{12}对甲基的合成起作用。成年母禽维生素 B_{12}缺乏时，其蛋内维生素 B_{12}则不足，于是蛋被孵化到第16～18天时就可出现胚胎死亡率的高峰。

（2）狐　表现为血液生成机能障碍性贫血，可视黏膜苍白，食欲废绝，消瘦，衰弱。如在妊娠期发生，仔狐死亡率高，母狐食仔现象增加。

（3）犬　维生素 B_{12}缺乏时，临床上主要表现为恶性贫血，肝功能和消化功能障碍。患病犬长期食欲不振，异嗜，生长停滞，营养不良，肌肉萎缩，心跳、呼吸次数增加，可视黏膜苍白，喜卧懒动，运动不协调，抗病能力下降，皮炎等。

【病理变化】

特征性的病变是禽胚生长缓慢，体型缩小，皮肤呈弥漫性水肿，肌肉萎缩，心脏扩大并形态异常，甲状腺肿大，肝脏脂肪变性，卵黄囊、心脏和肺脏等胚胎内脏均有广泛出血。有的还呈现骨短粗病等病理变化。狐实质器官萎缩、变小，肝脾边缘变薄，肝脂肪变性。犬、水貂肝脏脂肪变性。

【诊断】

根据维生素 B_{12}缺乏史、临床表现和实验室检查而确诊。血清维生素 B_{12}水平低于正常水平可诊断为维生素 B_{12}缺乏。尿中维生素 B_{12}排泄量减少。血象和骨髓象提示大细胞正色素性贫血。

血浆中的同型半胱氨酸和甲基丙二酸水平在诊断维生素 B_{12}缺乏症时较为重要。若患病动物已有神经系统症状，可测量脑脊液中维生素 B_{12}的水平，但一般在常规血清学检查未发现时使用。

【治疗】

当患有贫血或肝脏中毒性营养不良时，治疗量为每千克体重 10～15 μg，每隔 1 昼夜供应一次，直到病情改善。供给维生素 B_{12}以皮下或肌内注射效果最好，口服效果不良，因为肠壁不能完全吸收。

珍禽肌内注射维生素 B_{12}，每次 25～50 μg，每日或隔日 1 次。治疗神经疾患时，用量可酌增。狐、犬可用维生素 B_{12}治疗，每千克体重注射 10～15 μg，1～2 d 注射 1 次，治愈为止。

恶性贫血因子缺乏，影响维生素 B_{12}的肠道吸收，必须肌内注射给药。用药期间应注意低血钾。

【预防】

在种禽日粮中每吨加入 4 mg 维生素 B_{12}，可使其蛋保持最高的孵化率，并使孵出的雏禽体内贮备足够的维生素 B_{12}，以使出壳后数周内有预防维生素 B_{12} 缺乏的能力。研究证明，给每只母禽肌内注射 2 μg 维生素 B_{12}，可使维生素 B_{12} 缺乏的母禽所产的蛋，其孵化率在 1 周之内从 15％提高到 80％。对雏禽、生长禽群，在饲料中增补鱼粉、肉屑、肝粉和酵母等，可满足其维生素 B_{12} 的需要。同时喂给氯化钴，可增加合成维生素 B_{12} 的原料。

水貂每昼夜的需要量为 3 μg，狐、貉需要量是貂的 1 倍。饲料中维生素 B_{12} 可按标准给予，即每 418 kJ 饲料中 1.5～2.5 mg。

九、低血糖综合征

低血糖综合征(hypoglycemic syndrome)是指由多种原因引起的血糖浓度低于正常的一种临床现象。严重而长期的低血糖症可发生广泛的神经系统损害与并发症。常见的有功能性低血糖与肝源性低血糖，其次为胰岛素瘤及其他内分泌性疾病所致的低血糖症。本病临床上主要以出现神经症状为特征，常被误诊为癫痫、脑炎等，经过恰当治疗后，症状可迅速好转。早期识别本病甚为重要，可达治愈目的，延误诊断与治疗会造成永久性的神经病变而不可逆转，后果不佳。

【病因】

新生仔兽易发生低血糖症，一般多发生于出生后 1～3 d 的仔兽，由于母兽营养不足，泌乳量少，或者母兽患有各种疾病，导致仔兽吃乳不足，出现原发性低血糖症。也可继发于仔兽的某些疾病，如先天性脑震颤、脑水肿、溶血性贫血等。

成年兽常因重度营养不良或饥饿过度，或妊娠后期营养不足，而突然发生低血糖症。长期糖摄入不足或吸收不良也易引起低血糖症。

【症状】

患病动物精神委顿，四肢软弱无力，甚至卧地不起，食欲减退或废绝，呈现全身性或局部性神经症状，肌肉抽搐、共济失调，失明，癫痫样发作，体温升高达 41～42 ℃，呼吸、心跳加快，四肢发冷，多汗等。仔兽发病多出现高度沉郁，甚至昏迷，并伴有面部肌肉抽搐，血糖浓度可由正常值的 60～100 mg/dL 下降到 30 mg/dL。

【病理变化】

珍禽胸腺萎缩有出血点；胸腺、胰腺、脾脏、肠系膜淋巴结和法氏囊萎缩有出血点。腺胃与肌胃交界处有一明显的出血带或坏死带，多呈黑褐色，偶尔有出血或溃疡，有时可见邻近乳头有明显的出血。肝脏稍肿大，有针尖大灰白色坏死点。肾脏肿大，呈花斑状；输尿管内有大量尿酸盐；泄殖腔内有大量米汤样白色液体。肠黏膜水肿，小肠黏膜呈弥漫性出血，直肠呈条纹状出血。

狐、貉、貂、野猪等仔兽剖检时可见特殊的肝脏变化，肝呈橘黄色，边缘锐利，质地易脆，稍碰即破，胆囊肿大，肾呈淡土黄色，有小出血点。

低血糖若不能缓解，血糖浓度持续降低超过 6 h，可引起脑细胞发生不可逆转的形态学改变，如充血、多发性点状出血、脑组织受损等，如果不能及时做出正确的诊断和处理，可发生脑水肿、缺血性点状坏死、脑软化、休克甚至死亡。

【诊断】

根据病史、临床症状，结合血糖测定可对低血糖症进行诊断。病因学诊断需结合发病年龄、病史、原发病特点及对补糖的治疗性诊断综合分析。实验室诊断表现为血糖值降低、血浆中胰岛素浓度升高。

【鉴别诊断】

本病应与新生仔兽细菌性败血症和细菌性脑膜脑炎、病毒性脑炎、癫痫、铅中毒等引起明显惊厥的疾病进行鉴别诊断。

【治疗】

补糖。新生仔兽用10%～20%葡萄糖10～20 mL/只，并配合维生素C 1 mL和地塞米松5 mg，一次性腹腔注射，每隔4 h一次，直到可用人工哺乳或喝到母乳为止。或用高浓度葡萄糖输液，然后慢慢喂食，借此经由胃肠道吸收葡萄糖，可以缓解低血糖症。

严重低血糖时可肌内注射或皮下注射胰高血糖素1～2 mg。

低血糖症补充葡萄糖后还处于昏迷状态，可能伴有脑水肿，需静脉滴注20%甘露醇20～40 mL。

【预防】

加强管理，加强营养，给予高蛋白质、高碳水化合物的饲料。

母兽在产前1周到产后5 d，每天补充白砂糖50～100 g，溶于水后拌入饲料采食。仔兽出生后立即给予20%的葡萄糖水，口服，每头5 mL，每天4次，连喂3 d。

如仔兽患有影响哺乳和消化吸收的疾病，应在补糖的同时积极治疗原发病，还要改善饲养环境，注意保暖，减少应激等。

十、叶酸缺乏症

叶酸缺乏症(folic acid deficiency)是指由于叶酸摄入不足或吸收不良引起的以巨幼红细胞性贫血为特征的临床综合征。叶酸又称维生素B_{11}，在蛋白质代谢过程中起重要作用，与维生素C和维生素B_{12}共同参与红细胞和血红蛋白的生成。毛皮动物对叶酸需要量每100克干物质大约为50 μg。在贫血和肝脏有病的情况下，每100克干物质推荐供给0.2～0.3 mg。

【病因】

(1)摄入不足　常见于营养不良、饲料成分单一或喂养不当的仔兽。叶酸衍生物不耐热，饲料加工调制不当可使其破坏引起摄入不足。

(2)吸收障碍　影响空肠黏膜吸收的各类疾病如胃肠炎、口炎性腹泻，某些先天性疾病时的酶缺乏使小肠吸收叶酸受影响。

(3)治疗药物干扰叶酸代谢　如抗惊厥药、磺胺嘧啶可引起叶酸吸收障碍。口服异烟肼、乙胺嘧啶、环丝氨酸等药物可影响叶酸的吸收和代谢。乙醇也影响叶酸代谢。

(4)需要量增加引起相对缺乏　妊娠初期，叶酸需要量可增加5～10倍。此外，哺乳母兽、仔兽感染、发热、甲状腺功能亢进、白血病、溶血性贫血、恶性肿瘤时叶酸需要量也增高，若不增加叶酸的摄入量则引起缺乏。

【症状】

水貂易发生叶酸缺乏症，表现为体重减轻，消化紊乱和贫血。被毛变稀疏，颜色变浅，易患出血性胃肠炎。

雏珍禽表现为生长停滞，贫血，颈部肌肉麻痹，导致头颈下垂、前伸。成年禽缺乏叶酸，易造成产蛋率下降，种蛋孵化后期会因破壳困难而死亡。

【诊断】

根据临床表现及实验室检查，即可确诊。

【治疗】

每千克日粮中添加 5～10 mg 叶酸进行治疗，也可肌内注射 50～100 μg 叶酸制剂，连用 7 d。或口服，视病情确定治疗时间和剂量。

【预防】

注意供给全价营养日粮，在饲料中搭配一定量的富含叶酸的原料，如胡麻饼、肝脏粉、苜蓿草粉、棉籽粕等，选用含有叶酸的多种维生素。

狐的肠道微生物可以合成一定数量的叶酸，但在日粮中长期补充不足，或供给抗生素和磺胺药物时，也可以出现叶酸缺乏症状。母兽在怀孕期为了合成蛋白质而提高对叶酸的需要量，这个时期要特别注意供给叶酸。当患贫血症时叶酸作为药品供给动物，可以产生很好的效果；叶酸配合维生素 B_{12} 和维生素 C 效果更好。

十一、鹿铜缺乏症

鹿铜缺乏症(copper deficiency)是由于饲料中缺铜或虽然铜供给充足但因其拮抗因子使铜吸收利用障碍所引起的临床上以贫血、骨关节异常、被毛受损和共济失调为特征的营养代谢病。铜缺乏症是一种慢性地方性疾病，往往成群发生或呈现地方性流行。鹿铜缺乏时，机体多种含铜酶活性降低，导致种种代谢障碍，发生运动失调的进行性瘫痪，即所谓晃腰病。

【病因】

饲料中缺乏铜元素，或饲料中拮抗因子使铜吸收利用不良引起铜缺乏症的发生。

【症状】

病鹿精神沉郁，消瘦，被毛粗乱，眼睛周围形成明显的白眼圈。经常卧地，随群奔跑时落后，后躯明显运动失调，有的跌倒呈犬坐姿势。关节变形，两后肢间距变小，表现为运动不稳，后躯摇摆现象，有时向一侧摔倒，造成外伤。重者后躯瘫痪，长期卧地，形成褥疮，最终死亡。有的鹿后期出现抽搐等神经症状。食欲、体温、呼吸基本正常，心跳快，心律不齐。

【病理变化】

对重症鹿进行屠宰剖检，发现病鹿血液稀薄，凝固不良。鹿体消瘦，皮下无脂肪沉积。大脑组织出现不同程度的水肿、软化，颅腔内有淡黄色液体。心冠脂肪有散在点状出血。倒卧侧肺脏有部分瘀血。肝脏色彩不均，稍肿，较脆。脾脏肿大。肾脏被膜易剥离，切面血管扩张，肾盂内有黄色胶冻样物和少量黄色液体。肠壁变薄。跗关节面有类似“虫蚀样”痕迹，关节液黏稠。

【诊断】

根据临床症状，结合血液学检查(外周静脉血红细胞数和血红蛋白含量减少，血清铜蓝蛋白氧化酶活性降低)、血清和被毛中微量元素铜含量降低即可诊断。

【治疗】

重症成年鹿给予硫酸铜 1 g，小病鹿给予 0.5 g，混于饲料中每周 1 次，连用 4 周。1 个月后再给予 1 次。经治疗，病鹿症状明显得到改善。

【预防】

改善鹿群的饲养环境，减少应激，避免鹿群被惊扰。饲喂全价配合饲料，停喂干玉米秸秆，改喂优质青干苜蓿，加强鹿群营养。应用 10 g/L 硫酸铜溶液饮水，每间隔 10～15 d 给予 1 次。

十二、狐、水貂酮体症

狐、水貂酮体症(fox and mink ketosis)是指由于饲料中糖和产糖物质不足以及脂肪代谢障碍使得血液中糖含量减少而酮体(β-羟丁酸、乙酰乙酸、丙酮酸)含量异常增多，导致消化功能障碍和神经症状的一种营养代谢病。

【病因】

本病的发生表现为幼龄动物重于成年动物，食欲旺盛的个体病情大多较重，蓝狐具有病情重于银黑狐、发病率高于银黑狐的特点。其主要发病原因如下。

(1)与饲料及饲养管理有关　在幼龄动物生长发育旺盛期，为满足其快速生长发育的需要，饲养上通常采用高脂肪、中等蛋白质和低碳水化合物类型的饲料，造成了动物代谢失调。由于碳水化合物水平过低，动物体单独依靠碳水化合物已不能满足其对能量的需要，需要一定的脂肪和蛋白质提供能量。然而，脂肪和蛋白质在体内分解代谢，会产生大量的β-羟丁酸、乙酰乙酸、丙酮酸等中间产物——酮体，酮体的产生与酮体的转化利用失去平衡，严重时便可引发酮体症。在饲料配比不科学的情况下，饮水不足可诱发和加重酮体症的病情。

(2)发病有季节性　酮体症多在天气较为炎热的季节发生。狐和水貂都是毛皮动物，皮肤汗腺不发达，十分怕热。该季节天气炎热，体内水分损失较大，因而，特别容易在其他因素协同作用下促进酮体症的发生。夏季遮阳效果较差，通风不良的养殖场更容易发生。其他季节则较少发生。

(3)维生素 B_1 缺乏　维生素 B_1 为羧化辅酶成分之一，羧化辅酶能使组织内代谢的中间产物丙酮酸脱羧解毒，因而，在维生素 B_1 缺乏的情况下羧化辅酶的合成就会受到影响，脑组织和血液中的丙酮酸会大量蓄积发生酮体症。在动物的饲养中，饲喂未经熟制处理的淡水鱼时，其体内的硫胺素酶及饲料的氧化酸败都会大量的破坏维生素 B_1，导致酮体在兽体内的蓄积。

【症状】

(1)狐　病狐食欲下降或废绝，鼻镜干燥，精神沉郁，活动减少；大多病兽体温、呼吸、心跳均基本正常；尿液呈酸性。本病发病过程一般较长，往往大群发病，且很少出现突然病死现象，一个狐群发病不波及邻近狐场。

(2)水貂　大部分病貂病初食欲下降或废绝，精神沉郁，此后开始衰弱，步态摇晃，盲目行走，很快四肢间歇性抽搐和痉挛，1 d 左右死亡，病貂死前偏瘦。

【病理变化】

(1)狐　头、颈、胸、腹皮下脂肪黄染水肿，有的皮下有出血点，皮下脂肪变硬，呈黄褐色，脂肪细胞坏死，脂肪细胞间有大量黄褐色物质，具有蜡样物质，腹股沟两侧脂肪尤为严重。淋巴结肿大，胸腹腔有黄红色的渗出液。肠系膜及脏器沉积黄褐色脂肪，肝脏肿大，略呈土黄色，质地略脆弱，呈脂肪肝状，肾肿大黄染。有的胃肠黏膜肿胀出血，内容物呈红色或黑色，直肠处有煤焦油状稀便。有的膀胱内充满深色的尿液，尸体消瘦，皮下组织干燥，但黄染不明显。

(2)水貂　肝脏质脆，表面红黄相间，呈花斑状；肺脏尖叶和心叶淤血；脾脏肿大，淤血，边缘梗死；肾脏肿大，皮质以及肾乳头出血，皮质和髓质的交界模糊不清；肠系膜淋巴结肿大；出血；胃黏膜大面积出血，溃疡；膀胱积尿。

【诊断】

根据病因、发病特点和临床症状可做出初步诊断。检查血糖和血清酮含量，出现低血糖、高血酮现象即可准确诊断。

【治疗】

对病情严重的病兽，为减少脂肪分解产生更多酮体和促进酮体排出，静脉输入 20%葡萄糖；为确保羧化辅酶的正常合成，促进酮体转化，输液时每日加入维生素 B_1 0.5 mg；为纠正酸碱平衡，静脉注射 3%碳酸氢钠注射液；为防止继发感染，可在输液时加入抗生素类药物。发病狐群应普遍采取饲料疗法，进行饲料调整，加大饮水量。

饲料疗法：减少动物性饲料比例，特别要减少富含脂肪的饲料比例，加大富含碳水化合物的谷物类饲料比例和蔬菜在日粮中的配比。在饲料中加入适量的白糖，有利于迅速提高兽体血糖水平，减少酮体产生。每日在饲料中加入维生素 B_1 2～3 mg，可提高动物体的脱羧解毒能力。经 7～15 d 的调整，待狐群恢复正常后，便可恢复正常饲养。

【预防】

在幼龄动物的生长旺盛期，应采用高脂肪、中等蛋白质和低碳水化合物类型饲料饲养。在处理三大营养关系时，要以蛋白质为核心，首先确定蛋白质的给量处于一年中中等水平（冬毛生长期最高），然后再在三大营养关系列表中选择相应的脂肪和碳水化合物水平，并在浮动范围内，脂肪选择上限，而碳水化合物选择较低的水平。

千万不能错误地选择不同时期脂肪水平的最高水平，造成脂肪水平过高，也不能选择不同时期碳水化合物的最低水平，造成碳水化合物水平过低，否则会因营养供应失调而导致兽体营养代谢失调，从而引发酮体症。

狐和水貂是肉食动物，饲料中要注重蔬菜及各种维生素添加剂的添加，以满足不同时期兽体对维生素的需要及促进消化道的正常蠕动。为使兽体保持正常代谢，预防酮体症的发生，日粮中应添加维生素 B_1 0.4 mg，蓝狐还要加大供给量。

在炎热的季节应让兽群自由饮水，早饲应适当提前，晚饲要适当后延，中午补饲要快，以减少饲料的氧化酸败；以淡水鱼养狐和水貂，要注意熟喂。注意养兽场的通风，在地面上经常洒水降温，避免兽体受到阳光直射。

十三、禽痛风

禽痛风（avian gout）是由蛋白质代谢障碍或肾脏受损导致尿酸盐在体内蓄积的一种营养代谢病。临床上以行动迟缓、腿与翅关节肿大、厌食、跛行、衰弱和腹泻为特征。禽痛风遍布于世界各地，为家禽常见、多发病之一，火鸡、鸽、鹌鹑、鹤类、鹈鹕等珍禽痛风病也有发生，具有很高的发病率和死亡率。

【病因】

禽痛风可分为关节型痛风（articular gout）和内脏型痛风（visceral gout）两种。珍禽痛风是由多因素引起的营养代谢障碍性疾病，现仍不断有新的病因被发现和证实。据文献统计，病因有数十种之多，而且这两种类型痛风的发病因素也有一定的差异，现归纳如下。

1. 高蛋白质饲料含量过高，使尿酸盐生成过多

饲料中蛋白质含量过高，特别是大量饲喂富含核蛋白和嘌呤碱的蛋白质饲料，可产生过多尿酸。这类饲料有动物内脏(肝、肠、脑、肾、胸腺、胰腺)、肉屑、鱼粉、大豆、豌豆等。

2. 多种因素使尿酸排泄障碍

(1)传染性因素　如白痢、传染性支气管炎、传染性法氏囊炎、禽流感等出现肾脏的病变，造成尿酸排泄障碍，引起痛风的发生。

(2)中毒性因素　能引起肾脏损伤的化学毒物如重铬酸钾、镉、铊、锌、铝、丙酮、石炭酸、升汞、草酸等；化学药品中主要是长期使用磺胺类药物、氨基糖苷类抗生素等；而霉菌毒素中毒因素更显重要，如赭曲霉毒素、黄曲霉毒素、桔青霉毒素和卵孢毒素等。

(3)饲养管理性因素　高钙日粮是造成痛风的重要原因之一。禽日粮中长期缺乏维生素A，也能导致肾小管和输尿管上皮细胞代谢障碍，造成尿酸排出受阻。其次钠钾比例失调可诱发痛风和尿石症。一些其他维生素缺乏或过量，如维生素 D 和维生素 A 过多，泛酸、生物素、胆碱等缺乏都可直接或间接导致肾脏疾病，引起痛风。家禽水供应不足或食盐过多，造成尿液浓缩，尿量下降，也被认为是内脏型痛风常见的病因之一。禽舍环境过冷或过热、通风不良、卫生条件差、地面阴暗潮湿、空气污浊、鸡群密度过大、拥挤等均可引起肾脏损害，易发痛风。

【症状】

病禽食欲减退，逐渐消瘦，羽毛松乱，精神萎靡，禽冠苍白，不自主地排出白色黏液状稀粪，含有多量尿酸盐。产蛋量降低，甚至完全停产，有的可发生突然死亡。在临床上，以内脏型痛风多见，而关节型痛风较少发生。

(1)内脏型痛风　病禽的胃肠道症状明显，如腹泻，粪便白色，肛门周围羽毛上常被多量白色尿酸盐黏附，厌食，虚弱，贫血，有的突发死亡。

(2)关节型痛风　一般也呈慢性经过，病禽食欲降低，羽毛松乱，多在趾前关节、趾关节发病，也可侵害腕前、腕及肘关节，关节肿胀，初期软而痛，界限多不明显，中期肿胀部逐渐变硬，微痛，形成不能移动或稍能移动的结节，结节有豌豆或蚕豆大小。病后期，结节软化或破裂，排出灰黄色干酪样物，局部形成出血性溃疡。病禽往往呈蹲坐或独肢站立姿势，行动困难，跛行。

【病理变化】

禽尿酸产生过多或排泄障碍导致血液中尿酸含量显著升高，进而以尿酸盐沉积在关节囊、关节软骨、关节周围、胸腹腔及各种脏器表面和其他间质组织中为特征。内脏型痛风最典型的变化是内脏浆膜上(如心包膜、胸膜、肝脏、脾脏、肠系膜、气囊和腹膜表面)覆盖有一层白色的尿酸盐沉积物；关节型痛风病变较典型，在关节周围出现软性肿胀，切开肿胀处有米汤状、膏样的白色物流出。

【诊断】

根据临床症状(跛行、不自主地排出白色黏液状稀粪等)和病理剖检或镜检发现心、肾等实质器官尿酸盐沉着现象，即可确诊。

【治疗】

立即改变饲料成分比例和质量，降低饲料中蛋白质含量，控制在 20%左右；提高维生素 A 和多维素的添加量；调节饲料中钙磷比例；给予充足饮水；使用补液盐(配方：氯化钠 3.5 g、氯化钾 1.5 g、碳酸氢钠 2.5 g、葡萄糖 22 g，加 40 ℃的饮用水 1 000 mL，另加维生素 C 按每千克体重 500 mg、维生素 B_1 按每千克体重 10 mg)饮水；也可用市售的肾肿解毒类药物饮水，提高

肾脏对尿酸盐的排泄能力。

饲料中添加铵盐类可酸化尿液，从而可减少尿酸盐结晶的形成；丙磺舒主要是促进尿酸盐的排泄，可用于治疗慢性痛风，但对急性痛风无效；辛可芬可用于急、慢性痛风；另外，双氢克尿噻、碳酸氢钠、乌洛托品和地塞米松等治疗痛风都有一定的效果。

增加发病珍禽的光照和运动，有利于疾病的康复。

【预防】

由于痛风的发生大多与营养性因素有关，因此应根据珍禽的品种和不同的生长发育阶段，合理配制全价饲料。蛋白质含量要适当，注意氨基酸平衡。确保日粮中各成分的比例，特别是钙、磷的含量。病禽不宜长期应用磺胺类、链霉素和庆大霉素等药物。碳酸氢钠用量不超过0.5%，时间不超过4 d。注意防止饲料发霉变质和维生素A由于高温潮湿等因素被破坏。在特禽的管理方面应该按照特禽的不同生长阶段，确定合理的光照制度、适宜的环境温度和供给充足的饮水。保持禽舍清洁、通风，降低禽舍湿度。针对传染性因素，主要是严格遵循免疫程序，搞好环境清洁，定期消毒，减少与病原接触的机会。

十四、鹿产后血红蛋白尿

鹿产后血红蛋白尿(deer post parturient haemoglobinuria)是指鹿长期饲喂缺磷饲料造成低磷酸盐血症，以及大量饲喂十字花科植物饲料导致血液中红细胞溶解，释放出血红蛋白经肾脏排出而形成棕红色尿液，并伴有贫血、黄疸、衰弱、采食减少的一种产后代谢性疾病。

【病因】

长期饲喂低磷饲料，导致血磷降低，突然发生血管内溶血。如大量采食莲白菜、油菜、芜菁、瓢儿白菜等十字花科植物饲料，精料中又未加骨粉或磷酸氢钙，容易促进本病的发生。甜菜叶和苜蓿干草都含有皂角苷，具有溶血作用，饲喂此类饲料过多，也易促进本病发生。草地贫瘠、干旱、严冬等条件都可促进发病。本病因急性溶血，最终导致心力衰竭死亡。

【症状】

突然发生血红蛋白尿，尿色由淡红到紫红色不等，小便次数少但尿量多，并有多量泡沫。轻型经过，一般全身无明显变化。严重贫血时，可使呼吸急促，心跳加快(每分钟在100次以上)，心音亢进，并有机能性杂音，颈静脉搏动增强，黏膜苍白，后期出现黄染，消化机能减退，食欲下降，粪便干硬，有时排恶臭稀粪。病末期衰竭，走路摇晃，体温开始时可能略高，病末期低于正常体温，皮温下降，耳尖、鼻端、四肢厥冷，心率100～150次/min。幸存的病鹿约需3周才能恢复，常继发酮体症和异食现象。

【诊断】

本病特征性的症状是血红蛋白尿，结合发病原因可初步诊断。

【鉴别诊断】

注意和其他患有血红蛋白尿的疾病区别开，如溶血性梭菌引起的血红蛋白尿、钩端螺旋体病、焦虫病及菜籽饼中毒、洋葱中毒等。还要和肾脏等泌尿器官出血性炎症、尿石症引起的血尿鉴别。肾盂肾炎有血尿现象，有体温升高症状，而本病体温正常，甚至下降。膀胱尿道感染也可能出现血尿，但尿液中混有黏液及鲜血凝块和脓块，排尿时弓背，有尿频、尿少、尿痛且翘尾不收等症状，而本病无此症状。双芽巴贝斯虫病、附红细胞体病、钩端螺旋体病等，也有血尿，但体温升高，有拉稀、流产、黄疸等相关症状和病史，而本病无此症状。

【治疗】

20%磷酸二氢钠 300 mL，葡萄糖氯化钠注射液 2 000 mL，维生素 C、维生素 B_1 各 50 mL，复方生理盐水 1 000 mL，每日上、下午各一次，缓慢静脉注射，一般 2～3 d 即可痊愈。也可增加用药，20%磷酸二氢钠 300 mL，每日上、下午各一次，皮下注射，以维持药量。

【预防】

根据鹿的生理需要，应保证饲料中含有足够的磷元素（包括磷、钙及合适比例），在大量饲喂十字花科植物时，要给予适当的干草，同时补磷，加强对鹿的监护，以便早期发现病鹿。此外，应注意油菜中毒除上述的溶血性贫血、血红蛋白尿外，鹿还可能发生突然失明、肺气肿和消化紊乱等症状。

第八节　中　毒　病

一、中毒病概述

某种物质在一定条件下侵入动物机体，与机体发生相互作用，并能促使机体组织、器官发生一定的物理或化学变化，引起机体发生功能性或器质性，永久性或暂时性的病理过程，甚至造成死亡，这种物质称为毒物。由毒物引起的相应病理过程，称为中毒。由毒物引起的疾病叫中毒病。中毒病常呈群体发病，往往给经济动物养殖业造成严重的经济损失。

(一)中毒病常见病因

动物发生中毒病的原因很多，大体可分为自然因素和人为因素两个方面。

(1)自然因素　包括有毒植物和矿物引起的动物中毒病，具有明显的地方性。动物采食有毒植物或有毒植物的种子，引起中毒。由地质化学的原因引起的特定地区的土壤中某种矿物质元素的含量过高或存在有害元素，使生长地的粮食、牧草、饲料或饮水中矿物元素含量亦增高，动物采食后引起中毒。

(2)人为因素　主要由环境的污染以及劣质饲料和饮水所致。环境的污染主要分为工业污染，农药、化肥或灭鼠药的污染。动物食入大量的被污染的饲料、饲草或饮水，或误食毒饵，吸入大量有毒有害的气体而发生中毒。如工业发达的地区，水源和牧草最容易被工厂排放物污染，这些地区砷、铅、汞、氟、钼以及铜、镉等物质的含量常常会超标，采食这些地区所产饲料的动物容易中毒。动物采食喷洒过农药的种子，误食被农药污染的饲料、饮水，会造成中毒。饲料的保存、调制、使用不当以及不适当地使用药物或饲料添加剂，亦会引起动物的中毒，如霉变饲料中毒、亚硝酸盐中毒以及棉籽饼中毒等。

(二)中毒病的诊断

中毒病多具有以下特点：群体发病；地方流行；有发病急、慢之分；无传染性，且大多数毒物中毒的动物体温一般偏低或无变化，个别升高。正确的诊断可从以下几个方面进行。

1.病史调查

(1)发病情况　了解中毒病发生的时间、地点、畜种、年龄、性别、发病数、死亡数及发病后的主要症状。

(2)饲养管理　了解饲料的来源、组成及加工、贮存方法、饲喂制度、药物使用及经济动物接触外源化学物的情况等。

(3)周围环境　了解附近工厂“三废”排放情况，主要的污染物即对环境的污染状况。调查该地是否有自然环境引起的地方病。

2.临床症状及病理学检查

临床检查时尤其应注意消化和神经系统的异常表现，以及某些毒物中毒时特有的症状。

观察动物发病后的表现，如有些动物出现消化机能紊乱，呕吐、腹泻、流涎等胃肠炎症状；而有些则表现兴奋、抑制或肌肉痉挛、震颤等神经症状。病理剖检和组织学检查，对中毒病的诊断有重要的价值。常见的临床症状及诊断意义见表 4-2。

表 4-2　中毒病常见的临床症状及诊断意义

临床症状		诊断意义
皮肤黏膜	黏膜发绀	亚硝酸盐、一氧化碳、菜籽饼、马铃薯、尿素中毒
	感光过敏	荞麦、苜蓿、金丝桃、三叶草、葚孢菌素、蚜虫中毒
	黄疸	黄曲霉毒素、四氯化碳、砷、铜、磷、羽扇豆中毒
消化系统	呕吐	砷、镉、铅、汞、蓖麻籽、毒芹属、龙葵素中毒
	流涎	砷、铜、磷、氰化物、有机氯、草酸盐、氯化钠、龙葵素中毒
	口渴	铬酸盐、砷、氯化钠中毒
	腹泻	砷、镉、铅、汞、亚硝酸盐、棉酚、蓖麻籽、龙葵素中毒
	腹痛	黄曲霉毒素、铵盐、亚硝酸盐、砷、铜、铅、汞、铅酸和强碱中毒
神经系统	运动失调	黄曲霉毒素、铵盐、亚硝酸盐、砷、汞、氯化钠、四氯化碳、棉酚、蓖麻籽中毒
	肌肉震颤	有机氯、有机磷、亚硝酸盐、氯化钠(猪)、铅、磷、毒芹属、棉酚中毒
	痉挛与惊厥	氯化钠(猪)、有机氯、有机磷、有机氟、亚硝酸盐、草酸盐、串珠镰刀菌素中毒
	麻痹	有机磷、氰化物、烟碱、铜、锡、磷中毒
	昏迷	氰化物、烟碱、有机氯、有机磷、有机氟、硫化氢、龙葵素中毒
眼睛	瞳孔散大	毒芹属中毒
	瞳孔缩小	有机磷、麦角中毒
	失明	黄曲霉毒素、铅、汞、硒、麦角中毒
其他	血尿	铜、汞、甘蓝、油菜中毒
	呼吸困难	铵盐、氰化物、亚硝酸盐、硫化氢、有机磷、草酸盐中毒
	贫血	镉、铜、铅、甘蓝中毒

3.病理学检查

病理学检查包括尸体剖检和组织学检查，对中毒病的诊断具有重要价值。尸体剖检应注意以下几点。

(1)皮肤和黏膜的色泽　如亚硝酸盐中毒后可视黏膜发绀，氢氰酸中毒后黏膜为樱桃红色，羽扇豆、狗舌草、铜中毒后可引起反刍经济动物黄疸。

(2)胃肠道　主要检查消化道内残留的未消化或吸收的毒物，内容物的气味、颜色、消化道黏膜的变化。如氰化物中毒后呼出的气体和胃肠内部有苦杏仁气味，有机磷中毒后呼出的气体和胃肠内容物有大蒜臭味；铜盐将内容物染成蓝色或灰绿色，硝酸盐将内容物染成黄色，强酸强碱、重金属盐等可引起胃肠道的充血、出血、糜烂和炎症变化。

(3)血液　主要检查血液的颜色、凝固性和出血。氰化物和一氧化碳中毒血液为鲜红色，亚硝酸盐中毒血液为酱油色。砷、氰化物及亚硝酸盐中毒后血液凝固不良。草木樨、敌鼠、华法令中毒后全身广泛性出血。

(4)肝脏和肾脏　肝脏和肾脏是经济动物主要的排泄器官，在大多数中毒过程中，肝脏和肾脏均发生不同程度的病理损伤。

(5)肺和胸腔　尿素和氨中毒，呼吸道黏膜发生充血、肺脏充血和水肿。

(6)骨骼和牙齿　如慢性氟中毒引起的氟斑牙和氟骨症。

(7)某些特征性中毒症状的识别　亚硝酸盐中毒表现为可视黏膜发绀、血液颜色暗黑等症状；氢氰酸中毒血液为鲜红色，呼出的气体和胃肠内容物有苦杏仁味；草木樨中毒特征为凝血机能障碍性出血及相应的病理变化；苜蓿、荞麦、三叶草中毒皮肤出现过敏性疹块；甘薯黑斑病中毒时呼吸困难。

4. 毒物检验

用可疑饮水、饲料、胃内容物、粪、尿、血液、乳汁，内脏组织等进行毒物检查，测定是否有毒物存在。必要时整个尸体送检。采用毒物检验的方法简便、迅速、可靠，是诊断中毒病的重要手段，对中毒病的防治具有指导意义。

5. 动物试验

用可疑的物质饲喂相同或敏感的动物，观察其有无毒性，人工复制中毒病。阳性结果对确诊有重要参考意义，但阴性结果却不能排除中毒的可能。因为自然发病有许多未知因素，或者某些因素不能在动物身上复制。此外，不同个体对同一种毒物的敏感性也不一样。因此，在进行动物试验时，应尽量创造与中毒动物相同的饲喂条件，并要充分估计个体的差异性。

6. 防治试验

缺乏毒物检验条件或一时检验不出结果的，可改变放牧地点，停喂可疑饲料或饮水，观察发病动物的症状有无缓解、整体状况有无改善等。根据动物的临床表现以及可能引起中毒的毒物，分别应用一般解毒剂和特效解毒剂进行治疗，根据药物疗效来判断毒物的种类。

(三)中毒病的治疗

1. 毒物的排除

(1)除去毒源　立即停止饲喂和饮用一切可疑饲料、饮水，收集、清除甚至销毁可疑饲料、呕吐物、毒饵，清洗、消毒饲饮用具、厩舍、场地。

(2)消除消化道毒物

①催吐。催吐是迅速排出进入胃内毒物的重要方法，在摄入毒物不久、毒物尚未被吸收时效果良好，临床上主要用于犬和猫等容易发生呕吐的经济动物，多选用中枢性催吐剂，如阿扑吗啡、吐根糖浆，也可用吐酒石、硫酸铜等刺激性催吐药。本法仅在经济动物清醒时应用，否则因呕吐物进入气管可造成吸入性肺炎。摄入腐蚀性毒物者，严禁催吐，否则催吐可能引起胃出血或食道、胃穿孔。

②洗胃。洗胃是抢救消化道途径中毒的有效方法之一，一般在毒物进入消化道 4～6 h 以内者效果较好。在病因不明时，最好用清洁常温水洗胃为宜，已明确毒物性质时，可选用针对性药液洗胃。

③下泻。对不适合洗胃的动物，或者毒物已下行至肠道时，为加速毒物从胃肠道排出，应

采用轻泻药或缓泻药进行治疗。通常可采用盐类或液状石蜡等泻剂，忌用强刺激性泻剂。当毒物引起严重的腹泻时，则不能应用泻药。

④灌肠。灌肠适用于毒物已摄入消化道超过 16 h 以上，对抑制肠蠕动的毒物及重金属中毒尤为重要。灌肠可用温水、1%温肥皂水等连续多次清洗。对腐蚀性毒物，或病兽极度虚弱时，严禁灌肠。

(3)阻止和延缓消化道对毒物的吸收　对已有腹泻症状或不宜急泻的病例，在洗胃之后，或投服下泻药之前，内服吸附剂(活性炭、木炭末、白陶土、滑石粉)、保护剂(蛋清、牛奶、豆浆)或沉淀剂[鞣酸、碘化钾、依地酸钙钠(EDTACa-Na)]，以阻止毒物从肠道吸收入血。

(4)促进已吸收毒物的排出　如毒物已经通过胃肠、呼吸道或皮肤黏膜等途径吸收入血，在应用解毒药的同时，应采取措施促进毒物的排出，常用的手段有利尿(静脉注射葡萄糖溶液，同时应注意水和电解质的平衡，心脏的负荷等)、放血(体壮和中毒初期病例，静脉穿刺放血)、透析以及利用螯合剂等。

2. 特效解毒药的应用

主要是通过某些药物特异性的对抗或阻断毒物的效应。虽然特效解毒药的应用属于理想的解毒方法，但由于毒物多种多样，实际可用的特效解毒药较少。

3. 对症治疗

主要包括：预防和治疗惊厥，维持呼吸机能，维持体温，治疗休克，治疗脑水肿，维持电解质和体液平衡，预防感染。

(四)中毒病的预防

1. 加强宣传教育

宣传普及科学养殖、中毒病防治知识，提高饲养者防范饲料中毒病的意识。在某些中毒病(氟中毒、有毒植物中毒)多发的地区放牧时，应根据实际情况指导饲养者采用禁牧、轮牧、限制放牧时间或脱毒等措施进行预防。

2. 加强饲料加工、贮藏管理

注意饲料的加工与调制，防止产生有毒物质。严格控制饲料贮藏的条件，防止饲料发霉腐败。对已经被细菌或霉菌或者被有毒物质污染的饲料，必须经脱毒处理后才能使用。

3. 严格按照规范使用农药、鼠药

农药和杀鼠药要妥善保管，避免在使用过程中污染水源或饲料。严禁将喷洒过农药的植物或种子作为饲料；毒饵应置于养殖经济动物不能触及的地方，以免经济动物误食。毒死的鼠类尸体应妥善处理，避免造成肉食经济动物的二次中毒。

4. 保护生态环境

加强生态环境保护和修复，通过治理各种污染源，切实控制重金属及其他化学污染物对环境的污染，减少环境污染物通过食物链对经济动物的影响。

二、真菌毒素及饲料中毒

(一)鹿黑斑病甘薯中毒

鹿黑斑病甘薯中毒(sweet potato black rot poisoning)是指采食大量霉烂的、感染黑斑病的甘薯或甘薯叶茎，而引起的一种以极度呼吸困难、急性肺水肿及间质性肺气肿为特征，后期呈现缺氧及皮下气肿的中毒病。本病多见于甘薯产区。许多鹿场在冬、春季以甘薯作为多汁饲料喂鹿,常引起本病。

【病因】

导致甘薯霉烂的原因很多,如根腐病、黑痣病、温度和湿度变化及某些昆虫侵袭甘薯等,均可使甘薯中某些成分改变,产生可致肺脏病变的毒素或因子。黑斑病甘薯现已发现的毒素有甘薯酮、甘薯醇、甘薯宁、甘薯二醇等多种,这些毒素耐高温,甘薯煮蒸烤和制酒发酵等处理,都不易破坏毒素。鹿食用黑斑病甘薯后出现中毒。

【症状】

本病的突出症状是呼吸困难。病初精神不振,食欲减退或废绝,体温一般无变化,随病情加重病鹿出现呼吸困难,呼吸音强烈,瘤胃触诊,内容物坚硬,反刍减少或停止,发生便秘,粪球小而硬,并呈黑色,附着黏液或血液。个别病鹿出现下痢。急性型的病鹿多无前驱症状,常在几小时或 1～2 d 内窒息死亡。

【病理变化】

肺脏呈典型的间质性肺气肿变化,可见间质增宽,肿大,边缘肥厚、质脆,切面湿润,灰白色、透明清亮。间质因充气而明显分离与扩大,甚至形成中空的大气腔。重者在肺表面有若干大小不等的球状气囊。纵隔腔气肿呈气球状。皮下有明显的气肿现象。胃肠和心脏有出血斑点,胆囊和肝脏肿大,胰腺充血、出血和坏死。

【诊断】

根据群发特征、发病季节、病史、采食情况、烂甘薯现场的存在和临床症状,即可做出初步诊断。确诊可通过动物饲喂试验,用黑斑病甘薯或其乙醇、乙醚浸出物喂鹿,进行验证。

【鉴别诊断】

本病与出血性败血症相似,均表现呼吸困难,但本病体温不升高,也无败血症特征。此外,本病常与急性变态反应性肺气肿、柞树叶中毒、对硫磷中毒等相混淆,根据病史调查和实验室诊断可鉴别诊断。

【治疗】

尚无特效解毒药,多采取对症治疗。治疗原则主要是排出体内毒物,解除呼吸困难,缓解缺氧症状,提高肝脏解毒和肾脏排毒功能。

(1)解毒排毒　内服 0.1%高锰酸钾 1 000～2 000 mL,破坏消化道内的毒物。口服木炭末 50 g,以吸附毒物,过一定时间后,也可灌服植物油、液体石蜡或盐类泻剂,如用 250～300 g 硫酸镁,加微温水 2 000～3 000 mL,溶解后灌服,以加速胃肠道内毒物的排出。

(2)对症治疗　应用强心剂,然后静脉注射 5%葡萄糖生理盐水 500～1 000 mL。为提高肝肾解毒功能,可静脉注射维生素 C 和等渗葡萄糖溶液。缓解呼吸困难,可使用氧化剂,0.5%～1%过氧化氢溶液内服 500～1 000 mL,或静脉注射 5%～10%硫代硫酸钠溶液,按每千克体重 1～2 mL。

(3)中药疗法　白矾、川贝各 200 g,黄连、黄芩、白芨、贝母、葶苈子、甘草、龙胆根各 50 g,兜铃、栀子、桔梗、石苇、白芷、郁金、知母各 40 g,天花粉 30 g。共研为细末,开水冲调,待温加蜜 200 g 为引,一次灌服。灌药后,每天可投服温盐水(每升加盐 25 g)3～4 次,每次 10～15 L。用于缓解呼吸困难,排毒、解毒。待气喘缓解、肠道毒物基本排除后,用补中益气汤加喂,可补益中气,疏肝理气,健肝益脾,恢复消化机能。

【预防】

预防本病的根本措施是防止甘薯霉烂，故可采用温汤浸种法，用50 ℃的温水浸渍10 min。收获甘薯时，尽量不要擦伤其表皮。贮藏甘薯时，地窖宜干燥密闭，温度宜控制在11～15 ℃。对霉烂甘薯和病甘薯幼苗，应进行集中深埋、沤肥和火烧处理，严禁乱丢。妥善保管甘薯，避免发生霉变。禁止用霉烂甘薯喂鹿。

(二)鹿霉变饲料中毒

鹿霉变饲料中毒(moldy feed poisoning)是指动物采食发霉变质的饲料后引起的以消化系统机能障碍和神经症状为主的中毒性疾病。这类毒素可引起鹿、狐、貂等中毒。

【病因】

玉米、大麦、小麦等饲料保管不当，特别在气温高、湿度大的季节，极易发霉变质而产生霉变。迄今为止，已经有逾300种霉菌毒素被分离和鉴定出来，常见的有呕吐毒素、赭曲霉毒素、玉米赤霉烯酮、T-2毒素以及橘青霉素等。赭曲霉毒素造成动物肾脏、免疫系统及造血系统危害，消瘦，生长迟缓。玉米赤霉烯酮使动物雌激素作用亢进，发情不规则或不发情，后备母兽假发情，受胎率降低，流产、死胎。T-2毒素主要侵害动物消化道，使进食量减少，口腔、皮肤受刺激出现病灶，拒食、呕吐，共济失调。橘青霉素主要侵害动物肾脏，造成肾脏病变，进食量下降，下痢。当动物长期或一时大量食用霉变饲料时，霉菌及其产生的毒素，会引起中毒现象。我国南方气候温暖，空气潮湿，故本病尤为多见。

【症状】

鹿霉变饲料中毒的主要特征是急性胃肠炎。病程一般2～5 d，较为短促，个别较长。病鹿食欲减退或废绝，反刍停止，常有腹泻、腹痛。少数病例出现神经症状，初期兴奋，可见抽搐、震颤、角弓反张、癫痫性发作，后期沉郁，嗜睡，衰弱无力。粪便呈黄色糊状，混有大量黏液，严重者混有血液或呈煤焦油状。尿液黄色、浑浊。可视黏膜黄染。呼吸急促，心跳加快。耳后、胸前和腹侧皮肤有紫红色瘀血斑。最后因心力衰竭而死亡。多数病鹿体温无明显变化，有时体温往往偏低。急性病例临床上未见任何症状而突然死亡。妊娠鹿可发生流产或早产。

【病理变化】

主要病理变化为卡他性和出血性胃肠炎，胃肠内容物呈煤焦油状，肠内有暗红色凝血块。前胃、真胃及小肠黏膜充血、出血、溃疡、坏死。其他器官黏膜、浆膜有出血点。如肾脂肪囊黄染，有点状出血；脑及脑膜充血、出血，脑白质软化，切面有坏死灶，硬膜下腔、脑室内有淡黄色积液；肝、肺、肾等脏器瘀血；有时可见肺水肿，脾脏通常无明显的肿大。

【诊断】

根据饲喂霉变饲料的病史，并结合临床症状及病理变化等特征，可做出初步诊断。确诊需对饲料进行实验室检查及动物试验。动物试验可将可疑饲料、病理材料或霉菌培养物做初步处理后，接种于实验动物或同种动物，观察被接种动物发病、死亡及剖检变化等情况。

【治疗】

①立即停喂发霉玉米或霉败饲料，给予优质易消化饲料。

②投给盐类泻剂。如硫酸钠250 g加8倍水稀释溶解后再加上制酵剂鱼石脂10 g内服，可促进消化道内含毒饲料的排出。

③强心、补液、保肝。静脉注射10%葡萄糖生理盐水800～1 000 mL、维生素C 1 g、25%安钠咖液10～20 mL，每日2次。还可内服稀糖盐水。病鹿兴奋时，可给予溴化物、氯丙嗪等

镇静剂。乌洛托品对治疗鹿霉变饲料中毒也有良好作用。恢复期的鹿,可给予龙胆酊等健胃剂。

④中药治疗。以清肠解毒为治疗原则。芒硝 150 g,苏打 100 g,食盐 60 g,开水冲调,候温,一次灌服,幼龄动物酌减。此方用于中毒初期,在未灌服其他泻剂的情况下使用。

【预防】

禁止使用霉变严重的饲料喂鹿。轻微发霉的饲料先进行脱霉处理,反复水洗,除去霉变部分煮熟后,可用来饲喂动物。同时建立严格的饲料检查制度,使饲料免受雨淋、堆积发热,以防止霉菌生长。

(三)水貂黄曲霉毒素中毒

水貂黄曲霉毒素中毒(aflatoxicosis poisoning)是动物摄入含黄曲霉毒素(AFT)的霉变饲料而引发的中毒性疾病,以全身出血、消化机能紊乱、腹水、神经症状等为主要临床特征,以肝细胞变性、坏死、出血,胆管和肝细胞增生为主要病理变化。

【病因】

本病一年四季均可发生,但在多雨的季节和地区多发。在养殖业中使用的玉米、豆饼、花生饼及谷物饲料,贮存保管不当,在气温较高,湿度较大的环境下很容易发霉变质,霉菌在代谢过程中产生的有毒物质就是黄曲霉毒素。貂摄入被黄曲霉菌污染发霉的饲料而发病。

【症状】

临床表现与食入毒素量、时间和年龄有关。病初患貂拒食,精神萎靡。少数病貂出现呕吐,体温正常。粪便干燥,呈绿色或黄色糊状,有时带血,尿呈茶色。病程稍长者,食欲废绝,行动缓慢,反应迟钝,嗜睡,机体消瘦,被毛粗乱、无光泽,口鼻干燥。当口唇苍白、发黄时,可见腹围增大,触诊有波动感。穿刺时,有多量淡黄色到棕红色腹水流出。严重的粪便呈煤焦油样,后躯麻痹、痉挛。妊娠貂发生胎儿吸收、流产、死胎,哺乳母貂易发生缺乳,经 5~8 d 死亡。毒素可从奶汁中排泄,哺乳仔貂表现为发育不良。

【病理变化】

死亡的水貂尸僵完全,但凝血不良。皮肤、皮下脂肪、浆膜及黏膜有不同程度黄染。胸腔和腹腔有大量淡黄色乃至橙黄色或污秽浑浊的液体。急性病例以贫血和出血为主要特征,胸腹腔、浆膜表面多见出血、瘀血斑点。肝脏严重脂肪变性和空泡变性,黄染、肿大,质脆易碎,被膜下有散在的小出血点和坏死。肾、胃及心内、外膜弥散性出血,可见典型的出血性卡他性肠炎变化。有时可见脾脏肿大、边缘出血性梗死。

慢性病例肝胆管增生硬化,肝呈土黄色或苍白,体积缩小,发生肝硬化,肝的表面有粟粒大至绿豆大的坏死灶,胆囊扩张,胆汁稀薄。病程久者,多发生肝细胞癌或胆管癌。肾的脂肪囊黄染,肾皮质部有出血病变,肾近曲小管上皮轻度脱落、变性和间质中少量淋巴细胞浸润。胃肠内容物呈煤焦油状,肠内有暗红色凝血块。胃肠黏膜充血、出血、溃疡、坏死。膀胱黏膜出血、水肿。心包积液,心脏扩张。脑及脑膜充血、出血。

【诊断】

根据饲喂发霉饲料的病史,结合临床症状(黄疸、出血、水肿、消化障碍及神经症状)、病理变化(肝细胞变性、坏死,肝细胞增生)及血液化验等,可做出初步诊断。最终确诊需做实验室检查,如饲料中黄曲霉毒素含量的测定,可疑饲料产毒素菌的分离、培养与鉴定,以及动物毒性和本动物回归发病试验。

【治疗】

目前尚无特效药物治疗。当动物发生中毒时,应立刻停喂霉变饲料,给予含碳水化合物和维生素较多的饲料。一般轻症病例可自然恢复。重症病例主要采取排毒保肝和对症疗法,具体措施如下。

①投服泻剂如硫酸钠、人工盐等,加速胃肠道毒物的排出。

②采用保肝和止血疗法。静脉滴注25%葡萄糖溶液、肝泰乐、维生素C和维生素K。或者口服葡萄糖15 g,维生素C 300 mg,维生素K 3 mg,肝泰乐0.1 g和肌醇125 mg(其中任何一种),1次/d,连服7 d。有心衰症状的可以注射安钠咖等强心剂。

③妊娠期母貂每次可注射维生素K 10 mg,产仔前母貂每次给6 mg,连续7 d。

【预防】

霉菌毒素中毒引发的症状与维生素、微量元素缺乏有相似之处,临床上很容易造成误诊。所以对本病的诊疗应从饲料品质、贮藏条件、霉变程度、饲喂时间、主要症状等多方面考虑。做到早诊断、早治疗,采取可行性措施,控制病情,减少死亡。防治本病的关键是防止饲料霉变。加强饲料、饲草收获、运输和储存各环节的管理工作,谷物类饲料必须存放在干燥低温的环境中,饲喂时要严格筛选。对于发霉的饲料要先进行脱毒处理,方可用来饲喂动物。

霉菌毒素的脱毒有物理方法、化学方法和生物脱毒方法。

物理脱毒法主要是使用吸附的方式将饲料中的霉菌毒素去除。在饲料中添加能够吸附毒素的物质,同时这种物理吸附剂不会被动物体消化吸收,能够有效地排出体外,安全高效,同时吸附效果好。目前的吸附剂主要是活性炭类、蒙脱石等。

化学方法主要指某些酸、乙醚、碱、氧化剂能够降解霉菌毒素,尤其是氨化作用对黄曲霉毒素的降解作用比较显著。将发霉饲料粉用浓度为0.1%的高锰酸钾水溶液浸泡10 min,然后用清水冲洗2次;或在发霉饲料中加入1%的硫酸亚铁粉末,充分拌匀,在95~100 ℃的条件下蒸煮30 min,即可去毒。生物脱毒法主要是利用制霉菌素、高泻性益生素、活性酵母等降低霉菌生存空间,或用酶制剂降解其毒性。

(四)水貂动物性饲料中毒

水貂动物性饲料中毒(animal feed poisoning)是指貂、狐、貉等食肉经济动物采食腐败变质或被污染的肉、鱼、乳、蛋等饲料而引起的一类中毒病。

【病因】

腐败变质或被污染的动物性饲料中含有大量的沙门菌、肉毒梭菌、葡萄球菌、痢疾杆菌、链球菌等。沙门菌进入肠道中大量繁殖,多引起急性感染。在肠道中,大量的沙门菌裂解释放内毒素,不仅对胃肠黏膜产生强烈的刺激作用,吸收后还影响体温调节中枢和血管运动中枢。肉毒梭菌、葡萄球菌、链球菌等,在腐败的动物性饲料中大量繁殖,产生外毒素,被动物吸收而引起中毒。毒鱼也是导致动物性饲料中毒的原因之一,水貂的毒鱼中毒在我国也曾发生过。

【症状】

由于引起中毒的原因不同,其症状也不同。主要表现为呕吐、腹泻等消化道疾患及昏迷、痉挛、麻痹等神经症状。沙门菌中毒,表现体温升高、呼吸加快、腹痛,排恶臭稀便并混有血液,后出现四肢麻痹。妊娠母貂可发生流产。葡萄球菌中毒,首先表现为腹痛、不安、腹泻、呕吐,随后发生呼吸困难、痉挛,惊厥,最后衰竭而死。毒鱼中毒主要表现为呼吸困难、四肢麻痹、痉挛、昏迷、瞳孔散大、黏膜发绀、呕吐、腹泻、心跳加快、体温降低,最后因呼吸麻痹而死亡。肉毒梭菌中毒表现流涎、吞咽困难、从后肢到前肢出现进行性麻痹、呼吸困难，进而昏迷死亡。

【病理变化】

剖检变化主要表现在胃肠道，胃肠黏膜充血、出血，肠系膜淋巴结肿大，肝、脾、肾、心、肺等实质性脏器肿大、充血。有的可见脑膜充血，脑水肿。

【诊断】

根据饲料是否有腐败现象、发病情况和临床症状可做初步诊断，确诊还需对可疑饲料和呕吐物等进行检验分析。

【治疗】

本病治疗主要采取催吐和下泻的方法。尽快排出胃肠道内毒物，对症治疗。发病后即停喂可疑饲料，换以新鲜、适口性强的饲料。

用 0.1%高锰酸钾溶液洗胃，内服盐类泻剂硫酸钠或硫酸镁，每次 50～100 g。

补液疗法。5%葡萄糖生理盐水 100～500 mL、5%碳酸氢钠注射液 10～50 mL，静脉注射。同时加入维生素 C。

抗生素疗法。可选用青霉素、硫酸卡那霉素、磺胺类药物等进行全身治疗。

对症治疗。强心利尿，若有神经症状，可选用溴化钾、氯丙嗪等药物。

【预防】

对动物性饲料要进行严格的兽医卫生检查，被污染、腐败变质的饲料及毒鱼不能饲喂动物，对不明品种的鱼，应先进行安全试验后再喂饲。平时对动物性饲料应加强管理，发病后应立即更换饲料并及时治疗。对存在污染的地区的貂群可以定期接种肉毒梭菌疫苗和沙门菌疫苗。

(五)鹿棉籽饼中毒

棉籽饼中毒(cottonseed cake poisoning)是指长期连续或大量饲喂未经脱毒的棉籽饼，致使动物摄入过量棉酚而引起的中毒性疾病。本病多见于产棉区，可发生于各种动物，经济动物中主要发生于鹿。

【病因】

棉籽饼中含有有害物质棉酚及其衍生物。其中以棉酚的含量最高，且毒性最大。棉酚中的游离棉酚是棉籽饼中主要的有毒物质。当其进入消化道后，对胃肠黏膜产生刺激作用，引起卡他性或中毒性胃肠炎。当毒素进入血液后，可增强血管的渗透性，并能促进血浆和红细胞渗入到周围组织，发生浆液浸润和出血性炎症；游离棉酚易与体内的铁结合，从而诱发缺铁性贫血，且能直接破坏红细胞，导致溶血。棉酚被吸收后分布于体内各器官，以肝脏浓度最高。

棉酚在体内比较稳定，不易破坏，排泄缓慢，有蓄积作用。故即使饲喂量少，若长期连续饲喂也易导致中毒。

另外一些诱发因素，如饲料中缺乏钙、铁和维生素 A 时，可促进中毒的发生。

【症状】

棉籽饼中毒潜伏期较长，多呈慢性经过，中毒发生时间和症状与蓄积量有关，病鹿多在饲喂棉籽饼后 10～30 d 发病。病鹿食欲减退或废绝，反刍停止，呼吸困难，心脏功能障碍。同时还可由于代谢紊乱引起尿石症和维生素 A 缺乏症。妊娠母鹿中毒时可发生流产。

【病理变化】

眼睑、下颌间隙、颈、胸、腹下、四肢等部位水肿；皮下浆液性浸润；心脏扩张、心肌松软；心包、胸腔、腹腔积有大量淡红色、透明渗出液；肝脏脂肪变性，肿大、瘀血、色黄质脆；肺脏瘀血、水肿及浆液性出血性炎症；胃肠出血；膀胱中积有红褐色透明尿液；全身淋巴结肿大、出血。

【诊断】

依据长期或单独饲喂棉籽饼的病史，结合具有出血性胃肠炎、肺水肿、频尿、血尿、视力障碍、神经紊乱等临床症状，可做出初步诊断。确诊需测定棉籽饼、血液和血清中游离棉酚的含量。

【治疗】

本病尚无特效解毒药。治疗时主要采用消除致病因素，加速毒物排出及对症治疗。

(1)改善饲养　发现中毒，立即停喂棉籽饼，禁饲 2～3 d，给予青绿多汁饲料和充足的饮水。

(2)排出胃肠内容物　用 1∶5 000 的过氧化氢或 0.1%高锰酸钾溶液，或 3%～5%碳酸氢钠溶液，进行洗胃和灌肠；内服盐类泻剂硫酸钠或硫酸镁，每次 50～100 g。

(3)对出血性胃肠炎的病鹿　使用止泻剂和黏附剂，可内服 1%鞣酸溶液 100～200 mL；硫酸亚铁，每次 1～2 g，一次内服。

【预防】

预防本病的关键是限制棉籽饼和棉籽的饲喂量和持续饲喂时间。用脱毒的棉籽饼喂鹿，脱毒的方法有硫酸亚铁脱毒法、加热处理法、微生物脱毒法、水洗脱毒法等。饲喂量视个体大小、食量大小灵活掌握，原则是宁少勿多，适当进行间断饲喂为宜。仔鹿及母鹿，尤其是妊娠期母鹿，最好不喂，种公鹿亦不宜饲喂棉籽饼。在饲喂棉籽饼(粕)时，应在日粮中适当增加赖氨酸、蛋氨酸、维生素 A、维生素 D、钙、铁和青绿饲料，提高动物对棉酚的耐受性和解毒能力，可减缓本病的发生。

(六)毛皮动物食盐中毒

毛皮动物食盐中毒(salt poisoning)是因摄入食盐过量或饮水不足所产生的临床上以突出的神经症状和一定的消化紊乱为主要特征的中毒性疾病。各种动物均可发生，毛皮动物中水貂和北极狐对食盐最易感。

【病因】

误食过量食盐或大块结晶盐块未经充分搅拌的饲料，以及喂饲含盐量多的咸鱼或脱盐不充分的鱼粉所致。

长期喂饲缺乏食盐饲料的情况下，如突然加喂大量食盐，特别是饮用含盐水，未加限制，也易引起中毒。

饮水不足，或炎热季节，由于多汗动物体液减少，对食盐的耐受性降低。

当日粮中钙、镁不足，或缺乏维生素 E 和含硫氨基酸时，动物对过量食盐的敏感性增强。

【症状】

以神经兴奋表现为主，腺体分泌增加，烦渴，呕吐，癫痫，口、鼻腔流出泡沫样液体。体温降低，呼吸加快，可视黏膜呈青紫色，出现急性胃肠炎症状，拒食、腹泻，全身虚弱。有的表现出运动失调，做圆圈运动，排尿失禁，尾巴翘起，继而四肢麻痹。水貂和北极狐最终常于昏迷状态下死亡。

【病理变化】

尸僵完整，口腔内有少量食物和黏液，肌肉呈暗红色、干燥。胃黏膜潮红、脱落，有广泛的出血点或出血斑，肠壁菲薄透明，肠黏膜有出血点，肠腔内有少量黏液；肺和肾血管扩张，肺水肿，心包积液，个别病例心内膜，心肌及肾有点状出血。脑脊髓各部可有不同程度的充血、水肿，尤其是急性病例的软脑膜和大脑实质最明显，脑回展平，表现水样光泽。

【诊断】

根据过饲食盐或限制饮水的病史，结合饮水量增加、间歇性神经症状、脑炎症状、大脑灰质毛细血管周围的嗜酸性粒细胞浸润及一般的胃肠炎症状可做出初步诊断。必要时，采集可疑饲料、饮水、胃内容物、血液、脑组织、肾、脾、心等分析其中钠离子的含量。如要确诊，则要检测血清和脑脊液中的 Na^+ 浓度，当脑脊液中 Na^+ 浓度大于 100 mmol/L、脑组织中 Na^+ 大于 1 800 μg/g 时可确诊。

【治疗】

无特效解毒药。治疗要点是促进食盐排出，恢复电解质平衡和对症治疗。

发现中毒时，立即停止饲喂可疑饲料，尚未出现神经症状的动物，少量多次给予大量温水。已出现神经症状的动物，应严格限制饮水，以防加重脑水肿。

对高度兴奋不安的动物，可以使用硫酸镁、溴化物等镇静解痉药。为降低颅内压，可快速静脉注射甘露醇。

促进钠从肾排出，可使用利尿剂或油类泻剂等药物。

为恢复血液中的阳离子平衡，可静脉注射5%葡萄糖酸钙 20～40 mL 或 10%氯化钙 10～20 mL。病重者可用 5%葡萄糖注射液 10～20 mL，皮下多点注射。

【预防】

要严格控制日粮中食盐标准以及饲料原料中的食盐含量，添加食盐量要准确。饲料中的食盐用量应按规定添加，并搅拌均匀，保证动物有充足的饮水，泌乳期动物尤需充分供给。当喂给咸鱼、腌肉时，事先应彻底浸泡、洗净，以充分脱盐。在日粮中添加含盐量高的海鱼粉时，要根据动物营养需求按照检测结果添加食盐。

（七）鹿亚硝酸盐中毒

亚硝酸盐中毒(nitrite poisoning)是动物因采食富含硝酸盐或亚硝酸盐的饲料或饮水，使血红蛋白变性，失去携氧功能，导致组织缺氧的一种急性、亚急性中毒病。临床以黏膜发绀、血液褐变、呼吸困难、胃肠道炎症为特征。本病多发于鹿、羊、狐、貉等动物。

【病因】

谷物类饲料和菜类都含有一定量的硝酸盐。富含硝酸盐的作物类植物包括燕麦干草、白菜、油菜、甜菜、甘蓝、大麦、小麦、玉米等。硝酸盐主要存在于植物的根和茎，含量可因大量使用硝酸铵、硝酸钠等硝酸盐类化肥或农药而增加。富含硝酸盐的青绿饲料放置过久或储存不当，如青绿饲料和块茎饲料，经堆垛存放而腐烂发热时，以及用温水浸泡、文火焖煮，往往致使硝酸盐还原菌活跃，使硝酸盐还原为亚硝酸盐，以致中毒。动物大量采食这样的饲料或误饮用大量含有硝酸盐的水后会发生中毒。单胃动物多由于摄入亚硝酸盐中毒。鹿等反刍动物的瘤胃内含有大量的硝酸盐还原菌，有适宜的温度和湿度，可把硝酸盐还原为亚硝酸盐而引起中毒。

【症状】

鹿采食富含硝酸盐饲料后，常无明显的前驱症状，经 1～5 h 始见发病。病鹿表现不安，呼吸困难，脉搏快而微弱，可视黏膜发绀，体温正常或偏低，躯体末梢部位发凉。此外，还可能会出现流涎、频频吞咽、腹痛、腹泻，甚至呕吐等症状。以呼吸困难和循环衰竭的临床表现更为突出。

严重者卧地不起，肌肉震颤，共济失调，四肢抽搐、痉挛等症状明显。慢性亚硝酸盐中毒可导致增重缓慢，泌乳减少，繁殖障碍，维生素A代谢及甲状腺机能异常。妊娠母兽可发生流产。

【病理变化】

可见眼结膜呈暗褐色，尸僵不全，血液呈咖啡色或酱油色，凝固不良，暴露在空气中经久不转成红色。胃肠道黏膜充血、出血，黏膜易于脱落。胃内容物有硝酸盐气味。十二指肠及空肠水肿，呈胶冻样。肠系膜充血。其他脏器多无明显变化，个别病例见肺气肿。

【诊断】

依据黏膜发绀、血液褐变、呼吸困难的主要临床症状，结合饲料状况，特别是短急的疾病经过，以及起病的突然性，发病的群体性，采食与饲料调制失误的相关性，可做出诊断。通常采用特效解毒药亚甲蓝做治疗性诊断。为了确诊，还可在现场做变性血红蛋白和亚硝酸盐定性检验。若胃肠内容物或残余饲料汁液检出有亚硝酸盐存在，同时变性血红蛋白检验证明有血红蛋白变性，即可确诊。

(1)亚硝酸盐检验　取胃肠内容物或残余饲料汁液1滴，滴在滤纸上，加10%联苯胺液1～2滴，再滴加10%醋酸液1～2滴，如滤纸变为棕色，即为阳性反应，则证明有亚硝酸盐的存在。

(2)变性血红蛋白检查　取血液少许于小试管内，在空气中振荡后正常血液即转为鲜红色，振荡后为棕褐色的，可初步认为是变性血红蛋白。进一步确定可用分光光度计测定。

【治疗】

(1)特效疗法　亚甲蓝是本病的特效解毒药。1%亚甲蓝，按每千克体重1～2 mL，静脉注射或肌内注射。也可用甲苯胺蓝，按每千克体重5 mg，或配成5%溶液按每千克体重1 mL，静脉注射。

(2)辅助措施　维生素C也是一种还原剂，静脉注射有利于疾病恢复。同时使用25%葡萄糖250～500 mL，对亚硝酸盐中毒也有一定的辅助疗效。

同时配合下泻、促进胃肠蠕动和灌肠等排毒治疗措施。对重症病例，还应采用强心、补液和兴奋中枢神经等支持疗法。

【预防】

青绿饲料收割后，应采取青贮或摊开晾晒的方法，减少亚硝酸盐的含量。无论生、熟青绿饲料，切忌堆积放置而发热变质。此外，接近收割期的青绿饲料不能再用硝酸盐化肥，以减少饲料中的硝酸盐或亚硝酸盐的含量。

(八)氢氰酸中毒

氢氰酸中毒(hydrocyanic poisoning)是由于动物采食含有氰苷类植物或被氰化物污染的饲料、饮水，误食或吸入氰化物农药，经胃内酶和盐酸的作用水解，产生游离的氢氰酸，抑制细胞色素氧化酶活性，呼吸链中断，引起组织缺氧，导致呼吸发生障碍的一种急性中毒病。临床上以动物兴奋不安、流涎、腹痛、气胀、高度呼吸困难、呼出气有苦杏仁味、结膜鲜红、震颤、惊厥等组织中毒性缺氧症为特征。各种动物都可发病，经济动物中鹿多发，偶见于水貂。

【病因】

主要由于采食或误食富含氰苷或可产生氰苷的饲料所致。过量采食木薯、高粱、玉米、马铃薯幼苗、亚麻籽或亚麻籽饼；误食氰化物农药污染的水或饲料；豆类如海南刀豆、狗爪豆，许多野生和种植的青草、苏丹草、三叶草、甘薯苗等都含有氰苷，如不预先经水浸泡和滤去浸液，极易引起中毒事故；蔷薇科植物如桃、李、梅、杏、枇杷、樱桃等的叶和种子中也含有氰苷，采食过量可引起中毒；误食或吸入氰化物农药如钙氰酰胺，或误饮冶金、淘金、电镀、化工等厂矿的废水。

【症状】

当动物采食多量含有氰甙的饲料 15～20 min 后即可能表现腹痛不安，呼吸快速且困难，可视黏膜呈鲜红色，流出白色泡沫状唾液。整个病程最长不超过 30～40 min。

(1)最急性　突然极度不安，惨叫后倒地死亡。首先兴奋，但很快转为抑制。呼出气体常带有苦杏仁气味。随后呈现全身极度衰弱，步伐不稳，很快倒地。体温下降，后肢麻痹，肌肉痉挛，瞳孔散大，反射机能减弱或消失，心动徐缓，呼吸浅表，脉搏细弱。最后陷于昏迷而死亡。

(2)急性　病初兴奋不安，眼和上呼吸道刺激症状，呼出气带苦杏仁气味；流涎，呕吐呕出物有杏仁气味，腹痛，气胀，腹泻，食欲废绝，心跳、呼吸加快，精神沉郁，衰弱，行走和呼吸困难，结膜鲜红，瞳孔散大。痉挛，继而昏迷，很快死亡。

【病理变化】

尸僵缓慢，尸体不易腐败，病初急宰者血液呈鲜红色，病程较长者血液呈暗红色，凝固不良；在体腔和心包腔内有浆液性渗出液。胃肠道黏膜和浆膜有出血，各组织器官的浆膜和黏膜有斑点状出血。胃及反刍兽瘤胃有未咀嚼或咀嚼不完全的含氰苷的饲料，并可闻到苦杏仁味，胃黏膜脱落或易于剥离。气管及支气管内充满大量淡红色泡沫状液体；肺水肿，切面流出多量暗红色液体。肝、脾、肾充血肿大。

【诊断】

根据接触史及临床表现，中毒早期呼出气或呕吐物中有苦杏仁气味，皮肤、黏膜及静脉血呈鲜红色(但呼吸障碍时可出现紫绀)为特征，可做出初步诊断。确诊须在死亡后 4 h 内采取胃内容物、肝脏、肌肉或剩余饲料，进行氢氰酸定性或定量检验。

氢氰酸毒性检验：由于氢氰酸易挥发损失，故取样和检测应及时进行。一般采集可疑植物和胃内容物、肝、肌肉等样品。肝和瘤胃内容物在死后 4 h 内采集，肌肉样品取样不超过 20 h，浸泡在 1%～3%氯化汞溶液中密封送检。

【鉴别诊断】

应注意与亚硝酸盐中毒、尿素中毒、蓖麻中毒、马铃薯中毒相区别。

根据血液呈鲜红色的特征，可作为与亚硝酸盐中毒的区别。根据近邻地区同类动物的有关流行病学资料，也可与许多急性传染病相区别。但最终确诊，须通过毒物学检验。

【治疗】

由于本病的病程短促，一经发现，应及早诊断、及时治疗。即通常应在做出临床诊断后，及时地实施紧急处理。

(1)特效疗法　特效解毒可静脉注射 1%亚甲蓝液 30～50 mL，同时静脉注射 5%～10%硫代硫酸钠溶液 50～100 mL，后者每隔 3～4 h 注射 1 次。为增强肝脏解毒功能，可静脉注射高渗葡萄糖溶液。

此外，亦可用亚甲蓝与硫代硫酸钠二者配合使用，但其疗效不及上述用亚硝酸钠。

(2)辅助措施　根据病情特点，还可采用适当的对症疗法，以缓解病情，争取较充裕的抢救时机。

(3)促进毒物排出及防止毒物吸收　可内服 1%硫酸铜或吐根酊 20～50 mL 催吐后，内服亚硫酸铁 10～15 mL，与氢氰根生成低毒并不易吸收的普鲁士蓝，随粪排出。也可用 0.5%高锰酸钾或3%过氧化氢洗胃，再服10%亚硫酸铁80～100 mL。口服活性炭，吸附、阻止毒物的吸收，但要结合使用泻剂。为了阻止胃肠道内氢氰酸的吸收，可用硫代硫酸钠内服或瘤胃内注射，1 h后重复给药。

【预防】

含有氰苷配糖体的饲料，最好能经过流水浸渍24 h或漂洗后，再加工利用。此外，不要在生长含氰苷配糖体植物的地方放牧，以免发生中毒事故。

三、农药、灭鼠药中毒

（一）有机磷化合物中毒

有机磷化合物中毒(organophosphorus poisoning)是因动物吸入、采食被有机磷农药污染的植物性饲料或饮水，或治疗体表寄生虫时用药不当，而引起的体内胆碱酯酶钝化和乙酰胆碱蓄积，以胆碱能神经效应为特征的中毒病。

【病因】

有机磷毒物进入体内后迅速与体内的胆碱酯酶结合，生成磷酰化胆碱酯酶，抑制胆碱酯酶的活性，使胆碱酯酶丧失了水解乙酰胆碱的功能，导致乙酰胆碱大量积聚，作用于胆碱能受体，产生严重的神经功能紊乱症状，特别是呼吸功能障碍，从而影响生命活动。引起动物有机磷中毒的主要原因有以下两方面。

(1)误食了喷洒过有机磷杀虫剂(敌敌畏、敌百虫、乐果和蝇毒磷等)不久的青草、牧草和被有机磷农药污染过的饲料等；误饮施药地区附近的地面水，造成中毒。

(2)临床用药不当，如滥用有机磷农药治疗体外寄生虫病、超剂量灌服敌百虫驱除胃肠寄生虫等，经过皮肤吸收或经消化道吸收而中毒。

【症状】

中毒动物的临床表现与有机磷农药的毒性、摄入量、染毒途径以及机体状态有密切关系。由于副交感神经兴奋造成的M样作用，使动物支气管平滑肌收缩和支气管腺体分泌增加，造成严重的呼吸困难，甚至发生肺水肿。胃肠道平滑肌兴奋，表现腹痛不安，常常回头顾腹，腹泻，大小便失禁，粪便中有黏液或血液，肠音增强，重症后期，肠音减弱乃至消失，伴发腹胀。汗腺和唾液腺分泌增加，引起大出汗和流涎。中枢神经系统先兴奋后抑制，动物早期不时起卧，兴奋不安，继而出现肌肉震颤以至抽搐，呼吸困难和昏迷，瞳孔显著缩小，最后由于呼吸中枢衰竭和循环障碍而死亡。敌敌畏、敌百虫、对硫磷、内吸磷等接触动物皮肤后可引起过敏性皮炎，并可出现水疱和脱皮，严重者可出现皮肤化学性烧伤，影响预后。有机磷农药滴入眼部可引起结膜充血和瞳孔缩小。

【病理变化】

中毒的动物血液中的胆碱酯酶活力，一般均下降到50%以下。急性中毒病例，剖开胃肠可闻到胃肠内容物具有有机磷农药的特殊气味(如马拉硫磷、甲基对硫磷、内吸收磷等具有蒜臭味，对硫磷具有韭菜和蒜味等)。胃肠黏膜充血、出血、肿胀，黏膜易脱落。皮肤发绀，肺脏明显瘀血，常有肺水肿的特点。肝肾发生实质变化。亚急性病例的胃肠黏膜发生坏死性炎症，肠系膜淋巴结肿大，黏膜下和浆膜有散在的出血点和出血斑。

【诊断】

本病的诊断，主要根据是否有接触有机磷农药的病史，有无以胆碱能神经兴奋效应为基础的临床表现，如流涎、瞳孔缩小、肌肉痉挛、排粪稀软、呼吸困难等症状，进行综合分析，可做出初步判断。确诊可结合测定全血胆碱酯酶活力、尿中有机磷的分解毒物，或取饲料及胃内容物进行有机磷含量的测定。紧急时可用阿托品做治疗性诊断。

【治疗】

本病的治疗原则：尽早实施特效解毒，尽快除去尚未吸收的毒物。

(1)应用胆碱酯酶复活剂和乙酰胆碱拮抗剂进行特效解毒　胆碱酯酶复活剂主要有解毒磷、氯磷定、双解磷、双复磷等。解毒磷和氯磷定的用量一般为每千克体重 15～30 mg，以生理盐水配成 2.5%～5%溶液，缓慢静脉注射，以后每隔 2～3 h 注射 1 次，第 2 次剂量减半，直至恢复。双解磷和双复磷的剂量为解毒磷的 1/2，用法相同。

乙酰胆碱拮抗剂为硫酸阿托品，及时、足量应用阿托品，直至达到阿托品化，即瞳孔较之前逐渐扩大、不再缩小，但对光反应存在，流涎、流涕明显减少或停止，面颊潮红，皮肤干燥，心率加快而有力，肺部啰音明显减少或消失。

(2)清除毒物　经皮肤沾染中毒的，用 1%肥皂水或 4%碳酸氢钠溶液清洗；经消化道中毒的，可用 2%～3%碳酸氢钠溶液洗胃，并灌服活性炭。必须注意，发生敌百虫中毒不能用碱水洗胃和冲洗皮肤。

(3)对症治疗　可依据症状进行强心、解痉、输液、防止脑水肿等。

【预防】

避免饲料、放牧地、饮水受到农药污染：一是认真保管好农药；二是喷洒过农药的田地，7 d 之内动物不得进入；三是按规定的剂量和浓度，应用有机磷杀虫剂防治动物寄生虫病和灭除蝇蛆等。

(二)除草剂中毒

除草剂的种类很多，其中以百草枯、2，4-D 及五氯酚(PCP)等少数品种毒性较大，引发动物除草剂中毒现象。

【病因】

除草剂中毒(herbicides poisoning)是因为动物误食或饲喂含有刚用过除草剂的饲草，偶尔也因皮肤接触或吸入大量除草剂而导致中毒。

【症状】

动物多在采食后 1～2 h 发病，少数动物在 3 h 以上发病。病兽表现精神沉郁，食欲废绝，心搏频数，喜卧并有腹痛症状，呼吸促迫，口流涎沫，磨牙；瞳孔散大，因视物不清而不听驱赶；全身或局部肌肉痉挛并有少量汗液，排粪稀薄，有的呈水样，个别呈现神经症状。

除以上急性表现，含苯类衍生物的除草剂有抑制脱氧核糖核酸的合成、导致染色体突变引起白血病的作用；导致动物畸胎，怀孕动物摄入除草剂地乐酚后，胎儿可发生大脑、脊髓、骨骼的畸形变化。另外，还会引发雄性动物不育，表现睾丸萎缩、精子死亡、生育能力丧失等。

【诊断】

结合临床症状和发病动物有采食喷洒除草剂饲草的历史，即可做出初步诊断。

【治疗】

(1)排毒　经口中毒者应给予催吐、洗胃，同时应用吸附剂(活性炭等)以减少机体对毒物的吸收。然后用甘露醇或硫酸镁导泻，静脉注射硫代硫酸钠溶液。应用利尿剂，加速毒物排出。

(2)对症治疗　保护肝肾功能，防止肺水肿，并积极控制继发感染。静脉注射葡萄糖和电解质溶液，以制止代谢性酸中毒和脱水。同时可应用维生素C、维生素E、超氧化物歧化酶(SOD)等自由基清除剂，提高机体抗氧化功能。为解除高热不退和降低代谢率，可在头部置冷袋，注射甲基硫氧嘧啶和吩噻嗪。

(3)中草药疗法　甘草粉50 g，活性炭250 g，绿豆500 g(粉碎)，鸡蛋清10个，混合加适量温水灌服，每日1剂(成年动物用量)。

【预防】

配制除草剂时要严防药物污染饲草、水源和容器。凡被除草剂喷洒过或杀死的杂草不要做饲草使用。

(三)抗凝血杀鼠药中毒

抗凝血杀鼠药中毒(anticoagulant rodenticides poisoning)是指动物误食含抗凝血类杀鼠药的毒饵、被抗凝血杀鼠药毒死的鼠尸、混有杀鼠药的饲料引起的中毒性疾病。临床以广泛性皮下血肿和创伤(手术)后流血不止为特征。各种动物均可发生。

【病因】

常用抗凝血杀鼠药有华法令、敌鼠、克灭鼠、双杀鼠灵(敌害鼠)和氯杀鼠灵等。抗凝血杀鼠药的分子中均有香豆素或茚满二酮结构。因其结构与维生素K相似，所以呈维生素K拮抗作用，从而影响凝血激活酶和凝血酶原的合成，导致凝血障碍。由于凝血时间延长，使内脏出血不止，组织缺氧。此外，进入机体的此类物质可直接损伤毛细血管壁，使其发生无菌性炎性变化，使血管壁通透性和脆性增加，加剧出血倾向。

【症状】

急性中毒病例，常无先兆症状突然死亡。

亚急性中毒者，表现吐血、便血和鼻衄，可视黏膜苍白，心律不齐，呼吸困难，步态蹒跚，卧地不起。当脑、脊髓、硬膜下腔或蛛网膜下腔出血时，则出现痉挛、共济失调、抽搐、昏迷等神经症状而死亡。凝血项检验可见内、外途径凝血过程均发生障碍，凝血时间显著延长，为正常的2～10倍。

【病理变化】

主要病理变化是组织器官广泛性的出血。剖检可见广泛性皮下血肿，尤其是脑血管、心包腔、纵隔和胸腔发生大出血。有时可见巩膜、结膜和眼内出血。

【诊断】

根据抗凝血杀鼠药接触史和组织器官大面积的出血，可做出初步诊断。确诊主要进行凝血项检验，测定凝血时间、凝血酶原时间以及激活的部分凝血活酶时间，进行综合分析。

【治疗】

使患病动物保持安静，尽量避免创伤。

(1)排出毒物　可用0.1%高锰酸钾液或1%鞣酸洗胃，再用20%～30%的硫酸镁灌服，以促进毒物排泄。同时灌服活性炭50～100 g以吸附毒物。必要时可肌内或静脉注射氢化可的松，以提高机体的解毒能力。

(2)消除凝血障碍　补给维生素K_1作为香豆素类毒物的拮抗剂，按每千克体重1 mg，混合于葡萄糖溶液内静脉注射，每12 h 1次，连用2～3次。在此基础上，可同时口服维生素K_3，以巩固疗效。

对出血严重者，为纠正低血容量，并补给有效的凝血因子，可按每千克体重10～20 mL的剂量输入新鲜全血,1/2 量迅速输注,1/2 量缓慢滴注,止血效果显著。

【预防】

大面积灭鼠前,做好宣传工作和动物的管理工作,以免动物误食毒饵;妥善保存动物的饲料,以免混入毒饵。灭鼠时,要有专人投放毒饵并看管,防止动物误食。及时捡出毒毙鼠,将死鼠集中,进行深埋处理。在田间投放毒饵时,应设立标记,严禁到放置毒饵的地区放牧。另外,灭鼠工作复杂且周期长,最好的办法是搞好圈舍及圈舍周围的环境卫生,消灭老鼠滋生场所,保管好饲料,不乱丢垃圾。安装简单的防鼠设施,以防老鼠进入圈舍。

(四)磷化锌中毒

磷化锌中毒(zinc phosphide poisoning)是指动物误食磷化锌灭鼠毒饵,或摄入被磷化锌污染的饲料、饮水,食入含磷化锌中毒死亡的动物肉及其副产品而引起的急性中毒性疾病。磷化锌是久经使用的灭鼠药和熏蒸杀虫剂,纯品是暗灰色带光泽的结晶,通常按 5%比例配制成毒饵灭鼠。

【病因】

动物误食了灭鼠毒饵或被磷化锌污染的饲料、饮水,或者用因磷化锌中毒死亡的畜、禽及其他动物的肉尸及其副产品饲喂动物,都可以引起中毒。据测定,其对动物的口服致死量,一般为每千克体重 20～40 mg。

【症状】

经济动物磷化锌中毒多于摄入毒物 15 min 至 4 h 出现症状,首先表现消化道刺激症状,口腔及咽喉黏膜糜烂,食欲下降甚至废绝,呕吐和腹泻,吐出的胃内容物或排出的粪便有大蒜气味,在夜晚或黑暗处可见磷光(PH_3)。随着中毒的加深,可见动物极度衰弱,心跳缓慢,节律不齐,黏膜发绀,呼吸困难。腹下皮肤有出血点,尿量减少,有时排血尿、血便。瞳孔散大,共济失调,甚至发生痉挛、肌肉震颤,最后昏迷死亡。

【病理变化】

剖检可见静脉怒张,瘀血、出血。胃肠内容物有大蒜气味,胃肠黏膜脱落、出血,有局灶性糜烂。实质器官损伤,全身各组织充血、水肿和出血。心、肝、肾极度充血、变性乃至坏死,肺脏充血、水肿。

【诊断】

根据动物有磷化锌接触史,并结合临床症状和剖检变化,如呕吐物和胃内容物有大蒜气味且在黑暗处出现磷光,可做出初步诊断。确诊需要采取胃肠内容物或呕吐物进行磷化锌检验。

【治疗】

无特效解毒药物。

(1)排毒　早期发现中毒,可立即灌服 1%硫酸铜溶液催吐,并与磷化锌形成不溶性的磷化铜,从而阻滞毒物的吸收而降低毒性,也可用 0.1%的高锰酸钾溶液洗胃,使磷化锌氧化为磷酸盐而失去毒性。

(2)对症治疗　静脉补液以促进排泄。呼吸困难者,给予吸氧以及肌内注射氨茶碱 50～100 mg。

【预防】

预防需要加强对灭鼠药的保管,并制定严格的药物使用制度,杜绝药物的一切泄漏事故,确保人和其他动物的安全。

(五)安妥中毒

安妥中毒(antu poisoning)指动物误食大量的灭鼠毒饵安妥时引起的临床上以高度呼吸困难、肺水肿、胸腔积液、组织器官瘀血和出血为特征的中毒性疾病。

【病因】

安妥是一种人工合成的灭鼠药,通常以1%~3%的比例配成毒饵,诱杀鼠类。安妥对鼠类毒性较大,对人、兽毒性较低。若对安妥保管不严或投放毒饵地点、时间不当,动物一次误食多量毒饵可引起中毒。食肉动物也可因食入安妥中毒死亡的鼠尸造成间接(二次)中毒。

【症状】

动物一般在误食毒饵后数小时出现症状,主要表现呕吐,兴奋不安,咳嗽,口鼻流出多量带血色的泡沫状液体。体温下降,严重的发生肺水肿,表现呼吸困难,可视黏膜呈暗紫色,很快窒息死亡。

【病理变化】

安妥中毒时,毒物主要分布在肺、肝、肾和神经系统,各组织器官瘀血和出血。造成肺毛细血管渗透性增加,引发肺水肿、胸腔积液、肺出血,也可引发肝肾脂肪变性坏死。胃肠黏膜充血,肝呈暗红色且稍肿,肾脏表面有出血点。

【诊断】

根据患病动物有误食安妥毒饵或食入安妥中毒病鼠、死鼠的病史,结合临床上呼吸困难的症状,以及剖检呈肺水肿、胸腔积液等特征,可做出初步诊断。必要时,可采取中毒24 h内的患病动物胃内容物、呕吐物或剩余饲料做安妥的定性检验和定量检验。

【治疗】

无特效解毒药物,对中毒的动物可采取中毒的一般急救措施,对症治疗。

首先可用0.1%~0.5%高锰酸钾溶液洗胃,洗胃后灌服盐类泻剂,促进毒物排出。禁止投服油类、牛奶及碱性药物,以免促进毒物吸收。

为缓解肺水肿,可用20%甘露醇和50%葡萄糖交替缓慢静脉注射。应用半胱氨酸减低安妥的毒性,一般按照每千克体重100 mg使用。

同时采取强心、输氧、注射维生素K制剂等对症疗法。

【预防】

加强安妥及毒饵的使用管理,其存放必须与饲料、饲草严格分开。投放毒饵以夜间为宜,次日早晨及时收取,以防人畜误食中毒。中毒死亡的鼠尸及动物尸体应及时做深埋处理。

四、有毒植物及矿物质中毒

(一)鹿、麝栎树叶中毒

栎树叶中毒(oak leaf poisoning)又称青杠叶中毒或橡树叶中毒,是由于动物过食栎树的幼嫩枝叶或果实而发生的一种中毒性疾病,临床上以便秘或下痢、消化机能障碍、皮下水肿和肾脏损伤为特征。本病具有一定的区域性和季节性,是栎林区春季常见病之一。

【病因】

本病主要发生于农牧交错地带的栎林区,尤其是乔木被砍伐后形成的灌木栎林带。反刍动物采食栎树叶占日粮的50%以上即可中毒,也有因采食栎树叶垫草而中毒的。栎树叶主要有毒成分为一种高分子酚类化合物,即栎叶丹宁,该物质进入消化道后,可使黏膜蛋白凝固、上皮细胞破坏，同时大部分栎叶丹宁在瘤胃微生物的作用下，水解为多种低分子酚类化合物。后者经黏膜吸收，进入血液循环而分布于全身器官组织，最终发生毒性作用。

【症状】

患病动物病初精神沉郁，食欲减退，喜吃干草，不吃青草，瘤胃蠕动音减弱，尿量少而浑浊，粪便干结而混有多量黏液或褐色血丝，中期食欲废绝，反刍停止，鼻镜干燥甚至龟裂，鼻孔周围黏附分泌物，粪球成串，严重时出现腥臭的糊状粪便，粪便被覆大量红黄相间的黏稠物，尿量增多，长而清亮。后期主要表现尿闭，前胸下部、腹下、后肢股内侧、肛门、外阴部周围等处出现皮下水肿，触诊呈生面团状，指压留痕，多因肾功能衰竭而死亡。

【病理变化】

剖检时可见胸、腹腔积水，肝脏、肾脏水肿，肾脏呈土黄色或黄红色相间，红色区有针尖状出血点，肾盂瘀血，有的充满白色脓样物，膀胱积尿或无尿，膀胱壁有散在出血点。胆囊增大1～3倍。水肿部位的皮下呈胶样浸润。瘤胃充满内容物，瓣胃内容物干涸，表面呈灰白色或深棕色相间。真胃底、十二指肠、盲肠底黏膜下有散在的褐色或黑褐色出血点，呈细沙粒样密布。整个肠道呈条状或点状出血，肠黏膜脱落、坏死，十二指肠和盲肠尤为严重。

【诊断】

根据动物有采食栎树幼芽、嫩枝、幼叶的生活史，多发于春季。结合有少尿、便秘、腹痛、肌肉震颤、水肿等临床症状，且尿蛋白阳性、尿比重下降，尿沉渣检查可见大量肾上皮细胞、白细胞和各种管型等，可做出初步诊断。必要时，可检测血液和尿液中挥发性游离酚的含量。

【治疗】

无特效解毒药，对中毒的动物可采取中毒的一般急救措施，对症治疗。

病初可用硫酸镁 500 g，加温水适量灌服，以促进有毒栎树叶排出。

对于初中期病例，可静脉注射 5%～10%硫代硫酸钠溶液解毒。100～150 mL，1 次/d，连用 3 d。为促进毒物从尿液的排泄，可静脉注射 5%碳酸氢钠溶液 250～500 mL。

严重病例，结合应用强心利尿剂，青霉素、普鲁卡因、生理盐水混合腹腔注射，灌肠等对症治疗。5%葡萄糖生理盐水 1 000～1 500 mL、25%葡萄糖溶液 500 mL、20%安钠咖 10 mL、40%乌洛托品 50 mL，一次静脉注射，每日 2 次。

【预防】

平时准备好充足的饲料。在有栎树地区，春季尽量不放牧，避免鹿、麝等吃到栎树的幼枝。在发病季节用高锰酸钾粉 2～3 g，清洁水 4 000 mL 溶解后一次口服，每日或隔日 1 次。或在饲料中加入氢氧化钙混合饲喂，可有效地预防本病发生。

（二）鹿蕨中毒

蕨中毒（bracken fern poisoning）是动物采食蕨属植物后引起的一种中毒性疾病。蕨属植物分布广泛，可引起反刍动物以骨髓损伤和再生障碍性贫血为特征的全身出血综合征，以及以膀胱肿瘤为特征的地方性血尿症。蕨还可引起单胃动物的硫胺素缺乏症，并已证实对多种实验动物有致癌性。

【病因】

蕨中毒是因为蕨叶所含毒素有硫胺酶（引起单胃动物蕨中毒的主要因子）、蕨素、蕨苷、异槲皮苷和紫云英苷等。鹿或麝大量或长期摄食蕨叶后，会发生急性或慢性中毒。

【症状】

(1)急性中毒　主要表现出血综合征。动物摄食蕨后，最初体况下降，皮肤干燥、松弛。随后体温升高，下痢或排黑粪，可视黏膜点状出血、贫血、黄染以及体表皮肤出血。

(2)慢性中毒　由于长期食用蕨类植物，患鹿永久性失明，瞳孔散大，对光反射微弱或消失。血液粒细胞减少和血小板数下降。后期呼吸和心率增数，常死于心衰竭。长期采食蕨的老龄麋鹿，可出现血尿综合征和膀胱肿瘤，有些出现消化道肿瘤。

【病理变化】

可视黏膜、皮下以及眼前房可见点状或斑状出血，被毛稀疏的部位也可见斑点状出血。四肢骨的黄骨髓严重胶样化及出血，红骨髓被黄骨髓取代。

【诊断】

根据病史、典型的临床症状，血检与病理变化，可做出诊断。本病的再生障碍性贫血的指标变化有：红细胞数、血红蛋白含量和红细胞比容值减少，并呈现红细胞大小不均匀等。发病麋鹿白细胞总数和分类计数均显示极度减少，血凝时间延长(25 min至2 h)；骨髓象指标变化有：红细胞系、白细胞系和巨核细胞系均受损害，骨髓细胞总数显著减少。

【治疗】

对于鹿、麝等反刍动物尚无特效解毒药，应采取综合疗法。重症病例多预后不良，对轻症可考虑输血或输液、早期采用骨髓刺激剂鲨肝醇，改善骨髓的造血功能，刺激血细胞再生。鲨肝醇1 g，橄榄油10 mL，溶解后皮下注射，每日1次，连用5 d。或每日静脉内缓慢注射鲨肝醇悬液。同时配合消炎、抗感染及对症治疗，如肌内注射青霉素、链霉素和强的松龙，并注射复合维生素B和口服健胃消食的药物以促进食欲等。

【预防】

在牧场可应用机械或化学方法，有效地制止蕨类植物的生长，从而防止鹿或麝的蕨中毒。

(三)氟中毒

氟中毒(fluorosis poisoning)是一种慢性经过的中毒病，是指动物摄入含氟(主要为无机氟化物)过多的饲料、饮水或吸入含氟气体而引起的急、慢性中毒的总称。过量的氟进入动物机体后，主要沉积在牙齿和骨骼上，形成氟斑牙和氟骨症。

【病因】

①地方性氟中毒与本地区土质含氟量高有关，并且直接影响到饲料及饮水的含氟量。

②饲料氟中毒是由于长期使用未经脱氟或脱氟不彻底的矿物质添加剂造成的。

③工业氟污染区的高氟牧草，也是动物氟中毒的主要毒源。

【症状】

急性氟中毒多在食入氟化物半小时后出现临床症状，表现急性胃肠炎、低血钙和低血镁，厌食、流涎、呕吐、腹痛、腹泻，粪便中带有血液和黏液，肌肉震颤、瞳孔扩大、虚脱死亡。另外，动物也表现运动障碍，体温低，呼吸快而浅，脉搏细而快，呼吸困难。

慢性氟中毒主要表现为牙齿和骨骼损害有关的症状，胫骨、头骨、角柄处生成骨赘。有蚕豆大，甚至鸡蛋大，坚硬不移动。腰背僵硬，跛行，关节活动受到限制，骨骼变硬、变脆，容易出现骨折。有的动物可见腿变形，成“O”形或“X”形腿。牙齿表面粗糙不平、无光泽，有黄褐色以至黑棕色、不透明的斑块。牙齿变脆并出现缺损，病变大多呈对称发生，影响动物采食而消瘦。

【病理变化】

急性氟中毒主要表现为出血性胃肠炎的变化。慢性氟中毒除牙齿的特殊变化外，腕骨、掌骨、跗骨、桡骨、肋骨及下颌骨表面粗糙、发白，肋骨松脆，肋软骨连接处常膨大。骨质增生，骨密度降低，骨赘生长处的骨膜增厚、多孔。骨赘被大量的结缔组织所包裹。有的病例可见骨盆和腰椎变形。

【诊断】

根据骨骼、牙齿的特征性病理变化，结合相关症状，流行病学特点，可做出初步诊断。确诊需查清氟源，确定病区，并进行牧草、饲料、饮水、空气以及骨、尿、被毛等氟含量的测定，如氟含量超过正常的指标，即可确诊。

X线检查，骨密度增大，骨外膜呈羽状增厚，骨密质增厚，骨髓腔变窄。

【治疗】

无特效药物治疗。首先要停止摄入高氟牧草、饮水及饲料添加剂，并给予富含维生素的饲料和矿物质添加剂。修整牙齿。对跛行的动物可静脉注射葡萄糖酸钙。在饲料中加入少量硒，如亚硒酸钙片，可减轻氟中毒程度。

【预防】

预防本病的关键在于不饲喂氟污染的饲料和饮水，平时应给予富含维生素的饲料及矿物质添加剂。对地下水进行含氟量测定，不从高氟地区购入饲料。饲喂磷酸氢钙应注意氟含量，不饲喂氟超标的磷酸氢钙。

(四)硒中毒

硒中毒(selenium poisoning)是动物采食大量含硒牧草、饲料或补硒过多而引起精神沉郁、呼吸困难、步态蹒跚，脱毛及蹄壳等综合症状的一种中毒性疾病。硒中毒多发于土壤和草料含硒量高的特定地区。可引起各种动物中毒。

【病因】

①土壤含硒量高的富硒地区植物吸收土壤中硒，导致生长地粮食或牧草含硒量高。有些植物可富集硒，称之为硒转换性植物或硒指示性植物，如紫云英、黄芪属、棘豆属等硒的含量较高。动物采食高硒土壤生长的植物或可富集硒的植物而发生中毒。

②人为因素导致的硒中毒，如用亚硒酸钠防治动物白肌病时用量过大，或在动物饲料添加剂中含硒过多或混合不均匀等均可引起中毒。

③工业污染的废水、废气中含有硒，硒容易挥发形成气溶胶，在空气中形成二氧化硒，动物呼吸后亦可引起慢性中毒。

【症状】

急性硒中毒多见于采食大量富硒植物或误用中毒剂量硒后。动物表现精神沉郁、呼吸困难、黏膜发绀、运动失调，腹痛、腹胀、腹泻，呕吐，数小时乃至数日内死于呼吸和循环衰竭。

亚急性硒中毒表现失明和神经症状，视力减弱、食欲废绝，病兽步态蹒跚，四肢与全身肌肉麻痹，到处乱撞，做圆圈运动，吞咽障碍，流涎，数日内死于麻痹和虚脱。

慢性硒中毒又称碱毒病，通常由于动物长期摄食含有少量硒的饲料、牧草引起，动物主要表现脱毛、蹄损伤或蹄匣脱落，关节损伤，表现跛行。食欲下降、渐进性消瘦、贫血。

【诊断】

依据饲养地区的差异情况，如在富硒地区饲养或采食富硒植物及有硒制剂治疗史，结合失明、神经症状、消瘦、贫血、脱毛、蹄匣脱落等临床综合征，可做出初步诊断。确诊时可采集牧草、饲料，或发病动物毛、血、肝或尿液，测定硒含量。饲料中的硒长期超过 5 mg/kg，毛硒 5～10 mg/kg，疑为硒中毒；毛硒超过 10 mg/kg，肝、肾硒 10～25 mg/kg，蹄壳硒达 8～10 mg/kg，尿硒超过 4 mg/L 时可诊断为硒中毒。

【治疗】

急性硒中毒目前尚无特效疗法。

慢性硒中毒可用砷制剂内服治疗。亚砷酸钠按每千克体重 5 mg 加入饮水服用。对氨基苯胂酸按每千克体重 10 mg 混饲，可以减少硒吸收，并促进硒排出。10%～20%硫代硫酸钠按每千克体重 5 mL 静脉注射，有助于减轻刺激症状。

【预防】

①在高硒牧场的土壤中加入氯化钡，可使植物吸收硒量降低 90%以上。多施酸性肥料，可减少植物对硒的吸收。

②高蛋白质饲料对硒中毒有保护作用，可减轻中毒程度。饲喂富含硫酸盐的饲料或加入维生素 B_1、维生素 E 及一些含硫氨基酸，或加入砷、汞和铜元素也可以减轻或预防慢性硒中毒。

（五）铜中毒

铜中毒(copper poisoning)是由于动物摄食铜过多或因细胞损伤，铜在肝脏等组织中大量蓄积而突然释放进入血液循环，所引起的一种以腹痛、腹泻、肝功能异常和溶血现象为主要症状的重金属中毒性疾病。

各种动物对铜的敏感性不同，反刍动物较敏感，单胃动物对铜的耐受力较强。铜的中毒剂量因动物的品种、年龄、食物中的铜、硫酸盐含量等而异。

【病因】

动物铜中毒有急性和慢性两种。

(1)急性铜中毒　多见于误食或注射大剂量可溶性铜盐，如因驱虫、催吐或补铜给予过量硫酸铜，或者采食多量喷洒过铜盐溶液的植物。

(2)慢性铜中毒　多见于饲料内含铜量过高，饲料被铜污染，或采食含铜量高的牧草，以及应用铜盐作为生长刺激剂。

【症状】

急性中毒时，动物表现为急性胃肠炎，呕吐、腹痛、腹泻等症状。粪便稀并混有黏液，有时可排出淡红色尿液。慢性中毒时，早期是铜在体内积累阶段，动物食欲下降，增重减慢。后期为溶血阶段，动物表现烦渴，呼吸困难，排绿便或黑便，可视黏膜黄染、血红蛋白含量降低，红细胞形态异常。

【病理变化】

急性铜中毒时，胃肠炎明显，真胃、十二指肠充血、出血，甚至溃疡。胸、腹膜腔黄染并有红色积液。膀胱出血。慢性铜中毒时，肝呈黄色、质脆，有灶性坏死。肝窦扩张，肝小叶中央坏死。肾肿胀呈黑色，切面有金属光泽。脾脏肿大，弥漫性瘀血和出血。

【诊断】

急性铜中毒可依据病史，结合突发腹痛、腹泻的重剧胃肠炎的临床表现做出初步诊断。必要时可测定饲料、饮水中铜含量。

慢性铜中毒由于溶血前期的临床症状多不明显，即使出现溶血现象也不宜肯定诊断，应结合肝铜、肾铜和血铜含量及酶活性测定结果等进行综合诊断。血清谷草转氨酶(AST)、精氨酸酶(ARG)、山梨醇脱氢酶(SDH)活性升高,红细胞比容(PCV)下降,血清胆红素水平升高,血红蛋白尿及红细胞内有较多的 Heinz 氏体,则可确诊。

诊断本病应注意与其他引起溶血、黄疸的疾病相鉴别。

【治疗】

治疗铜中毒的原则是立即切断铜源,减少铜吸收,促进铜排泄。

对急性中毒者,可用 1 g/kg 亚铁氰化钾(黄血盐)溶液洗胃,对溶血期的动物静脉注射三硫钼酸钠,剂量为每千克体重 0.5 mg,稀释成 100 mL 溶液,3 h 后根据病情可再注射一次。

对于亚临床铜中毒及用硫钼酸钠抢救脱险的病兽,可在日粮中补充 100 mg/kg 钼酸铵和 1 g 无水硫酸钠或 0.2%的硫黄粉,拌匀饲喂,连喂数周。直至粪便中铜含量接近正常水平后停止饲喂。

【预防】

铜中毒主要是由于农业和治疗上使用了过量的铜盐,牧草中含铜量过高,饲料中添加高铜而引起。所以应从动物的生长环境、饲料、饮水及饲养管理等方面考虑,采取综合性预防措施。

(1)控制和净化工业“三废” 通过改革工艺、回收处理、严格执行工业“三废”的排放标准,最大限度地减少铜的污染。

(2)定期监测牧草、饲料和饮水中铜的含量 通过采样化验,及时采取相应的预防措施,减少动物铜中毒的发生。在高铜牧场喷洒磷钼酸可预防铜中毒。

(3)正确使用铜制剂 使用铜制剂时,必须注意浓度和用量并根据具体情况调整用量。由于不同地区土壤中铜含量不同,所以饲料添加剂中铜的加入量应因地制宜。慎用螯合铜(有机铜),它比无机铜容易吸收,增加铜中毒发生的可能性。

(六)铅中毒

铅中毒(saturnism)是由于动物采食或误食过量的铅化合物或金属铅,引起神经机能紊乱、胃肠炎和贫血为特征的急、慢性中毒。中毒动物一般有铅或铅化物接触史,以慢性中毒最常见。各种动物都可发生。

【病因】

①动物误食或舔食含铅化合物,如含铅油漆、含铅汽油、机油、润滑油、染料、电池、油毛毡、农药(砷酸铅)、含铅软膏(醋酸铅)等,常可发生中毒。

②环境污染是不可忽视的另一个原因,铅锌矿或冶炼厂排出的“三废”、汽车排放的尾气等,污染植被、水源,动物长期生活在这种环境中易发生中毒。

③有时长期使用含铅的自来水管、饲槽和饮水器等,也可发生铅中毒。

【症状】

动物铅中毒的基本临床表现是兴奋狂躁、肌肉震颤等铅脑病症状;失明、运动障碍、轻瘫以致麻痹等外周神经变性症状;腹痛、腹泻等胃肠炎症状;贫血症状。

毛皮动物铅中毒分急性和慢性经过两种,主要表现为神经症状和消化紊乱。

(1)急性中毒 初期表现出神经症状,主要症状是步态不稳,转圈,头颈震颤,口吐白沫,嚼齿,感觉过敏,惊厥而死。有的看不到症状就死亡。

(2)慢性中毒 精神沉郁,厌食,流涎,腹泻,妊娠中断,流产,死胎,仔兽体弱,产仔率下降。

【病理变化】

铅中毒的病变主要在神经系统、肝脏和肾脏。慢性铅中毒尸体营养不良，血液稀薄，肝脏质脆，呈红黄色，肾脏变性，肾小球囊增厚变性、肾小管上皮样细胞变性，皮下、胸腺和气管黏膜出血。急性中毒死亡的动物营养良好，主要表现胃肠炎，软脑膜充血、出血，脑实质充血、水肿、斑状出血，脑回变平，肝脂肪变性，色淡，质脆。肾充血、出血，肿大，质脆，呈黄褐色。

【诊断】

根据动物有长期或短期铅接触、摄入的病史，结合有消化和神经机能紊乱、贫血等症状，即可初步诊断。测定血液、肝脏和胃内容物的含铅量，可作为确诊依据。

【治疗】

急性铅中毒时，常来不及救治而死亡。若发现较早，立即用10%硫酸钠洗胃，也可内服蛋清或牛乳、豆浆等，之后再应用盐类泻剂。毛皮动物可用催吐剂催吐，以促进铅排出。

慢性铅中毒时　解毒剂可选用依地酸钙钠，剂量为每千克体重110 mg，溶于5%葡萄糖生理盐水100～500 mL，静脉注射，每日2次，连用4 d。同时灌服适量硫酸镁等盐类泻剂。亦可内服碘制剂，使沉积于内脏的铅移动，并使之排出体外。对于兴奋不安，腹痛病例可用镇静剂，为恢复心脏功能可静脉注射10%葡萄糖注射液。

【预防】

预防本病的关键是禁止动物与铅或铅的化合物接触，特别是水貂，对铅特别敏感。禁止笼具和小室内涂铅油，其他饲养用具也不要涂铅油。

五、家蚕有机磷农药中毒

家蚕有机磷农药中毒(silkworm organophosphorus pesticide poisoning)是指家蚕接触或食下有机磷农药而引起的中毒症。

【病因】

因接触、食下有机磷农药(乐果、甲胺磷、敌敌畏、敌百虫等)所致。

【症状】

蚕中毒后停止食桑，出现向周围乱爬等避忌反应，继而头部收缩、胸部膨大、痉挛、吐液，有时污染全身，排不正形粪便或带红色污液；最后麻痹而倒卧于蚕座；濒死时腹足抽搐、前半身膨大肿胀、后半身皱缩，最后端几环节尤为明显，伴有脱肛现象(图4-1)。

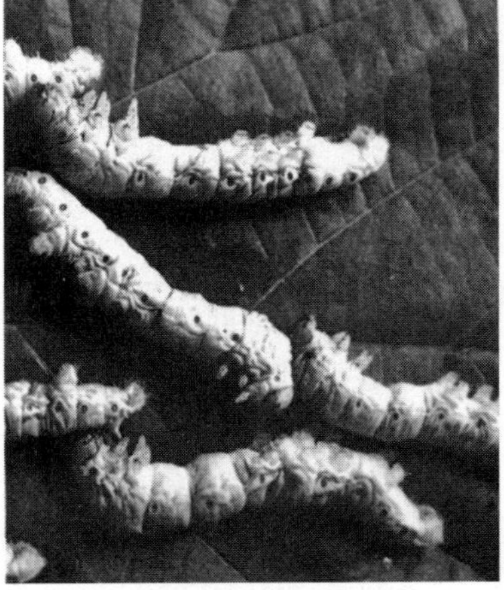

图4-1　有机磷农药中毒
(华德公，1996)

【诊断】

1.肉眼观察

大多数蚕在农药中毒后会出现兴奋、痉挛、麻痹和死亡的表现。因此，若发现所饲蚕举动异常(如乱爬、翻身打滚、头胸大幅度摇摆、忌避桑叶等)，进而大量吐液、体躯弯曲，有时胸部略膨胀、静伏蚕座、吐乱丝，可初步诊断为农药中毒。

2.胆碱酯酶活性检验

有机磷农药中毒会导致蚕体中胆碱酯酶活性下降，因此，可采用“醋酸萘酯-牢固蓝法”测定该酶的活性判断是否为农药中毒。正常蚕血淋巴存在的胆碱酯酶可将β-醋酸萘酯分解生成β-萘酚，其可与牢固蓝反应生成紫红色偶氮盐。因此，若蚕血反应后呈紫红色，则为正常，而中毒蚕血反应后呈淡红色。

3. 亚硝酰铁氰化钠或氯化钯检测

采用中等极性或强极性的有机溶剂萃取供检材料（桑叶或蚕），若在碱性条件下用1%亚硝酰铁氰化钠检测时显紫红色，或者用0.5%氯化钯检测时生成黄褐色物质，可判定待测液中含有有机磷农药。

【治疗】

由于农药中毒多是突然发作，很快吐液后麻痹死亡，目前尚无有效的治疗方案。

【预防】

1. 严防农药污染

防止农药污染桑叶、蚕室、蚕具和养蚕用品。桑园施药防虫时应选用残效期短的农药，施药后牢记残效期，在残效期内不能采叶喂蚕，禁止在桑园配药，养蚕用的水源不能浸洗配制农药的器具；附近农田用药时应注意方法和风向，尽量选择泼浇、低施或使用内吸性的颗粒剂，少用高压喷雾器、喷粉机和弥雾器等药械；严格做到蚕室不堆放、蚕具不盛放农药，养蚕人员、用品均不能接触农药，若发现蚕具被污染应立即更换、碱水洗涤，日晒后再用；有可疑的桑叶时，可先试喂少量蚕，若无中毒现象方可大量饲喂。

2. 有效处置中毒蚕

一旦发现蚕中毒，立即开窗通风、保持新鲜空气，蚕座内立即撒隔离蚕沙材料、及时清除蚕沙以隔离毒物；用冷水浸洗吐液较多的大蚕并置于阴凉通风处，再喂以新鲜桑叶，加强管理复苏的蚕；结合蚕的中毒症状以及农田、桑园的用药情况，分析中毒原因及有毒桑叶的来源，避免因毒源不明而再次发生中毒事件。

六、家蚕菊酯类农药中毒

家蚕菊酯类农药中毒（silkworm pyrethroid pesticide poisoning）是指家蚕接触或食下菊酯类农药而引起的中毒症。

【病因】

因接触、食下菊酯类农药（如杀灭菊酯、氯氰菊酯、溴氰菊酯、多虫畏等）所致。

【症状】

蚕中毒初期头、胸略举，胸部膨大，尾部缩小，继而痉挛，头胸及尾部向背面弯曲，几乎可以互碰；有乱爬现象；腹足失去把持力，常在叶面上翻滚仰卧；临死前口吐肠液，躯体缩小，胸腹部弯曲似螺旋状，蜷曲而死（图4-2）。

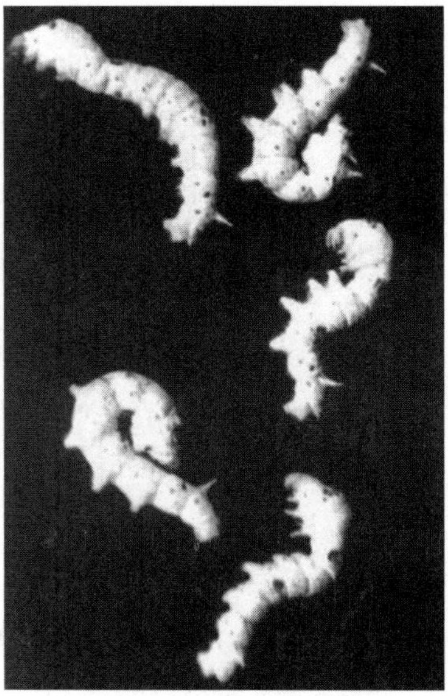

图4-2　菊酯类农药中毒
（华德公，1996）

【诊断】

1. 病征观察

与有机磷农药中毒症状非常相似。大多数蚕在农药中毒后会出现兴奋、痉挛、麻痹和死亡的表现。因此，若发现所饲蚕举动异常（如乱爬、翻身打滚、头胸大幅度摇摆、忌避桑叶等），进而大量吐液、体躯弯曲，有时胸部略膨胀、静伏蚕座、吐乱丝，发育不齐，可初步诊断。

2. 胆碱酯酶活性检验

与有机磷农药中毒相似，菊酯类农药中毒也会导致蚕体中胆碱酯酶活性下降，因此，可采用“醋酸萘酯-牢固蓝法”测定该酶的活性判断是否为农药中毒。

3. 氯锌碘或香草醛检测

采用中性或酸性溶液萃取供检材料（桑叶或蚕），若待测液与氯锌碘试剂（30 g 氯化锌溶于 20 mL 水中，4 g 碘化钾与 0.1 g 碘共溶于 10 mL 水中，再将二液相混，避光保存）反应生成橙红色沉淀，或在 80 ℃水浴中与 5%的香草醛反应生成棕色至红色沉淀，即可判定为菊酯类农药中毒。

【治疗】

由于农药中毒多是突然发作，很快吐液后麻痹死亡，目前尚无有效的治疗方案。

【预防】

同有机磷农药中毒。

七、家蚕烟草中毒

家蚕烟草中毒（silkworm tabacism）主要是指家蚕接触、食下烟草（主要是烟碱）或通过吸入熏烟所引起的中毒症。

【病因】

因接触、食下烟草（主要是烟碱）及其熏蒸作用所致。

【症状】

中毒蚕表现出潜伏期短、麻痹期长的特点。蚕中毒初期胸部膨大，头部及第一胸节紧缩，前半身昂起并向后弯曲，大颚时而开合，吐液，排念珠状粪或软粪；之后进入麻痹期，此时头胸部肌肉麻痹松弛，吐出大量黄褐色肠液，腹足失去把持力而倒卧于蚕座（图 4-3）。

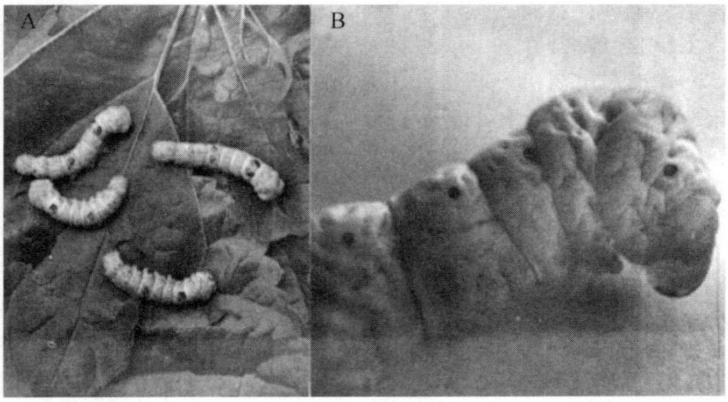

A. 中毒蚕倒卧死亡；B. 中毒蚕口吐黄色液体。

图 4-3　烟草中毒（华德公，1996）

【诊断】

1. 肉眼观察

与有机磷农药中毒症状非常相似。若发现所饲蚕举动异常（如乱爬、翻身打滚、头胸大幅度摇摆、忌避桑叶等),进而大量吐液、体躯弯曲,有时胸部略膨胀、静伏蚕座、吐乱丝,发育不齐,可初步诊断。

2.胆碱酯酶活性检验

与有机磷农药中毒相似,烟草中毒也会导致蚕体中胆碱酯酶活性下降,因此,可采用“醋酸萘酯-牢固蓝法”测定该酶的活性判断是否为农药中毒。

3.碱式硝酸铋-碘化钾检测

采用水蒸气蒸发供检材料(桑叶或蚕),用碱式硝酸铋[$Bi(OH)(NO_3)_2$]-碘化钾液检定,若呈橙色,则可判定为烟草中毒。

【治疗】

暂无治疗药物。轻者若及时发现,需立即除去蚕沙,并转移到通风处,再喂以新鲜桑叶,经过一定时间后会有部分蚕复苏,复苏后蚕的体质和茧质没有大的影响。这是与其他中毒症不同之处。

【预防】

1.严防烟草污染

烟草产区不能烟桑混作,二者的间距至少100m。烟草开花期间,桑叶要事先试验后才能大量使用。

2.有效应对中毒蚕

一旦发现蚕烟草中毒,应立即开窗通风,保持空气新鲜,蚕座内应立即撒隔离蚕沙的材料,并及时除沙,部分中毒轻者可自然复苏。

八、家蚕苯甲酰脲类杀虫剂中毒

家蚕苯甲酰脲类杀虫剂中毒(silkworm benzoyl urea insecticide poisoning)是指蚕接触或食下苯甲酰脲类杀虫剂所引起的中毒症。

【病因】

因接触、食下苯甲酰脲类杀虫剂(伏虫隆、优乐得、定虫隆等)所致。苯甲酰脲类杀虫剂的主要成分是苯甲酰基脲类化合物(BU),能抑制昆虫的几丁质合成而导致其发育不良或死亡。

【症状】

幼虫环节处变薄、出血,血液氧化沿环节形成线状黑斑。蚕体发育不齐,中毒者体躯瘦小,严重者环节处爆裂,蚕体内容物迸出,甚至可见中肠内的绿色碎片。蚕体可见包袱状隆起,稍一触动,蚕体就发生爆裂。

【诊断】

肉眼观察。症状与有机磷农药中毒类似,此外,若有表皮崩裂、死后尸体迅速腐烂的情况,可初步诊断为苯甲酰脲类杀虫剂中毒。

【治疗】

由于农药中毒多是突然发作,很快吐液后麻痹死亡,目前尚无有效的治疗方案。

【预防】

同有机磷农药中毒。

九、家蚕新烟碱类杀虫剂中毒

家蚕新烟碱类杀虫剂中毒(silkworm neonicotinoid insecticide poisoning)是指家蚕因接触

或食下新烟碱类杀虫剂而引起的中毒症。

【病因】

因接触新烟碱类杀虫剂(吡虫啉、噻虫啉、啶虫脒、噻虫胺、烯啶虫胺、噻虫嗪和呋虫胺等)所致。该类杀虫剂作用于家蚕乙酰胆碱酯酶受体,阻断神经系统的正常传导,导致家蚕出现麻痹进而死亡。

【症状】

与有机磷农药中毒症状相似。家蚕幼虫多出现头部肿大,拒食,身体扭曲呈“C”形或“S”形等中毒症状。

【诊断】

肉眼观察,同有机磷农药中毒。

【治疗】

由于农药中毒多是突然发作,很快吐液后麻痹死亡,目前尚无有效的治疗方案。

【预防】

同有机磷农药中毒。

十、家蚕氟化物中毒

家蚕氟化物中毒(silkworm fluoride poisoning)是指桑叶被工业排放的废气中含有的氟化物污染,蚕食下这种桑叶后,导致蚕体生理机能的破坏,从而引起的中毒症。

【病因】

因食下氟化物污染的桑叶,造成蚕体生理机能的破坏所致。

【症状及病理变化】

小蚕中毒时表现出食欲减退、眠性推迟、龄期延长、发育显著不齐,继而体躯瘦小、体壁多皱、体色略呈锈色、胸部萎缩、空头空身,眠前蚕体节隆起,出现黑色环斑。

大蚕中毒时,群体发育差异较小,部分蚕有节间膜隆起的现象,形似竹节,且节间膜上出现由黑点连成的环状轮斑,有的腹部各环节出现成片状粗糙的黑褐色病斑,病斑易破。

中毒蚕排粪困难或排念珠状粪,有的第 5 腹节以后呈半透明,最后全身透明、吐液而死。尸体大多呈黑褐色,不易腐烂。

【诊断】

1.根据中毒蚕病征诊断

中毒蚕群体表现为发育显著不齐,就眠延迟或难以入眠,龄期延长;节间膜处出现带状病斑,有时节间膜肿胀;病斑易破,有淡黄色体液流出,而镜检体液、消化液均无可见的病原微生物存在。

2.根据氟化物污染桑叶诊断

总体而言,受害轻的桑叶无症状,受害重的桑叶其叶尖、叶缘出现焦斑。叶病斑与健康组织间常有明显的暗绿色界限。若肉眼无法准确判断时,可借助显微镜检查,视野中存在红褐色斑点或红褐色丝状物时即为氟化物污染叶。

(1)定性测定　将烘干的桑叶粉约 0.5 g、石英砂(SiO_2)约 0.2 g、浓硫酸(H_2SO_4)0.5 mL 置于蒸发皿中,其上方覆盖一片滴有 1% NaCl 溶液的干净玻片(盐滴朝下),在酒精灯上加热反应,待盐滴蒸干出现白色晶体时熄灭火焰,用显微镜观察玻片盐滴结晶,若有六角形晶体出现，则为氟化物与 NaCl 作用生成的氟硅酸钠（Na_2SiF_6），表明桑叶受到氟污染，若为四角形或长锥形晶体，则不是氟污染。

（2）电位法定量测定　氟电极为指示电极，饱和甘汞电极为参比电极，利用电位法测定供试液中氟的含量。当桑叶中氟的浓度超过 30 μg/g 时，可判断为氟化物污染叶。

3. 根据大气氟化物诊断

将 NaOH 处理过的滤纸片置于空气中，气态和气溶态氟可与 NaOH 反应生成 NaF 并固定在滤纸上，一般认为，当大气中氟浓度达到 1.2 μg/(dm^2 · d)时，桑叶会受到污染。

【预防】

1. 工厂及桑园规划必须统筹兼顾

根据工厂的种类、规模、烟囱高度、废气排放量以及风力强弱、风向、地形高低等因素统筹规划桑园的布局，一般认为制铝厂在 3～10 km 范围内对桑叶有害，金属厂距离 0.3～1.4 km，磷肥厂距离 0.6～0.7 km，玻璃厂距离 0.8～1.5 km，砖瓦厂距离 150～700 m，瓷砖厂距离 500～800 m 有害。因此，一般要求工厂和桑园间的距离超出上述距离。另外，工厂应严格按照国家的标准排放废气，并做好废气的回收和综合利用。

2. 建立大气、桑叶含氟量检测制度

为及时了解大气污染和桑叶受害程度，应建立、健全大气与桑叶含氟量的检测制度，用以必要时对桑园周围污染工厂采取短期停火措施，并根据气象情况、蚕龄大小灵活安排桑叶采收，合理安排蚕期，避免中毒。

3. 降低喂饲桑叶含氟量

可通过浸泡、冲洗或叶面喷施 1%～2%石灰水，减少桑叶表面氟化物。当发现蚕有氟化物中毒症状时应及时更换含氟量低的桑叶喂饲，若无桑叶可更换时，可适当提高桑叶叶位进行喂饲，特别是在蚕将眠和起蚕时。待蚕完全入眠或起蚕食桑 1 d 后，蚕自身的抗氟性得到提高后再喂饲含氟量偏高的桑叶。

4. 应急处理

蚕发生中毒时，应立即更换新鲜桑叶，对污染叶进行水洗或喷洒石灰浆用于解毒。小蚕期用 3%石灰浆，大蚕期用 4%～5%石灰浆。或雨后采叶喂蚕，还可以将受害轻的桑叶与无害叶间隔使用，以减轻损失。钙盐、乙酰胺、亚硒酸钠对家蚕氟化物有一定的解毒作用。

十一、蜜蜂枣花蜜中毒

蜜蜂枣花中毒(jujube blossom honey poisoning)又称枣花病。发生在枣树开花流蜜期，大批采集蜂死亡，蜂群群势下降，严重影响枣花期蜂蜜的产量。

【病因】

枣花中毒主要发生在华北地区 5～6 月份枣花流蜜期，西北地区 5 月底 6 月初枣花流蜜期，是我国枣花流蜜期的一种地方性病害。蜜蜂枣花蜜中毒原因有两种：一是由枣花蜜中所含生物碱类物质引起的中毒，二是枣花蜜中钾离子含量过高引起的蜜蜂枣花中毒。枣花开花期气候干旱而炎热，花蜜黏稠；蜜蜂采集费力，在蜂群缺水的情况下，采集蜂中毒较为严重。在枣花流蜜即将结束，荆条蜜源开始流蜜时，中毒则逐渐减轻。一般来说，在山区和沙质土壤地区中毒较重，在平原和湿润黏质土壤地区中毒较轻，气候干旱年份中毒较重，雨水充足，气候湿润年份中毒较轻；枣花期无辅助粉源的地区较重，有辅助粉源的地区较轻，枣树成片地区较零星地区重；西方蜜蜂较中华蜜蜂中毒重。

【症状】

中毒蜜蜂身体发抖，肢体失去平衡，失去飞翔能力，两翅平伸或竖起，向前爬行跳跃，四肢抽搐，对外界刺激反应迟钝，腹部勾曲，中毒蜜蜂在地面上爬行。主要是成年蜂中毒，未见幼虫中毒的报道。在蜂场坑凹处可见较大数量的死蜂，大部分死蜂腹部空虚。

【病理变化】

病蜂仰卧在地，腹部不停地抽搐，最后痛苦的死去。死蜂双翅张开，腹部向内弯缩，吻伸出，表现出典型的中毒症状。中毒严重时，巢门前死蜂遍地，群势迅速下降，严重衰竭。

【诊断】

根据临床症状、蜂场周边枣树开花情况、气候等综合诊断。

【治疗和预防】

(1)在枣花期前，要选择蜜粉源均较充足的场地放蜂，使蜂群有大量花粉，以备进入枣花期供蜂群食用，可减轻蜜蜂中毒程度。

(2)在蜂箱四周及箱底要经常洒些冷水，以保持地面潮湿，为蜂群架设凉棚遮阳，防止烈日直晒。

(3)人工补充饲喂，可减轻蜜蜂中毒程度。在枣花大流蜜期到来的时候，每天傍晚给蜂群喂酸性糖浆(在 1∶1 的糖浆中加入 0.1%的柠檬酸或 5%的醋酸)，也可用生姜水、甘草水灌脾，可起到预防和减轻中毒的作用。

十二、蜜蜂农药中毒

蜜蜂农药中毒(pesticide poisoning)已成为世界各国养蜂业面临的一个非常严峻的问题。一方面各种农作物病虫害的防治离不开农药。尤其是现代化农业中大面积单一作物的种植，各种病、虫和螨害频繁发生促使各种农药的使用不断增加；另一方面农作物产量和品质的提高对蜜蜂授粉的依物性越来越强，而目前使用的农药除了杀菌剂对蜜蜂影响较小外，绝大多数对蜜蜂都有考杀作用。

【病因】

农药的种类很多，对蜜蜂毒杀作用的方式和毒性的强弱也各有不同。按各种农药对蜜蜂作用的方式可分为触杀、胃毒和熏蒸三种。有的农药仅具有其中一种毒杀作用，有的兼有两种，甚至三种毒杀作用。

按各种农药对蜜蜂毒性的强弱可分为：剧毒农药，如 1605、1059、敌敌畏、马拉硫磷、狄氏剂等；中等毒性农药，如除虫菊、三氯杀螨砜、鱼藤精、乙硫磷等；低毒农药，如硫酸烟碱、杀螨砜、波尔多液、石硫合剂等。

【症状】

蜜蜂农药中毒后的症状明显，较易判断。在外界有蜜粉源的季节、蜂场上各蜂群的箱门前突然出现大批死亡或将要死亡的蜜蜂，有的死蜂后足上还带有花粉，且群势越强死蜂越多。死蜂腹部勾起，吻伸出，双翅上举。一些中毒蜜蜂从箱内爬出，在箱门前的地面上打转、抽搐、翻滚。提脾检查时，很多蜂无力附脾，坠落箱底；中毒的幼虫甚至从巢房脱出死亡。蜂场上出现混乱，工蜂性情凶暴，追蜇人畜。中毒严重的蜂群，群势迅速下降，甚至全群死亡。

【诊断】

结合蜜蜂农药中毒典型的临床症状诊断。

【急救方法】

对农药中毒的蜂群，尚无有效的治疗方法。急救的一般措施如下。

(1)将蜂群迁离施药区 5 km 以外的地方，同时除去巢脾上的有毒饲料　可将农药污染的巢脾放入 2%的苏打溶液中浸泡 12 h 左右，脾上的饲料即可软化流出，用水冲洗干净后。再用摇蜜机将巢脾上残留的饲料和水甩出，晾干后备用。

(2)立即饲喂稀薄的糖浆或蜜水(蜜：水=1：1)　不仅可以供给蜜蜂所需要的水，同时还可以收到奖励饲喂效果，促进蜂群繁殖，恢复群势。

(3)饲喂解毒剂　如系敌敌畏、对马拉硫磷、乐果等有机磷类药物引起的中毒，可以用 0.05%～0.1%的硫酸阿托品或 0.1%～0.2%的解磷定溶液喷脾解毒。对有机氯类药剂引起的中毒，可在 250 g 蜜水中加入 20%磺胺噻唑注射液 3 mL(或片剂 1 片)，搅匀喷脾。

【预防】

为避免作物授粉期发生蜜蜂农药中毒，养蜂者和种植者应密切配合，共同研究用药时间、用药种类及施药方法。养蜂者对蜂群宜采取相应的管理和预防措施。

①禁止在各种授粉作物开花期喷洒农药，以保证蜜蜂授粉和正常采集。

②必须在开花期间喷药的，喷药单位或个人应提前告知养蜂者，以便及时采取防范措施。如果喷施的农药属剧毒或中等毒性的，可将蜂群搬离喷药区 5 km 以外，待药效散失后再运回；若属低毒农药，可将蜂群暂时幽闭起来，但要做好蜂群通风降温工作，并保持黑暗和安静，及时给蜂群喂水。

③在花期前与花期后喷药具有同等效果者，应尽可能在花期后喷药。喷粉与喷雾均有效果者，应尽可能采用喷雾的方法，因为喷雾较喷粉对蜜蜂的毒性小，影响范围也小。

④在不影响农药药效和不损害作物的前提下，可在农药内添加适量的驱避剂，如石炭酸、硫酸烟碱、煤焦油等，以防止蜜蜂中毒。

第九节　其他普通病

一、啄癖

啄癖(pecking)即啄肛、啄羽、啄趾等恶癖，是禽类养殖过程中一个不容忽视的问题。其中啄肛危害最大，常将肛门周围及泄殖腔啄得血肉模糊，甚至将后半段肠管啄出吞食。如果啄羽是偶尔地、个别地发生，问题不大，但严重时啄掉大量羽毛，尤其是尾羽常被啄光，露出皮肤，就会进一步引起啄皮、啄肉、啄肛。同时，禽类吞进大量羽毛，也易造成嗉囊堵塞而死亡。无论养殖何种禽类，一旦发生啄癖，如不及时处理，就会造成极大的经济损失。

【病因】

1. 管理方面的原因

成年禽产蛋箱太少、太简陋或光线较强，产蛋时不能很好地休息，或由于其他原因的骚扰而过早出箱，日久造成脱肛，当它的同类见到脱出的红色黏膜，就会去啄；另外一种情况是产蛋箱过大，光线较强，几只禽同时产蛋，当一只先产蛋时，肛门肌肉松弛，泄殖腔外露，其他禽则去啄，啄破流血，出箱后继续被啄。

饲养密度过大，舍内和运动场地拥挤，也是导致啄癖发生的重要原因。潮湿闷热，禽只不能舒适地睡眠休息，烦躁不安。个别禽只发生外伤，其他同类出于对伤口的好奇，啄上一口，尝到血肉的味道后，便越啄越厉害，发展成啄癖。

2. 饲料营养方面的原因

日粮中缺乏钙、磷或比例失调；锌、硒、锰、铜、碘等微量元素缺乏或比例不当；硫含量缺乏；食盐不足，均可导致啄趾、啄肛、啄羽等恶癖。

3. 其他原因

禽在 4 周龄时绒羽换幼羽，换羽过程中，皮肤发痒，自啄羽毛会诱发群体啄羽行为。刚开产的鸡血液中所含的雌激素和孕酮含量高，雄激素的增长，都是促使啄癖倾向增强的因素。禽饲料供应充足，无须觅食，缺乏运动，尤其是心理压抑，如欲求愿望得不到满足，活动受限制，没有沙浴等，使禽处于一种单调无聊的状态，导致鸡发生互啄，从而养成啄癖。

【症状】

表现为程度不同的啄羽、啄肛、啄趾、啄蛋、啄肉。

【诊断】

本病在出现临床症状后即可做出判断。多种因素可造成啄癖症的发生，因此在诊断中应注意综合分析和判断，找出发病原因，必要时要亲临现场进行观察。

【治疗】

发生啄癖时可用一些青饲料如瓜菜、青草，放置在适当高处以转移禽只的注意力。适量提高饲料中食盐含量，但最高不可超过 2%。

【预防】

①合理搭配日粮，日粮中的氨基酸与维生素的比例为：蛋氨酸＞0.7%、色氨酸＞0.2%、赖氨酸＞1.0%、亮氨酸＞1.4%、胱氨酸＞0.35%，按每千克饲料中维生素 B_2 2.60 mg、维生素 B_6 3.05 mg、维生素 A 1 200 国际单位、维生素 D 3 110 国际单位等。如果因营养性因素诱发的啄癖，可暂时调整日粮组合，如在饲料中增加蛋氨酸含量，也可使饲料中食盐含量增加到 0.5%～0.7%，连续饲喂 3～5 d，但要保证给予充足的饮水。

②若缺乏微量元素铜、铁、锌、锰、硒等，可用相应的硫酸铜、硫酸亚铁、硫酸锌、硫酸锰、亚硒酸钠等补充；常量元素钙、磷不足或不平衡时，可用骨粉、磷酸氢钙、贝壳或石粉进行补充和平衡。

③缺乏盐时，可在饲料中加入适量的氯化钠。如果啄癖发生，则可用 1% 的氯化钠饮水 2～3 d，饲料中氯化钠用量达 3%左右，而后迅速降为 0.5%左右以治疗缺盐引起的恶癖。如日粮中鱼粉用量较高，可适当减少食盐用量。

④断喙，鸡在适当时间进行断喙，如有必要可采用二次断喙法，同时饲料中添加维生素 C 和维生素 K 防止应激，这样可有效防止啄癖的发生。

⑤定时驱虫，包括内外寄生虫的驱除，以免发生啄癖后难以治疗。

⑥如果发生啄癖时，立即将被啄的禽隔开饲养，伤口上涂抹一层机油、煤油等具有难闻气味的物质，防止此禽再被啄，也防止该禽群发生互啄。

⑦改善饲养管理环境。禽舍通风良好；饲养密度适中；温度适宜，天气热时要降温；光线不能太强，最好将门窗玻璃和灯泡上涂上红色、蓝色或蓝绿色等。这些都可有效防止啄癖的发生。

⑧在笼内临时放入有颜色的乒乓球，或在舍内系上芭蕉叶等物，使禽啄之无味或让其分散注意力，改变已形成的恶癖。

二、自咬症

自咬症(self biting)是长尾肉食动物多见的急、慢性经过的疾病。本病的特征是患病动物呈现定期性兴奋，啃咬自体的一定部位。轻者咬伤皮毛，使皮张质量下降；重者因反复发作，撕裂肌肉，继发感染，常因体质衰竭和败血症而死亡。

【病原】

引起本病的原因目前尚不十分明确，但近年来国内学者多认为是营养代谢性疾病、神经性疾病、病毒性传染病引起的。除此之外，寒冷季节，水貂或者狐狸后躯被水或消毒药液浸湿后，寒风侵袭而产生皮肤过敏，水貂或者狐狸后躯、尾部出现疥癣和皮肤疾患也能诱发自咬。自咬症可能不是由单一因素所致，而是多种应激因素导致神经紊乱而引起的，与毛皮动物本身的神经类型有关。目前，尚未证实自咬症有传染性，但认为有遗传性。

【流行病学】

本病没有明显的季节性，但春、秋季节多发，特别是发情期和产仔期，各个年龄段的水貂和狐狸都能发生，但是育成期的貂多发。病貂所产仔貂发病率很高，并且发育不良。

【症状】

本病呈急性或慢性，仅20%的患病动物呈急性经过，多数呈慢性经过。发病时患病动物自咬尾巴、四肢和其他部位，翻身打滚，鲜血淋淋，吱吱乱叫，持续3～5 min或更长时间，常咬掉被毛，咬破皮肤或撕咬肌肉，严重时咬掉尾巴或肢掌，甚至咬破腹部流出肠管。兴奋过后病兽表现正常，但是听到意外声音刺激或喂食前再自咬发作，1 d内可多次发作，反复自咬，尾巴背侧出血沾着一些污物，形成紫痂成黑紫色。一般呈慢性经过，反复发作，但很少死亡。

【病理变化】

一般为慢性经过，反复发作，周期长短不一，表现高度兴奋。兴奋时单向性转圈自咬某一部位，或咬尾巴，或咬臀部，并发出尖叫声，导致皮肤损伤，肌肉撕裂，造成流血、断尾等。也有的咬脚掌、腹部等处。如继发感染，可引起脓毒败血症而死亡。

【诊断】

根据自咬症状可做出初步诊断，确诊需要进行实验室检验。

【治疗】

目前尚无特效疗法，治宜镇静、消炎和外伤处理。一旦发现动物自咬，立即给患病动物注射安定药液0.5～1 mL(根据貂的大小确定用量)，0.5 h后即可停止自咬。对于自咬所产生的局部创伤，要用3%～5%敌百虫溶液或乳酸钙5%、奴佛卡因5%、消炎粉40%、凡士林50%调成的糊状涂创面，隔日1次，注意防止中毒。

为了巩固稳定疗效，每只貂每日内服维生素C、维生素B_1、维生素B_6、扑尔敏各半片(研成粉末加少量水，分早、晚2次内服)，一般连服3 d。

当发现狐有自咬症状时，首先要防止继续咬伤，将上下4颗犬齿用钳子掐断，或用胶合板或自行车旧外胎用铁丝扭住做成套，套在病狐颈部用以固定头部，使其不能回头自咬躯体后部。

静脉注射氢化可的松，体重1～2 kg，每次用药2 mL加5 %葡萄糖10 mL；体重3～4 kg，每次用药 6 mL 加 5 %葡萄糖 20 mL；体重 5 kg 以上，每次用药 8～10 mL 加 5%葡萄糖 20 mL。每日用药 1 次，连续用药 3～4 d。

为了辅助治疗，防止复发，可在静脉注射同时每天喂给自咬粉。配方如下：氮氨酸 2 g，安定 0.25 g，地塞米松 0.5 g，扑尔敏 0.5 g；或用赛庚啶 0.5 g，安定 0.25 g，氮氨酸 2 g。以上药品研成末混匀，喂食时拌入食内服用，每日 3 次，每次 1 包。

如咬伤面积较大，需对咬伤部位用过氧化氢冲洗后外涂消炎粉，同时每天肌内注射青霉素 2 次。每次 80 万单位或用其他抗菌药，控制感染。

【预防】

预防本病可采取以下措施。

①适当增加病兽的活动范围，使其多运动，适应其兴奋好动的特点。

②经常刷洗动物皮肤，保持皮肤卫生，防止皮肤瘙痒病。

③要多次少量饲喂，并给予充足的饮水。如以鱼为主食，为防止汞过量可减少海杂鱼的比例，适当添加动物肝脏，如鸡肝、兔肝等，同时添加一些微量元素。

④严格选种，有条件者在适宜季节坚决淘汰病兽，注意饲料搭配，搞好笼舍饮具消毒，保持饲养环境的稳定。

三、水貂黄脂肪病

黄脂肪病(yellow fat disease)又称脂肪组织炎(steatitis)，是一种营养代谢性疾病，以全身脂肪组织黄染、出血性肝小叶坏死为特征，是水貂的一种危害较大的常见病，其他经济动物较少发生。

本病多发生于温和季节，尤以夏季发病率较高，这与鱼类等动物性饲料在此期间容易腐败变质有关。当年育成貂的发病率要比老龄貂高，黑色标准貂发病比彩色貂为多。

【病因】

黄脂肪病的发病原因主要为以下几方面。

①硒和维生素 E 缺乏是导致貂黄脂病的主要原因。硒是动物体内谷胱甘肽过氧化物酶的必要成分，而谷胱甘肽过氧化物酶的功能是破坏过氧化物(自由基)，使其成为无害的羟基化合物。

②饲料中不饱和脂肪酸含量过高，致生物膜中不饱和脂肪酸含量升高，易于受到自由基的攻击，导致本病的发生。见于饲料中鱼油、动物油脂含量过高及油脂发生酸败。

③饲料中蛋氨酸缺乏，导致巯基键合成受阻，谷胱甘肽过氧化物酶的合成受到影响，活性降低，抗自由基损伤的能力降低。

④可能与遗传因素有关，黑色标准貂的发病率较彩色貂要高。

⑤可能与黄曲霉毒素有关，黄曲霉毒素中毒可影响肝脏的脂肪代谢。

【症状】

本病的经过与动物性饲料脂肪酸败程度、食入量及维生素 E 和硒补给量等有关，通常在喂给酸败饲料后 10～15 d 即会陆续发病。多数为慢性经过，育成貂多发。

急性病例多为肥胖的育成貂，主要表现下痢，粪便初呈灰褐色，后为煤焦油样，精神萎靡，食欲废绝，可视黏膜黄染，阵发性痉挛，有的后躯麻痹，触摸腹股沟部有硬实的脂肪块，不久即死亡。

慢性病例表现精神沉郁，喜卧厌站，不愿活动，初期采食量降低，后期拒绝采食，逐渐消瘦，有的可视黏膜黄染。病后期腹泻，粪便呈黑褐色，后躯麻痹。多数转归死亡，病程1～2周。

妊娠期病例引起胎儿死亡吸收、死产或流产，或产下弱仔。成貂病例恢复后往往性欲减退，繁殖力低下，出现空怀，最终导致生产性能下降。

【病理变化】

尸僵不明显，被毛松乱，可视黏膜黄染。脂肪组织普遍呈黄色或黄褐色，硬度增加。肝脏肿大呈土黄色，质脆，切面干燥无光泽，当弥漫性肝脂肪变性时，肝块漂浮于水内。胆囊膨满，胆汁黏稠呈黑绿色。肾脏肿大，呈灰黄色。有的病例胃底部黏膜表层有淡褐色的溃疡。

严重病例出现心脏扩张，心肌色淡，有明显的纹理区，少数心肌呈煮熟样。

病理组织学变化，肝和肾可见到不同程度的脂肪变性。肝细胞增大，在肝小叶中心肝细胞内及小叶周围见有大量小滴状脂肪滴。心肌表现不同程度的颗粒变性和脂肪变性。脂肪细胞坏死，脂肪细胞间有多量滴状和无结构的黄褐色物质，具有蜡样性质。

【诊断】

根据本病的症状及病理变化可做出初步诊断，确诊还要进行相关营养成分的分析。

【治疗】

当发生本病时，首先应更换饲料，给予新鲜优质的肉、鱼、肝等全价饲料，并补给足量的维生素类，同时给病貂皮下或肌内注射0.1%亚硒酸钠溶液，按每千克体重0.1～0.2 mg，维生素E 5～10 mg。也可按每只貂每次投给30～40 mg氯化胆碱，效果也很好。为预防继发性细菌感染，可每次肌内注射10%磺胺嘧啶1 mL。

【预防】

预防本病，必须采取综合性管理和兽医卫生措施。

①冷冻设备是貂场的必要设备(冷库、冷冻柜或冰箱)，也是防止动物性饲料短期内不腐败变质的必要条件。冷冻设备应定期清理消毒，杜绝污染。

②动物性饲料的处理应以“速冻、速融、速加工”为原则，以防止污染和变质，保持新鲜度。肉类及副产品饲料，应剔除脂肪和杂物后冻存，鱼类饲料中不饱和脂肪酸含量较高，应在捕捞后即放在0 ℃条件下，然后尽早移入－20～－18 ℃冷库速冻存放，可贮存半年以上不变质。通常动物性饲料的冻存期不应超过6个月。

③在有条件的大型貂场，应对每批饲料进行“三检”。

检鲜：从外观的色、形、味等方面检查评定饲料的新鲜程度。变黑、发软和发出霉酸味的都属变质饲料。

检毒：对可疑污染农药、化学药品等有毒物质的饲料进行毒物检测。

检菌：对可疑饲料做产毒细菌和真菌检查。

④应根据季节、动物性饲料种类与贮存时间以及对饲料品质的评定，制订日粮的配比与维生素E、硒等抗氧化剂的补给剂量。在一般情况下，1 g不饱和脂肪酸需要3 mg维生素E用以抗氧化；在饲料品质正常的情况下，水貂每日每千克体重需要维生素E 2 mg。至于硒，因其有毒性和在体内有蓄积作用，故不宜超量使用。在正常情况下，日粮中硒的需要量为每千克体重0.05～0.1 mg。

四、麝香囊炎

麝香囊炎(capsulitis)是指麝的香囊由于机械性或病理性损伤而发生的炎症反应。

【病因】

主要是在取香时没有按规程操作,取香前香囊没有消毒或取香时操作用力过猛,致使贮香囊表面组织毛细血管破裂感染细菌而发生炎症,发病后影响麝香产量,严重者甚至停止泌香。

【症状】

贮香囊的皮肤表面发炎,轻则出血,严重的半个贮香囊呈紫红色,甚至完全糜烂、化脓。若不及时治疗,病情恶化可形成脓性溃疡,致使香囊萎缩,泌香机能消失。

【诊断】

根据发病特点、症状,可做出准确的诊断。

【治疗】

首先将炎症部位清洗干净,然后涂抹抗生素药膏如磺胺药膏、红霉素软膏等。

【预防】

采香时首先要保定确实,防止麝在采集麝香过程中不安和骚动,从而造成额外香囊损伤。将香囊外部清洗消毒,挤压香囊时动作要轻,并柔和地反复揉挤香囊,使香液慢慢排出,严禁用力挤压,也可用牛角匙轻轻刮取香膏,每次取香后应涂以润滑油,遇有充血发炎现象可涂抹磺胺类或抗生素软膏待炎症消除后再取香,炎症未消除前应暂停取香。

五、卵黄性腹膜炎

卵黄性腹膜炎(peritonitis)是指禽类由多种病因造成的卵黄掉入腹腔而发生的腹膜炎症。

【病因】

(1)生理性因素　一是在排卵的时候,卵黄未落入输卵管的喇叭口内,而是直接落入腹腔内进而发生腐败变质,引起腹膜发炎,见于开产过早,输卵管发育不全和排卵时出现惊吓、应激等;二是当发生难产或肛门脱垂时,输卵管破裂,卵黄内容物流入腹腔引起腹膜发炎。

(2)传染性因素　由大肠埃希氏杆菌感染引起。由于育成、育雏时患病或禽舍环境污染,病菌侵害母禽的泄殖腔、输卵管而引起发病,多发生于气温高、湿度大的季节以及禽舍环境卫生不良的情况下。

【症状】

不同品种的禽类临床症状不同,在诊断中应注意综合分析和判断。

(1)鸽　病初精神沉郁,食欲不振,逐渐停食,随病程延续,母鸽瘦弱、胸骨明显突出、脚爪干燥。

(2)雉　病雉腹部膨大,触压有波动感。下痢,排白色夹杂少许绿色的粪便。缩头,闭眼,翅下垂,食欲不振,精神沉郁,羽毛蓬乱无光泽,最后食欲废绝,肢麻痹,运动失调而死亡。

【病理变化】

(1)鸽　剖检见肝脏肿大、呈古铜色,表面有少量纤维素性渗出物。腹腔内有较多的卵黄碎片,有腐败臭味。输卵管膨大、黏膜充血,内有腐败的凝固蛋白。肠管发生粘连,肠管变细,肠腔内有少量淡黄色稀粪,肠道黏膜轻度出血。肌胃内空虚,无食物及沙粒,角质呈墨绿色。肺、脾脏、肾脏未见明显肉眼病变。

(2)雉　腹腔内均有大量腥臭腹水。卵巢有未成熟卵泡和成熟破落于腹腔的卵泡膜残迹。腹肌和肠系膜脂肪层很厚。输卵管、腹膜及其他脏器有出血性炎症。喉头有出血点。盲肠、十二指肠黏膜有点状出血,尤以盲肠最为明显。心包内有透明的琥珀样液体。

【诊断】

根据本病的症状及病理变化可做出初步诊断,确诊还要进行相关实验室检测如触片检查、细菌分离培养、生化反应、病菌的血清型鉴定等。

【治疗】

将病禽与健康禽隔离,以杜绝传染源。对禽群每天进行清粪和环境消毒,可选用季铵盐类消毒药,以防发生本病的传播。给病禽服用喹诺酮类、四环素类等药物进行治疗。如有条件,可做药敏试验,选取敏感性药物。

【预防】

由于卵黄性腹膜炎发病初期症状不明显,很容易被忽视和误诊,待发现特殊的临床症状时已来不及治疗,患禽很快就会死亡,故而死亡率较高。所以,本病要以防为主,平时注意加强饲养管理,保持禽舍清洁卫生,提高禽类的自身抵抗力。特别是在产卵季节,要保持禽舍环境安静。平时还要减少对禽类的应激因素,使禽类有一个良好的生活环境,以有效降低本病的发病率。

参 考 文 献

[1]熊家军.2021.特种经济动物生产学[M].2版.北京:科学出版社.
[2]李典友,高本刚.2019.特种经济动物疾病防治大全[M].北京:化学工业出版社.
[3]马泽芳.2018.毛皮动物养殖实用技术 [M].北京:中国科学技术出版社.
[4]马泽芳,崔凯,高志光.2013.毛皮动物饲养与疾病防制[M].北京:金盾出版社.
[5]任国栋,郑翠芝.2016.特种经济动物养殖技术[M].2版.北京:化学工业出版社.
[6]谢之景,马泽芳.2018.毛皮动物疾病诊疗图谱[M].北京:中国农业出版社.
[7]刘吉山,姚春阳,李富金.2017.毛皮动物疾病防治实用技术[M].北京:中国科学技术出版社.
[8]王全凯.2013.经济动物疾病学[M].北京:中国农业出版社.
[9]王振勇,刘建柱.2009.特种经济动物疾病学[M].北京:中国农业出版社.
[10] 刘鼎新,刘长明.2008.毛皮兽疾病防治[M].北京:金盾出版社.
[11]赵世臻,宋百军,张秀莲.2010.高效健康养鹿关键技术[M].北京:化学工业出版社.
[12]中国农业科学院蚕业研究所.2020.中国养蚕学[M].上海:上海科学技术出版社.
[13]吕鸿声.2011.养蚕学原理[M].上海:上海科学技术出版社.
[14]曾志将.2017.养蜂学[M].北京:中国农业出版社.
[15]梁勤.2017.中蜂养殖实用技术[M].北京:中国科学技术出版社.
[16]松本文男.2021.养蜂技术大全[M].北京:机械工业出版社.
[17]任勤,王瑞生,姬聪慧.2020.中蜂常见病敌害诊治原色图谱[M].北京:机械工业出版社.
[18]李继莲,郭军.2018.蜜蜂养殖实用技术[M].2版.北京:化学工业出版社.